체계적 공압기술 습득을 위한

공압기술이론과 실습

동연자동화정보센터
김원회 · 신형운 · 김철수 지음

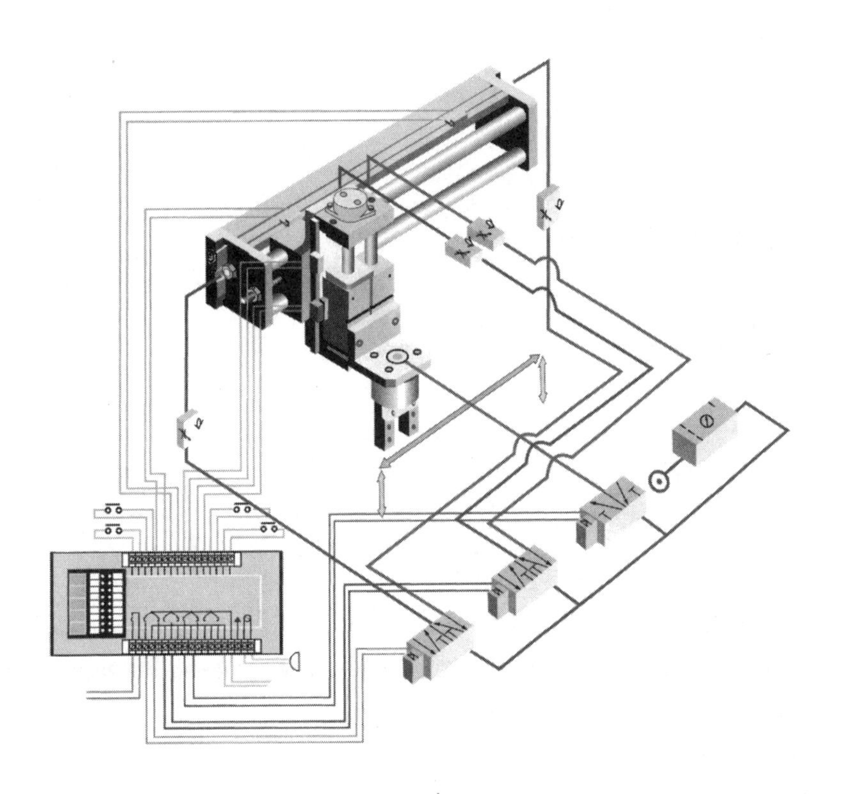

BM (주)도서출판 성안당

■ 도서 A/S 안내

본서 기획자 e-mail : coh@cyber.co.kr(최옥현)

홈페이지 : http://www.cyber.co.kr

전화 : 031) 950-6300

머 리 말

1950년대부터 산업 분야에 본격적으로 이용되어 온 공압 기술은 가공, 조립, 검사, 포장 등의 생산 기계에서부터 식품 기계, 인쇄 기계, 철도 차량, 산업용 로봇 등을 비롯하여 의료 기기에 이르기까지 폭넓게 이용되고 있다.

이처럼 공압이 자동화 · 성력화에서부터 모든 분야에 폭넓게 사용되고 있는 주된 이유는 다른 에너지나 구동방식에 비해 구조가 간단하고 가격이 저렴하며 보수가 용이할 뿐만 아니라 취급이 쉽고 안전하다는 이점이 있기 때문이다.

특히 공압 시스템은 저가로 장치를 구성할 수 있다는 특징으로 현재 사용하고 있는 장치나 기계를 쉽게 자동화, 성력화할 수 있어서 경제적 효과는 매우 크다. 게다가 최근 들어 로봇화나 FA화가 추진되는 과정에서 공압 기술도 소형, 경량화의 일익을 담당하며 신뢰도가 높은 시스템을 구축하고 있어 더욱 주목되고 있다.

공압 기술은 크게 요소 기술, 회로 설계 기술, 시스템화 기술 등으로 분류할 수 있고 공압 교재를 집필하는 데 있어 목표의 기분이 되기도 한다.

이 책은 그동안 저자가 집필한 여러 권의 공압 교재를 일목요연하게 요약하여 공압의 기초 이론에서부터 회로 설계 실습에 이르기까지 체계적으로 전개하였고, 특히 실습편에서는 요구 사항, 실습 목표, 구성 기기, 관련 이론과 연습 문제 등으로 전개하여 능률적인 실습이 가능하도록 연구하였다.

또한, 공압 기기를 신속히 선정하여 정확한 회로 실습이 진행되도록 구성 기기란에는 공압 교육용 표준 장비인 DYES-2100 전기 · 공압 실습 장치의 요소 모델 번호를 병기하였고, 생산 자동화, 메카트로닉스 산업기사나 기능사는 물론 공유압 기능사 국가 기술 자격 시험에 대비할 수 있도록 관련 문제를 집중적으로 수록하였다.

따라서 이 책이 공압 기술을 처음 접하는 학생들은 물론 국가 기술 자격 취득을 준비하는 이들에게 좋은 참고서가 되길 바라면서 내용 중 다소의 오류라도 발견되면 독자 여러분의 비판과 지도편달을 부탁드리면서 끝으로 이 책의 출판을 위해 애써 주신 성안당의 황철규 상무님과 이종춘 회장님께 감사를 드리는 바이다.

저자 씀

차 례

제 1 장 공압의 기초

제 2 장 공압의 발생

제 3 장 공압 액추에이터

제 4 장 공압 제어 밸브

제 5 장 공압 부속 기기

제 6 장 공압 회로

7.2 전기-공압 회로

제 8 장 실습편

8.1 공압 기초 실습

8.2 공압 응용회로 실습

8.3 공압 시퀀스 회로 실습

제 1 장 공압의 기초

1.1 공압의 특성

1.1.1 공압 기술의 개요

공압 기술이라고 하면 흔히 어려운 학문이며 산업 현장에서 사용되는 한정된 기술로 생각되지만 산업 현장의 자동화는 물론이고, 버스나 전철에서 출입문을 여닫는 것이나 전철이나 각종 차량의 공기 브레이크, 백화점이나 냉장고의 에어 커튼, 차량 정비소에서의 에어 공구 등은 우리 일상생활에서도 흔히 보는 것들이다.

공압 기술이란 응용 범위가 매우 넓기 때문에 한마디로 요약할 수는 없으나, 대기의 공기를 밀폐된 공간에 넣고 체적을 변화(축소)시키면 압축 공기가 탄생하는데 이 압축된 공기는 에너지를 가지고 있으며 에너지를 유체 에너지 또는 유체 파워라고 한다. 예컨대, 공압 기술은 공기를 압축하여 유체 에너지를 만들고 다시 이것을 유효한 기계적 에너지나 파워로 변환하는 기술을 말한다.

즉, 공압 기술은 전동기(motor)나 내연 기관으로 공기 압축기를 구동하여 압축 공기 에너지를 탄생시키고, 이 압력 에너지를 적절하게 제어(일의 크기, 일의 속도, 일의 방향 등)하여 이것을 액추에이터(actuator)에 공급하여 유효한 기계적인 일로 변환하는 기술이며, 이들 일련의 요소들을 공압 기기라 하고, 그 결합체를 공압장치라고 한다.

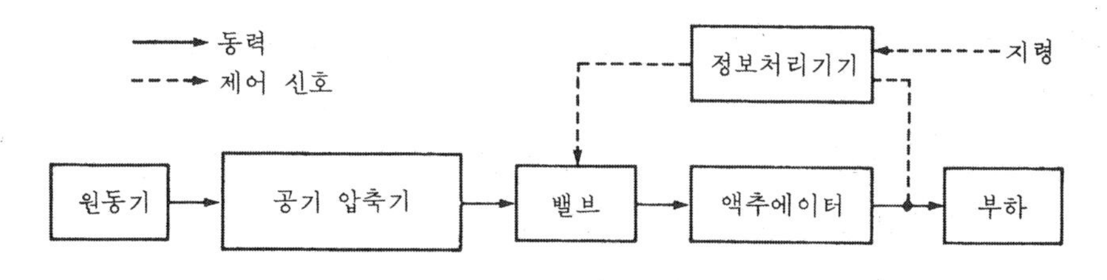

그림 1-1 공압 시스템의 기본 구성도

공압 장치의 기본 시스템은 공기압원 발생 장치, 공기 정화 기기, 배관, 제어 밸브, 구동 기기 및 기타 부속 기기로 구성되며, 가장 전형적인 공압 시스템의 일례를 그림 1-2에 나타냈다.

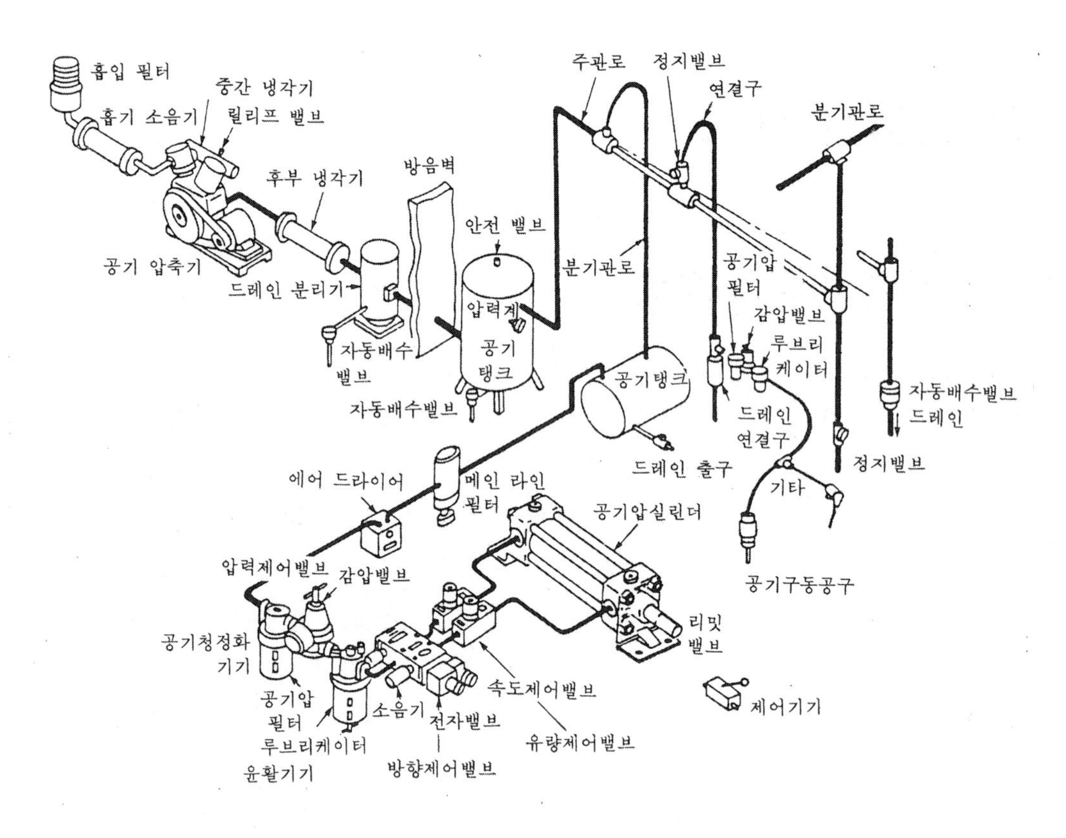

그림 1-2 공압 장치의 기본 시스템

1.1.2 공압 기술의 역사와 현황

공압 기술의 역사는 기원전 1500여년 전부터 그 유래를 찾을 수 있을 정도로 오래 되었고 최근에 와서 공압의 용도는 무한 시대를 맞이했다고 해도 과언이 아닐 정도이다.

공기의 이용은 인간이 불을 사용하기 시작하면서 불을 발생시킬 때, 입으로 공기를 불거나 풀무와 비슷한 도구를 이용한 것부터라는 학설도 있다. 또한, 공압 발생기로는 기원전 1500년 John Smealton이 수차 구동에 의한 실린더 방식의 블로워를 발명하였고, 1776년에는 John Wilkinson이 100 kPa 의 압력을 발생시키는 압축기를 발명하면서부터 공압 시대의 막을 열었다.

1848년에는 증기 기관차의 공기 브레이크가 발명되고, 1880년에 Westinghouse 사에서 공압 실린더를 이용한 공기 브레이크가 출현하였다. 그후 1959년 미국에서 발명된 유체 동특성을 이용한 유체 제어 소자(fluidics)는 공압 기술이 단지 조작력의 이용뿐만 아니라 제어 분야에도 이용될 수 있다는 것을 입증한 것이다.

공압이 산업 분야에 본격적으로 이용되기 시작한 것은 1950년대부터이고 최근에는 조립 기계, 포장 기계, 식품 기계, 단조 기계, 용접 기계, 철강 설비, 반송 설비, 인쇄 기계를 비롯하여 거의 모든 분야에 이용되고 있을 정도로, 단순한 장치에서부터 고도의 산업용 로봇이나 의료 기기에 이르기까지 폭넓게 이용되고 있다.

이와 같이 공압이 자동화, 성력화에 폭넓게 사용되고 있는 이유는 다른 구동 방식에 비하여 구조가 간단하고 가격이 싸며 보수가 용이할 뿐만 아니라, 손쉽게 사용할 수 있다는 이점이 있기 때문이다.

일례로 조립 기계에 있어서 워크를 척킹하는 기구에 공압 기기를 이용한다면 공장 내에 있는 공압 배관에 의하여 에너지를 용이하게 얻을 수 있고, 공압 기기를 사용하는 것만으로 간단히 해결할 수 있는 데 비해, 유압으로 하려면 에너지원인 유압 펌프 등 유압 유닛을 새로이 설치해야 하고, 또 기계로 같은 동작을 시킨다면 구조가 복잡해지고 외관이 커지는 등의 단점이 있다.

또한 공압은 압축 공기의 이점을 적절히 이용하고 전기와 조합하여 원격 조작을 할 수 있다는 등의 유연성이 우수하고 더욱이 최근에는 공압이 단순한 자동화 기기만으로서 뿐만 아니라 일렉트로닉스와 결합하여 즉, 전자 제어 기기의 발달과 가격 저하로 공압과 전기·전자 제어가 병용되어 프로그래머블 컨트롤러(PLC)와의 매칭은 물론 메카트로닉스 기기로서 로봇이나 FA를 구성하는 기기로 중요한 역할을 하고 있으며, 액추에이터의 제어 또한 종래의 ON-OFF적 제어에서 임의의 위치를 정밀하게 제어할 수 있는 아날로그적 운동이 가능한 것도 개발되어 더욱 주목되고 있는 추세이다.

1.1.3 공압의 특징

공압 시스템은 저가로 장치를 구성할 수 있다는 특징과 함께 현재 사용하고 있는 장치나 기계를 쉽게 자동화, 성력화할 수 있어서 그 경제적 효과가 매우 크다. 특히 최근 들어 로봇화나 FA화가 추진되는 과정에서 공압 기술도 소형, 경량화의 요구에 일익을 담당하며 신뢰도가 높은 시스템을 구축하고 있다.

공압 방식의 특징을 동력 전달과 그 제어성 면에서 같은 압력 에너지를 이용하는 유압 방식과 비교하여 살펴보면 다음과 같다.

(1) 공압 기술의 장점

① 동력원인 압축 공기를 간단히 얻을 수 있다.

공기는 무료이고 무한대로 많다. 이 공기는 전동기와 컴프레서만 있으면 전력이 계속 공급되는 한 어느 장소에서 얼마든지 간단히 얻을 수 있는 에너지원이다.

② 힘의 전달이 간단하고 어떤 형태로도 전달 가능하다.

유체에 의한 힘의 전달로서 멀리 떨어진 위치라도 배관만으로 간단하게 전달할 수 있다. 또한 기계의 구동축처럼 방향을 맞출 필요가 없고, 어느 방향이든 자유로이 전달 가능하다.

③ 힘의 증폭이 용이하다.

공압 실린더의 용량을 크게 함에 따라 같은 공압으로도 파워를 증대시킬 수 있다.

④ 속도 변경이 가능하다.

공기량의 증감에 따라 구동 기기(액추에이터)의 속도를 자유로이 조절할 수 있다.

⑤ 제어가 간단하다.

압축 공기는 압력 조정에 의해 무단 또는 단계적으로 출력을 조절할 수 있으며, 이와 같이 압력을 증감시키거나 방향의 변환, 유량 조정 등의 조작과 그 제어가 비교적 간단하다. 이 점이 공압 기술이 자동화에 이용되고 있는 큰 원인이다.

⑥ 취급이 간단하다.

압축 공기는 사용한 공기를 대기로 방출하여도 오염될 염려가 없다. 또한 취급에 있어서도 손이나 의류가 오염되지 않고 냄새가 발생하는 일도 없다. 이 점이 유압 기술에 비해 특히 장점이다.

⑦ 인화의 위험이 없다.

일반적으로 사용하는 $7\,\mathrm{kgf/cm^2}$ 이하의 압력 하에서는 인화나 폭발의 염려가 없다.

⑧ 탄력이 있다.

공기는 압축 가능한 물질이며, 이것은 충격을 받을 때 완충 작용을 한다. 이

성질을 응용한 것이 차량 등에 이용되고 있는 공기 스프링이다.

⑨ 에너지 축적이 용이하다.

압축이 가능하다는 것은 반대로 압력을 축적할 수 있다는 것으로 공기 탱크만으로 축적이 가능하며, 정전시 비상 운전이나 단시간 내 고속 운전, 축압을 이용한 프레스의 다이 쿠션 등에 이용되고 있다.

⑩ 안전하다.

유압과 같이 서지(surge) 압력이 발생하지 않으므로 과부하에 대해 안전하다.

(2) 공압 기술의 단점

① 큰 힘을 얻을 수 없다.

공기는 큰 힘을 가하여 압축한다. 이것은 전항에서 설명한 것처럼 탄력성이 있어 장점인 반면, 유압과 같이 큰 힘을 얻을 수 없다. 공압에서는 압축성과 공압 기기들의 내구성 등으로 인해 10 kgf/cm^2 까지가 한계이므로 출력면에서는 유압과 비교가 안 된다.

② 정밀한 속도 제어가 곤란하고 효율이 나쁘다.

공압은 압축성 유체이므로 액추에이터의 위치 제어가 곤란하고, 또한 부하 변동시 작동 속도가 영향을 받기 때문에 정밀한 속도 제어가 어렵다.

이상의 장단점을 비교하여 표로 정리한 것이 표 1-1이다. 표에서는 공압과 유압 외에도 전기 방식과 기계 방식 등에 대해서도 비교하였다.

표 1-1 각종 동력 전달과 제어 방식의 비교

항목 \ 전달 방식	공 압	유 압	전 기	기 계
에너지 축적	공기탱크에 의한 저장으로 간단	어큐뮬레이터로 저장	직류만 콘덴서로 저장	스프링, 추 등 소규모
동력원의 집중	용이	곤란	용이	다소 곤란
동력원의 발생	다소 용이	다소 곤란	용이	곤란
인화 · 폭발	압축성에 의한 폭발을 제외하고는 염려 없음	작동유가 인화성이 있음	누전에 의한 가스 등에 인화성	영향 없음
외부 누설	영향 없음	오염, 인화	감전, 인화	관계 없음
과부하 안전 대책	압력 조절 밸브	릴리프 밸브	복잡	복잡

(표 1-1 계속)

항목 \ 전달 방식	공 압	유 압	전 기	기 계
출력 유지	용이	다소 곤란	곤란	곤란
작동 속도	10 m/sec 도 가능 (대)	1 m/sec 정도(중)	가장 빠르다.	소
보수 관리	용이	다소 곤란	다소 곤란	용이
에너지 변환 효율	다소 나쁘다.	다소 좋다.	좋다.	다소 좋다.
출력	중(1 ton 정도)	대(10 ton 이상 가능)	중	소
속도 제어	다소 나쁘다.	우수하다.	우수하다.	나쁘다.
중간 정지	곤란	용이	용이	다소 곤란
응답성	나쁘다.	좋다	매우 좋다.	좋다.
부하 특성	변동이 크다.	조금 있다.	거의 없음	거의 없음
소음	크다.	다소 크다.	적다.	적다.

1.1.4 공압의 이용 분야

최근 자동화에 의한 생산 공정 개선이 가속화됨에 따라 공압은 여러 분야에서 많이 활용되고 있으며, 특히 간이 자동화(low cost automation)에 주로 활용되고 있다. 또한 전자 제어 기기의 발달과 가격 저하로 공압과 전기・전자 제어가 병용되어 프로그래머블 컨트롤러와 매칭되어 사용되고 있으며, 액추에이터도 종래의 ON-OFF적 제어에서 임의 위치 제어를 할 수 있는 아날로그적 운동이 가능한 것도 개발되고 있다. 공압 에너지의 이용 분야를 살펴보면 다음과 같다.

① 액추에이터에 압축 공기를 공급하여 힘을 얻는 방법과, 압축 공기의 분출유(噴出流)를 이용하는 방법이 있다. 전자는 자동화에 가장 일반적으로 사용되는 방법이며, 후자는 최근에 그 이용 방법이 더욱 주목되고 있다. 분출류를 이용하는 예는 공기 커튼, 공압 반송, 에어 제트에 의한 검출, 공압 베어링 및 공압 자동 직기(自動織機) 등을 들 수 있다.

② 압력의 범위로는 4~6 kgf/cm^2 의 압력을 이용하는 일반 산업 분야와 1 kgf/cm^2 전후의 압력을 이용하는 프로세스 제어 분야로 크게 구별된다.

③ 산업별로는 석유 화학 등의 무휴 운전(無休運轉)으로 내환경성이 중시되는 분

야, 의료·식품 등 인체에 해를 끼치지 않아야 하는 분야, 차량 등 안전과 신뢰성을 요구하는 분야, 반도체 산업 등의 소형, 기밀, 방진 등을 매우 중요시하는 분야 등 여러 분야에서 이용된다.

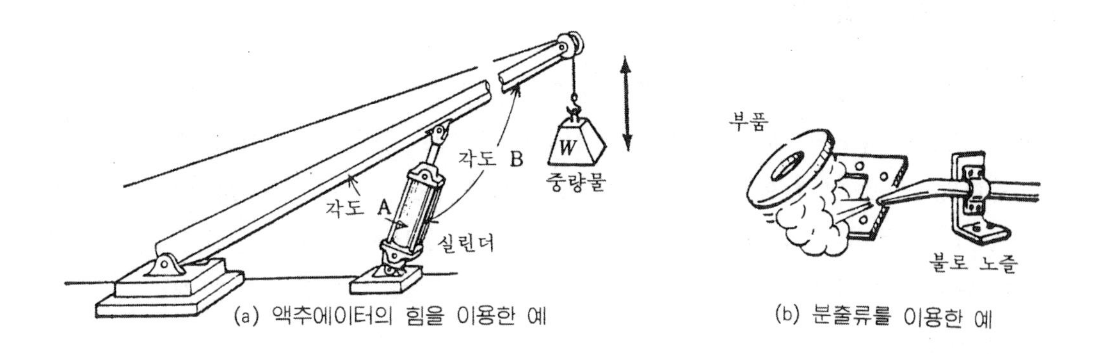

(a) 액추에이터의 힘을 이용한 예
(b) 분출류를 이용한 예

그림 1-3 공압의 응용 예

④ 기능별로는 가공 공정 자동화, 용접 자동화, 포장 자동화, 조립 자동화, 반송 자동화 및 계측 자동화 등에 이용되며 작동 횟수와 빈도도 연간 수회에서 수억회 작동하는 분야까지 활용된다.

연습 문제

1. 공압의 원리에 대하여 정의하라.
2. 다른 에너지 방식에 비해 공압의 장점을 기술하라.
3. 공압의 단점과 그 해결 대책을 서술하라.
4. 공압 시스템의 과부하에 대한 안전 대책을 설명하라.
5. 공압 방식의 에너지 축적 원리를 설명하라.
6. 산업 분야에서 공압의 이용 예를 5가지만 들고 설명하라.
7. 산업 분야 이외에서 공압을 이용 예를 3가지만 들고 설명하라.

1.2 공압의 기초 지식

1.2.1 공기의 성질

우리들이 살고 있는 지구의 둘레는 1000 km 상공까지 대기로 덮여 있으며 지표면에서 15 km 정도의 대류권에 있는 기체를 공기라 한다. 이 공기의 주성분은 질소 78.03 %, 산소 20.99 %와 기타 가스의 혼합물이고 수분을 함유하지 않은 건조 공기는 무색, 무미, 무취의 가스이나 실제 공기는 수분과 먼지를 함유한 습공기이며, 이 수분은 공기 압축에 의한 공압 에너지 생성시에 드레인으로 발생되어 녹이 슬거나 결빙하여 공압 제어의 작동 불량의 원인이 되기도 한다.

표 1-2는 대기의 성분을 나타낸 것이다.

표 1-2 대기의 성분

성분	질소(N_2)	산소(O_2)	아르곤(Ar)	이산화탄소(CO_2)	수소(H_2)	기타 네온(Ne), 헬륨(He) 등
체적(%)	78.03	20.99	0.933	0.03	0.01	나머지

(1) 대기의 압력과 단위

압력의 정의

압력(pressure)이란 물체의 단위 표면적에 가해지는 힘의 크기로 정의되며, 그 단위는 각국마다 다르게 사용되어 왔는데 우리 나라에서는 킬로그램/평방 센티미터인 kgf/cm^{2}을 사용하고 있고, 미국에서는 파운드/평방 인치인 pound/inch sq=psi 단위를 사용하고 있다. 그러나 국제 단위계인 SI 단위계에서는 압력 단위로 파스칼(Pa)을 사용한다. 즉, 과거에는 각국마다 단위를 다르게 사용하였으나 국제 간 상거래를 원활히 하기 위해 국제 단위계를 정해 놓은 것이 SI 단위계이며, 힘은 뉴턴(N), 압력은 파스칼(Pa) 등이 국제 표준 단위이다.

대기인 공기도 물질이며 질량을 가지고 있으므로 지구 인력이 작용하여 지표 1cm^2 당 공기의 중량 1.033 kgf의 힘이 가하여지고 이를 대기압이라 한다. 이 대기압은 우리 몸으로는 느끼지 못하지만 항상 작용하고 있다.

공기 압력을 나타내는 방법은 기준 설정에 따라 게이지 압력과 절대 압력으로 구별된다.

게이지 압력은 대기압을 0으로 하여 측정한 값을 말하며, kgf/cm^2 G로 표시하거나 일반적인 계산식의 기준값으로 사용하기 때문에 kgf/cm^2로 표시하는 경우가 많다. 게이지 압력에는 대기압보다 높은 압력을 (+)게이지 압력, 대기압보다 낮은 압력을 (−)게이지 압력 또는 진공압이라 한다.

절대 압력은 완전 진공 0을 기준으로 표시한 값을 말하고, 대기압과 게이지 압력의 합으로 나타내며 kgf/cm^2 abs로 표시한다.

절대 압력과 게이지 압력과의 관계는 다음과 같다.

절대 압력 = 게이지 압력 + 표준 대기압($1.0332\,kgf/cm^2$) : 대기압보다 클 때
= 표준 대기압 − 진공도 : 대기압보다 작을 때

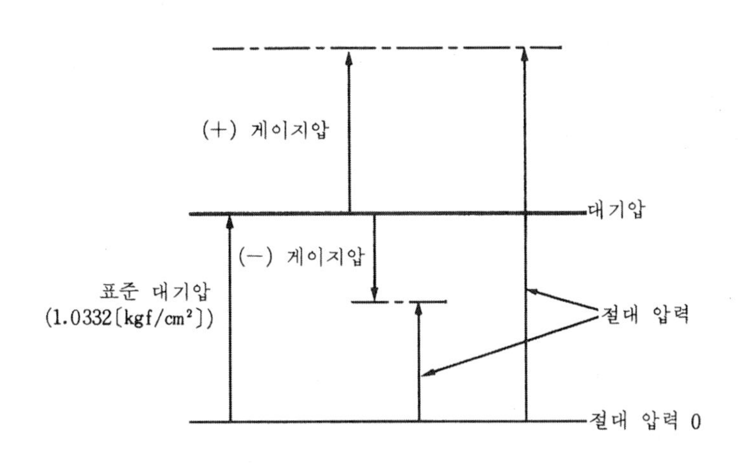

그림 1−4 절대 압력과 게이지 압력

공기 압력을 표시하는 방법으로는 표 1−3의 압력 단위가 사용된다. SI 단위계에서는 힘의 단위로 뉴턴(N)을 사용하고 압력의 단위로는 파스칼(Pa)을 사용한다. 그러나 파스칼 단위는 매우 작으므로 10^3배한 kPa이나 10^6배한 MPa이 자주 사용된다.

진공인 경우에는 그 진공도에 따라 절대 압력과 게이지 압력이 구분 사용된다. 즉, 진공도가 높지 않은 경우에는 게이지 압력으로 나타내며, 완전 진공에 가까운 고진공도인 경우에는 절대 압력으로 표시한다.

표 1-3 압력 단위의 환산표

Pa (파스칼)	bar (바)	kgf/cm^2	atm (표준 대기압)	mmH$_2$O (수주)	mmHg (수은주)	psi
1	1×10^{-5}	1.01972×10^{-5}	9.86923×10^{-5}	1.01972×10^{-1}	7.50062×10^{-3}	1.45038×10^{-4}
1×10^5	1	1.01972	9.86923×10^{-1}	1.01972×10^4	7.50062×10^2	1.45038×10
9.80665×10^4	9.80665×10^{-1}	1	9.67841×10^{-1}	1×10^4	7.35559×10^2	1.42234×10
1.01325×10^5	1.01325	1.03323	1	1.03323×10^4	7.60×10^2	1.46960×10
9.80665	9.80665×10^{-5}	1×10^{-4}	9.67841×10^{-5}	1	7.35559×10^{-2}	1.42234×10^{-3}
1.33322×10^2	1.33322×10^{-3}	1.35951×10^{-3}	1.31579×10^{-3}	1.35951×10^{-3}	1	1.93368×10^{-2}
6.89473×10^3	6.89473×10^{-2}	7.03065×10^{-2}	6.80457×10^{-2}	7.03067×10^2	5.17147×10	1

(2) 공기 중의 습도

수분을 함유한 공기를 습공기라 하며, 습공기 속에 얼마만큼의 수분이 함유되어 있는가의 비율을 습도라 한다. 습도를 나타내는 방법에는 절대 습도와 상대 습도가 있으나 대부분은 상대습도가 이용된다.

대기중에는 수분이 수증기의 상태로 존재하고 있으며, 이 수증기는 일정량 이상이 되면 과잉 수증기분은 물방울(드레인)로 되어 분리된다. 이 일정량은 공기의 온도와 압력에 따라 변화하는데 그 양을 포화 수증기량이라 한다.

A. 상대 습도 (φ)

상대 습도 φ는 습공기 중에 포함되어 있는 수증기의 양이나 수증기의 압력이 포화상태에 대한 비율이며 다음 식으로 나타낸다.

$$\varphi = \frac{\text{현존하는 수증기량}(\mathrm{g/m^3})}{\text{그 온도에서의 포화 수증기량}(\mathrm{g/m^3})} = \frac{\text{절대습도}}{\text{포화량}} \times 100\ (\%)$$

B. 절대 습도 (x)

절대 습도 x는 습공기 $1\,\mathrm{m^3}$당 포함되어 있는 건조 공기의 중량 W_a와 수증기의 중량 W_s의 비를 말한다.

$$x = \frac{W_s}{W_a}$$

이 절대 습도는 습공기 중의 수증기량을 증감시키지 않고 온도를 변화시켜도 변하지 않는다.

온도가 낮아지면 포화 압력이나 포화 수증기량은 저하되므로 상대 습도가 높게 되고 포화 상태가 되어 이슬이 맺힌다. 이 이슬이 맺힐 때의 온도를 그 공기의 노점(dew point)이라 한다.

공기를 압축시 그 온도에 해당하는 포화 증기압에는 대부분 미치지 못하므로 드레인량을 고려시 압력에는 무관하다고 보아도 무방하며, 압축 후의 온도 또는 냉각시에는 압축 후의 냉각온도에 대한 포화 수증기량을 표 1-4에서 찾아 체적의 변화량을 계산한 후 드레인량을 구하면 된다

표 1-4 포화 수증기량 표(상대 습도 100 %)

(단위=g/m^3)

		1℃ 단위의 온도									
		0	1	2	3	4	5	6	7	8	9
10℃ 단위의 온도	90	418	433	449	465	481	498	515	532	551	569
	80	291	302	313	325	337	350	363	376	390	404
	70	197	205	213	222	231	240	250	259	270	280
	60	130	135	141	147	154	160	167	174	182	189
	50	82.8	86.7	90.8	95.0	99.5	104	109	114	119	124
	40	51.1	53.7	56.4	59.3	62.2	65.3	68.5	71.9	75.4	79.0
	30	30.3	32.0	33.7	35.6	37.6	39.6	41.7	43.9	46.2	48.6
	20	17.2	18.3	19.4	20.6	21.8	23.0	24.4	25.8	27.2	28.7
	10	9.39	10.0	10.7	11.3	12.1	12.8	13.6	14.5	15.4	16.3
	0	4.85	5.19	5.56	5.94	6.36	6.79	7.26	7.75	8.27	8.82
	−0	4.84	4.48	4.13	3.82	3.52	3.24	2.99	2.75	2.53	2.33
	−10	2.14	1096	1.80	1.65	1.51	1.39	1.27	1.16	1.06	0.967
	−20	0.882	0.804	0.732	0.667	0.607	0.551	0.501	0.454	0.412	0.373
	−30	0.338	0.305	0.276	0.249	0.225	0.203	0.183	0.164	0.148	0.133

【포화 수증기량 표를 보는 법】

표를 보는 방법은 세로에 10℃ 단위의 온도, 가로에 1℃ 단위의 온도로 구분하고 있다.

【예】 27℃때의 포화 수증기를 구하면 아래와 같이 25.8 g/m^{3}을 선별할 수 있다.

		1℃ 단위의 온도								
		0	1	2	3	4	5	6	7	8
10℃ 단위의 온도	60									
	50									
	40									
	30									
	20								25.8	
	10									
	0									
	-10									

드레인량을 구하는 식은 다음과 같다.

$$Dr = \{(rs_1 \cdot \frac{\varphi}{100}) \times V_1\} - \{rs_2 \times V_2\}$$

여기서, Dr : 드레인 발생량 (g)

rs_1 : 최초 상태의 온도에 해당하는 공기의 포화 수증기량 (g/m^3)

rs_2 : 최종 상태의 온도에 해당하는 공기의 포화 수증기량 (g/m^3)

φ : 최초 상태의 공기의 상대 습도 (%)

V_1 : 최초 상태의 공기 체적 (m^3)

V_2 : 최종 상태의 공기 체적 (m^3)

단 V_2는 $P_1 V_1 = P_2 V_2$에 의해 계산

예제 상대습도 80%, 공기온도 30℃, 공기체적 $8m^3$의 대기를 압력 $6[kgf/cm^2]$까지 압축한 후 냉각하여 온도가 20℃까지 되었을 때 발생되는 드레인 양은 얼마인가?

풀이 30℃에서의 공기의 포화 수증기량은 표 1-4에서 30.3 g/m^3

20℃에서의 공기의 포화 수증기량은 표 1-4에서 17.2 g/m^3을 구한 후

$$Dr = \{(rs_1 \cdot \frac{\varphi}{100)} \times V_1\} - \{rs_2 \times V_2\}$$

$$= \{(30.3 \cdot \frac{80}{100}) \times 8\} - \{17.2 \times 1.4\}$$

$\fallingdotseq$ 169.8 (g)

1.2.2 공기의 상태 변화

공기뿐 아니라 모든 기체는 압력, 체적, 온도의 세 가지 중요한 요소가 있으며 이 세 가지 요소의 사이에는 일정한 관계가 있다.

따라서 이 세 변수 중 두 변수가 정해져 있으면 나머지 하나는 자연히 결정되며 이 세 가지 요소 간의 관계식을 상태식이라 한다.

이 법칙은 보일(Boyle)과 샤를(Charles)에 의해 발견되었다.

(1) 보일의 법칙

기체의 온도를 일정하게 유지하면서 압력 및 체적이 변화시, 압력과 체적은 서로 반비례한다. 이것을 보일의 법칙이라 하고 이 법칙을 수식으로 나타내면 다음과 같다.

$$P_1 V_1 = P_2 V_2 = \text{일정}$$

여기서, P : 절대 압력 (kgf/cm^2)

V : 체적 (cm^3)

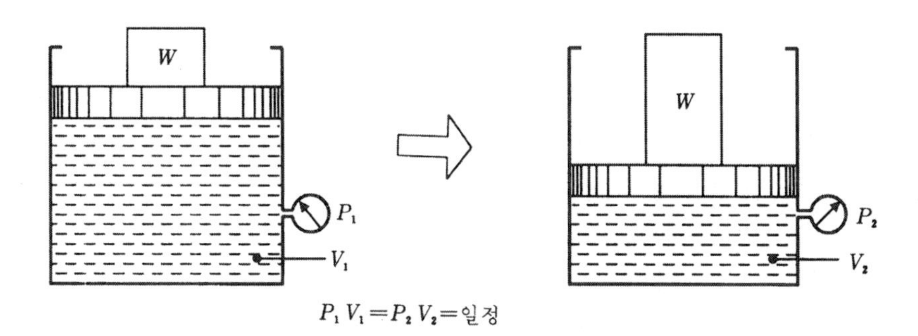

그림 1-5 보일의 법칙

(2) 샤를의 법칙

기체의 압력을 일정하게 유지하면서 체적 및 온도가 변화시, 체적과 온도는 서로 비례한다. 이것을 샤를의 법칙이라고 하고 이 법칙을 수식으로 나타내면 다음과 같다.

$$\frac{T_1}{T_2} = \frac{V_1}{V_2} = \text{일정}$$

여기서, T : 절대 온도 (K)
V : 체적 (cm^3)

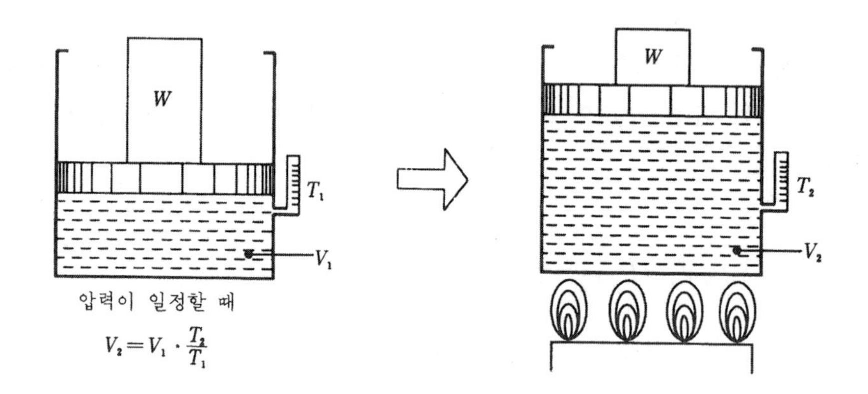

그림 1-6 샤를의 법칙

(3) 보일 · 샤를의 법칙

기체의 압력, 체적, 온도 세 가지가 모두 변화시에는 위의 두 법칙을 하나로 모은 것이 필요해지며 이것을 보일 · 샤를의 법칙이라고 한다.

즉, 일정량 기체의 체적은 압력에 반비례하고 절대온도에 비례한다는 것을 의미하며, 이것을 식으로 나타내면 다음과 같다.

$$\frac{P_1 V_1}{T_1} = \frac{P_2 V_2}{T_2} = \text{일정}$$

즉 $$PV = GRT$$

여기서, G : 기체의 중량 (kgf)

R : 기체 상수 (kgf · m/kg·K)

(공기의 경우 R=29.27)

1.2.3 파스칼(Pascal)의 원리(압력의 전달)

밀폐된 용기 속에 정지 유체의 일부에 가해지는 압력은 유체의 모든 부분에 동일한 힘으로 동시에 전달된다. 이것을 파스칼의 원리라고 하는데 이것을 정리하면 다음과 같다.

① 경계를 이루고 있는 어떤 표면 위에 정지하고 있는 유체의 압력은 그 표면에 수직으로 작용한다.

② 정지 유체 내의 점에 작용하는 압력의 크기는 모든 방향으로 같게 작용한다.

③ 정지하고 있는 유체 중의 압력은 그 무게가 무시될 수 있으면, 그 유체 내의 어디서나 같다.

즉 정지하고 있는 유체 속에 ΔA인 면과 여기에 미치는 힘을 ΔF라 하면 그 압력의 세기 P는

$$P = \lim_{\Delta A \to 0} \frac{\Delta F}{\Delta A} = \frac{dF}{dA}$$

로 나타내며, P는 $\Delta A \to 0$ 점에 있어서의 압력의 세기로서 보통 압력(pressure)이라 한다. 전압력 P가 전면적 A에 균일하게 작용할 때에는

$$P = \frac{F}{A}$$

로 표시된다.

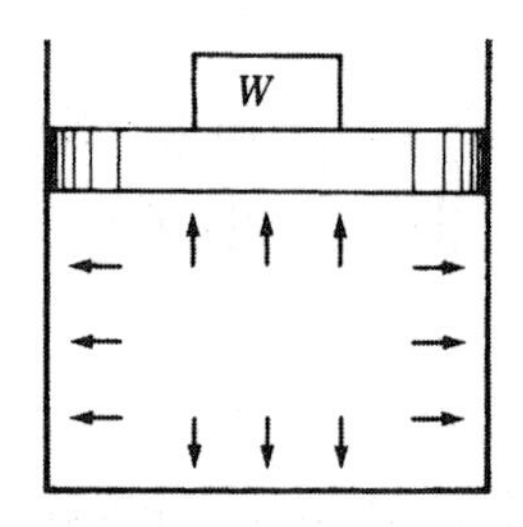

그림 1-7 파스칼의 원리

그림 1-8은 압력의 전달 원리를 설명한 것이다. 그림에서와 같이 실린더 안에 액체를 채우고 피스톤 단면적 A_1, A_2에 F_1 및 F_2의 힘이 가해졌다고 하면, 이들 사이에 마찰은 없고 이 부분으로부터 누설도 없으며 또한 전달에 의한 에너지 손실도 없다고 하면, 두 개의 실린더 내에 발생하는 압력은 다음 식으로 나타낼 수 있다.

$$P = \frac{F_1}{A_1} = \frac{F_2}{A_2}$$

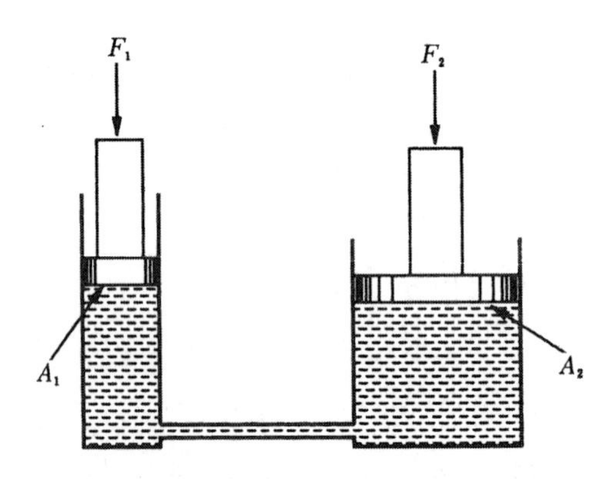

그림 1-8 압력의 전달

단, 실린더 내 액체의 높이 차에 의한 압력의 차이는 P값에 비해 매우 작으므로 무시하고 있다.

위의 식에서

$$F_2 = F_1 \cdot \frac{A_2}{A_1}$$

가 얻어진다. 즉 힘은 피스톤의 단면적에 비례하므로 A_2에 비해 A_1이 작으면 F_1에 비해 충분히 큰 힘 F_2가 얻어진다. 유압 프레스나 수압기가 이 원리를 응용한 것이다.

연습 문제

1. 압력의 정의에 대해 기술하라.
2. 게이지 압력과 절대 압력의 정의에 대해 기술하라.
3. 표준 대기압은 얼마인가?
4. 게이지로 측정한 압력이 5 kgf/cm^{2}이었다면 절대 압력은 얼마인가?
5. 상대 습도를 정의하라.
6. 보일의 법칙에 대해 설명하라.
7. 샤를의 법칙에 대해 설명하라.
8. 파스칼의 원리에 대해 설명하라.
9. 18℃일 때의 포화 수증기량을 표 1-4에서 구하라.
10. 상대 습도 85 %, 공기 온도 28℃, 공기 체적 8 m^{3}의 대기를 8 kgf/cm^{2}까지 압축한 후 냉각하여 온도가 22℃까지 되었을 때 발생되는 드레인량을 구하라.

제 2 장 공압의 발생

2.1 공압 발생 장치

공압을 이용하여 일을 하려면 먼저 요구되는 작업 압력까지 공기를 압축해야 하며, 공기를 압축하고 정화시키기 위해서는 공기 압축기, 저장 탱크, 후부 냉각기, 에어 드라이어, 배관 및 공압 조정 유닛 등의 압축 공기 생산 설비가 필요하게 된다.

공압 발생 장치는 크게 공기 압축기와 송풍기로 분류되는데, 토출 압력이 1 kgf/cm^2 미만의 것을 일반적으로 송풍기라 부르며, 토출 압력이 1 kgf/cm^2 이상의 것을 공기 압축기라 부른다.

송풍기는 다시 팬과 블로어로 나뉘어지며 토출 압력이 0.1 kgf/cm^2 미만을 블로어, 그 이상은 팬이라 부르고 있다. 따라서 대부분이 4~6 kgf/cm^{2}의 공기 압력을 사용 압력으로 하는 자동화용 공압 발생 장치로 사용되는 것은 공기 압축기로서 일반적으로 컴프레서라고 부르는 경우가 많다.

그 밖에도 공기 압축기는 작동 원리에 따라 그림 2-1과 같이 분류되며, 출력이나 토출 압력에 따라서도 표 2-1 및 표 2-2와 같이 분류된다.

표 2-1 토출 압력에 따른 공기 압축기의 분류

구분	내용
저 압	토출 공기 압력이 1~8 kgf/cm^2
중 압	토출 공기 압력이 10~16 kgf/cm^2
고 압	토출 공기 압력이 16 kgf/cm^2 이상

표 2-2 출력에 따른 공기 압축기의 분류

구분	내용
소 형	공냉식으로서 출력은 0.2 kW(1/4 HP) ~ 7.5 kW(10 HP)
중 형	공냉, 수냉식으로 나뉘어지고 출력은 7.5 kW(10 HP) ~ 75 kW(100 HP)
대 형	수냉식으로서 출력은 75 kW(100 HP) 이상

2.1.1 공기 압축기의 구조와 원리

(1) 왕복식 공기 압축기

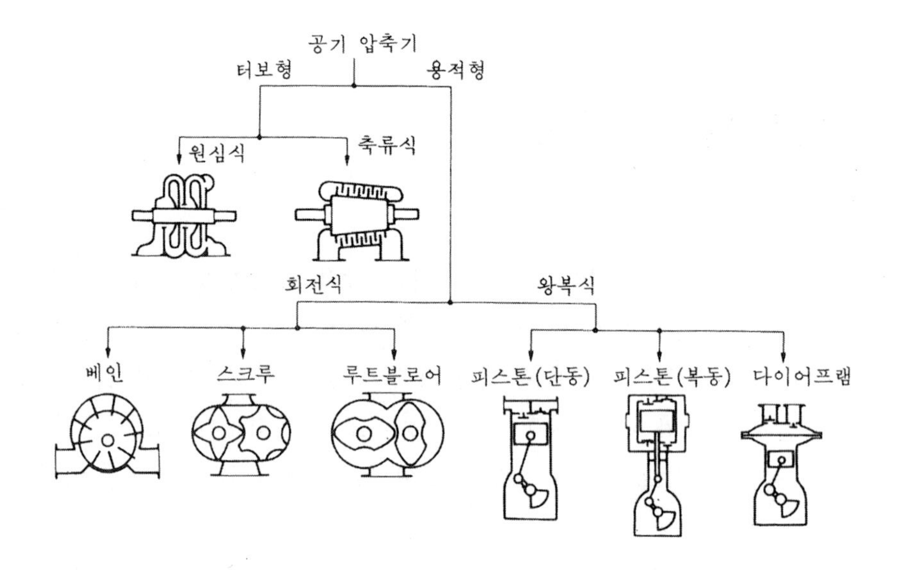

그림 2-1 작동 원리에 따른 공기 압축기의 분류

왕복식 압축기는 왕복 운동을 하는 피스톤이나 다이어프램에 의해 실린더 내용적(內容積)을 증가시키는 행정에서 흡입 밸브를 열어 공기를 흡입하고, 실린더 내용적이 줄어드는 행정에서 흡입 공기를 압축한 후 토출 밸브를 열어 토출하는 원리로 피스톤식과 다이어프램식으로 대별된다.

피스톤 왕복식 압축기는 낮은 압력에서부터 높은 압력까지 사용할 수 있어 오늘날 가장 널리 사용되고 있는 압축기로서 그 구조 원리를 그림 2-2에 나타냈다. 그림 (a)는 피스톤이 하강하면서 흡입 밸브를 열고 공기를 흡입하는 행정이고, 그림 (b)는 피스톤이 상승하면서 흡입된 공기를 압축하는 행정이다.

그림 2-2는 1단식 피스톤 압축기이나 피스톤식 압축기에는 이외에도 2단식 등의 다단식 압축기가 있고, 냉각 방법에 따라서도 공랭식과 수냉식으로 나뉘어지는데 주로 소형의 압축기는 공랭식을 채용하며 중·대형에서는 수냉식 냉각방법을 채용한다. 또한, 피스톤 압축기는 압축기 실내의 마찰 부분에 윤활을 하는 급유식이 대부분이나, 다이어프램식 압축기는 급유를 하지 않는 무급유식이라는 특징을 가지고 있다.

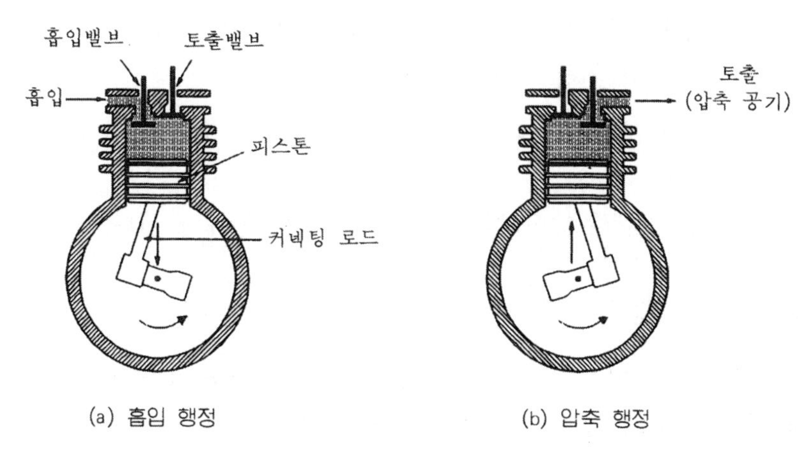

그림 2-2 1단 피스톤 압축기

피스톤 압축기의 일반적인 압축 능력은 다음과 같다.

1단 압축 : 12 kgf/cm^{2}까지

2단 압축 : 30 kgf/cm^{2}까지

3단 압축 : 220 kgf/cm^{2}까지

이는 기술적인 압축 능력으로 실제적으로는 이보다 다소 떨어진다.

(2) 스크루식 압축기

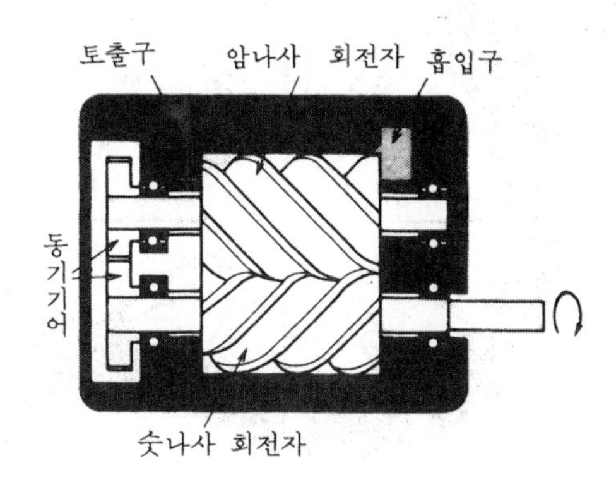

그림 2-3 스크루식 압축기의 구조 원리(2축형)

스크루 압축기는 그림 2-3과 같이 암, 수 2개의 나사형 회전자를 서로 맞물려 케이싱에 둘러싸인 공간으로 배제용적을 형성하여, 나사형 회전자의 회전에 의해 공간의 용적이 축 방향으로 압축되어 토출한다. 이들 흡입, 압축, 토출의 각 행정은 회전자의 회전과 함께 연속적으로 이루어지므로 왕복식 압축기에서와 같은 토출 공기의 맥동이 없으며 다음과 같은 특징이 있다.

① 회전축이 평행하므로 고속 회전이 가능하고 진동이 적다.
② 저주파 소음이 적고 소음 제거가 용이하다.
③ 연속적으로 압축 공기가 토출되므로 맥동이 없고, 큰 공기 탱크가 필요하지 않다.
④ 압축기 실내의 섭동 부분이 적으므로 급유하지 않아도 된다.

(3) 베인식 압축기

베인식 압축기는 케이싱 내에 축과 편심된 로터(rotor)가 있으며, 이 로터의 방사상 홈에 베인(vane)이 삽입되어 있고, 케이싱과 베인에 의해 둘러싸인 용적에 공기가 흡입되고 로터의 회전에 의해 압축되어 토출된다. 즉, 로터가 회전함에 따라 용적이 변화하고 토출구에 도달할 때 소정의 공기 압력으로 상승되는 구조이므로, 왕복식 압축기처럼 흡입 밸브나 토출 밸브가 없다.

베인 압축기의 특징은 압축 공기의 공급을 부드럽게 연속적으로 공급하므로 맥동(脈動)과 소음이 적고 크기가 소형이어서 공압 모터 등의 공압원으로 많이 이용된다.

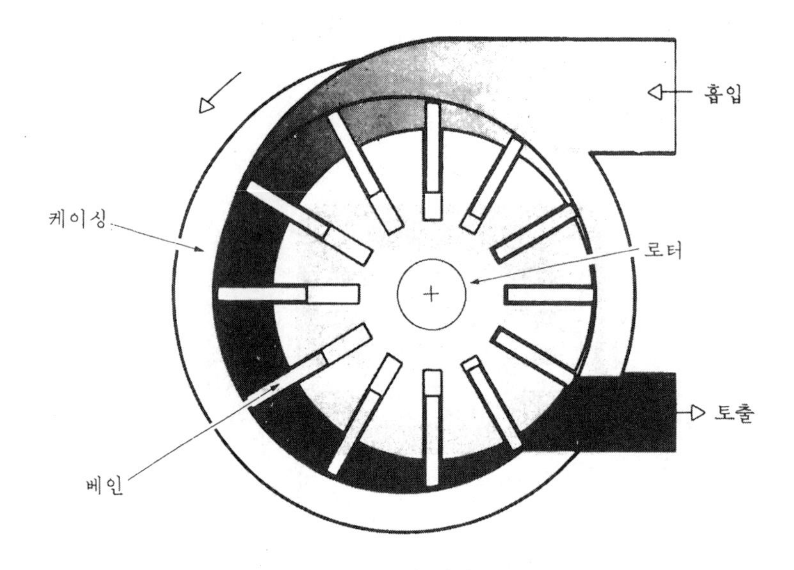

그림 2-4 베인 압축기의 원리

(4) 루트 블로어

루트 블로어는 두 개의 회전자를 90° 위상 변화를 주고, 회전자끼리 미소한 간격을 유지하면서 서로 반대 방향으로 회전하며, 흡입구에서 흡입된 공기는 회전자와 케이싱 사이에서 밀폐되어 체적 변화 없이 토출구쪽으로 이동되어 토출된다.

루트 블로어의 특징은 비접촉형이므로 무급유식으로 소형, 고압의 송풍이 가능하지만 토크 변동이 크고 소음이 크므로 특수 형상의 회전자를 사용하는 경우가 많다.

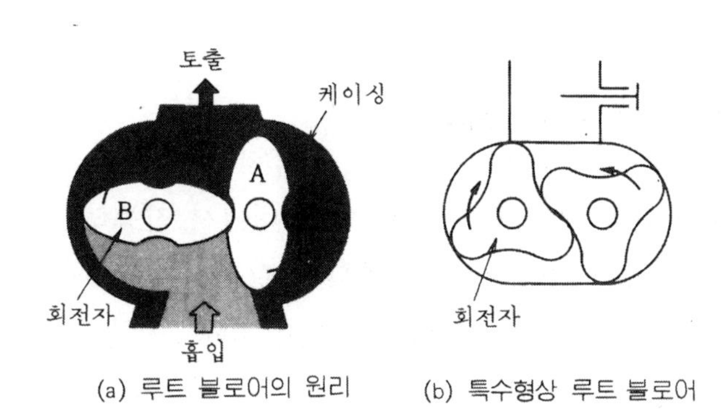

(a) 루트 블로어의 원리 (b) 특수형상 루트 블로어

그림 2-5 루트 블로어

(5) 터보형 압축기

이 압축기는 공기의 동역학적 유동 원리를 이용하여 익차(翼車)를 고속으로 회전시켜 날개를 통과하는 기체의 운동량을 증가시켜 압력과 속도를 높이는 것으로서, 축류식과 원심식이 있다. 축류식은 공기가 날개에 의해 축방향으로 가속되는 것으로서 케이싱에 설치된 고정 날개를 지날 때 압력이 상승된다. 원심식 터보 압축기는 날개에 의해 공기가 반경 방향으로 압축되며, 다음 날개의 축방향으로 흡입되어 다시 가속되는 압축기를 말한다.

표 2-3 각종 공기 압축기의 특징 비교

특성 \ 분류	왕복식	회전식	터보식
구조	비교적 간단	간단하고 섭동부가 적다.	대형으로 되기 쉽고 복잡하다.
진동	비교적 많다.	적다.	적다.
소음	비교적 높다.	적다.	적다.
보수성	좋다.	섭동부품의 정기 교환이 필요	비교적 좋으나 오버홀이 필요
토출 공기 압력	중·고압	중압	표준 압력
가격	싸다.	비교적 비싸다.	비싸다.

터보형 압축기는 회전 운동만 하므로 진동이 적고 고속 회전이 가능하고 토출시 공기 압력에 의한 맥동이 없다. 또, 왕복 압축기와 같이 흡입, 토출 밸브가 없으므로 고장이 적고, 압축 부분에 윤활이 필요 없으므로 무급유가 가능한 특징으로, 유량이 많이 필요한 곳에 적당하다.

2.1.2 공기 압축기의 제어

공기 압축기를 운전할 때는 적정 압력 범위 내에서 작동하도록 제어하지 않으면 고압으로 되어 공기 압축기에 무리한 부하가 걸리거나 또는 낮은 압력으로 되어 액추에이터의 힘의 저하나 작동 불량의 원인이 되기도 한다.

공기 압축기의 압력을 제어하는 방법에는 크게 무부하 조절 방식과 ON-OFF 조절 방식으로 나누어지며 각각의 제어 원리는 다음과 같다.

(1) 무부하 조절

A. 배기 조절

가장 간단한 조절 방법으로, 탱크 내의 압력이 설정된 압력에 도달하면 안전 밸브가 열려서 압축 공기를 대기 중으로 방출시켜 설정 압력으로 조절하는 방법이며, 연속 사용하는 도장용 스프레이건, 공압 구동 공구, 샌드 블라스트 등 7 kgf/cm^2 이하의 압력으로 많은 공기량이 사용될 때 사용된다. 그림 2-6의 배기 조절 방식 예에서 압축기와 탱크 사이의 체크 밸브는 탱크가 완전히 비는 것을 방지해 준다.

B. 차단 조절

이 조절 방식은 그림 2-7에 그 일례를 나타낸 것과 같이 압축기의 흡입구를 차단하여 압력을 낮추는 방법으로서, 흡입구를 닫음으로써 공기를 흡입하지 못하게 하여 대기압보다 낮은 진공 범위의 압력에서 계속적으로 운전하게 된다.

이 형태의 조절은 회전 피스톤 압축기와 왕복 피스톤 압축기에 많이 사용된다.

C. 그립 암(grip arm) 조절

이 방식은 피스톤 압축기와 같이 흡입·토출 밸브가 있는 형식에만 이용되는 방식으로, 압력이 상승되면 피스톤이 상승시에도 흡입 밸브가 그립-암에 의해 열려 있으므로 공기를 압축할 수 없어, 압축 공기를 생산할 수 없게 하는 조절 방법이다.

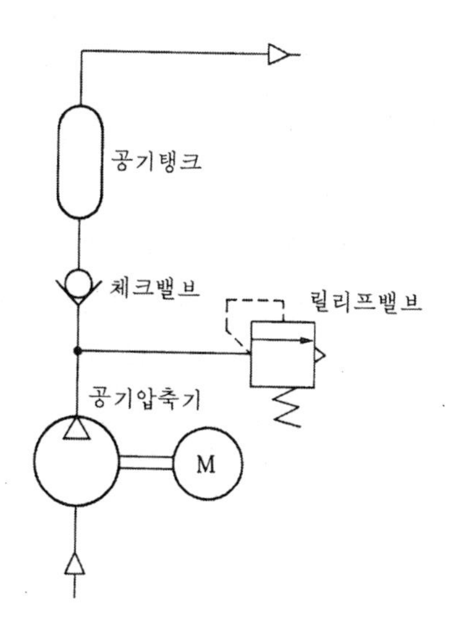

그림 2-6 배기 조절

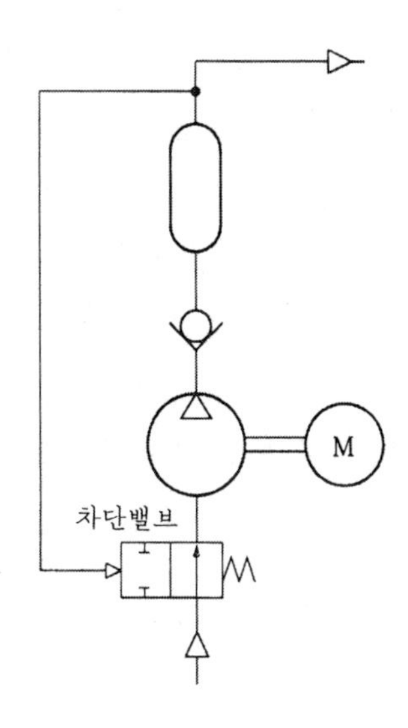

그림 2-7 차단 조절

(2) ON - OFF 제어

이 제어 방식은 압축기의 운전과 정지를 반복시키며 압력을 조절하는 방식으로, 압축기의 구동 모터는 최대 설정 압력에 도달되면 압력 스위치에 의해 정지하고, 최소 설정 압력까지 떨어지면 다시 작동되는 원리이다.

공기 압축기를 ON-OFF 제어하려면 기본적으로 압력 스위치와 공기 탱크가 필요하며 스위칭 횟수를 줄이기 위해서는 비교적 대용량의 공기 탱크가 필요하다. 공장 내의 공기 압축기는 대부분 이 ON-OFF 제어 방식에 의해 운전되며, 높은 압력을 사용하는 경우나 단속 작업 등에 적당한 조절 방법이다.

2.1.3 공기 압축기의 선정

공기 압축기는 토출 공기량, 사용 압력, 부하 변동 여부 등을 기초로 압축기의 형식, 용량, 제어 방법, 수량 등을 결정한다.

(1) 공기 압력과 토출 공기량에 따른 기종 선정

사용 공기 압력과 토출량은 그 시스템의 종류와 규모 등을 고려하여 설계자가 결정하는 것이며, 그 결과를 참고하여 적용 범위 내의 공기 압축기 형식을 결정한다.

공압 액추에이터나 공압 기기의 작동 압력은 주로 4~6 kgf/cm^{2}의 압력이 사용되고, 프레스 기계용이나 계장용으로도 7~8 kgf/cm^2 정도이다. 그러나 공기 압축기에서 토출되는 압력이나 유량은 배관과 공압 기기 등에서의 압력 강하를 고려하여 20 % 정도의 여유를 주어야 한다. 사용하는 공기 압력과 필요 공기량이 결정되면 그림 2-8에 나타낸 적용 범위에서 공기 압축기의 형식을 결정한다. 통상적으로 공압 시스템에서의 사용 공기 압력의 상한치는 10 kgf/cm^2 정도이므로 압축기의 기종은 왕복식이나 회전식 압축기가 적당하다. 압축기를 사용할 때 필요 이상의 고압으로 토출시켜 감압한 후 사용하기보다는 적정 토출 압력으로 운전하는 것이 에너지 효율상 좋다.

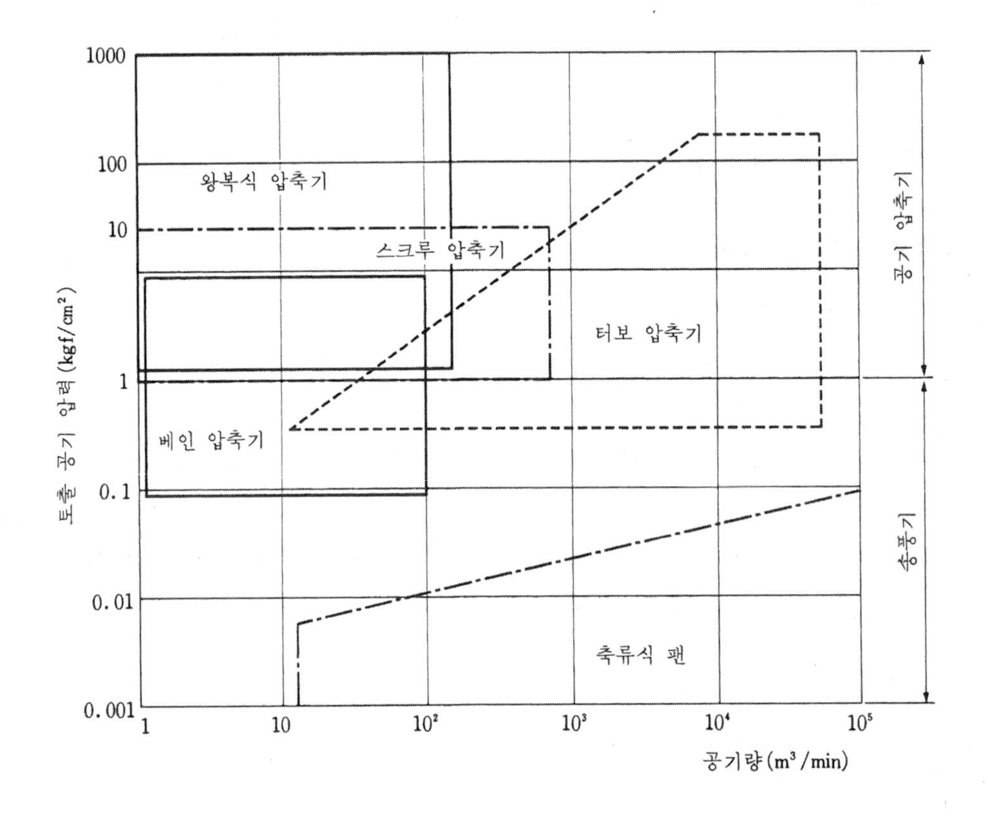

그림 2-8 공기 압축기의 적용 범위

(2) 공기 압축기의 용량

기종이 결정되고 공압 시스템에서 필요로 하는 공기의 소모량이 계산되면, 이에 따른 토출 공기량을 선정하여야 한다.

공기 소비량에서 필요로 하는 공기 압축기의 피스톤 배제량은

$$V = \frac{Q(P+1.033)}{1.033\alpha} \quad (m^3/min)$$

V : 왕복식 압축기의 피스톤 배제량 (m^3/min)

α : 체적 효율

Q : 사용 공기 압력 P에서의 사용 공기량 (m^3/min)

P : 사용 공기 압력 (kgf/cm^2)

(3) 공기 압축기의 수량

공기 압축기의 수량 결정에는

① 불시 고장시의 작업 중지에 따른 손해 방지
② 부하 변동에 대한 대처
③ 보전 및 사용 효율면에서 대형기의 집중 관리냐, 소형기 분산 관리냐의 결정 등을 고려한다.

일반적으로는 두 대가 가장 적합하다.

(4) 급유식, 무급유식의 선정

일반적인 압축기는 마찰면에 급유하는 급유식이며, 무급유식은 토출 공기 속에 기름이 함유되지 않은 것으로서 도장, 계장, 식품 공업 등 압축 공기 속에 기름이 있으면 작업에 영향이 있는 분야에서는 무급유식이 사용된다.

무급유식 공기 압축기의 특징은

① 토출 공기 속에 기름이 함유되어 있지 않으므로 비교적 청정한 압축 공기가 얻어진다.
② 내부 윤활유가 필요 없다.
③ 드레인에는 수분뿐이므로 자동 배수 밸브가 막히는 경우가 별로 없다.
④ 급유식에 비하여 비싸다.
⑤ 급유식에 비하여 수명이 짧다.

(5) 공기 탱크의 용량 결정

공기 저장 탱크는 공기 소모량이 많아도 압축 공기의 공급을 안정화시키고 공기 소비시 발생되는 압력 변화를 최소화시키며, 정전시에도 탱크에 저장된 유량에 의해 짧은 시간 동안 운전이 가능하며 공기 압력의 맥동 현상을 없애는 역할을 한다.

또한, 탱크의 넓은 표면적에 의해 압축 공기를 냉각시켜 압축 공기 중의 수분을 드레인으로 배출시키므로 그 크기와 용량의 결정은 매우 중요하다.

공기 저장 탱크의 선정 요소로서는 압축기의 공급 체적, 압축기의 압력비, 시간당 스위칭 수 등에 의해 결정된다.

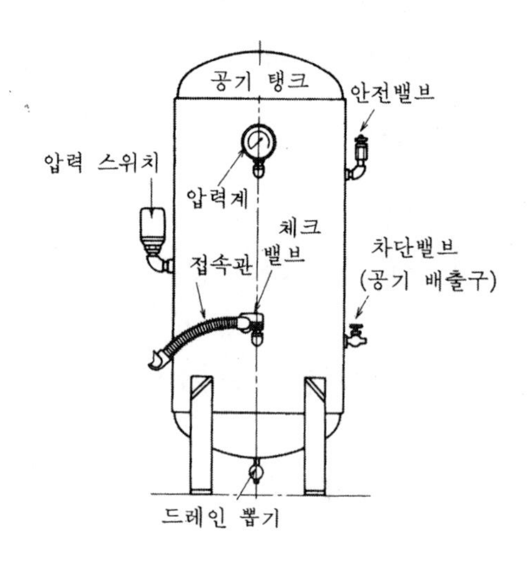

그림 2-9 공기 탱크의 구조

2.1.4 공기 압축기 설치 장소와 배관 방법

(1) 설치 장소

① 가능한 한 온도 및 습도가 낮은 곳에 설치하여 드레인 발생량을 적게 한다. 흡입 공기의 온도가 10℃ 상승하면 압축기 효율은 통상 3~4% 저하된다.

② 유해 가스, 유해 물질이 적은 장소를 선정하여 설치하여야 한다. 만일 압축기의 흡입구에 신너, 알코올 등의 유해 물질이 흡입되면 공압 기기 등의 실(seal)과 패킹류를 손상시켜 수명을 감소시키게 된다.

③ 빗물, 직사 광선을 받지 않도록 하고 소음을 차단하기 위한 방음벽도 고려한다.

④ 공냉식 압축기는 압축기실에 팬을 설치하여 통풍시키고 수냉식 압축기의 경우에는 펌프로 냉각수를 공급, 순환시켜 압축기 본체 및 후부 냉각기(after cooler) 등을 냉각시켜야 하며 냉각수 입구와 출구의 온도차는 10℃ 이하가 되도록 한다.

(2) 배관

① 배관 길이와 배열은 흡입과 토출시 맥동에 의한 공진이 생기지 않도록 배려한다.
② 배관을 공기 압축기 토출 관로에서 바로 수직으로 세워 올리면 내부 윤활유가 고여 고온 토출 공기에 의해서 폭발의 우려가 있으므로 피해야 한다.
③ 수평 관로는 드레인 배출이 용이하도록 1/100 정도의 경사를 준다. 경사가 역방향으로 되어 있으면 공기 압축기에서 토출시킨 윤활유가 토출구 부근으로 역류하여 고온 토출 공기와 접촉하여 폭발할 위험이 있다.
④ 땅 속에 있는 관로는 부식되기 쉽고 내부 청소가 힘드므로 가능한 한 피하는 것이 좋다.

2.1.5 공기 압축기와 동력원의 도면 기호

공기 압축기의 도면 기호 표시는 그림 2-10과 같으며, 일반적으로 공압 회로도를 작성할 때에는 공기 압축기부터 나타내는 것이 아니라 동력원을 나타내는 에너지원 기호부터 표시하는데, KS B 0054에는 유압 및 공기압 도면 기호가 규격으로 제정되어 있으며 동력원을 표시하는 도면 기호는 표 2-4와 같다.

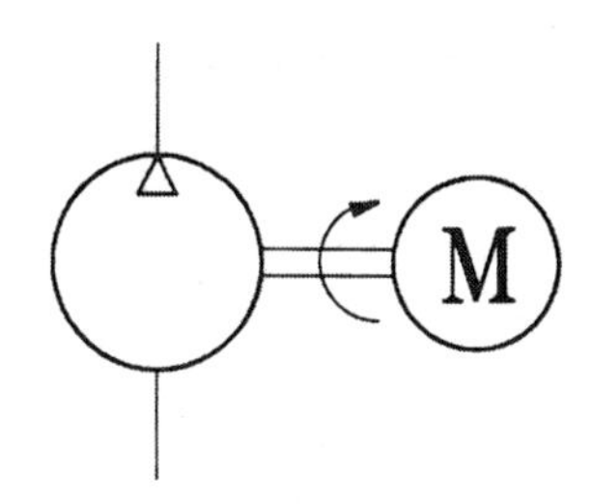

그림 2-10 공기 압축기의 도면 기호

표 2-4 동력원의 도면기호

명 칭	기 호	비 고
공압(동력)원	▷	일반 기호
유압(동력)원	▶	일반 기호
전동기	(M)═	
원동기	[M]═	(전동기 제외)

2.2 압축 공기 정화 기기

2.2.1 공기 정화 기기의 개요

대기 중의 공기에는 눈으로 보이지 않는 먼지나 유해 가스, 습기 및 기타 오염물질이 포함되어 있기 때문에 이 공기를 압축하여 그대로 공압 기기에 사용하면 공압 기기 내의 패킹이나 섭동부의 마모, 오리피스 구멍의 막힘을 촉진할 뿐만 아니라, 배관의 끝단에서 드레인으로 되어 흐르고 배관재를 부식시키는 등의 트러블이 발생된다. 따라서 이러한 먼지나 이물질, 드레인 등을 제거하는 공압 기기가 필요하게 되며 이를 통틀어 압축 공기 정화 기기라 한다.

압축 공기 정화 기기는 압축 공기 중에 함유된 먼지, 기름, 수분 등의 오염 물질을 요구 정도의 기준치 이내로 제거하여 적정 상태의 압축 공기로 정화하는 기기를 말한다.

압축 공기 중에 오염 물질이 부적절한 상태로 존재하면 표 2-5에 나타낸 바와 같이 공압 기기의 작동 불량과 신뢰성, 내구성에 큰 영향을 주므로 사용하는 압축 공기의 질은 시스템이나 기기의 사용 목적, 성질, 기능에 적합하여야 한다.

표 2-5 오염 물질이 공압 기기에 미치는 영향

오염 물질	공압 기기에 미치는 영향
수분	코일의 절연 불량과 녹을 유발하여 밸브 몸체에 스풀의 고착 및 수명 단축을 가져오고, 동결의 원인이 된다.
유분	기기의 수명 단축, 오염, 미소(微小) 유로(流路) 면적의 변화, 고무계 밸브의 부풀음, 스풀의 고착 등
카본	실(seal) 불량, 누적으로 인한 화재, 폭발, 오염, 미소 유로 면적의 변화, 기기 수명의 단축, 밸브의 고착 등
녹	밸브 몸체에 고착, 실 불량, 기기의 수명 단축, 오염, 미소 유로 단면적의 변화
먼지	필터 엘리먼트의 눈메꿈, 실 불량 등

2.2.2 종류와 기능

(1) 메인 라인 필터(main line filter)

메인 라인 필터는 공기 압축기에 접속된 주관로(主管路)와 부관로에 설치되어, 주관로 내의 약 50~75 μm의 녹이나 이물질의 제거를 목적으로 사용된다.

① 메인 라인 필터에 흡입되기까지 응축한 물과 큰 먼지는 디플렉터(deflector)에서 압축 공기에 선회 운동을 주어 사이클론 효과에 의해 분리되고, 관로 내 녹과 이물질은 필터 엘리먼트에서 제거된다.

② 필터 엘리먼트는 눈이 자주 막히지 않는 금속 망이나 펠트(felt) 등이 주로 사용된다.

③ 메인 라인 필터는 응축된 물은 제거할 수 있지만 압축 공기 중에 존재하는 수분은 제거할 수 없다.

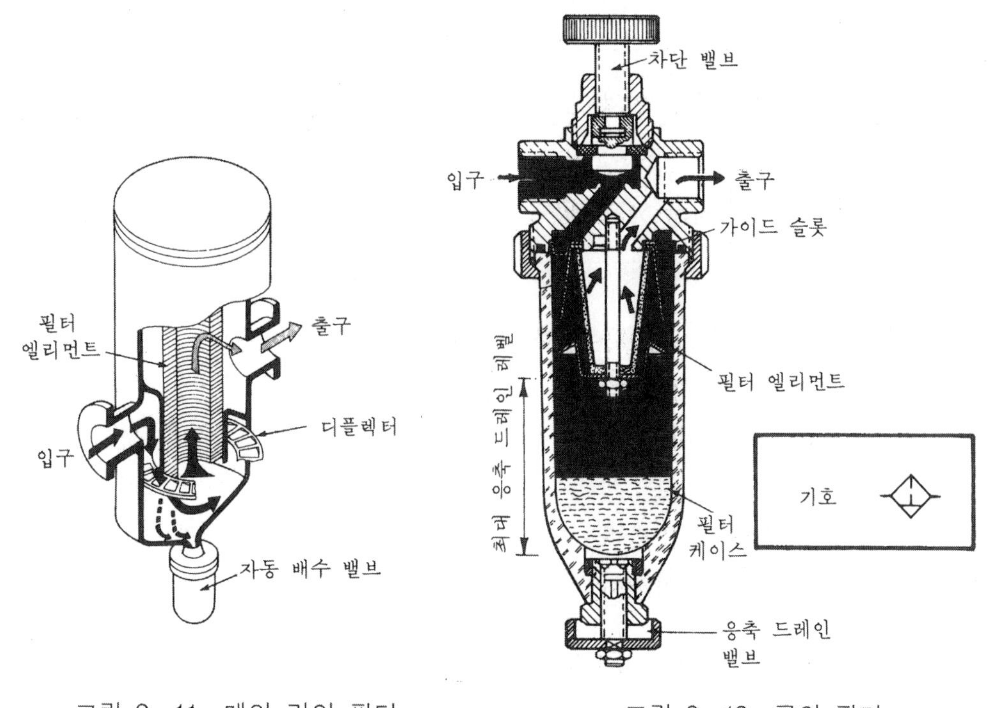

그림 2-11 메인 라인 필터　　　　그림 2-12 공압 필터

(2) 공압 필터

공압 필터는 공압 회로 중에 사용되는 것을 말하며, 압축 공기 중에 포함된 먼지, 배관 속의 스케일 등 고체 이물질이나 수분을 제거하고 깨끗한 공기를 공급하

는 데 목적이 있다.

① 압축 공기의 선회류에 의한 원심력을 이용하여 유리 수분을 제거하는 분리 기구(deflector)와 수많은 미소한 구멍이 있는 여과재로 구성되어 있다.

② 필터 엘리먼트는 여과도에 따라 5~20 μm의 정밀용, 45 μm의 일반용, 50 μm 이상의 메인 라인용으로 분류되며, 그 이하의 미립자 제거용으로는 특수한 엘리먼트가 사용된다.

③ 공압 필터의 설치는 공압 장치나 기기에서 가까운 곳에 설치하여야만 압축 공기의 온도를 낮출 수 있고 보다 많은 수분을 제거할 수 있으며, 또한 배관 내부에서 발생하는 이물질 제거에도 효과적이다.

표 2-6 5 μm 이상의 필터 엘리먼트

엘리먼트	여과 방식	메시(mesh)
펠트 여과지	외부 + 내부 여과 방식	小
금속 엘리먼트	내부 여과 방식	小~中
와이어 스크린	외부 여과 방식	大

일반적인 필터의 선택 조건은 다음과 같다.

① 압력 손실이 적어야 한다.

② 사용 기간이 길어야 한다.

③ 여과 면적이 커야 한다.

④ 수분 분리 능력이 커야 한다.

⑤ 엘리먼트의 교환이 용이해야 한다.

A. 공압 필터의 도면 기호 표시법

공압 필터에는 일반 필터 외에도 자석 붙이 필터, 인디케이터 붙이 필터 등이 있으며 이들 도면 기호 표시법은 다음과 같다.

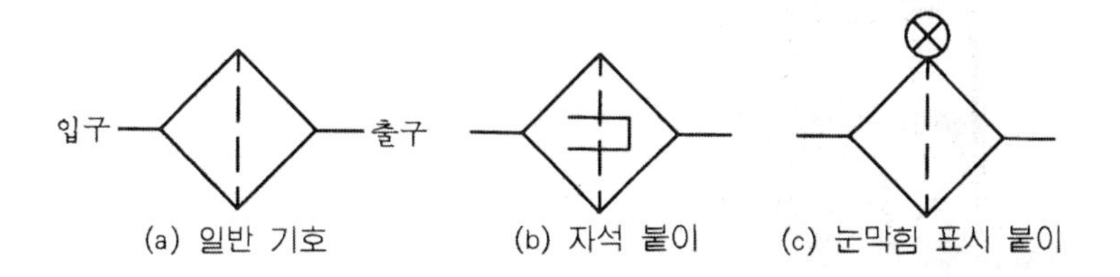

그림 2-13 필터의 도면 기호

(3) 자동 배수 밸브

압축 공기 중에서 분리된 드레인이 공압 기기에 영향을 미치지 않도록 배출시킬 때, 수동 배출은 보수 관리면에서도 어렵고 또한 적절한 시기에 드레인을 배출시키기도 어렵다. 따라서 드레인의 자동적 배수 기능을 갖는 자동 배수 밸브가 사용된다. 자동 배수 기구는 플로트식, 파일럿식, 솔레노이드 밸브식 등이 있다.

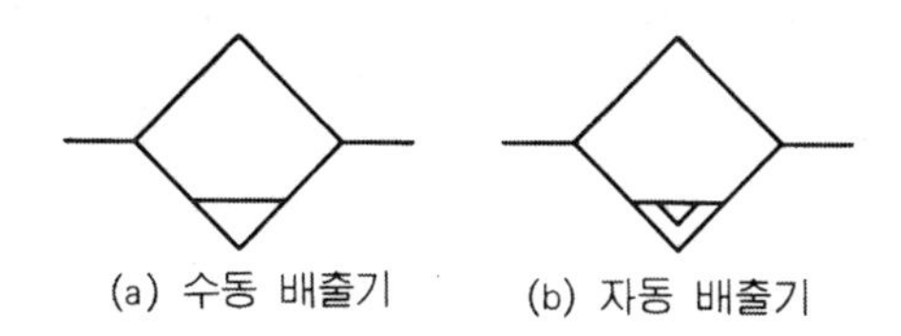

그림 2-14 자동 배수 밸브의 도면 기호

(4) 기름 분무 분리기(oil mist separator)

식품 산업이나 약품 산업, 클린 룸 등에 사용되는 압축 공기는 주로 압축 과정에서 혼입되는 소량의 기름 성분도 제거해야 하며, 이러한 목적으로 사용되는 공기 정화 기기가 기름 분무 분리기이다.

기름 분무 분리기는 0.3μm 이상의 기름 입자를 제거하기 위한 필터이며 그 구조는 그림 2-15와 같다.

이것은 프리 필터 엘리먼트로 0.3μm 이상 고체 이물질이 제거되고 주필터 엘리먼트의 유리 섬유에서 미세한 기름 입자는 응집, 성장하여 큰 액체방울이 되어 분리 엘리먼트에서 분리된다.

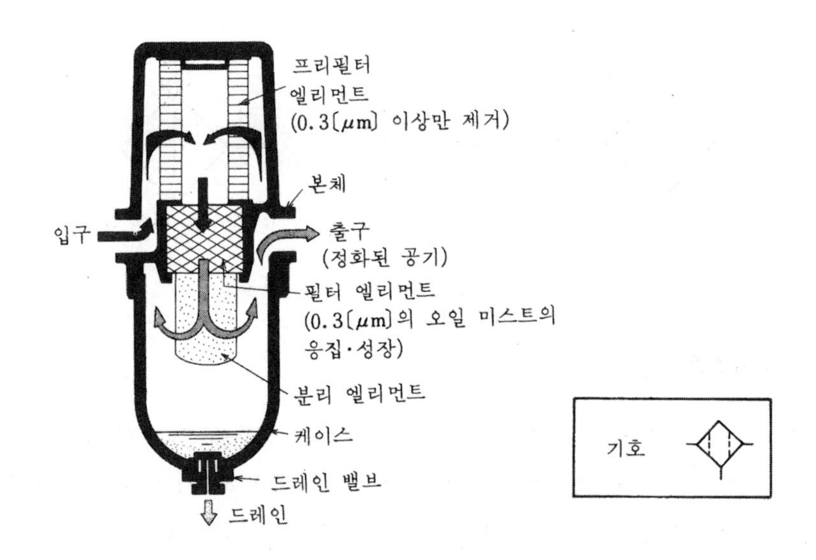

그림 2-15 기름 분무 분리기

A. 기름 분무 분리기의 도면 기호 표시법

기름 분무 분리기에 대해서는 KS B 0054 표 17에 다음과 같이 도면 기호를 제정하고 있다.

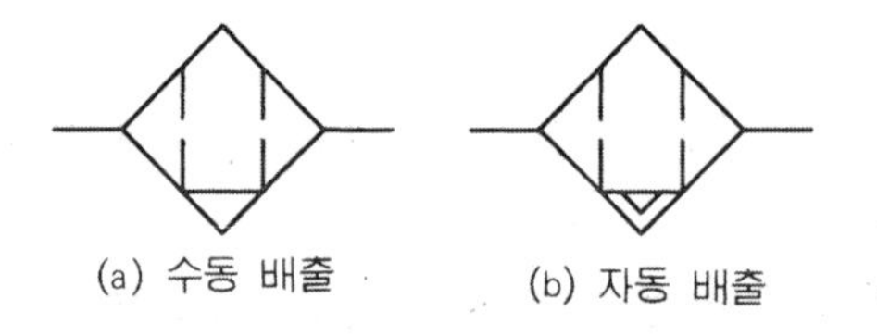

그림 2-16 기름 분무 분리기의 도면 기호

(5) 냉각기(after cooler)

냉각기는 공기 압축기 바로 다음이나 에어 드라이어 앞에 설치하여 가열된 압축 공기를 냉각하고 압축 공기 중의 수분을 응축시켜 제거하는 열 교환기이다.

대부분의 냉각기는 공기 압축기에서 나온 120~200℃의 압축 공기 온도를 40℃ 이하로 낮추어 흡입 수증기의 63 % 이상을 제거할 수 있도록 설계되어 있다.

냉각기의 구조로는 공냉식과 수냉식이 있으며 공냉식은 압축 공기가 통과되는 여러 개의 배관을 팬으로 냉각하는 방식으로 교환 열량은 수냉식에 비해서 작다.

수냉식은 공기 탱크 입구로 들어간 압축 공기가 냉각관 사이를 통과하여 나가고 관 내부로는 냉각수를 통과시켜 냉각수 관의 핀(pin)에서 열교환이 이루어져 냉각된다.

A. 냉각기의 도면 기호 표시법

KS B 0054 표 17에서는 냉각기에 대해 다음과 같이 도면 기호로 제정하고 있다.

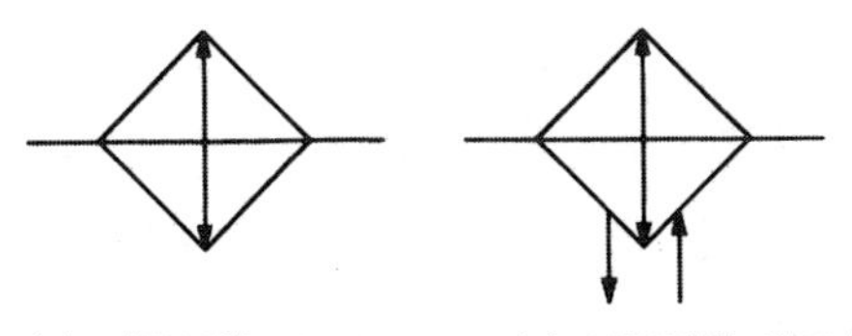

그림 2-17 냉각기의 도면 기호

(6) 에어 드라이어(air dryer)

에어 드라이어는 압축 공기 중에 포함된 수분을 제거하여 건조한 공기를 만드는 기기를 말하며 압축 공기를 10℃ 이하로 냉각하여 수증기를 응축, 제거하는 냉동식과 건조제에 의해 물리 화학적으로 수분을 흡수 및 흡착하는 건조제식이 있다.

A. 냉동식 에어 드라이어

냉동식 에어 드라이어는 압축 공기를 냉동기로 냉각하고 수분을 응축시켜 드레인을 제거한다.

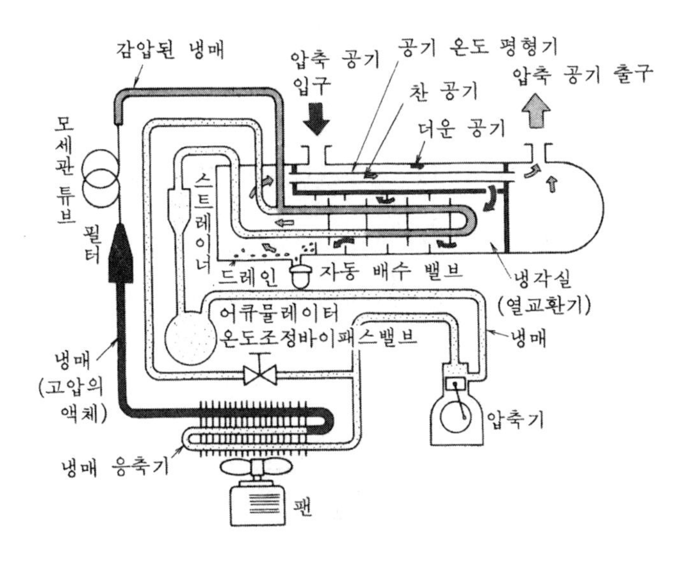

그림 2-18 냉동식 에어 드라이어

필요 압력 이슬점이 0.5~38℃일 때, 냉동식 에어 드라이어는 설비비, 보수비, 운전비가 저렴하여 가장 널리 사용되고 있다. 압력 이슬점이 0.5℃보다 저온이 되면 열교환기에 얼음이 얼어 막히므로 이슬점을 0.5℃ 이하로 낮추지 않는다.

냉동식 에어 드라이어의 구조 예를 그림 2-18에 나타냈다.

B. 건조제식 에어 드라이어

건조제식 에어 드라이어 중 흡착식 건조기는 실리콘디옥사이드(SiO_2)겔이나 활성 알루미나 등 고체 건조제를 용기에 넣고 이 사이에 습공기를 통과시켜 물이나 수증기를 흡착시켜 건조한다.

압축 공기 중의 수증기는 건조제의 미세한 구멍에 의한 모세 현상에 의해 흡착되어 건조 공기가 된다. 이 건조제식 에어 드라이어는 압축 공기 중의 수분을 대부분 제거할 수 있으며 압력 이슬점 0.5~-100℃ 정도까지 얻을 수 있다.

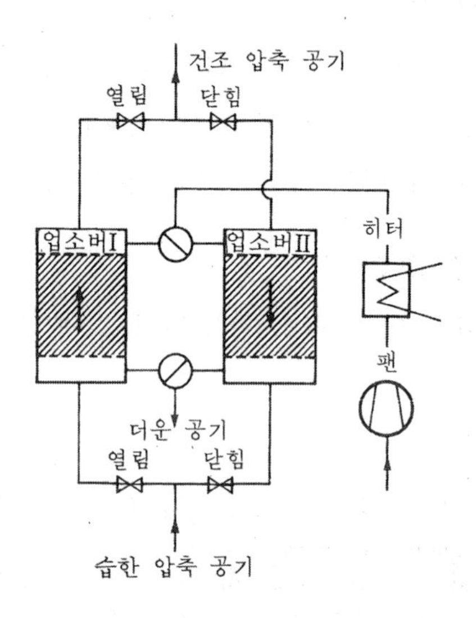

그림 2-19 건조제식 에어 드라이어

C. 에어 드라이어의 도면 기호 표시법

KS B 0054에는 에어 드라이어에 대하여 다음과 같이 도면 기호로 제정되어 있다.

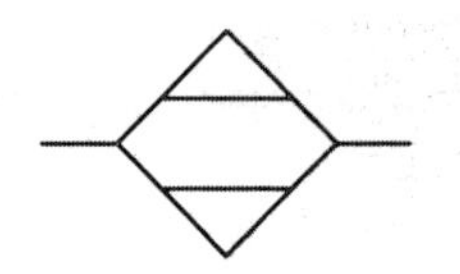

그림 2-20 에어 드라이어의 도면 기호

(7) 윤활기(lubricator)

공압 액추에이터의 구동부나 밸브의 스풀 등 윤활을 필요로 하는 곳에 벤투리(venturi) 원리에 의해 미세한 윤활유를 분무 상태로 공기 흐름에 혼합하여 보내 윤활 작용을 하는 기기를 윤활기라 한다.

공압 기기에 윤활을 하면 상호 상대 운동을 하는 고체 마찰에 의한 마모를 방지하고 내구성을 향상시키며, 섭동 저항을 감소시켜 기기의 효율을 상승시킨다. 또한 실(seal)에 급유하여 실재의 마모를 경감시켜 공기 누설을 방지하는 역할을 한다.

A. 원리 및 구조

공압용 루부리케이터는 대부분 장시간 연속 가동하고 있으며 더욱이 공압이 작용하고 있는 부분에 급유하여야 하므로 일반 기계에 사용되는 윤활기와는 다른 구조로 되어 있다. 공압용 윤활기는 벤투리 원리를 이용한 것으로 그 대표적인 것이 그림 2-21과 같은 구조이다.

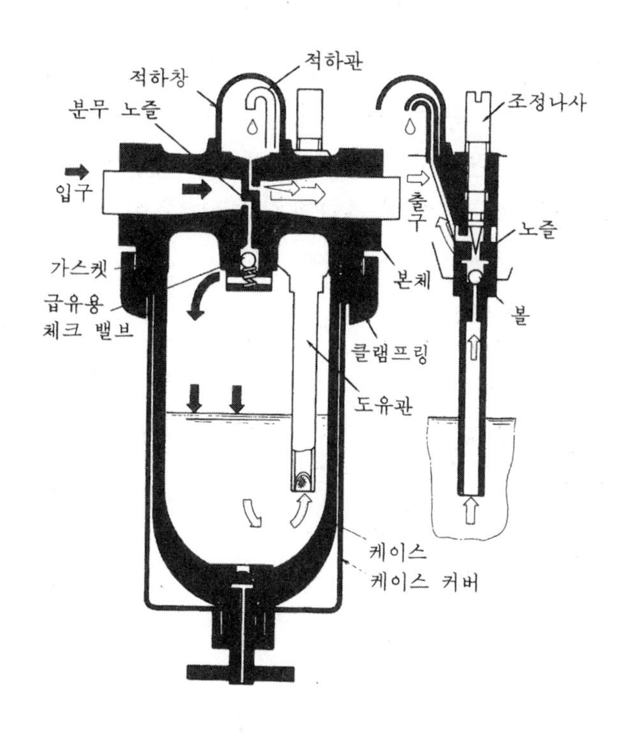

그림 2-21 윤활기의 구조 원리

원리는 입구측에서 공기가 들어와 출구측으로 나갈 때 유로가 교축되어 있으므로 공기의 유속이 빨라지고 분무 노즐을 통하여 케이스 내의 압력이 강하된다. 이 압력 강하로 인하여 적하실과 유관이 진공 상태로 되고 용기 내의 윤활유를 흡입한다. 또한 입구측의 공기 압력이 체크 밸브를 통하여 케이스 내의 유면을 가압함에 따라 윤활유는 유관을 통해 흡입되고 조정 나사로 윤활유량이 조정되어 적하(適下)되고 기름 안개(wet fog) 상태가 되어 공압 기기에 보내진다.

B. 윤활기의 도면 기호 표시법

KS B 0054에는 표 17에는 윤활기의 도면 기호를 다음과 같이 정의하고 있다.

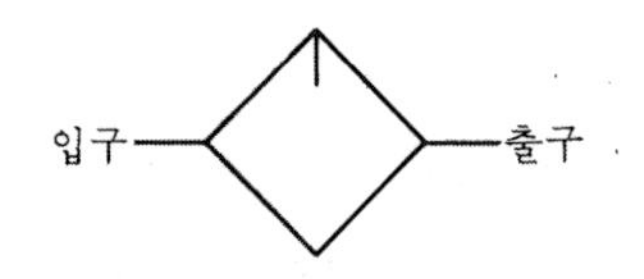

그림 2-22 윤활기의 도면 기호

(8) 공압 조정 유닛(service unit)

공압 조정 유닛은 공압 필터와 압력 조절 밸브, 윤활기 등 세 가지 기기를 사용이 편리하도록 조합한 것으로, 공압 시스템마다 배관 상류에 설치하여 공기의 질을 조정하는 기기로서 반드시 사용되는 것으로 KS 기호에도 이 세 가지 요소가 조합된 기호로 제정되어 있으며 간략화된 기호도 있다.

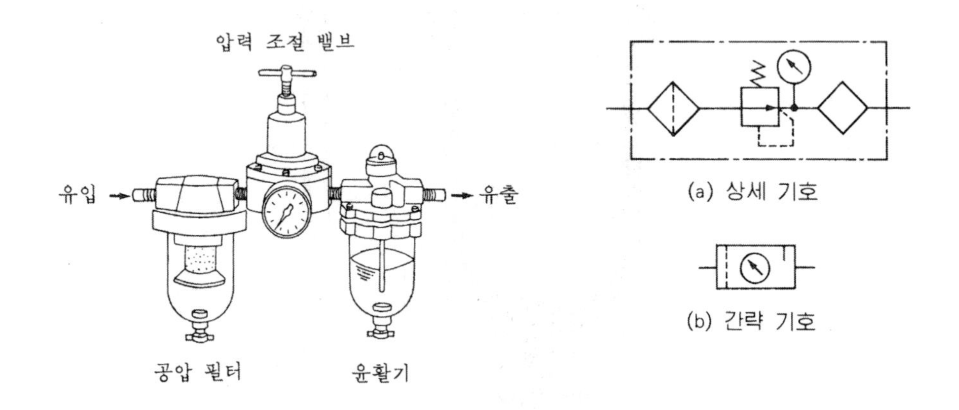

그림 2-23 공압 조정 유닛

A. 구성 요소와 기능

① 필터(filter) : 이물질 제거가 주 사용목적이며 입자가 큰 수분도 분리 제거한다.

② 압력 조절 밸브(regulator) : 시스템의 작동 압력을 일정하게 유지하여 안정화시

키는 기능을 한다. 감압 밸브가 사용된다.

③ 윤활기(lubricator) : 오일러라고도 하며, 급유가 필요한 공압 기기에 벤투리의 원리에 의해 압축 공기 중에 오일을 분사하여 급유하는 기능을 한다.

B. 공압 조정 유닛의 도면 기호

공압 조정 유닛은 서비스 유닛(service unit), FRL 셋, 3점 셋 등으로 불리우며, KS B 0054 표 17에 정의된 공압 조정 유닛의 도면 기호는 다음과 같다.

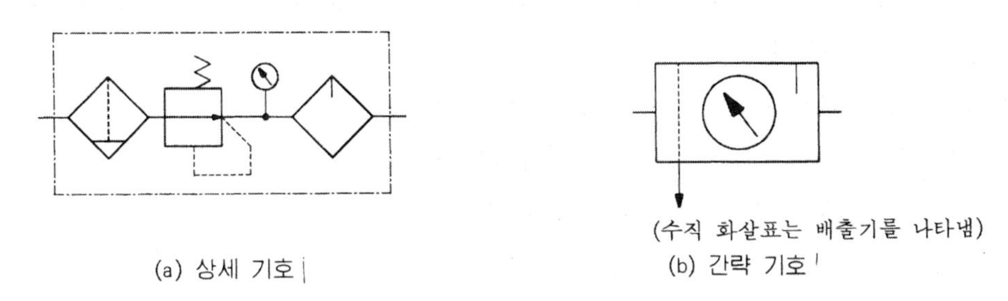

(a) 상세 기호 (b) 간략 기호

그림 2-24 공압 조정 유닛의 도면 기호

연습 문제

1. 공압 발생 장치를 압력에 따라 분류하라.
2. 용적형 압축기의 종류와 특징을 설명하라.
3. 압축기의 냉각 방법의 종류와 특징에 대해 기술하라.
4. 회전식 압축기의 종류와 특징을 기술하라.
5. 압축기의 종류 중 가장 높은 압력과 가장 많은 유량을 얻을 수 있는 압축기의 형식은 각각 무엇인가?
6. 공기 압축기 선정시 검토할 사항에 대해 기술하라.
7. 공기 압축기의 압력 제어 필요성과 종류와 원리에 대해 기술하라.
8. 공기 압축기의 배관 방법에 대해 기술하라.
9. 공기 정화 기기의 필요성에 대해 기술하라.
10. 공기 정화 기기의 종류와 기능에 대해 기술하라.
11. 필터 엘리먼트의 종류와 여과도에 대해 기술하라.
12. 냉각기의 종류와 기능 및 설치 위치에 대해 기술하라.
13. 윤활기의 분무 방식과 원리에 대해 기술하라.
14. 공압 조정 유닛의 구성 요소와 기능에 대해 기술하라.
15. 공압 조정 유닛의 설치 위치로 적당한 곳은?
16. 다음 공기 정화 기기의 도면 기호를 작도하라.
    ① 수동 배출기 붙이 필터
    ② 냉각기
    ③ 에어 드라이어
    ④ 윤활기
    ⑤ 자동 배출기 붙이 필터
    ⑥ 기름 분무 분리기
    ⑦ 공압 조정 유닛의 간략 기호

제 3 장 공압 액추에이터

액추에이터(actuator)란 에너지를 사용하여 기계적인 일을 하는 작동 요소를 말하는 것으로, 공압 액추에이터는 압축 공기의 압력 에너지를 기계적인 에너지로 변환하여 직선 운동, 회전 운동 등의 기계적인 일을 하는 기기로서 구동 기기 또는 작동 기기라고도 한다.

대표적인 공압 액추에이터에는 피스톤 로드가 직선 운동을 하는 공압 실린더와 샤프트가 연속적으로 회전 운동을 하는 공압 모터, 그리고 샤프트가 한정된 각도 내에서만 회전 운동을 하는 요동형 액추에이터가 있다.

3.1 공압 실린더

공압 실린더는 공기의 압력 에너지를 직선적인 기계적인 힘이나 운동으로 변환시키는 작동 요소이며, 자동화의 직선 운동 요소 중 가장 많이 사용되는 기기로서 매우 기본적인 것부터 사용 목적에 따른 특수한 구조의 제품까지 다양하게 제작되고 있으며 그 중에서도 피스톤 형식의 복동 실린더가 가장 많이 사용되고 있다.

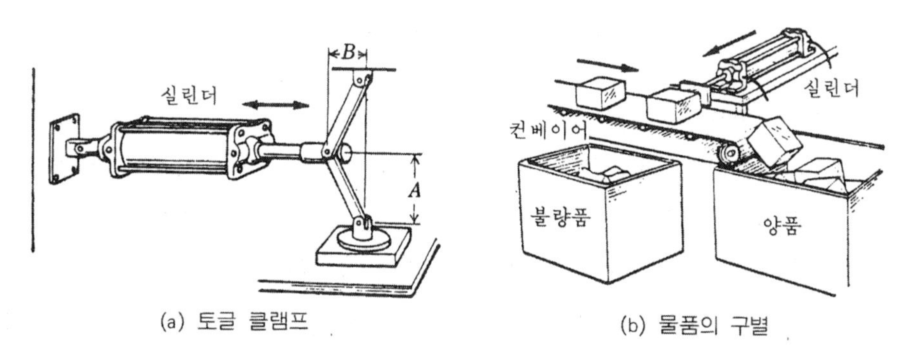

(a) 토글 클램프 (b) 물품의 구별

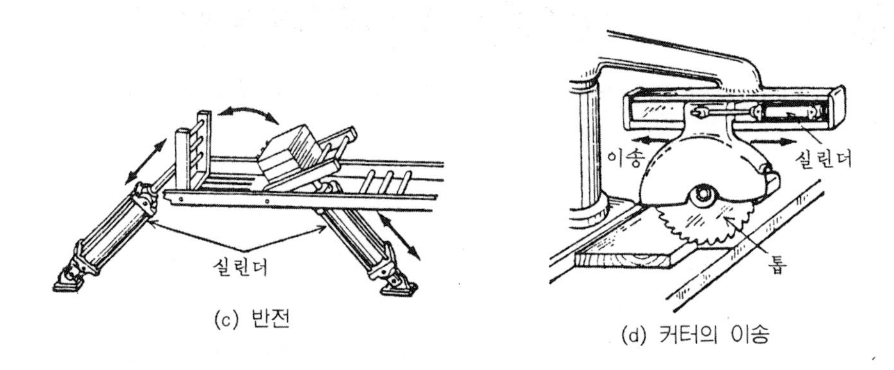

그림 3-1 공압 실린더의 응용 사례

3.1.1 공압 실린더의 기본 구조

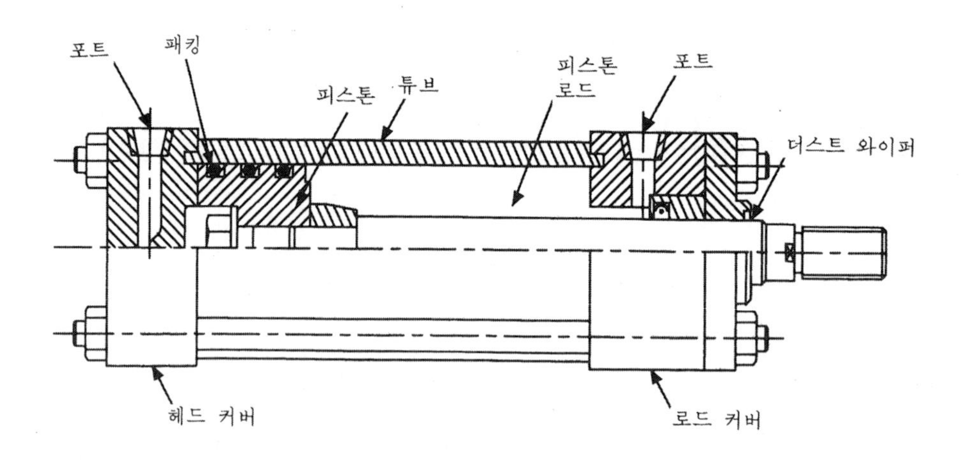

그림 3-2 복동 실린더의 구조

그림 3-2는 일반적인 공압 복동 실린더의 기본 구조를 나타낸 것이다.

주요 구성은 실린더의 외곽을 이루는 부분으로 피스톤의 움직임을 안내하는 실린더 튜브, 공기 압력을 받아 미끄럼 운동을 하는 피스톤과 피스톤의 움직임을 튜브 외부로 전달하는 피스톤 로드, 실린더 튜브의 양 끝단에 설치되어 피스톤의 행정 거리를 결정하는 헤드 커버와 로드 커버 및 체결 로드 등으로 구성되어 있다. 대부분의 공압 실린더는 이 기본 구성 요소를 사용 목적에 따라 바꾸거나 또는 다른 기능을 부가해서 여러 가지 종류의 실린더를 만드는 것이다.

3.1.2 공압 실린더의 종류

공압 실린더는 피스톤의 형식, 작동 방식, 완충 장치의 유무, 설치 방법 및 복합 기능의 조합에 따라 여러 종류의 실린더가 있다.

(1) 피스톤 형식에 따른 분류

A. 피스톤형

그림 3-2의 표준 공압 실린더와 같이 피스톤과 피스톤 로드를 갖춘 구조의 실린더이다.

B. 램형

피스톤 직경과 로드 직경의 차가 없는 가동부를 갖춘 구조로서 복귀는 자중(自重)이나 외력(外力)에 의해 이루어지며 공압용으로는 별로 사용되지 않는다.

C. 비 피스톤형

가동부에 다이어프램형이나 벨로즈를 사용한 형식으로, 이 실린더는 미끄럼 저항이 적고 최저 작동 압력이 약 0.1 $\mathrm{kgf/cm^2}$ 정도로 낮은 압력으로 고감도가 요구되는 곳에 사용된다.

(2) 작동 방식에 따른 분류

A. 단동 실린더(single acting cylinder)

한 방향 운동에만 공압이 사용되고 반대 방향의 운동은 스프링이나 자중 또는 외력으로 복귀하는 실린더로서, 주로 한 방향으로만 일을 하는 경우에만 사용된다.

그림 3-3은 복귀 운동용 스프링이 내장된 단동 실린더로서, 이와 같은 실린더는 스프링 때문에 행정 거리(stroke)가 제한되는데 보통 150mm 정도가 최대 행정 길이이다.

단동 실린더는 공압이 한 쪽으로만 공급되어 작동되므로 복동 실린더에 비해 공기 소비량이 적고, 방향 제어 밸브도 3포트 밸브로 충분하다는 장점이 있다.

표 3-1 공압 실린더의 분류

분류		기호	기능
피스톤 형식	피스톤형		가장 일반적인 실린더로 단동, 복동, 차동형이 있다.
	램형		피스톤 직경과 로드 직경의 차가 없는 수압 가동 부분을 갖는 실린더
	다이어프램형		수압 가동 부분에 다이어프램을 사용한 실린더
작동 형식	단동형		공압을 피스톤의 한쪽에만 공급할 수 있는 실린더
	복동형		공압을 피스톤의 양쪽에 공급할 수 있는 실린더
	차동형		피스톤과 피스톤 로드의 환상 면적이 피스톤 기능상 중요한 실린더
피스톤 로드 형식	편로드형		피스톤의 한쪽에만 로드가 있는 실린더
	양로드형		피스톤의 양쪽에 로드가 있는 실린더
쿠션의 유무	쿠션 없음		쿠션 장치가 없는 실린더
	한쪽 쿠션		한쪽에만 쿠션 장치가 있는 실린더
	양쪽 쿠션		양쪽 모두 쿠션 장치가 있는 실린더
복합 실린더	텔레스코프형		긴 행정길이를 지탱할 수 있는 다단 튜브형 로드를 갖춘 실린더
	탠덤형		꼬치 모양으로 연결된 복수의 피스톤을 갖춘 실린더
	다위치형		복수의 실린더를 직결하여 몇 군데의 위치를 결정하는 실린더
위치 결정 형식	2위치형		전진단, 후진단의 2위치제어의 일반 실린더
	다위치형		복수의 실린더를 직결하여 몇 군데의 위치를 제어하는 실린더
	브레이크 붙이		브레이크로 행정 임의의 위치에서 정지시킬 수 있는 실린더

주요 용도로는 클램핑, 프레싱, 이젝팅 등의 용도에 사용된다.

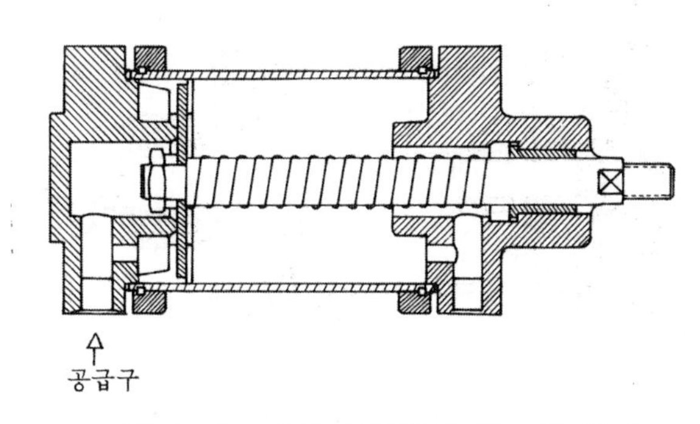

그림 3-3 단동 실린더의 구조와 원리

B. 복동 실린더(double acting cylinder)

복동 실린더는 압축 공기를 전·후진 포트 양측에 번갈아 가며 공급하여 피스톤을 전진 운동시키거나 또는 후진 운동을 시키는 실린더이다. 따라서 전진 운동시나 후진 운동시 모두 일을 할 수 있다. 가장 기본적인 복동 실린더의 구조는 그림 3-2와 같다.

대부분의 공압 실린더는 이 복동 실린더가 사용되며, 이 복동 실린더에 각종 기능을 첨가하여 복합 실린더로 사용하기도 한다.

C. 차동 실린더

헤드측 단면적과 로드측의 단면적 비가 2 : 1로 일정하며 전진과 후진시의 실린더 면적차를 이용하여 출력으로 이용하는 실린더이다.

(3) 완충 장치의 유무에 따른 분류

실린더의 피스톤 속도가 빨라지면 피스톤이 헤드 커버나 로드 커버에 닿을 때에 충격력이 발생한다. 특히 부하의 관성력이 크면 충격으로 인해 기계의 강성을 저하시키고 피스톤이나 피스톤 로드가 파손되는 경우가 발생된다.

실린더의 행정 끝단에서 이 충격력을 완화시키는 장치를 완충(쿠션) 장치라 하며, 공압 실린더는 완충 장치가 내장된 실린더와 완충 장치가 없는 실린더로 구별된다. 또한 완충 장치가 있는 실린더도 한쪽만 있는 형식과 양쪽 모두에 내장된 양쪽 쿠션형이 있다.

쿠션 기구로는 소형의 실린더에서는 고무 댐퍼를 사용하지만, 직경이 20 mm 이상인 실린더에서는 에어 쿠션 기구를 사용한다. 에어 쿠션은 공기의 압축성을 이용한 원리로 그 원리를 그림 3-4에 나타냈다. 이 방식은 대부분 니들 밸브를 조절하는 것에 의해 완충 능력을 변화시킬 수 있는 가변식이 대부분이다.

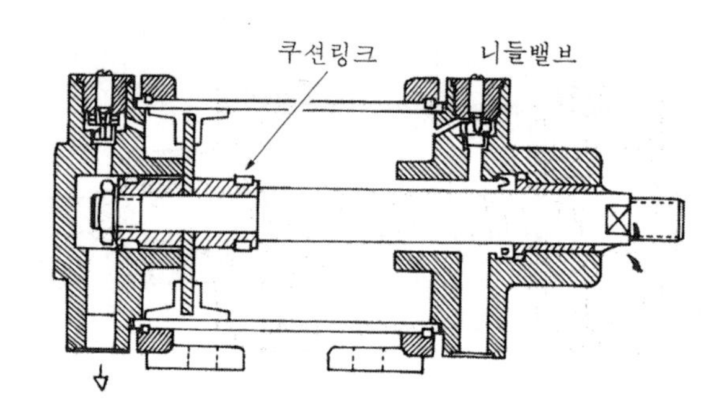

그림 3-4 완충 장치가 내장된 실린더(양쪽 쿠션형)

(4) 복합 실린더

A. 양로드 실린더(double rod cylinder)

피스톤 로드가 양쪽에 있는 형식을 양로드형 실린더라 하며 주로 복동형의 실린더이다. 이 형식은 그림 3-5에 나타낸 바와 같이 피스톤 로드를 잡아 주는 베어링이 양쪽에 있어 왕복 운동이 원활하며 로드에 걸리는 횡하중에도 어느 정도 견딜 수 있다. 또한 운동 부분에 리밋 스위치 등 검출용 기구를 설치할 수 없는 곳에서는 작업을 하지 않는 반대측에 설치할 수 있고, 실린더가 전진할 때와 후진할 때 낼 수 있는 힘이 같다는 이점이 있는 실린더이다.

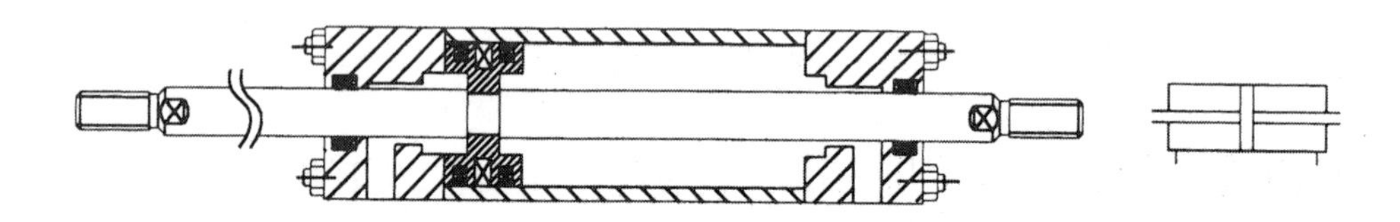

그림 3-5 양로드형 실린더

B. 탠덤 실린더(tandem cylinder)

두 개의 복동 실린더가 서로 나란히 직렬로 연결된 공압 실린더를 탠덤 실린더라 한다. 이 실린더의 구조를 그림 3-6에 나타낸 바와 같이 두 개의 피스톤에 압축 공기가 공급되기 때문에 피스톤 로드가 낼 수 있는 출력은 동일 직경의 복동 실린더에 비해 2배가 된다.

탠덤 실린더는 공압 실린더가 사용 압력이 낮아 출력이 작기 때문에 실린더의 직경은 한정되고 큰 힘을 필요로 하는 곳에 사용된다.

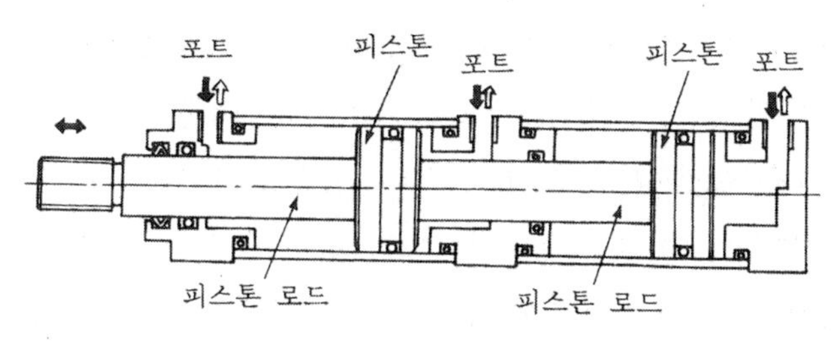

그림 3-6 탠덤 실린더

C. 다위치 제어 실린더

그림 3-7에 나타낸 구조와 같이 2개 이상의 복동 실린더를 동일 축선 상에 연결하고 각각의 실린더를 독립적으로 제어함에 따라 몇 개의 위치를 제어하는 것으로 위치 정밀도를 비교적 높게 제어할 수 있다.

행정 길이가 서로 다른 2개의 복동 실린더를 직결하면 4군데의 위치 제어가 가능하다.

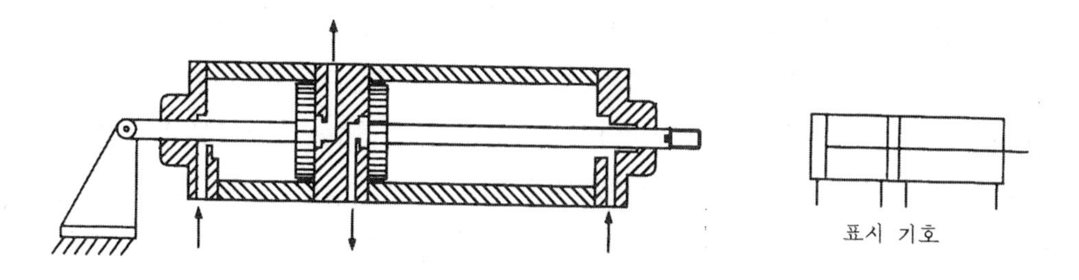

그림 3-7 다위치 제어 실린더

D. 텔레스코프 실린더(telescope cylinder)

그림 3-8에 그 구조 원리를 나타낸 바와 같이 긴 행정 거리를 얻기 위해 다단 튜브형 로드를 갖춘 구조의 실린더를 말한다. 단동형과 복동형이 있으나 속도 제어가 곤란하고 특히 행정 끝단에서 출력이 떨어지는 단점이 있다.

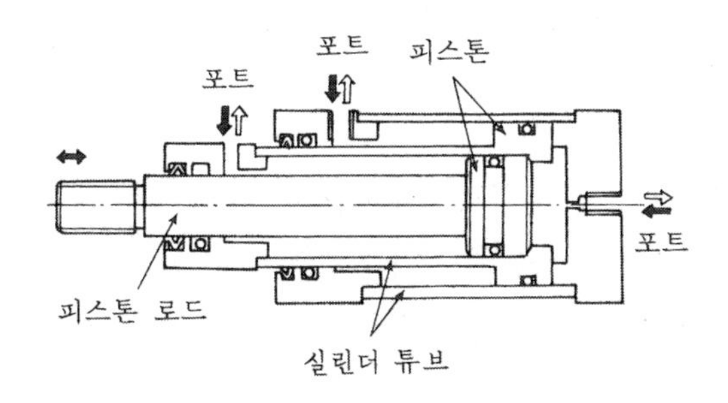

그림 3-8 텔레스코프형 실린더

E. 하이드로 체커 실린더(hydro checker cylinder)

하이드로 체커 실린더는 공압 실린더와 유압 실린더를 직렬 또는 병렬로 조합시킨 구조로 정밀 저속 이송이나 중간 정지의 정밀도가 요구되는 용도에 사용된다.

공압 실린더는 압축성 유체를 동력원으로 하기 때문에 저속으로 작동시키면 스틱-슬립(stick-slip) 현상이 발생하여 원활한 운동이 안 되며, 또한 행정 거리 중간에서 정확하게 정지시키는 것도 곤란하다. 따라서 작동 신호는 공압 실린더에서 얻고 속도 제어는 유량 제어 밸브를 사용, 폐회로로 구성된 유압 실린더로 제어하는 것이다.

하이드로 체커 실린더의 용도로는 드릴의 정밀 이송이나 소형 밀링 머신에서 테이블 이송 기구 등에 사용된다.

F. 로드리스 실린더(rodless cylinder)

피스톤 로드가 없이 피스톤의 움직임을 외부로 전달하여 직선 왕복 운동을 시키는 실린더를 로드리스 실린더라 한다. 로드가 없는 실린더라 해서 로드리스 실린더라 불리는 이 실린더는 일반 공압 실린더가 피스톤 로드에 의한 출력 방식과는 달리 피스톤의 움직임을 요크나 마그넷, 체인 등을 통하여 테이블을 직선 운동시켜 일을 하는 것이다. 그림 3-9는 슬릿 튜브식의 로드리스 실린더로 이와 같은 로드리스 실린더를 사용하면 설치면적이 극소화되는 장점이 있으며, 피스톤의 단면적이 같기 때문에 전진할 때와 후진할 때의 추력값이 동일하며 중간 정지 특성이 양호하다는 이점도 있다.

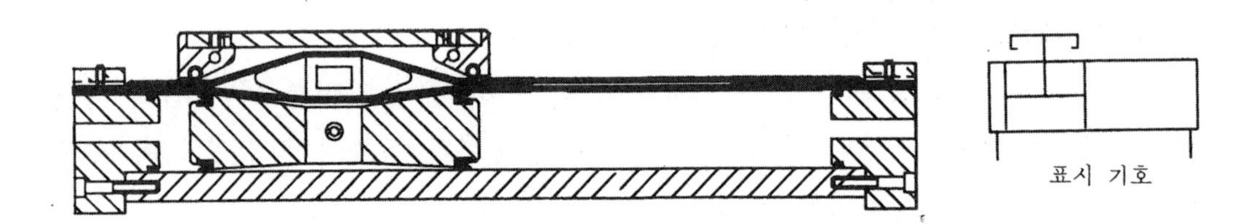

그림 3-9 로드리스 실린더(슬릿 튜브식)

G. 충격 실린더

충격 실린더는 그림 3-10과 같이 헤드측에 실린더를 급속히 작동시키기 위한 공기 저장실이 있으며, 이 저장실로부터 다량의 공기를 공급 받아 급속 작동하여 속도 증가로 인한 충격력으로 작업을 하는 것으로 공압 프레스 등에 사용된다.

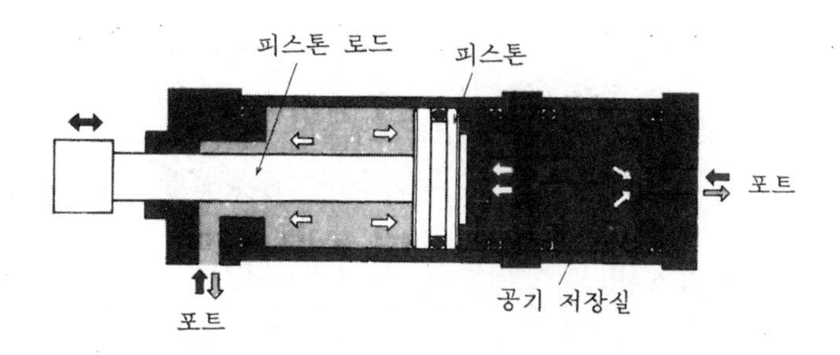

그림 3-10 충격 실린더

(5) 장착 방식에 따른 분류

공압 실린더의 장착 방식은 실린더를 기계나 장치를 부착하는 방법에 따라 결정된다. 실린더가 항시 일정한 위치에 고정이 요구될 때는 고정 방식을 채용하고, 실린더가 요동하거나 회전될 때는 그 특성에 알맞은 장착 방식을 채택하여야 한다.

고정 방식은 실린더 본체를 고정하고 로드를 통하여 부하를 움직이는 형식으로 푸트형과 플랜지형이 있으며, 요동형은 부하의 움직임에 따라 실린더 본체가 요동하는 형식으로 크레비스형, 또는 트러니언형이 있으며 로드 선단에 너클을 사용하는 경우가 많다.

부하의 운동 방식에 따른 실린더의 장착 기준을 표 3-2에 나타냈다.

표 3-2 장착 방식에 따른 분류

부하의 운동 방향		장착 형식		구 조 예	비 고
고정	부하가 직선 운동을 한다.	푸트형 (foot type)	축방향 foot형 (외측)		가장 일반적이고 간단한 설치 방법으로 주로 경부하용이다.
			축방향 foot형 (내측)		
		플랜지형 (flange type)	로드측 flange형		가장 견고한 설치 방법이다. 부하의 운동 방향과 축심을 일치시켜야 한다.
			헤드측 flange형		

(표 3-2 계속)

부하의 운동 방향		장착 형식		구 조 예	비 고
요동	부하가 평면 내에서 요동하거나 요동할 가능성이 있는 경우는 직선 운동을 할 때라도 사용한다.	클레비스형 (clevis type)	분리식 eye형		부하의 요동 방향과 실린더의 요동 방향을 일치시켜 피스톤 로드에 가로 하중이 걸리지 않도록 할 것. 요동 운동하므로 실린더가 다른 부분에 접촉되지 않도록 한다.
			분리식 clevis 형		
		트러니언형 (trunnion type)	로드측 trunnion형		
			중간 trunnion형		
			헤드측 trunnion형		
회전	부하가 연속적으로 회전한다.	회전 실린더			회전실 기능을 갖춘 것을 사용한다.

3.1.3 공압 실린더의 도면 기호 작도법

KS B 0054 표 8에는 공압 실린더에 대한 도면 기호가 다음과 같이 정의되어 있다.

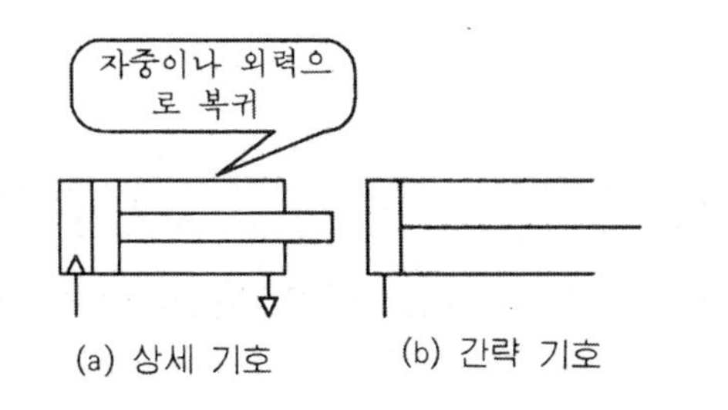

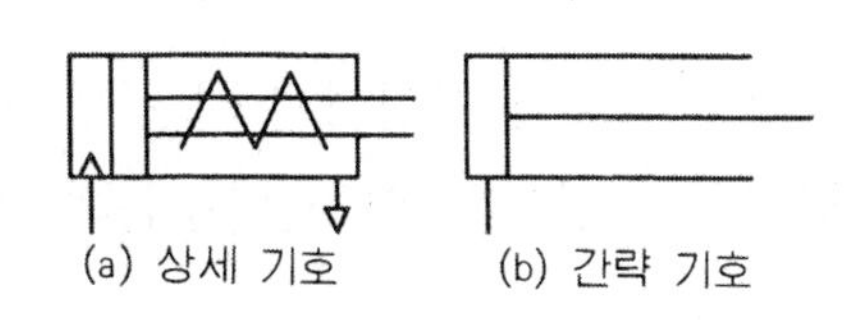

(가) 스프링 없음 (나) 스프링 붙이

그림 3-11 단동 실린더의 도면 기호

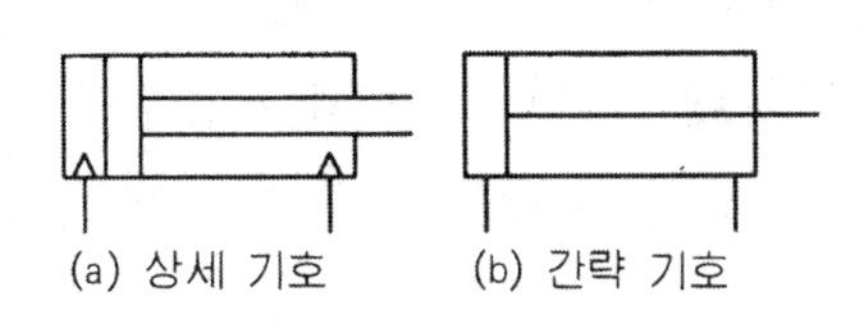

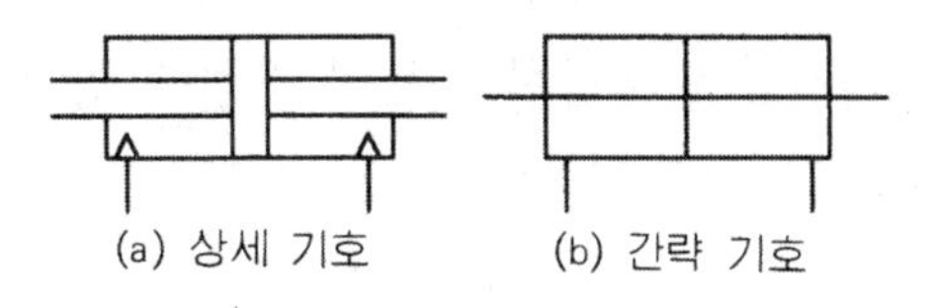

(가) 편로드형 (나) 양로드형

그림 3-12 복동 실린더의 도면 기호

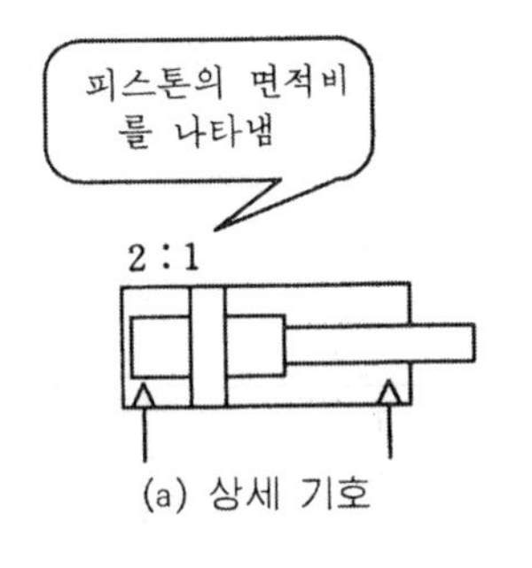

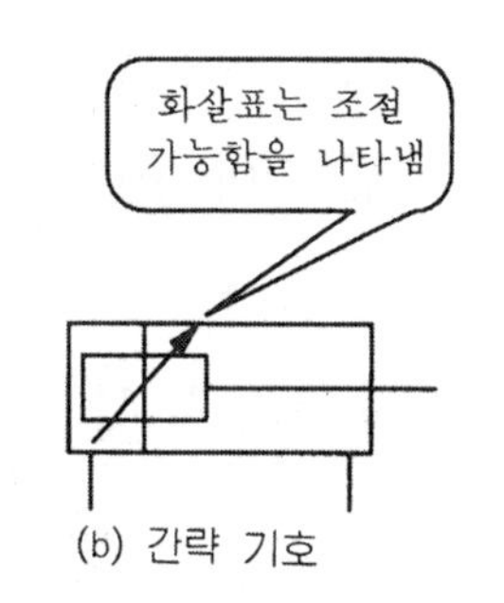

그림 3-13 쿠션 붙이 복동 실린더의 도면 기호

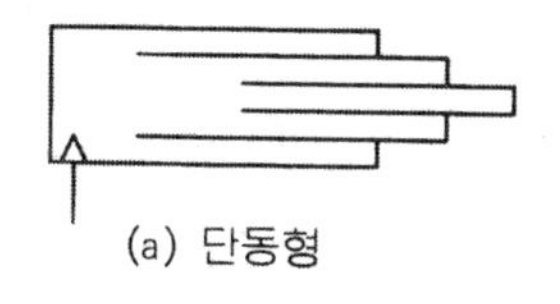

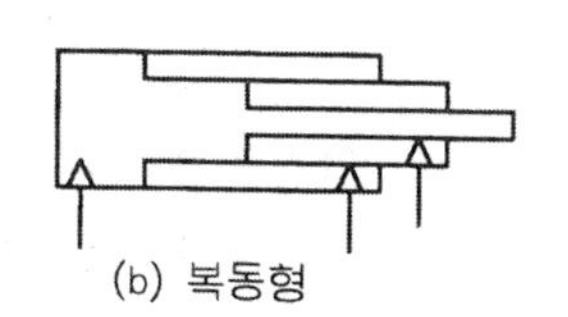

그림 3-14 텔레스코프형 실린더의 도면 기호

3.1.4 공압 실린더의 작동 특성

(1) 사용 공기 압력 범위

KS에서는 공압 실린더의 사용 압력 범위를 1 kgf/cm^2부터 7 kgf/cm^2으로 규정하고 있지만 시판되고 있는 대부분의 실린더는 2 kgf/cm^2에서 10 kgf/cm^2 미만으로 되어 있다.

(2) 사용 주위 온도

규격으로는 5~60℃ 정도로 규정되어 있다. 최저 온도가 5℃로 되어 있는 것은 사용 공기 중에 포함한 수분이 작동에 영향을 주기 때문이다. 또한 최고 온도가 60℃로 되어 있는 것은 이 온도를 초과하면 패킹의 종류와 윤활유 등에 관하여 특별한 고려를 하여야 되기 때문이다.

(3) 실린더의 출력 계산

공압 실린더의 출력은 실린더의 튜브 내경과 피스톤 로드의 외경 및 사용 공기 압력으로 결정된다. 즉, 그림 3-15에 나타낸 것처럼 피스톤의 단면적에 가해지는 공기 압력(P)을 곱한 값이 된다.

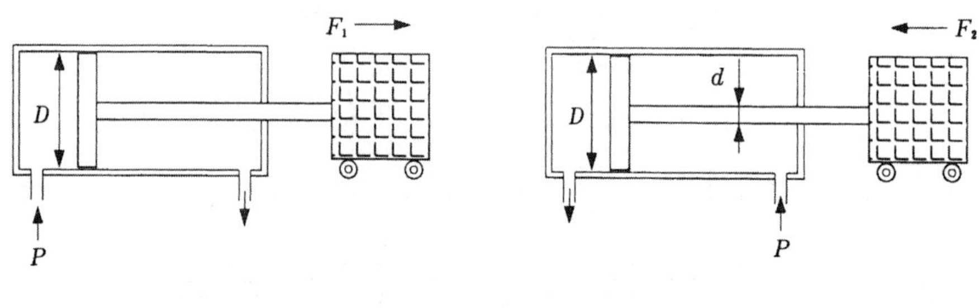

(a) 전진할 때　　　(b) 후진할 때

그림 3-15 공압 실린더의 출력계산도

(a) 그림과 같이 실린더가 전진할 때 내는 이론 출력은

$$F_1 = \frac{\pi}{4} D^2 P \text{ (kgf)}$$

(b) 그림과 같이 실린더가 후진할 때 내는 이론 출력은

$$F_2 = \frac{\pi}{4} (D^2 - d^2) P \text{ (kgf)}$$

여기서, F_1 : 전진시의 출력 (kgf)

F_2 : 후진시의 출력 (kgf)

D : 실린더 튜브 내경 (cm)

d : 피스톤 로드 직경 (cm)

P : 사용 공기 압력 (kgf/cm^2)

그러나 실제의 실린더 출력은 패킹의 미끄럼 마찰 저항, 미끄럼면의 거칠기에 따른 윤활 상태, 공압 실린더가 작동하고 있을 때의 실린더 내부 압력, 부하의 동적 조건에 따라 변하지만, 일단 간단하게 공압 실린더의 효율적 면으로 생각하여 실린더의 추력(推力) 계수가 사용되고 있다. 즉, 실제로 실린더가 낼 수 있는 실제 출력은 섭동 저항이나 배기 저항 등에 따라 이론 출력보다 작아지며 통상 15% 정도의 손실을 고려한다. 이 손실량은 실린더 직경이 작거나 사용 압력이 낮은 경우에는 증가하므로 표 3-3과 같은 손실을 고려한 추력 보정 계수를 이론 추력에 곱해야 실제 출력을 구할 수 있다.

표 3-3 공압 실린더의 추력 보정 계수

실린더 내경(mm)	보정 계수 μ
30 ~ 50	0.8
50 ~ 160	0.85
160 이상	0.9

따라서 실린더가 전진할 때 내는 실제 출력 값은

$$F_1 = \frac{\pi}{4} D^2 P \mu \ \text{(kgf)}$$

실린더가 후진할 때 내는 실제 출력 값은

$$F_2 = \frac{\pi}{4} (D^2 - d^2) P \mu \ \text{(kgf)}$$

로 구할 수 있다.

실린더의 출력 값은 이와 같이 계산에 의해 구하는 방법과 실린더의 출력표에 의하는 방법이 있는데 표 3-4는 복동 실린더의 이론 출력 값을 나타낸 것이다.

예제 튜브 내경이 32 mm, 피스톤 로드의 직경이 12 mm인 복동 실린더가 6 kgf/cm^2의 작동 압력으로 동작할 때, 전진할 때 내는 실제 출력값은 얼마인가?

풀이 1. : 실린더가 전진할 때 내는 출력값을 구하는 공식

$$F_1 = \frac{\pi}{4} D^2 P \mu \text{ (kgf) 로부터}$$

$$= \frac{\pi}{4} \times 3.2^2 \times 6 \times 0.8 = 38.6\text{(kgf) 가 얻어진다.}$$

풀이 2. : 표 3-4에서 실린더 내경 32 mm가 사용 압력 6 kgf/cm^2로 전진할 때 내는 이론 출력값을 구하면 48.3 kgf가 얻어지는데, 여기에 실린더 추력 계수 0.8을 곱하면 38.6 kgf가 얻어 진다.

표 3-4 복동 실린더의 이론 출력표

단위 (kgf)

작동 방향	실린더 내 경 (mm)	피스톤 로드 직경 (mm)	수압(受壓) 면적 (cm^2)	사용 압력(kgf/cm^2)					
				2	3	4	5	6	7
	20	8	3.14	6.3	9.4	12.6	15.7	18.8	22.0
	25	10	4.91	9.8	14.7	19.6	24.5	29.5	34.4
	32	12	8.04	16.1	24.1	32.2	40.2	48.3	56.3
	40	16	12.56	25.1	37.6	50.2	62.8	75.3	87.9
	50	20	19.63	39.2	58.8	78.5	98.1	117.7	137.4
	63	20	31.17	62.3	93.5	124.6	155.8	187.0	218.1
	80	25	50.25	100.5	150.7	201.0	251.2	301.5	351.7
	100	30	78.56	157.0	235.5	314.1	392.6	471.1	549.7
	125	35	122.7	245.4	368.1	490.8	613.5	736.2	858.9
	140	35	153.9	307.8	461.7	615.7	769.6	923.5	1077.5
	20	8	2.64	5.3	7.9	10.6	13.2	15.8	18.5
	25	10	4.12	8.2	12.4	16.5	20.6	24.7	28.9
	32	12	6.91	13.8	20.7	27.6	34.6	41.5	48.4
	40	16	10.55	21.1	31.6	42.2	52.7	63.3	73.8
	50	20	16.49	29.3	49.4	65.9	82.4	98.9	115.4
	63	20	28.03	41.6	84.0	112.1	140.1	168.1	196.2
	80	25	42.65	85.3	127.9	170.6	213.2	255.9	298.5
	100	30	71.47	142.9	214.4	285.8	357.3	428.8	500.2
	125	35	113.09	226.1	339.2	452.3	565.4	678.5	791.6
	140	35	144.31	288.6	432.9	577.2	721.5	865.8	1010.1

(4) 실린더의 사용 속도

KS 규격에서 공압 실린더의 사용속도는 50~500 mm/s 범위 내로 사용 속도가 규정되어 있다. 이것은 최저 속도를 50 mm/s 이하로 하면 스틱 슬립 현상이 일어나기 때문이며, 실린더가 지나치게 고속 작동하면 섭동면에서의 발열로 인한 패킹의 손상이나 또는 행정 끝단에서의 충격이 심하기 때문에 최고속도를 제한한다.

그러나 현재 시판되고 있는 공압 실린더의 사용 압력 범위는 50~750 mm/s로 되어 있는 것이 대부분이다.

(5) 실린더의 행정 거리(stroke)

공압 실린더의 사용 가능한 최대 스트로크는 설치 방법, 피스톤 로드 직경, 피스톤 로드 끝에 걸리는 부하의 종류, 가이드의 유무 및 부하의 운동 방향 조건 등에 의해 결정된다. 피스톤 로드에 축방향 압축 하중이 걸릴 경우는 피스톤 로드 길이가 지름의 10배 이상이 되면 좌굴이 일어나므로 좌굴 강도 계산을 고려해야 한다.

3.1.5 공압 실린더 사용시 주의 사항

(1) 일반적 주의 사항

공압 실린더를 사용할 때는 다음 사항에 주의하여 사용한다.

① 사용 온도 범위는 5~60℃가 이상적이며, 이 범위를 초과하여 사용할 때는 패킹 재질 등에 관하여 제조 회사와 협의하여 사용한다. 또 5℃ 이하에서 사용할 때는 에어 드라이어를 사용하여 수분에 의해 동결되는 것을 방지한다.

② 먼지가 많은 장소에서 사용할 때는 커버를 설치하여 섭동부를 보호한다.

③ 공압 필터를 통과한 깨끗한 압축 공기를 사용하고 윤활기 등에서 적당량의 윤활유를 공압 실린더에 공급한다.

④ 소음기 배압에 의해 공압 실린더 작동 속도에 영향이 없도록 한다.

⑤ 배관은 될 수 있는 한 압력 강하가 생기지 않도록 한다.

(2) 스틱 슬립(stick slip) 현상과 대책

A. 스틱 슬립이란

공압 실린더를 저속(특히 50 mm/sec 이하)으로 작동시킬 때 실린더의 운동이 원활하지 않고 불규칙하게 가다 서다를 반복하는 현상을 말한다.

B. 스틱 슬립의 발생 원인

① 실린더를 저속, 특히 50 mm/sec 이하로 작동시킬 때
② 실린더의 속도 제어를 미터인으로 제어할 때
③ 압력 변동이 있거나 부하율이 클 때
④ 부하 변동이 있을 때

C. 스틱 슬립의 방지 대책

① 실린더의 작동 속도를 50 mm/sec 이상으로 높인다.
② 실린더의 속도 제어를 미터아웃으로 변경한다.
③ 하이드로 체커 실린더를 사용한다.
④ 작동 압력을 높이거나 부하율을 낮게 한다.

(3) 데드 타임(dead time)과 대책

A. 데드 타임의 개요

방향 제어 밸브가 작동한 후 공압 실린더의 피스톤이 움직일 때까지의 시간을 데드 타임이라 하고, 신뢰성 있는 시스템이라면 데드 타임이 작아야 한다.

B. 데드 타임을 줄이는 대책

① 부하율을 낮게 한다.
② 실린더와 방향 제어 밸브 사이의 배관 길이를 가능한 한 짧게 한다.
③ 배관의 직경을 굵게 하고, 큰 방향 제어 밸브를 사용한다.

연습 문제

1. 액추에이터의 정의에 대해 기술하라.
2. 공압 실린더의 구성 요소를 나열하라.
3. 단동 실린더의 특성에 대해 기술하라.
4. 다음 각 실린더의 구조 원리와 특성에 대해 기술하라.
   ① 양로드 실린더
   ② 탠덤 실린더
   ③ 텔레스코프 실린더
   ④ 다위치 제어 실린더
   ⑤ 로드리스 실린더
   ⑥ 하이드로 체커 실린더
   ⑦ 충격 실린더
5. 공압 실린더의 최저 사용압력과 최고 사용 압력이 제한되는 이유를 설명하라.
6. 실린더의 직경이 40 mm, 피스톤 로드 직경이 16 mm, 사용 압력이 6 kgf/cm^2, 실린더 추력 계수가 0.85일 때, 실린더가 전진할 때 내는 출력 F_1과 실린더가 후진할 때 내는 출력 F_2를 각각 계산하여라.
7. 복동 실린더의 사용 속도 범위는 얼마이며, 최저 속도와 최고 속도가 제한되는 이유에 대해 설명하라.
8. 스틱 슬립의 발생 원인과 그 대책에 대해 기술하라.
9. 공압 실린더의 장착 형식의 종류와 특성에 대해 기술하라.
10. 실린더 완충 장치의 원리에 대해 기술하라.

3.2 공압 모터

(1) 개요

공압 모터는 압축 공기 에너지를 기계적 회전 에너지로 바꾸는 액추에이터를 말하며 오래 전부터 광산, 화학 공장, 선박 등 폭발성 가스가 존재하는 곳에 전동기 대신에 사용되어 왔지만, 최근에는 저속 고토크 모터, 속도 가변 모터 등의 출현으로 방폭이 요구되는 장치 이외에 부품 장착, 장탈 장치, 교반기, 컨베이어, 호이스트 등 일반 산업 기계에도 널리 사용되고 있다.

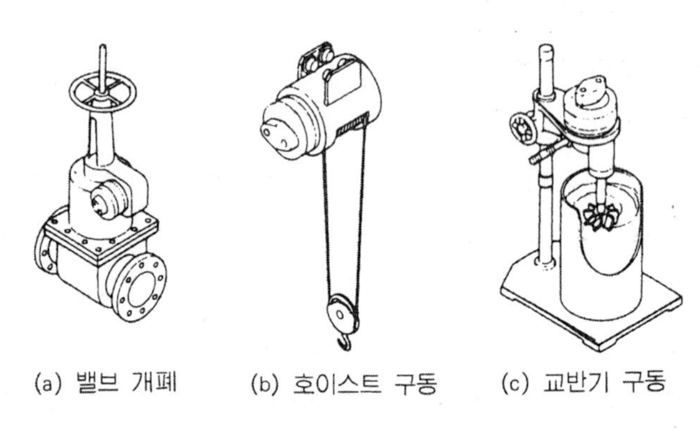

그림 3-16 공압 모터의 사용 예

(2) 종류 및 작동 원리

A. 베인형 모터

구조가 간단하고 무게가 가볍기 때문에 대부분의 공압 모터는 이 방식으로 만들어진다. 작동 원리는 베인 압축기의 반대로서, 케이싱 안쪽으로 베어링이 있고 그 안에 편심 로터가 있으며, 이 로터에 가공되어 있는 슬롯에 3~10개의 베인이 삽입되어 있다.

베인이 회전하게 되면 원심력에 의해 케이싱 내벽쪽으로 힘이 작용되어 각 공간을 밀폐시킨다.

일반적으로 출력은 0.075~7.5 kW 정도이며, 무부하 상태의 회전수는 3,000~15,000 rpm이다.

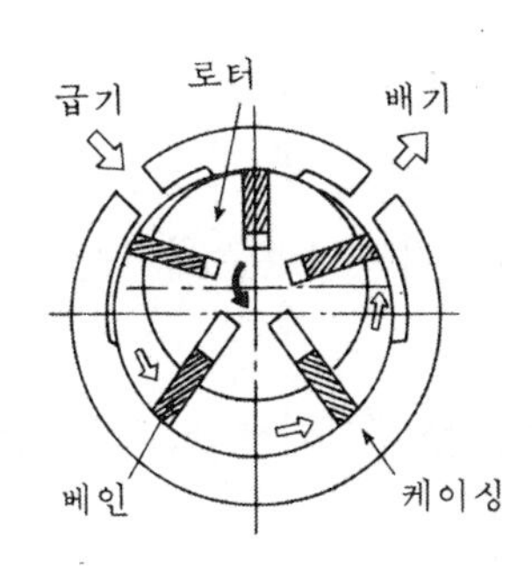

그림 3-17 베인형 공압 모터

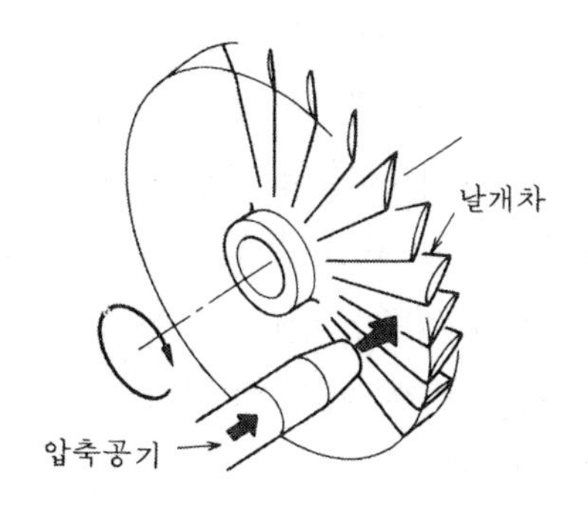

그림 3-18 터빈형 공압 모터

B. 피스톤 모터

압축 공기를 피스톤 단면에 작용시켜 그 힘을 사판(斜板)이나 캠, 크랭크축 등에 전달하여 모터축을 회전시키는 구조로 되어 있다.

피스톤 모터는 일반적으로 중·대용량으로 저속 회전이 필요한 곳에 사용되며, 최고 회전 속도는 무부하 상태에서 3,000 rpm 정도이고 출력은 1.5~2.6 kW 정도로 시동 토크를 크게 할 수 있는 특징이 있다.

C. 기어 모터

기어형 모터는 두 개의 맞물린 기어에 압축 공기를 공급하여 토크를 얻는 방식이다. 한 개의 기어는 모터의 축에 고정되며, 소형에서도 10,000 rpm 정도의 고속 회전과 대단히 높은 출력을 얻을 수 있다.

D. 터빈형 모터

터빈형 공압 모터는 그림 3-18에 나타낸 바와 같이 압축 공기를 날개차에 붙어 넣어서 속도와 압력 에너지를 회전 운동으로 변환시켜 회전력을 주는 구조이다. 일반적으로 고속이 요구되는 연삭용 등에 사용되며 2,000~5,000 rpm 정도의 회전수가 얻어진다.

(3) 공압 모터의 특징

① 전동기와 비교하여 관성 대 출력비로 결정하는 시정수(時定數)가 작으므로 시동 정지가 원활하며 출력/중량비가 크다.

② 공기의 압축성 때문에 회전 속도는 부하의 영향을 받기 쉽다. 그러나, 공압 모터의 토크보다 부하가 크게 되면 속도가 떨어져 자연히 정지되지만, 전동기처럼 코어가 타는 현상이 일어나지 않으므로 안전하다. 부하가 작게 되면 관성/출력

비의 시정수가 작으므로 곧 재시동한다.

③ 폭발성 가스의 분위기 속에서도 안전하게 사용할 수 있다.

④ 속도 제어와 정역 회전 변환이 간단하다. 속도의 가변 범위도 1 : 10 이상 된다.

⑤ 주위 온도, 습도 등의 분위기에 대하여 다른 원동기만큼 큰 제한을 받지 않는다.

⑥ 작업 환경을 청결하게 할 수 있다.

⑦ 공압 모터의 자체 발열이 적다. 각 섭동부의 마찰열은 압축 공기의 단열 팽창으로 냉각된다.

⑧ 압축 공기 이외의 질소가스, 탄산가스 등도 사용할 수 있다.

⑨ 공기 탱크를 공압원으로서 설치하면 비상용 구동원으로서도 이용할 수 있다.

(4) 사용상 주의 사항

① 공압 모터의 성능은 배기측 압력을 대기압으로 하였을 때의 토크와 출력을 표시하고 있다. 그러나, 실제로 사용할 때는 공압 기기나 배관에 의한 배압이 발생하고 출력 저하를 가져오므로, 충분한 여유를 고려한 공압 기기를 구성하여야 한다.

② 공압 모터에 사용하는 소음기는 연속 배기이므로 가능한 한 큰 유효 단면적을 가진 것을 사용한다.

③ 공기 압축기를 선정할 때는 이론 토출량에 효율을 곱한 실토출량으로 선정한다.

④ 공압 모터의 출력축에 걸린 반경 및 축방향의 하중은 허용 용량값 이내로 무리한 하중이 걸리지 않도록 한다.

⑤ 윤활유가 부족하면 토크 저하, 열에 의한 융착, 내구성 등이 저하되므로 공압 모터에는 충분한 윤활유가 공급되도록 해야 한다.

⑥ 베인형 공압 모터는 시동시나 저속 회전 영역에서 공기 누설로 인한 토크가 저하되므로 시동 특성을 잘 확인한다.

⑦ 저속 영역에서는 스틱-슬립 현상으로 최소 사용 회전수가 제한되어 있으므로 확인해야 한다.

⑧ 공압 모터에 브레이크를 병용하면 압축 공기 공급이 중단되었을 때도 로킹되어 안전하다.

(5) 공압 모터의 도면 기호 표시법

공압 모터는 크게 일방향 회전형과 양방향 회전형으로 구분되며 이들 도면기호는 그림 3-19와 같이 나타낸다.

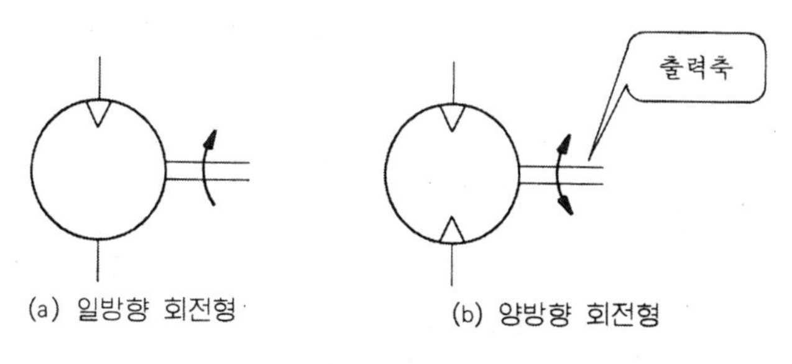

그림 3-19 공압 모터의 도면 기호

3.3 요동형 액추에이터

(1) 개요

요동형 액추에이터(rotary actuator)는 공압 요동 모터라고도 하며, 출력축의 회전 각도가 제한되어 있는 공압 모터와 같으며, 압축 공기의 에너지를 회전 운동 에너지로 변환하여 일정 각도 사이를 왕복 회전시키는 것으로서 볼 밸브의 자동 개폐, 자동문의 개폐, 산업용 로봇의 구동 및 컨베이어의 방향 변환 등 각종 장치에 이용된다.

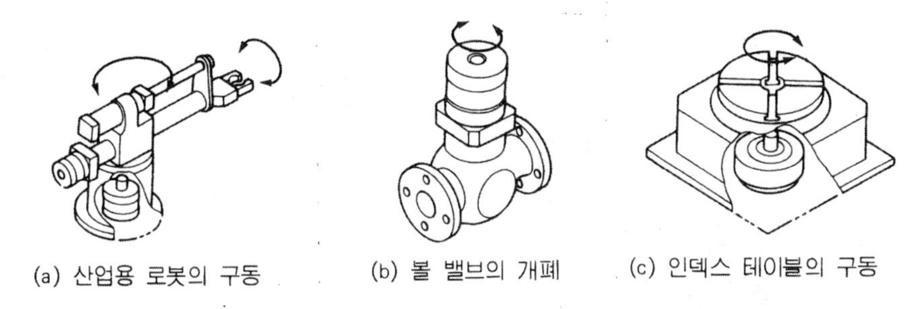

그림 3-20 요동형 액추에이터의 응용 예

(2) 종류와 원리

요동형 액추에이터의 원리는 압축 공기의 팽창 에너지를 이용하여 기계적인 왕복 회전 운동으로 변환시키며, 그 구조로서는 베인형 공압 모터와 같은 구조인 베인형과, 공압 실린더 피스톤의 직선 운동을 기계적인 나사나 기어 등을 이용하여 회전 운동으로 변환시켜 토크를 얻는 피스톤형으로 크게 나누어진다.

종류에 따른 요동형 액추에이터의 구조원리와 토크 계산식을 표 3-5에 나타냈다.

표 3-5 요동형 액추에이터의 종류와 구조 원리

명칭		구조	출력 계산식
베인형	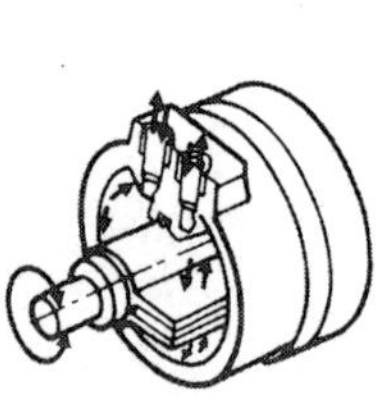	싱글 베인형 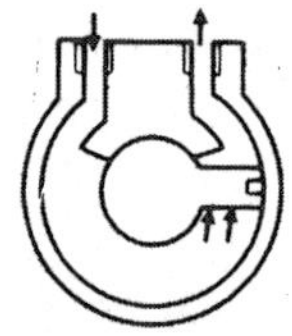 더블 베인형 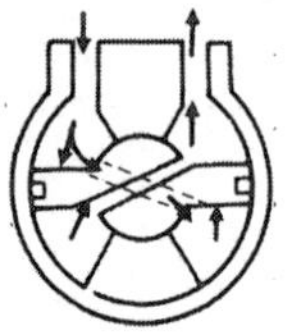	$T=\eta\frac{(D^2-d^2)}{8}b(P_1-P_2)n$ (kgf·cm) 단, T : 출력 토크 (kgf·cm) η : 효율 D : 베인실의 직경(cm) d : 베인부 축의 직경(cm) b : 베인실의 폭(cm) n : 베인 개수 P_1 : 공급 공기 압력(kgf/cm^2) P_2 : 배기 압력(kgf/cm^2)
피스톤형	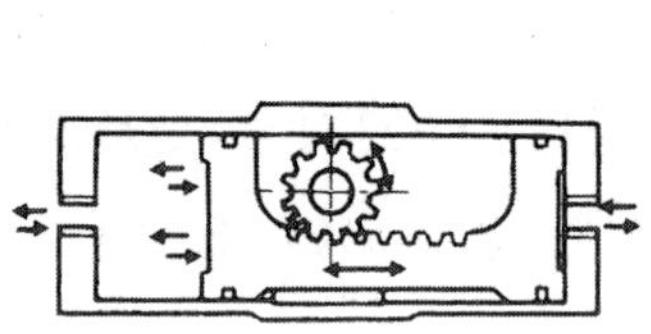 랙 피니언형		$T=\eta\frac{\pi D^2 d}{8}(P_1-P_2)n$ (kgf·cm) 단, T : 출력 토크(kgf·cm) η : 효율 D : 실린더 직경(cm) d : 피니언의 피치 직경(cm) P_1 : 공급 공기 압력(kgf/cm^2) P_2 : 배기 압력 (kgf/cm^2)
	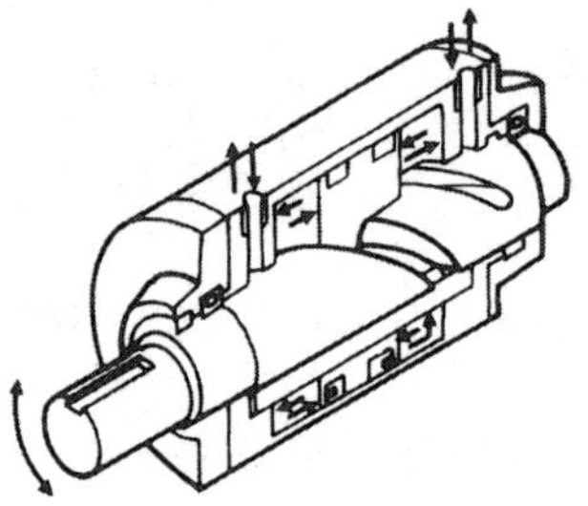 나사형		$T=\eta\frac{d}{2}\{\frac{\pi}{4}(D^2-d^2)(P_1-P_2)\}\frac{l-\mu nd}{\pi dt\mu l}$ 단, T : 출력 토크(kgf·cm) η : 효율 D : 실린더 직경(cm) d : 나사부의 직경(cm) P_1 : 공급 공기 압력(kgf/cm^2) P_2 : 배기 압력(kgf/cm^2) μ : 나사의 마찰 계수 l : 나사의 피치(cm)
	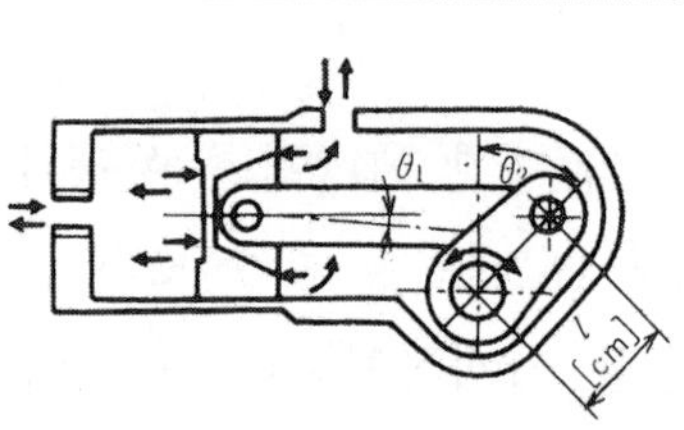 크랭크형	θ_1 θ_2 l [cm]	$T=\eta\frac{\pi D^2}{4}(P_1-P_2)l\frac{\sin\theta_2}{\cos\theta_1}$ (kgf·cm) 단, T : 출력 토크(kgf·cm) η : 효율 D : 실린더 직경(cm) P_1 : 공급 공기 압력(kgf/cm^2) P_2 : 배기 압력(kgf/cm^2)

(3) 사용상 주의 사항

요동형 액추에이터는 기본적으로 공압 실린더와 같은 공압 회로로 구동된다. 그러나, 요동형 액추에이터는 그 구조가 회전체이므로 취급면에서 공압 실린더와 다른 주의를 해야 한다.

A. 회전 에너지

요동형 액추에이터의 회전 운동체의 사용 회전 에너지는 공압 실린더에서 직선 운동시킬 때의 사용 운동 에너지에 비해 크게 되기 쉽다.

회전 에너지가 요동형 액추에이터의 허용 에너지를 초과할 때는 출력축이 파손될 우려가 있으므로 외부 완충 장치를 설치한다.

B. 출력축의 접속 방법

요동형 액추에이터의 출력축과 구동축과의 중심을 정확히 맞추어 베어링에 무리한 힘이 발생되지 않도록 한다. 그러므로, 플렉시블 커플링을 사용하는 것이 좋으며, 이는 충격 하중이 걸릴 때 어느 정도의 완충 효과를 얻을 수 있다.

C. 부하율

중력의 작용 방향이 변하면 부하율이 변하고 회전 속도가 크게 변화되기 쉽다. 회전 속도의 변화율을 작게 하려면 부하율이 50 % 이하가 되도록 한다.

(4) 요동형 액추에이터의 도면 기호 표시법

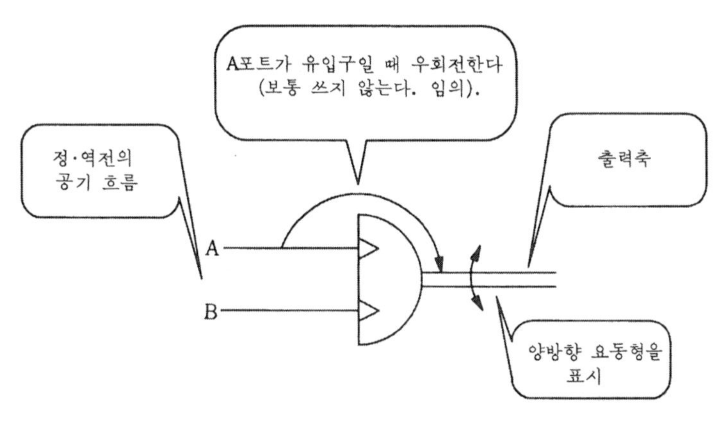

그림 3-21 요동형 액추에이터의 도면 기호

연습 문제

1. 전동기에 비해 공압 모터를 사용할 때 이점에 대해 기술하라.
2. 공압 모터의 종류를 열거하라.
3. 일방향 회전형 공압 모터의 방향 제어 회로를 그려라.
4. 요동형 액추에이터의 개요와 사용 예를 열거하라.
5. 요동형 액추에이터의 종류를 열거하라.
6. 요동형 액추에이터의 도면 기호를 작도하라.

제 4 장 공압 제어 밸브

4.1 압력 제어 밸브

4.1.1 압력 제어 밸브의 기능과 종류

공압 시스템에서 시스템으로의 공급 압력이나 작동 압력을 일정하게 유지시키거나 또는 규정된 압력에 도달되었을 때 회로를 작동시키는 등의 기능에 사용되는 밸브를 통틀어 압력 제어 밸브라 한다.

압력제어 밸브는 크게 공압 시스템의 작동 압력을 결정하고 일정하게 유지해 주는 기능의 감압 밸브, 공기 탱크나 공압 회로 내의 압력이 설정치를 초과할 때 여분의 공기를 급속히 방출시켜 시스템을 안전하게 하는 기능의 릴리프 밸브, 회로 내의 압력에 따라 다른 회로의 작동 순서를 제어하는 기능의 시퀀스 밸브, 공기 압력이 설정치에 도달하면 전기 신호를 출력하는 압력 스위치 등으로 크게 분류한다.

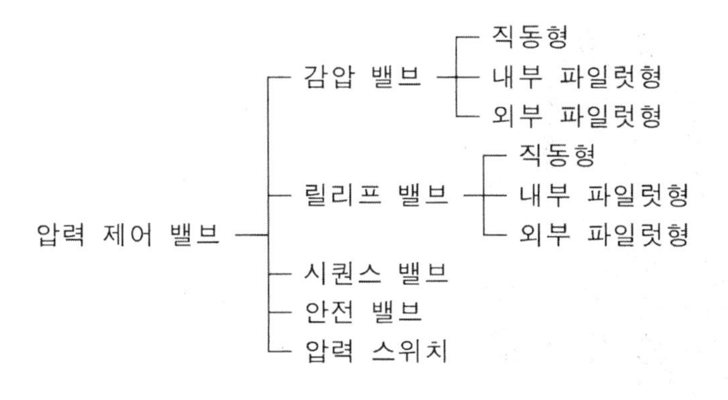

그림 4-1 압력 제어 밸브의 분류

4.1.2 감압(reducing) 밸브

① 목적 : 회로 내의 압력을 일정하게 유지시키기 위한 밸브.

② 기능 : 고압의 압축 공기를 일정한 공기 압력으로 감압하여 안정된 압축 공기를 공압 기기에 공급하는 기능을 가진 밸브로, 일반적으로 압력 제어 밸브라 하면 이 감압 밸브를 의미한다.

③ 종류 : 공기 압력을 대기로 방출시키는 기능을 가진 릴리프(relief) 형과 1차측의 유입 공기를 차단하여 조절하는 논 릴리프(non relief)형으로 구별된다.

A. 직동형 감압 밸브

압력 조정 핸들을 돌려 조정 스프링을 조정하면 밸브가 열려 1차측에서 공기가 들어가 조정 스프링력에 대응하는 공기 압력의 통로 단면적을 제어한다.

B. 내부 파일럿형 감압 밸브

내부에 파일럿 기구를 조립한 것으로 2차측 공기 압력의 변화에 민감하게 대응하여 고정도의 압력 제어를 하기 위하여 사용한다.

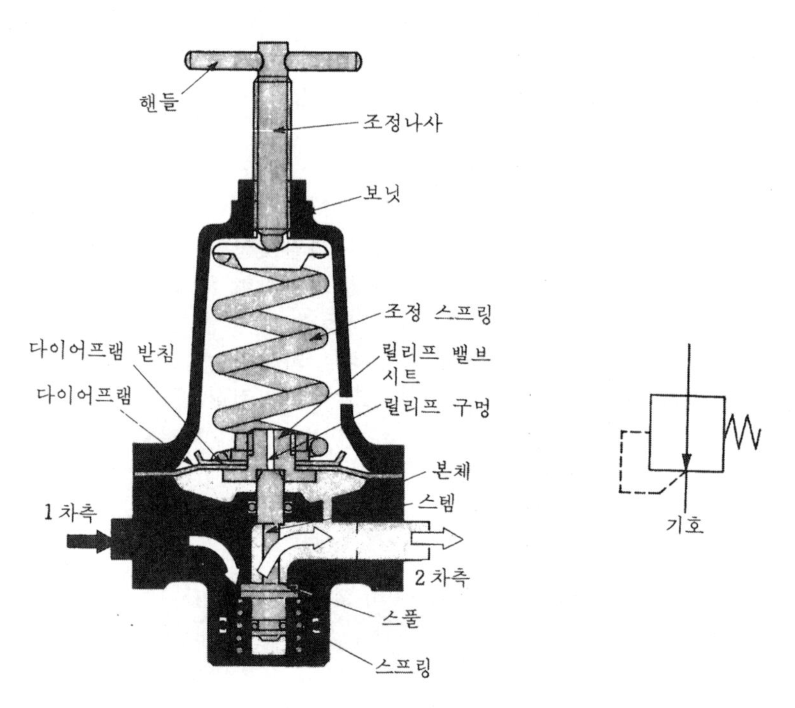

그림 4-2 감압 밸브(직동형)

C. 외부 파일럿형 감압 밸브

직동형 감압 밸브의 조정 스프링 대신에 외부의 파일럿압으로 압력을 설정하는 구조이다.

D. 감압 밸브의 도면 기호

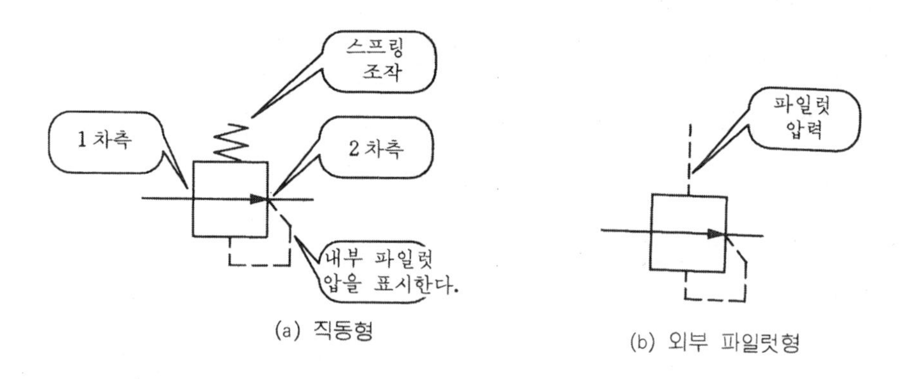

그림 4-3 감압 밸브의 도면 기호

4.1.3 릴리프(relief) 밸브

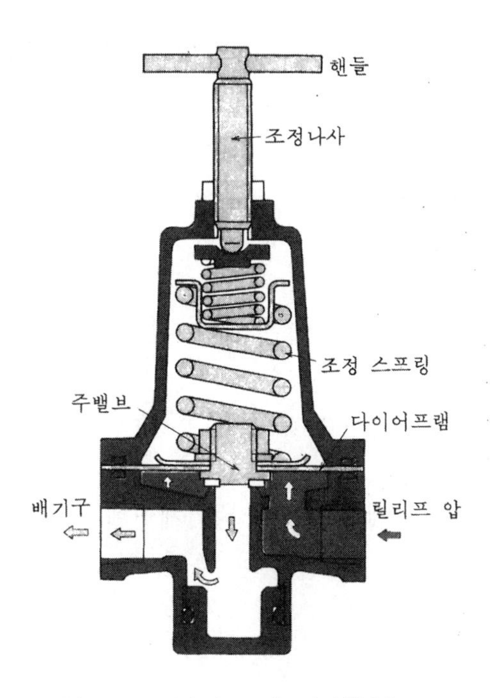

그림 4-4 릴리프 밸브(직동형)

① 기능 : 회로 내의 공기 압력이 설정치를 초과 할 때 여분의 공기를 배기시켜 회로 내의 공기 압력을 설정치 내로 일정하게 유지시키는 역할을 하는 밸브이다.
② 용도 : 공기 탱크를 적정 압력으로 제어하는 기능이나 회로에서 배압을 걸어 주는 용도로 사용된다.

A. 직동형 릴리프 밸브

릴리프압을 조정 핸들을 돌려 조정 스프링으로 설정하는 형식이다.

B. 파일럿형 릴리프 밸브

외부의 파일럿 신호로 릴리프압을 설정하는 형식이다.

C. 릴리프 밸브의 도면 기호

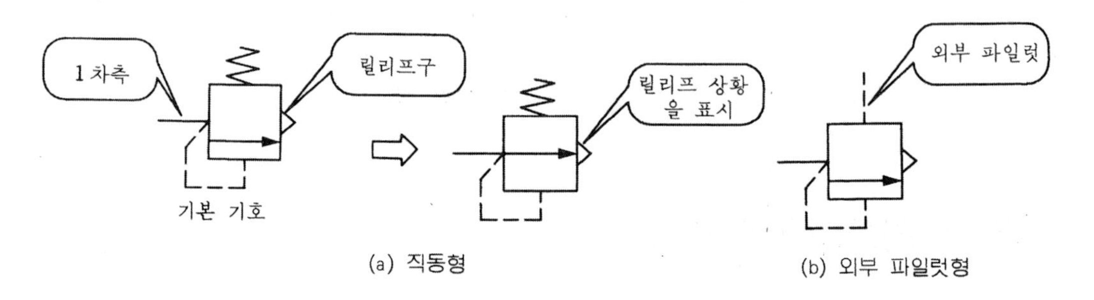

그림 4-5 릴리프 밸브의 도면 기호

4.1.4 시퀀스 밸브

A. 기능

2개 이상의 분기 회로를 가진 회로 내에서 그 작동 순서를 회로의 압력에 의해 제어하는 밸브이다.

B. 용도

다수 액추에이터의 회로에서 순차 작동 제어에 사용된다.

C. 시퀀스 밸브의 도면 기호

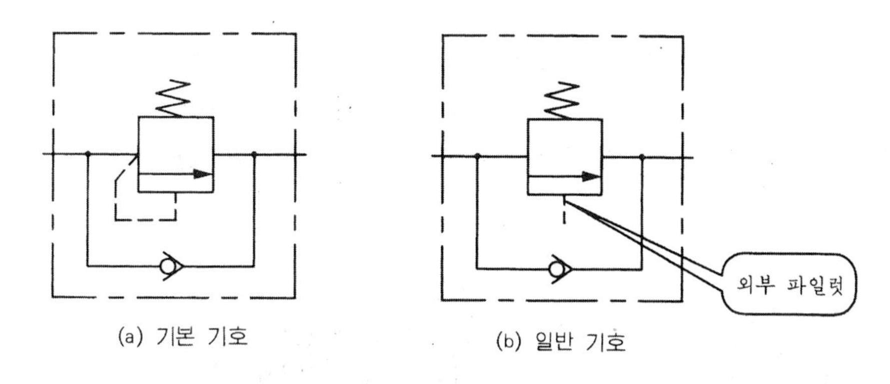

그림 4-6 시퀀스 밸브의 도면 기호

4.1.5 압력 스위치

A. 기능

유체의 압력이 규정치에 도달할 때 전기 접점을 개폐하는 기기로서 공기-전기 신호 변환기라 할 수 있다.

B. 원리

구조는 크게 압력을 받는 수압부, 전기 신호를 발생하는 접점부, 압력을 설정하는 설정부로 구성되어 있으며, 압력부에서 압력을 감지하여 설정치와 비교한 후 설정치 이상 또는 이하로 될 때 수압부의 변위로 직접 또는 레버에 의해 마이크로 스위치를 작동시켜 전기 접점의 개폐로 전기적 신호를 발생한다.

C. 종류

① 다이어프램형 : 가동 부분에 마찰이 없으므로 히스테리시스가 적고 구조에 따라서는 다이어프램의 변위를 직접 전기 접점의 개폐에 사용할 수 있다.
5 kgf/cm^2 정도의 공압용으로 적당하다.

② 벨로즈형 : 수압부에 벨로즈를 사용한 구조로 히스테리시스가 비교적 크다. 사용 압력 범위는 10~20 kgf/cm^2 정도에 적합하다.

③ 부르돈관형 : 압력계에 사용되는 부르돈관을 압력 스위치에 응용한 것으로 정도가 높고 내구성이 우수하다. 사용 압력 범위는 10~800 kgf/cm^2로 넓으나 설정

압력 범위를 초과하여 고압이 걸리는 경우 부르돈관에 왜곡이 발생하는 단점이 있다.

④ 피스톤형 : 수압부에 피스톤과 저항 스프링을 조합한 것으로 변위는 매우 크지만 마찰이 커서 정밀도는 좋지 않다. 10~1,000 kgf/cm^2 정도의 압력 범위이기 때문에 공압용으로는 부적당하고 고압의 유압용으로 사용된다.

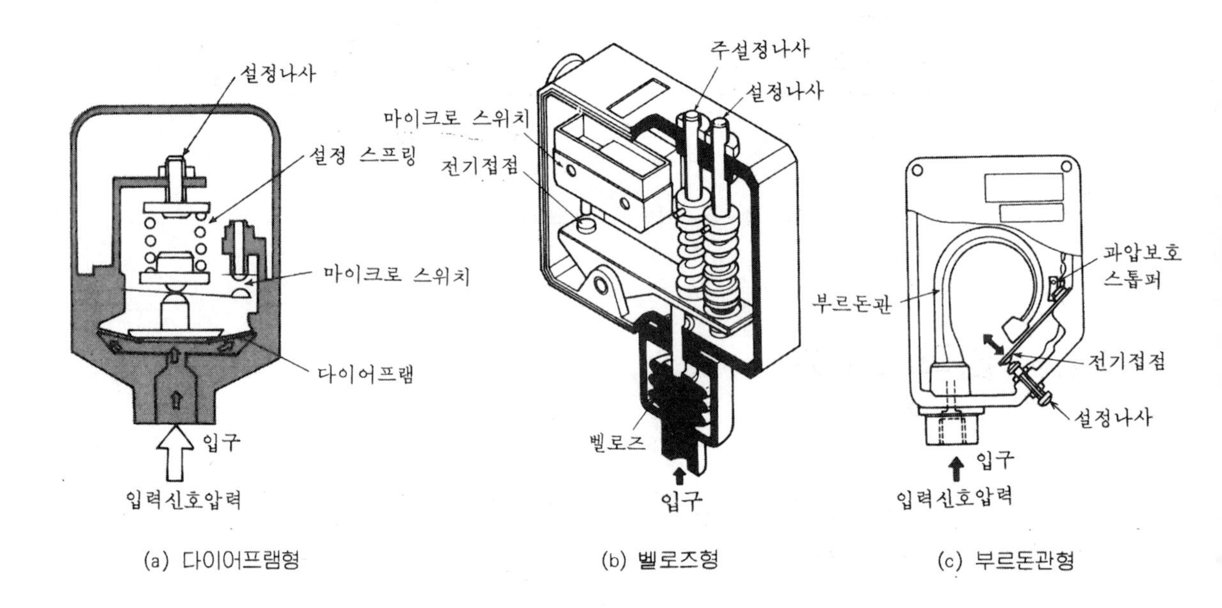

(a) 다이어프램형 (b) 벨로즈형 (c) 부르돈관형

그림 4-7 압력 스위치

D. 압력 스위치의 도면 기호

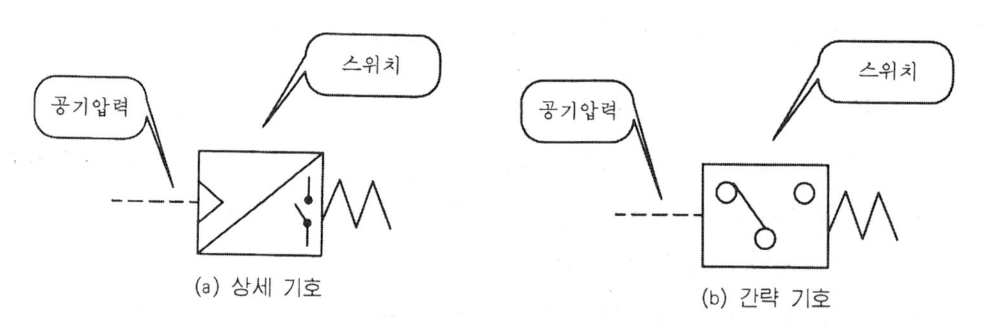

(a) 상세 기호 (b) 간략 기호

그림 4-8 압력 스위치의 도면 기호

연습 문제

1. 압력 제어 밸브의 종류와 기능에 대해 기술하라.
2. 릴리프 밸브의 사용 예를 들고 도면 기호를 작도하라.
3. 감압 밸브의 사용 예를 들고 도면 기호를 작도하라.
4. 시퀀스 밸브의 사용 예를 들고 도면 기호를 작도하라.
5. 압력 스위치의 개요와 종류를 기술하라.
6. 압력 스위치의 상세 도면 기호와 간략 도면 기호를 작도하라.
7. 안전 밸브에 대해 기술하라.

4.2 유량 제어 밸브

4.2.1 종류와 기능

유량 제어 밸브란 배관 내를 흐르는 공기량을 조절하여 액추에이터의 속도 제어를 주 목적으로 사용되며, 그 밖에도 시간 지연용의 공압 타이머나, 공압 센서에서의 공기 소모량 절약을 위해 사용되기도 한다.

종류로는 공압 회로 내의 유량을 일정하게 하기 위한 기능의 교축 밸브, 액추에이터의 속도를 제어하기 위한 목적의 속도 제어 밸브와 배기 교축 밸브, 액추에이터의 속도 증가를 목적으로 사용되는 급속 배기 밸브, 실린더 행정 도중에 기구적으로 유량을 조절하여 쿠션을 거는 쿠션 밸브 등이 있다.

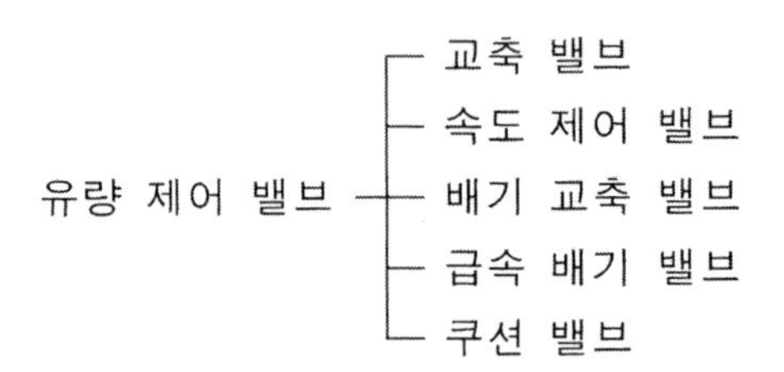

그림 4-9 유량 제어 밸브의 분류

4.2.2 구조와 원리

(1) 교축 밸브

이 밸브는 유로의 단면적을 교축하여 유량을 제어하는 밸브로서, 공압 회로 내에 설치하여 공기의 유량, 압력 등을 변화시키며 공압 실린더의 급기·배기를 교축하거나 또는 공기 탱크와 함께 공압 시간 지연 밸브의 구성 요소로 사용된다.

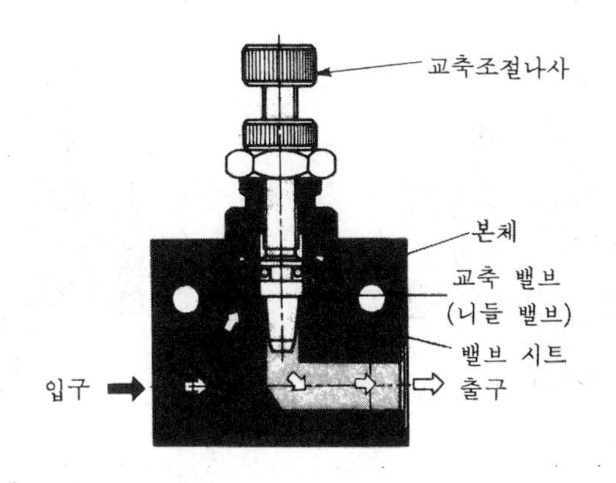

그림 4-10 교축 밸브

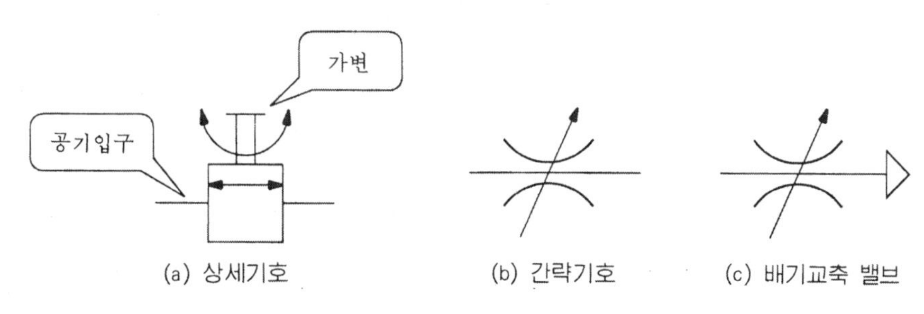

그림 4-11 교축 밸브의 도면 기호

(2) 속도 제어 밸브

A. 기능

액추에이터와 방향 제어 밸브 사이에 설치되어 액추에이터의 운동 속도를 제어하는 밸브로서 일명 스피드 컨트롤러라고 한다.

B. 구조와 원리

그림 4-12에 나타낸 바와 같이 교축 밸브와 체크 밸브가 병렬로 조립된 구조로서 한 방향으로는 유량이 조절되어 속도 조절이 가능하고 반대 방향은 자유 흐름이 된다.

C. 종류

외관 및 사용 방법에 따라 실린더 직결형과 배관형으로 구별되며, 일반적으로 실린더 직결형이 많이 사용된다.

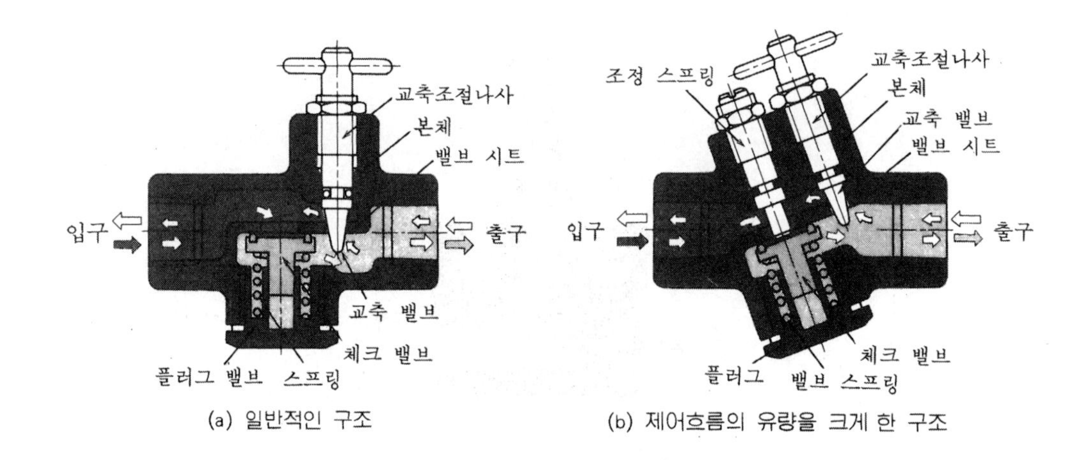

(a) 일반적인 구조 (b) 제어흐름의 유량을 크게 한 구조

그림 4-12 속도 제어 밸브

D. 도면 기호

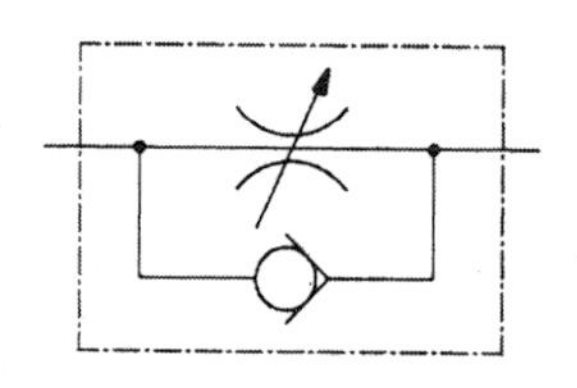

그림 4-13 속도 제어 밸브의 도면 기호

(3) 배기 교축 밸브

A. 기능

방향 제어 밸브의 배기 포트에 설치되어 배기 유량을 조절함으로써 액추에이터의 운동 속도를 제어한다.

B. 구조

배기 교축 밸브의 기본은 교축 밸브이며, 일반적으로 교축 밸브에 소음기를 부착하여 사용하는 경우가 많다.

C. 도면 기호

배기 교축 밸브의 도면 기호는 그림 4-11의 (c)와 같다.

(4) 급속 배기 밸브

A. 기능

액추에이터로부터 유출되는 공기의 배기 저항을 감소시켜 액추에이터의 속도를 증가시키는 기능의 밸브이다.

B. 원리와 구조

급속 배기 밸브의 구조는 그림 4-14와 같이 립(lip) 패킹을 사용하거나 다이어프램, 플런저 등을 사용한다.

작동 원리는 공기가 들어갈 때는 입구측에서 유입된 압축 공기가 다이어프램을 밀어 배기구를 막고 다이어프램 둘레를 따라 출구측으로 흐른다. 공기가 나올 때에는 입구측과 출구측의 차압으로 다이어프램이 이동하여 입구를 막게 되고 동시에 배기구가 열려 대기로 방출된다. 배기 교축 밸브의 배기측 통로는 입구나 출구측에 비해 유효 단면적이 크므로 출구측 공기는 순간적으로 배출되어 배기 저항을 감소시키게 된다.

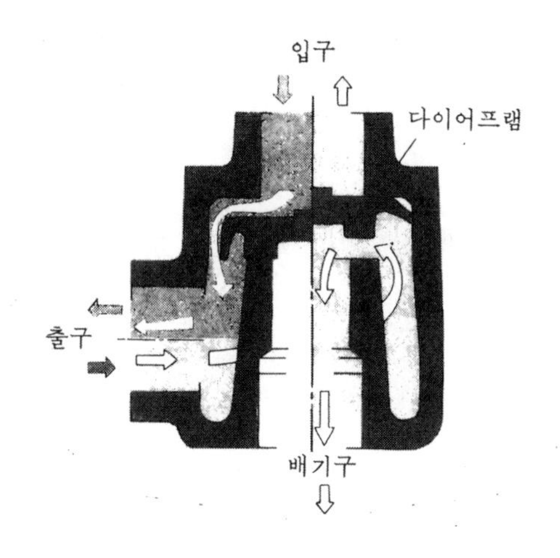

그림 4-14 급속 배기 밸브

C. 도면 기호

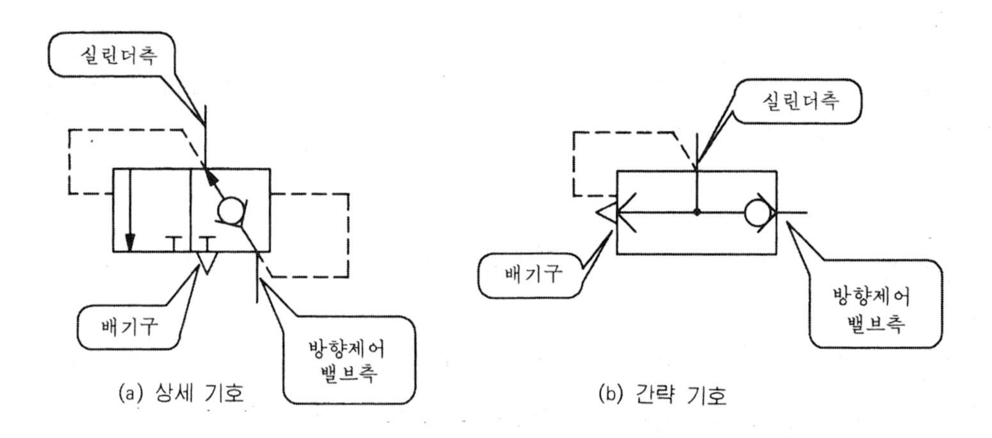

그림 4-15 급속 배기 밸브의 도면 기호

(5) 쿠션 밸브

A. 기능

실린더의 행정 끝단에서 기계적으로 유량을 조절하여 실린더의 속도를 떨어뜨려 충격을 완화시킬 목적으로 사용된다.

B. 구조

쿠션 밸브의 구조는 다양하며 일반적으로 교축 밸브, 체크 밸브, 차단 밸브 등이 병렬로 조립되어 도그(dog)나 캠(cam)에 의해 작동되도록 되어 있다.

연습 문제

1. 유량 제어 밸브의 종류와 기능을 기술하라.
2. 액추에이터의 속도 제어 기본 3회로는 무엇인가?
3. 미터-인 제어와 미터-아웃 제어의 원리와 특성을 열거하라.
4. 배기 교축 밸브를 사용하여 속도를 제어할 때 다음 물음에 답하라.
   ① 속도 제어는 미터-인 제어인가? 미터-아웃 제어인가?
   ② 복동 실린더의 전 · 후진 속도를 각각 제어하는 회로를 작도하라.
   ③ 이 방법에 의한 속도 제어시 주의할 사항을 열거하라.
5. 공압 회로에서 속도를 증가시킬 수 있는 밸브의 명칭은?
6. 유량 제어 밸브의 도면 기호를 작도하라.

4.3 방향 제어 밸브

4.3.1 기능과 분류

방향제어 밸브란 공기 흐름의 방향을 제어하는 밸브로서 시동과 정지, 그리고 흐름의 방향을 변환하는 기능을 하는 밸브를 말한다.

즉, 방향 제어 밸브는 액추에이터에 공급하는 공기 흐름의 방향을 제어하여 액추에이터의 운동 방향을 제어하기 위해 사용되는 것으로 그림 4-16과 같은 종류가 있다.

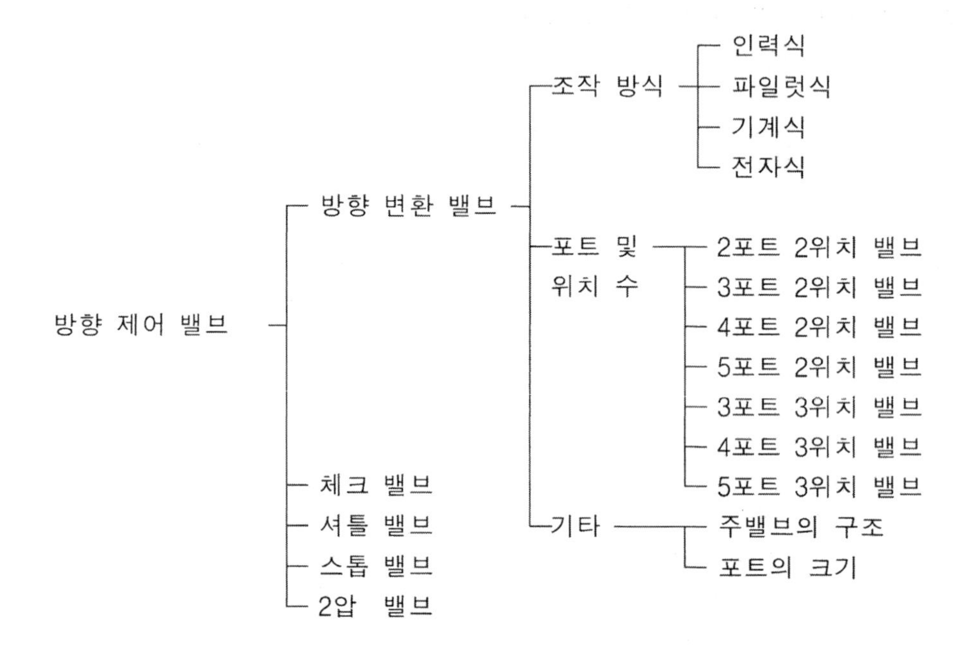

그림 4-16 방향 제어 밸브의 분류

4.3.2 방향 변환 밸브

방향 변환 밸브는 크게 포트의 수와 제어 위치의 수에 따른 조합으로 기능이 결정되며, 그 밖에 밸브의 조작 방식, 밸브의 복귀 방식, 정상 위치에서 흐름의 형식, 중앙 위치에서의 흐름의 형식, 주밸브의 구조에 따라 분류된다.

(1) 포트(port)의 수에 따른 분류

방향 변환 밸브는 그 사용 목적에서 제어 통로의 수가 기본적인 기능으로서, 이를 나타내는 것이 포트의 수, 즉 연결 접속구의 수이다. 포트 수에 따라서는 다음과 같은 종류가 있다.

표 4-1 방향 변환 밸브의 포트의 수에 따른 종류

포트 수	내 용
2	공급 포트 1개, 출구 1개
3	공급 포트 1개, 배기 포트 1개, 출구 1개
4	공급 포트 1개, 배기 포트 1개, 출구 2개
5	공급 포트 1개, 배기 포트 2개, 출구 2개

(2) 제어 위치의 수

제어 위치란 공기의 흐름 상태를 결정하는 밸브 본체의 전환 위치의 수를 말하며, 공압 밸브는 보통 2위치와 3위치가 대부분이다

표 4-2는 포트의 수와 제어 위치의 수를 조합한 방향 변환 밸브의 종류를 나타낸 것이다.

(3) 조작 방식에 따른 분류

방향 변환 밸브에서 공기 흐름의 방향을 변환시키거나 차단시키기 위해서는 밸브의 제어 위치를 전환시켜야 하고, 밸브의 제어 위치를 전환시키는 것을 밸브의 조작이라 한다.

밸브의 조작 방식에는 다음과 같은 종류가 있다.

A. 인력(人力) 조작 방식

방향 제어 밸브의 제어 위치를 사람의 힘으로 제어하는 방식으로서 누름 버튼 방식, 레버 조작 방식, 페달 조작 방식 등이 있다.

B. 기계력 조작 방식

밸브의 제어 위치를 캠, 링크, 그 밖의 기계적인 힘으로 제어하는 방식으로서 플런저, 롤러, 한 방향 롤러 레버, 스프링 방식 등이 있다.

C. 공압 조작 방식

공기 압력을 가하거나 제거하여 밸브의 제어위치를 제어하는 밸브로서 파일럿(pilot) 조작 방식이라고도 하며, 대표적인 것에 마스터 밸브가 있다.

표 4-2 방향 제어 밸브의 기능에 의한 분류

포트 수	제어 위치수	도면 기호	접속구의 기능	용 도
2	2	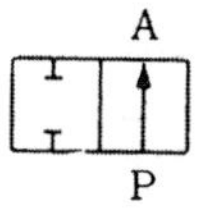 A P	압축 공기 입구(P) 1개와 압축 공기 출구(A) 1개인 밸브	차단 밸브
3	2	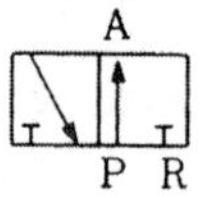 A P R	압축 공기 입구(P) 1개와 압축 공기 출구(A) 1개, 배기구(R) 1개 등 총 3개인 밸브	단동 실린더나 일방향 회전형 공압 모터 등의 방향 제어
3	3	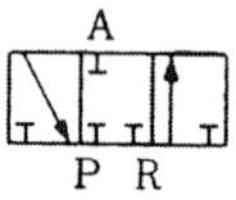 A P R		단동 실린더 등의 중간 정지
4	2	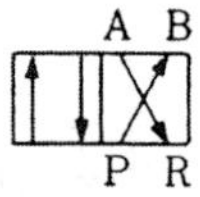 A B P R	압축 공기 입구(P) 1개, 압축 공기 출구(A, B) 2개 배기구(R) 1개 등 총 4개인 밸브	복동 실린더나 요동형 액추에이터, 양방향 회전형 공압 모터 등의 방향 제어
4	3	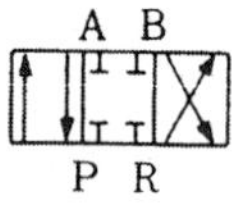 A B P R		복동 실린더나 요동형 액추에이터, 양방향 회전형 공압 모터 등의 방향 제어나 중간 정지
		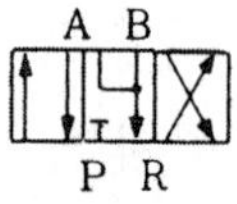 A B P R		
		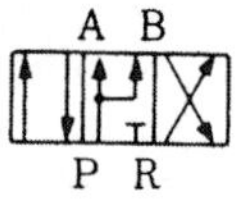 A B P R		
5	2	 A B R_1 P R_2	압축 공기 입구(P) 1개, 압축 공기 출구(A, B) 2개 배기구(R_1, R_2) 2개 등 총 5개인 밸브	4포트 2위치 밸브와 기능 동일
5	3	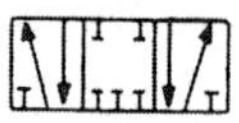		4포트 3위치 밸브와 기능 동일

D. 전자 조작 방식

제어 위치를 전자석에 의해 제어하는 것으로 직접 작동 방식(직동식)과 간접 작동 방식(파일럿식)이 있다.

직접 작동 방식이란 전자석, 즉 솔레노이드 자체가 직접 밸브의 스풀을 움직이는 것을 말하고, 간접 작동 방식은 솔레노이드로 파일럿 밸브를 조작하여 공기 압력으로 밸브를 제어하는 방식이다.

조작 방식	종 류	KS 기 호	비 고
인력 조작 방식	누름 버튼 방식 레버 방식 페달 방식		기본 기호
기계 방식	플런저 방식 롤러 방식 스프링 방식		기본 기호
전자 방식	직접 작동 방식 간접 작동 방식	① ②	(1) 직동식 (2) 파일럿식
공기압 방식	직접 파일럿 간접 파일럿	① ② ① ②	(1) 압력을 가하여 조작하는 방식 (2) 압력을 빼서 조작하는 방식
기타 방식	디텐드		어느 값 이상의 힘을 주지 않으면 움직이지 않는다.

그림 4-17 방향 제어 밸브의 조작 방식

(4) 밸브의 복귀 방식에 따른 분류

방향 제어 밸브는 조작력이나 제어 신호를 제거하면 초기 상태로 복귀되어야 한다. 이 조작을 밸브의 복귀 방식이라 하며, 공압 밸브의 복귀 방식에는 크게 스프링 복귀 방식, 공압 복귀 방식, 디텐드 방식 등이 있다.

(5) 정상 상태에서의 흐름의 형식

방향 변환 밸브에 조작력이나 제어 신호를 가하지 않은 상태를 그 밸브의 정상 상태 또는 초기 상태라 한다.

정상 위치에서 밸브가 열려 있는 상태를 정상 상태 열림형(Normally Open type)이라 하고, 정상 상태에서 닫혀 있는 밸브는 정상 상태 닫힘형(Normally Closed type)이라 한다. 단, 이 구별은 2포트와 3포트 밸브에서만 존재한다.

표 4-3 정상 상태의 흐름 형식에 따른 밸브의 분류

밸브 명칭	정상 상태	도면 기호
2포트 2위치 밸브	열림형(NO형)	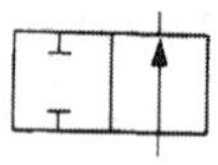
	닫힘형(NC형)	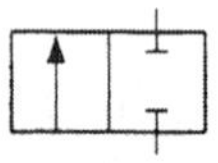
3포트 2위치 밸브	열림형(NO형)	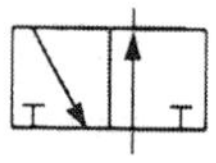
	닫힘형(NC형)	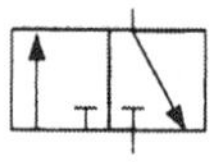

(6) 중립 위치에서의 흐름의 형식

공압 실린더의 중간 정지나 기계의 조정 작업을 위해 3위치나 4위치 밸브를 사용하는 경우, 밸브의 제어 위치 중 중앙 위치를 중립 위치라 하며, 공압 밸브에는 이 중립 위치에서 흐름의 형식에 따라 올포트 블록(클로즈드 센터)형, PAB 접속(프레셔 센터)형, ABR 접속(엑조스트 센터)형이 있다.

올포트 블록형은 중앙 위치에서 모든 포트가 닫혀 있는 상태이고, PAB 접속형은 중앙 위치에서 A, B 포트에 압력을 가하고 있으며, ABR 접속형은 중앙 위치에서 A, B포트가 배기 포트에 연결되어 모두 배기됨을 의미한다.

(7) 주밸브의 구조에 따른 밸브

방향 제어 밸브 내에서 실제로 유로를 전환시키는 기구를 주밸브라 하며, 주밸브는 구조에 따라 포핏식, 스풀식, 미끄럼식(슬라이드식)과 이것들을 조합한 것 등으로 분류된다.

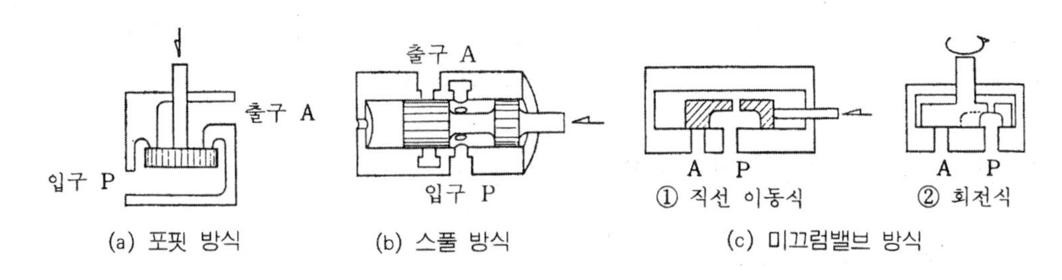

그림 4-18 주밸브의 기본 구조

A. 포핏 밸브

그림 4-18의 (a)와 같이 밸브 몸통이 밸브 자리에서 직각 방향으로 이동하는 방식으로, 구조가 간단하고 먼지나 이물질의 영향을 적게 받으므로 소형의 밸브에서 대형의 밸브까지 폭넓게 이용된다.

포핏식 밸브의 특징은 다음과 같다.

① 실(seal)성이 양호하고 또한 스프링이 파손되어도 유체압에 의해 닫힌다.
② 가동 부분의 이동 거리가 짧아 개폐 속도가 빠르다.
③ 유량 조절이 가능하고 대구경에도 적합하다.
④ 밸브의 조작력은 유체압에 비례해서 커져야 한다.

B. 스풀 밸브

스풀 밸브는 그림 4-18의 (b)와 같이 빗 모양의 스풀이 원통형 미끄럼면을 축 방향으로 이동하여 밸브를 개폐하는 구조로 되어 있다.

스풀 밸브는 여러 개의 가로 구멍이 뚫린 원통 모양의 슬리브 안쪽을 스풀이 이동하여 위치에 따라 유로의 연결 상태를 달리하므로, 복잡한 기능의 밸브도 비교적 간단히 할 수 있으며 다음과 같은 특징이 있다.

① 구조가 간단하고 고정밀도 제작이 용이하다.
② 밸브의 조작력이 작다.
③ 고압력용이나 자동 조작 밸브에 적합하다.
④ 밸브의 리프트량이 커서 포핏형에 비해 응답이 느리다.

C. 미끄럼식 밸브

미끄럼식 밸브는 그림 4-18의 (c)와 같이 밸브 몸통과 밸브체가 미끄러져 개폐 작용을 하는 형식으로, 스풀 밸브를 평면적으로 한 구조이다.

그림 4-18 (c)의 ①은 직선 운동시키는 직선 이동식이고, ②는 회전식을 나타냈다.

미끄럼식 밸브는 공기 누설은 거의 없으나, 이동 거리가 길고 섭동 저항이 커서 조작력이 크므로 수동 조작 밸브에 주로 이용되고 있다.

(8) 방향 변환 밸브의 구조와 원리

A. 2포트 2위치 밸브

2포트 2위치 밸브는 어느 한 제어 위치에서는 압축 공기를 통과시키고 다른 제어위치에서는 차단시키는 기능의 방향 변환 밸브로 주로 차단용 밸브로 이용된다.

그림 4-19는 2포트 2위치 방향 변환 밸브의 내부 구조도로 볼 시트를 이용한 포핏형 밸브이다.

그림 상태는 내장된 스프링에 의해 볼 시트가 위로 밀어 올려져 입구 P와 출구 A를 차단한 상태를 나타낸 것이고, 밸브의 플런저를 작동시키면 볼은 시트로부터 떨어지게 되어 압축 공기는 P에서 A로 흐르게 된다.

이러한 볼 시트 밸브는 구조가 간단하고 크기가 작기 때문에 가격도 싸서 일반적인 수동 조작이나 기계력 조작 등으로 주로 작동되며, 공기 흐름을 차단하는 차단 밸브의 용도로 많이 사용된다.

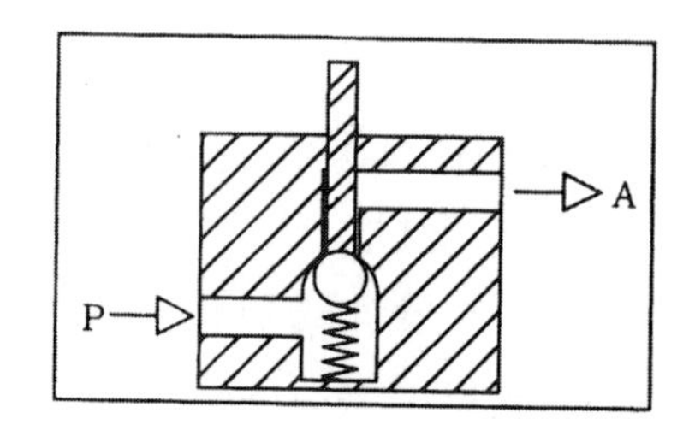

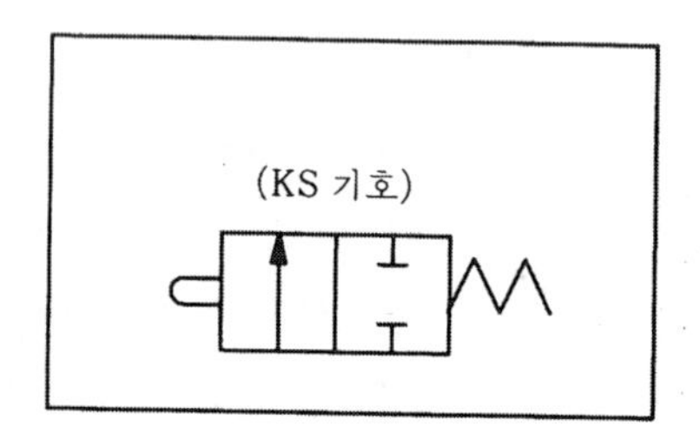

그림 4-19 2포트 2위치 밸브

B. 3포트 2위치 밸브

3포트 2위치 밸브는 어느 제어 위치에서는 압축 공기를 공급하고 다른 제어 위치에서는 공급한 압축 공기를 배기시키는 기능의 밸브로서 단동 실린더의 방향 제어, 일방향 회전형 공압 모터의 방향 제어, 액추에이터의 작동 위치를 검출하는 리밋 밸브, 시동·정지용의 명령 조작 밸브 등의 용도로 사용된다.

그림 4-20은 디스크 시트를 이용한 3포트 2위치 제어 밸브를 나타낸 것이다. 작동 원리는 (a) 그림은 초기 상태로서 P 포트는 차단되어 있고 A 포트는 R 포트에

연결되어 있으나 이 상태에서 플런저를 눌러 작동시키면 (b) 그림과 같이 P 포트는 A 포트로 통하고 R 포트는 닫히게 된다.

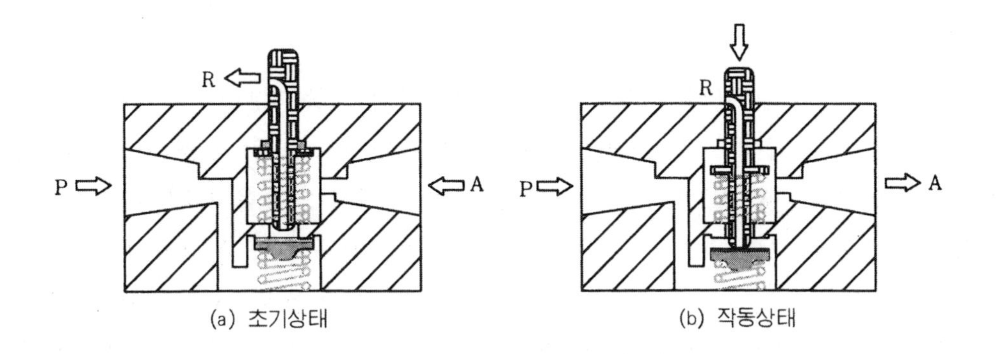

그림 4-20 3포트 2위치 밸브

C. 4포트 2위치 밸브

4포트 2위치 밸브는 두개의 출구 포트 중 하나의 포트에는 압축 공기를 공급하고 다른 하나의 포트는 배기시키며, 다른 제어 위치에서는 공급과 배기를 서로 반대로 실시하므로 복동 실린더의 방향 제어, 양방향 회전형 공압 모터의 방향 제어, 요동형 액추에이터의 방향 제어 등의 용도로 사용된다.

그림 4-21은 4포트 2위치 밸브의 예로서 (a)그림은 P 포트는 B와 A 포트는 R과 연결된 상태이다. 여기서 조작 신호인 플런저가 눌려지면 (b) 그림과 같이 P의 압축 공기는 A 포트로 흐르고, B 포트의 공기는 R 포트로 배기된다. 4포트 2위치 밸브는 이와 같이 출구인 A, B 포트의 출력 관계가 교대로 이루어지기 때문에 복동 실린더의 방향 제어가 가능한 것이다.

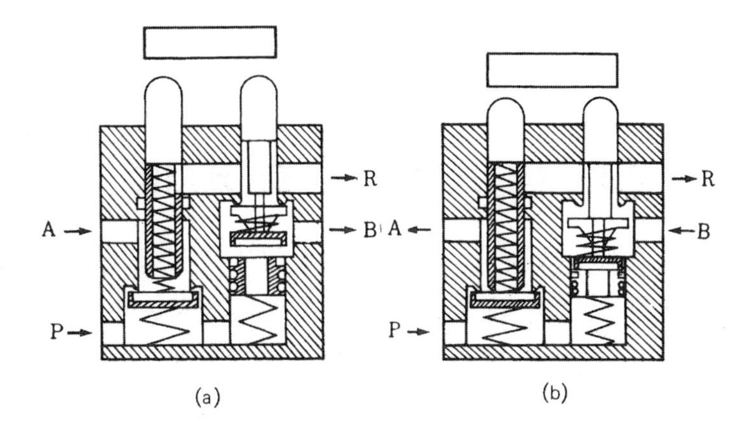

그림 4-21 4포트 2위치 밸브

D. 5포트 2위치 밸브

5포트 2위치 밸브는 4포트 2위치 밸브와 기능이 동일하며 복동 실린더의 방향 제어나 양방향 회전형 공압 모터의 방향 제어, 요동형 액추에이터의 방향 제어 등의 용도로 사용된다.

그림 4-22는 공압에 의해 작동되는 5포트 2위치 스풀 밸브의 구조이다. (a) 그림은 Z 포트에 공압 신호가 가해졌을 때 밸브의 위치도로, 압력 포트 P는 B 포트와 연결되어 있고 A 포트는 R_1 포트에 이어져 배기되는 것을 나타내고 있다.

(b)그림은 Y 포트에 압력을 가했을 때로 이 때는 P 포트는 A 포트에, B 포트는 R_2 포트에 연결되어 있다. 이와 같이 제어 신호에 따라 출력 A 포트와 B 포트의 관계가 교대로 일어나기 때문에 한 개의 5포트 2위치 밸브로 복동 실린더의 제어가 가능하다. 또한 이 밸브는 Z나 Y 신호를 입력한 후 제거하여도 반대측 신호를 입력할 때까지 그 상태가 유지되므로 메모리 밸브라 부르기도 한다.

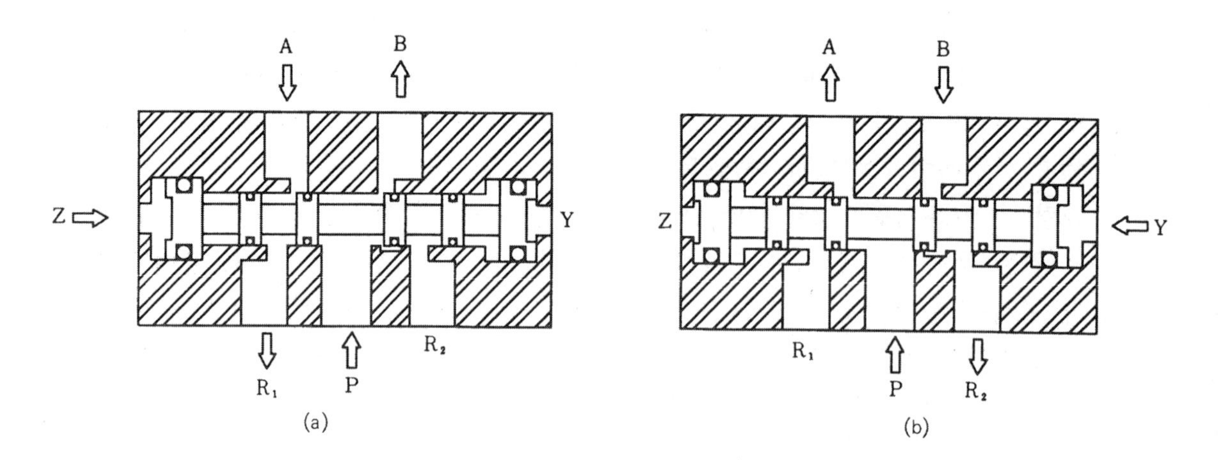

그림 4-22 5포트 2위치 밸브(공압 작동형)

4.3.3 방향 변환 밸브의 도면 기호 표시법

제어 회로에 나타내는 밸브 기호는 밸브의 내부 구조나 동작 원리를 나타내는 것이 아니라 밸브의 기능을 나타내는 도면 기호로 표시한다. 그러므로 밸브를 도면 기호로 표시할 때에는 정해진 지침에 따라 올바르게 나타내어야 한다.

① 밸브의 스위치 전환 위치는 직사각형(또는 정사각형)으로 나타낸다.

단 $m > l$ 이어야 한다

② 제어 기기의 주 기호는 1개의 직사각형(정사각형 포함) 또는 서로 인접한 복수의 직사각형으로 구성한다.

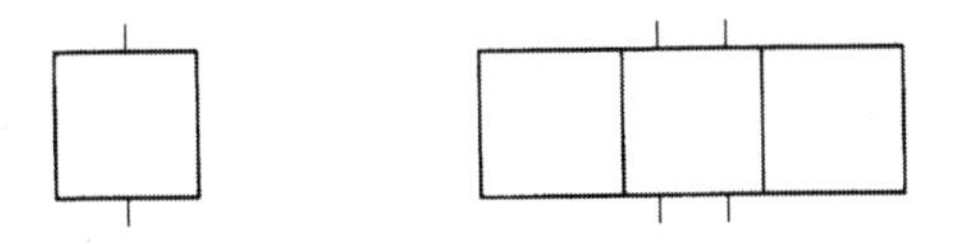

③ 유로, 접속점, 체크 밸브, 교축 등의 기능은 특정의 기호를 제외하고 대응하는 기능 기호를 주 기호 속에 표시한다.

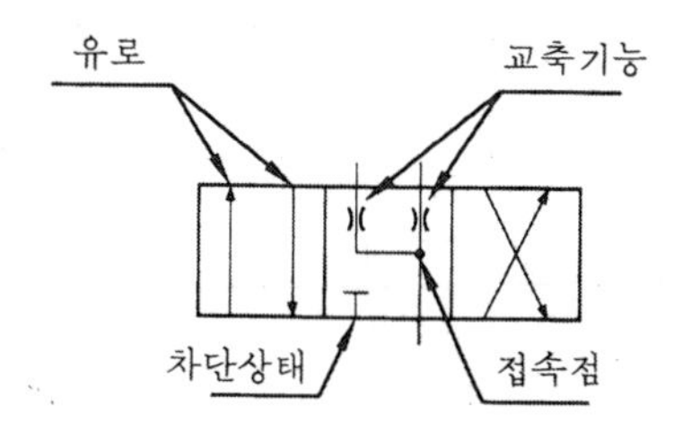

④ 작동 위치에서 형성되는 유로 상태는 조작 기호에 의하여 눌려진 직사각형이 이동되어 그 유로가 외부 접속구와 일치되는 상태가 조립 상태가 되도록 표시한다.

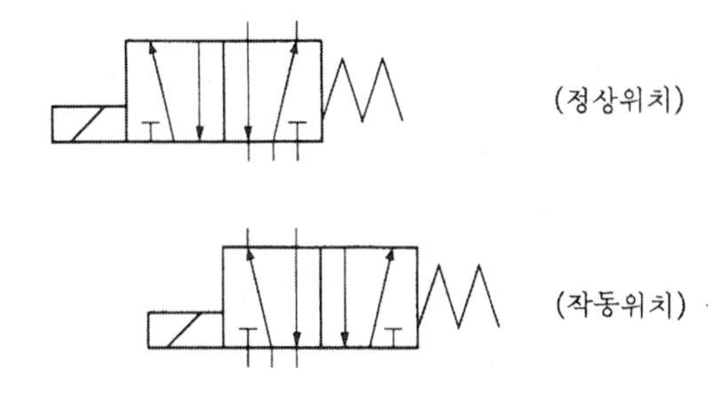
(정상위치)

(작동위치)

⑤ 외부 접속구는 아래와 같이 통상 일정 간격으로 직사각형과 교차되도록 표시한다.

단, 2포트 밸브의 경우는 직사각형의 중앙에 표시한다.

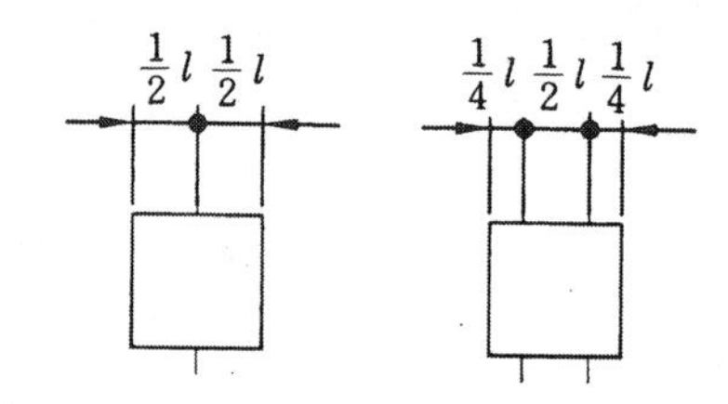

⑥ 배기구의 표시는 역삼각형으로 다음과 같이 표시한다.

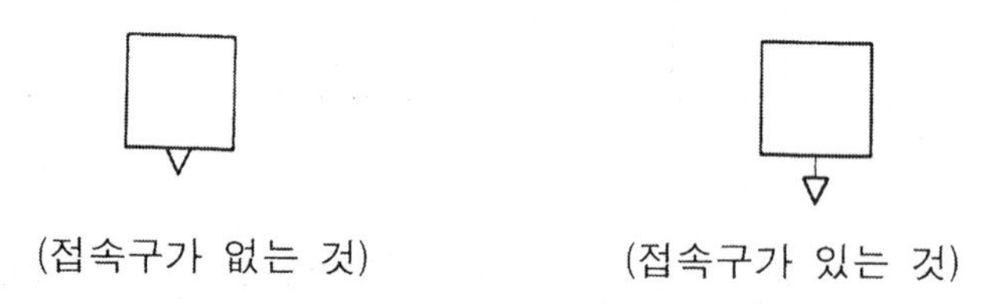

⑦ 밸브의 조작 기호는 조작하는 기호 요소에 접하는 임의의 위치에 써도 좋으며 일방향 조작의 조작 기호는 조작하는 기호 요소에 인접해서 쓴다.

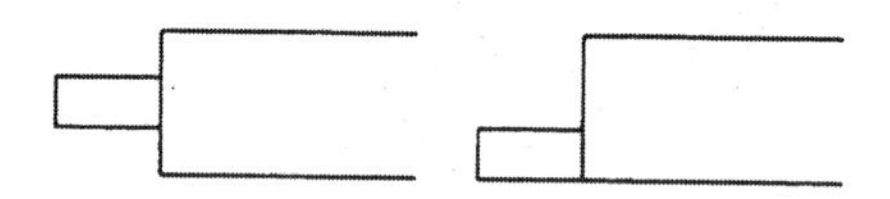

4.3.4 기타 방향 제어 밸브

(1) 체크 밸브(check valve)

체크 밸브란 한쪽 방향으로의 흐름은 허용하나 반대 방향으로의 흐름은 차단하는 기능의 밸브로 역류 방지용으로 사용된다.

체크 밸브는 일방향 유량 조절 밸브에서 교축 밸브와 조합되어 한 방향의 흐름만 제어 흐름으로 하고 반대 방향의 흐름은 자유 흐름 상태로 하는 기능을 하며, 또한 클램프 실린더 등과 같은 기능의 회로에서 압력 저하에 따른 위험 방지 목적이나, 공기 탱크와 압축기 사이에 설치되어 압축기가 정지하여도 역류가 되지 않도록 하는 기능 등에 사용된다.

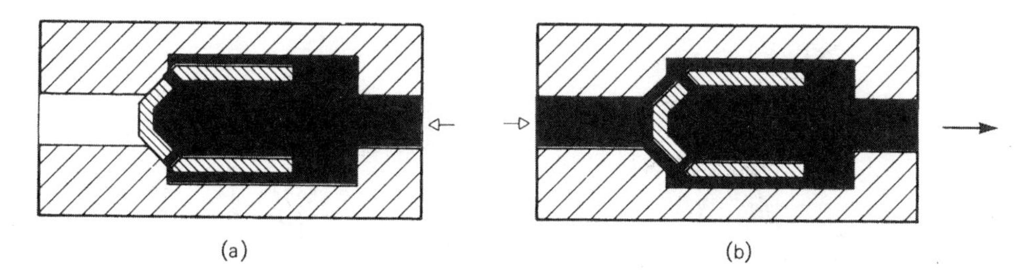

그림 4-23 체크 밸브의 구조 원리

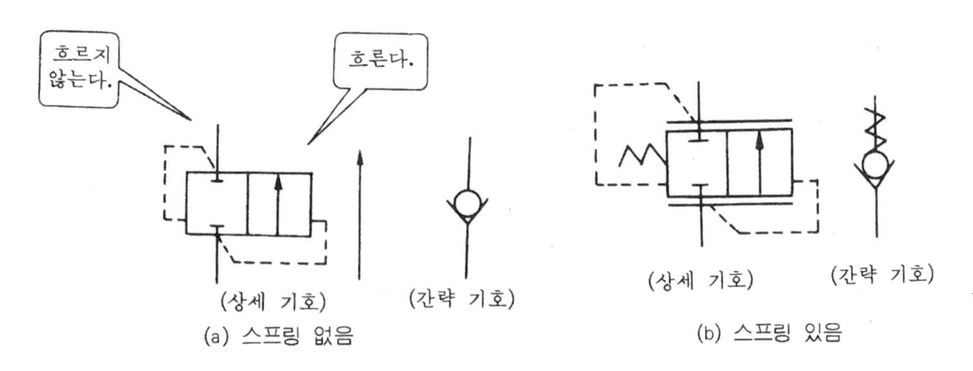

그림 4-24 체크 밸브의 도면 기호

(2) 셔틀 밸브(shuttle valve)

셔틀 밸브는 두 개 이상의 공기 입구와 한 개의 공기 출구를 갖춘 밸브로서 더블 체크 밸브 또는 OR 밸브라고도 하며, 두 개 이상의 제어 위치에서 독립적으로 작동되어야 할 때 사용된다.

작동 원리는 그림 4-25에 나타낸 바와 같이 두개의 공기 입구 중 어느 하나나 둘 모두에 신호가 존재하면 출구에 공압이 나오는 밸브이다. 서로 다른 공압이 두 개의 입구에 작용할 때는 높은 압력이 출구에 나오므로 고압 우선형 셔틀 밸브라고도 하며, 동일한 압력이 시간차를 두고 입력되면 늦게 입력된 신호가 출구에 얻어진다.

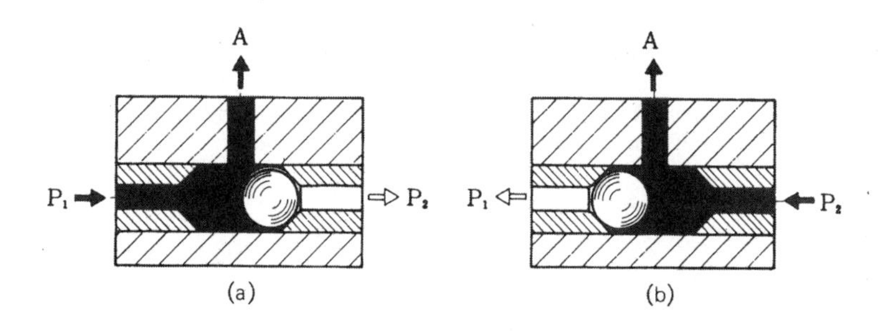

그림 4-25 셔틀 밸브의 구조 원리

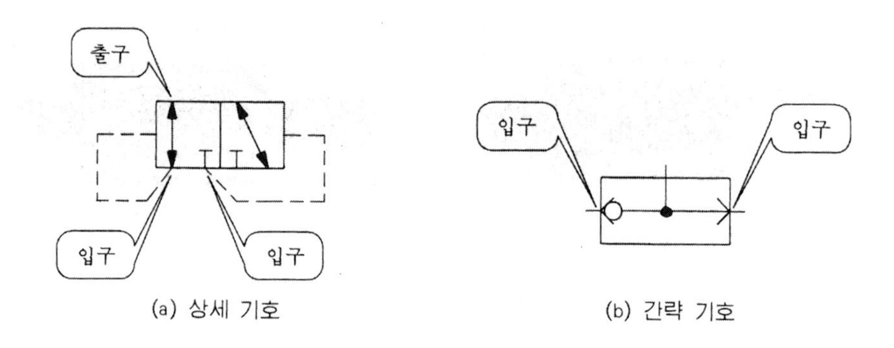

그림 4-26 셔틀 밸브의 도면 기호

(3) 2압 밸브(two pressure valve)

2압 밸브는 두 개의 공기 입구와 한 개의 공기 출구를 갖춘 밸브로서, 두 개의 공기 입구 모두에 공압이 작용할 때만 출구에 공압이 나오는 밸브로서 논리적으로 AND적 작동이므로 AND 밸브라고도 하며, 작용되는 공기의 압력이 서로 다를 때에는 저압이 출구에 나오므로 저압 우선형 셔틀 밸브라고도 한다.

이 밸브는 안전 제어, 연동 제어, 검사 기능, 로직 작동 등에 사용된다.

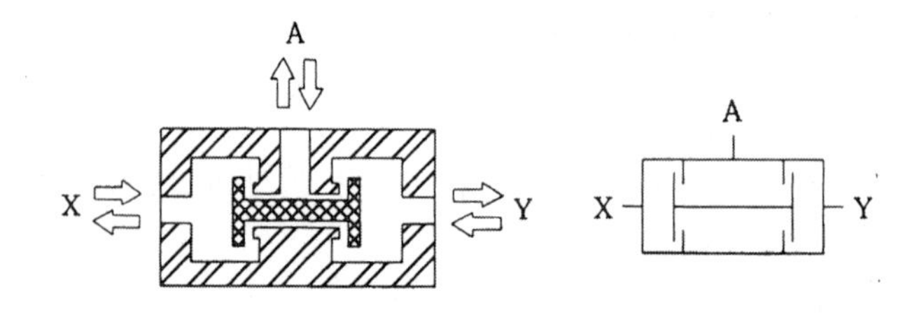

그림 4-27 2압 밸브의 구조 원리와 도면 기호

(4) 스톱 밸브(stop valve)

스톱 밸브는 공기 흐름을 정지시키거나 또는 통과시키는 기능의 밸브로서, 구조에 따라 글러브 밸브, 게이트 밸브, 콕 등이 있다. 이러한 밸브들은 구조가 간단하여 가격이 싸고 소형이어서 배관의 차단용에 주로 사용된다.

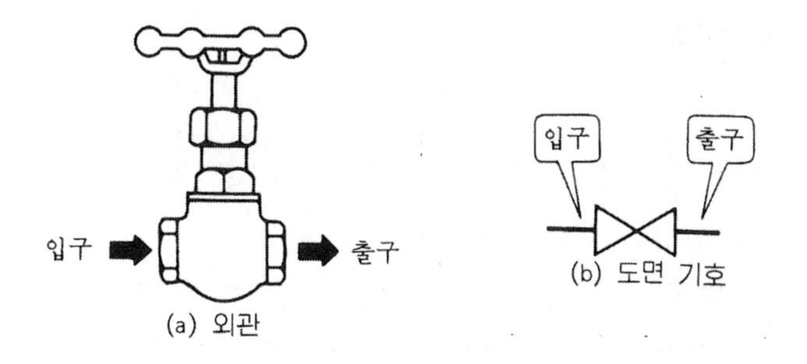

그림 4-28 스톱 밸브의 외관과 도면 기호

연습 문제

1. 공압 회로에서 방향 제어 밸브의 기능은 무엇인가?
2. 방향 제어 밸브의 종류를 열거하라.
3. 포트의 수와 제어 위치의 수를 조합한 방향 변환 밸브의 종류를 열거하라.
4. 정상 상태의 구별이 있는 방향 변환 밸브에는 어떤 것들이 있는가?
5. 3포트 2위치 밸브의 사용 예를 3가지만 열거하라.
6. 3위치 밸브 중 중립 위치 흐름의 형식에 따른 종류를 열거하라.
7. 방향 변환 밸브의 조작 방식 종류를 기술하라.
8. 주밸브의 종류와 특징을 기술하라.
9. 직접 작동형과 간접 작동형(파일럿 작동형)의 조작 원리에 대해 기술하라.
10. 간접 작동형 4포트 2위치 누름 버튼 작동, 스프링 복귀식 밸브의 도면 기호를 작도하고 동작 원리를 설명하라.
11. 체크 밸브의 기능과 사용 예를 기술하라.
12. 셔틀 밸브의 동작 원리와 용도에 대해 기술하라.
13. 2압 밸브의 동작 원리와 용도에 대해 기술하라.

14 다음에 열거한 방향 제어 밸브의 도면 기호를 작도하라.

① 2포트 2위치 공압 작동 스프링 복귀식 밸브(NO형)
② 3포트 2위치 롤러 레버 작동 스프링 복귀식 밸브(NC형)
③ 5포트 2위치 양측 전자 조작 밸브(파일럿형)
④ 셔틀 밸브(간략 기호)
⑤ 2압 밸브
⑥ 체크 밸브 (스프링형 간략 기호)
⑦ 스톱 밸브

15. 방향 변환 밸브의 최저 사용 압력이 제한되는 이유를 설명하라.
16. 밸브의 크기를 나타내는 요소에는 무엇이 있는가?

제 5 장 공압 부속 기기

5.1 공압 배관

5.1.1 배관의 기능과 특징

(1) 공압 배관의 기능

공압 배관은 그림 5-1처럼 공기 압축기로부터의 압축 공기를 공압 기기에 유도하든지, 제어하기 위해 각기기 사이를 연결하는 장치로서 적절하게 연결하지 않으면 다음과 같은 문제점이 발생되므로 그 기능을 정확히 알아야 한다.

① 압력 강하, 유량 부족이 된다.
② 드레인이 배출되지 않는다.
③ 공압 장치의 작동 불량, 신뢰성을 상실한다.
④ 관리 점검을 할 수 없다.

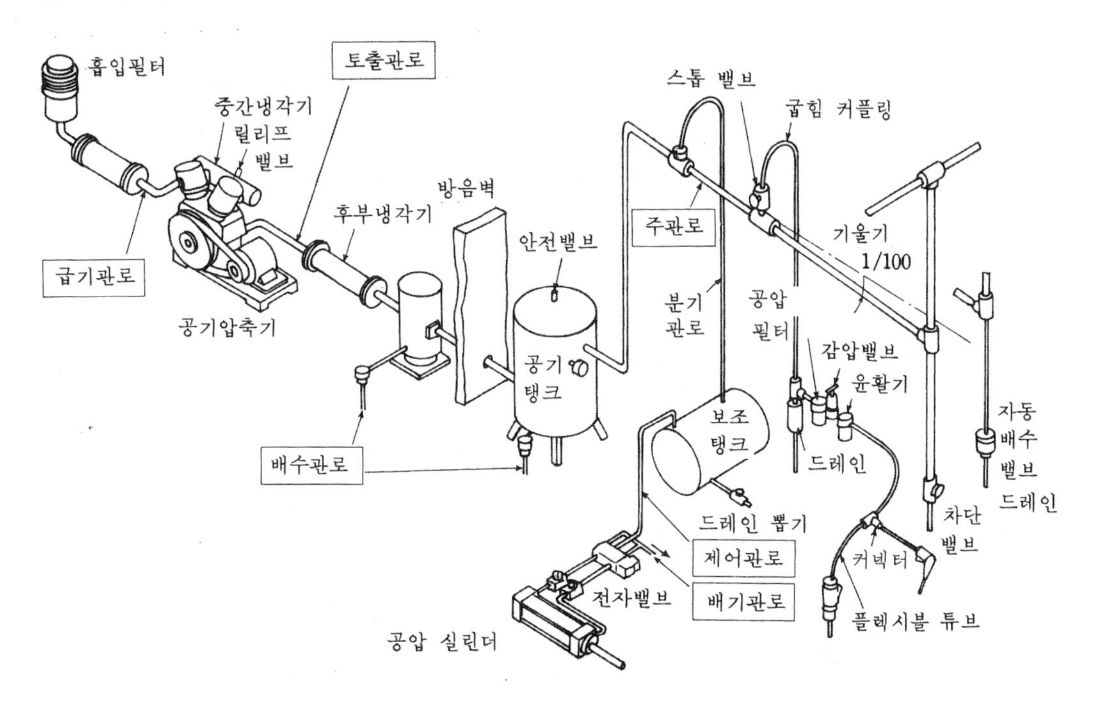

그림 5-1 공압 배관의 구성

(2) 공압 배관의 특징

공압 배관은 유압 배관과 달라서 다음과 같은 특징이 있다.

① 공압 회로는 흡기·배기가 대기와 교류하는 개방계이며, 유압 회로처럼 복귀 배관이 필요 없다.

② 공기는 관성이나 점성이 작으므로 유압에 비해 압력 손실이 작다. 이 때문에 긴 관로로 압축 공기를 반송하더라도 그 일부는 팽창 열로서 회수할 수 있다.

③ 압축 공기는 압축성이 있기 때문에 동일 관로에 접속된 몇 개의 공압 기기를 동시에 사용해도 공압 기기 간의 간섭이 적다.

④ 반송 에너지 손실이 적다는 것과 기기 간의 간섭이 적다는 측면에서 공장의 구석구석까지 공압 배관을 할 수 있다.

⑤ 공기는 기름에 비해 분자의 크기가 작아 이음 부분에서 새기 쉽지만, 새더라도 누전과 같은 위험성이나 기름 누출과 같은 인화, 환경 오염이 없다.

⑥ 공압 배관은 공기 중의 산소와 드레인의 수분으로 인해 녹이 슬기 쉽다. 철관인 경우는 수분이 물방울이 되어 관벽에 닿아 전식으로 인해 녹이 생긴다.

⑦ 공압 배관 안에는 공기가 압축되든지, 단열 팽창으로 온도가 떨어져 다량의 드레인이 생긴다. 이렇게 생긴 드레인을 공압 배관을 통해 배출시키는 일이 중요한 사항이 된다.

⑧ 공기 압축기로부터의 공기의 토출 온도는 고온이 되기 때문에 윤활유의 산화물이나 탄화물이 달라붙는다. 이같은 부착물이 박리되어 공압 기기에 운반되면 작동 불량의 원인이 된다. 또, 탄화물이 쌓이면 저절로 발화하여 위험하므로 청소하기 쉽도록 분해 결합에 유의한다.

5.1.2 공압 배관의 종류

공압 배관은 기능에 따라 다음과 같이 분류된다.

(1) 흡기 관로 (吸氣管路)

흡기 관로란 공기 흡입구에서 공기 압축기까지의 대기압 관로를 말한다. 이 관로는 압력이 낮지만 유량이 많아서 압력 손실이 적도록 큰 관이 사용된다.

(2) 토출 관로(吐出管路)

토출 관로란 공기 압축기에서 후부 냉각기 또는 공기 탱크까지의 관로를 말한다. 이 관로는 고온 고압이며 진동이 가해지는 등 조건적으로 가장 까다롭다.

(3) 송기 관로(送氣管路)

송기 관로란 공압원과 공압 기기나 장치까지 송기되는 관로를 말한다.
공장 안에 설치된 주관로와 그로부터 각 기기에 접속하는 분기 관로로 나누어 부르기도 한다.

(4) 제어 관로(制御管路)

제어 관로란 공압 액추에이터나 방향 제어 밸브 등 제어 기기를 접속하는 관로를 말한다. 이 관로는 공압 기기를 작동시키기 위한 압축 공기의 급기 · 배기의 통로가 된다. 따라서 그 형상 · 크기는 공압 기기의 작동에 직접 영향을 미치므로 신중히 선정해야 한다.

(5) 배기 관로(排氣管路)

배기 관로란 공압 기기의 배기를 적당한 방출구까지 유도하는 관로를 말한다.
통상 공압 기기는 대기에 직접 배기하는 경우가 많지만, 배기의 오일미스트 회수나 소음을 낮출 목적으로 배기 관로를 사용하는 경우가 있다. 이 관로는 흡기 관로와 마찬가지로 배압이 발생되지 않도록 굵직한 배관을 사용한다.

(6) 배수 관로

압축 공기에서는 드레인이 생긴다. 이 드레인을 바깥에 배출하는 관로를 배수관로라 한다.

5.1.3 배관 방법

① 공압 배관은 압력 강하가 발생되지 않도록 가급적 환상(loop) 배관으로 한다.
② 주관로에서 분기 관로를 연결할 때는 반드시 관의 위쪽에서 역 U자로 인출하여 직접 드레인이 유출되지 않도록 한다.

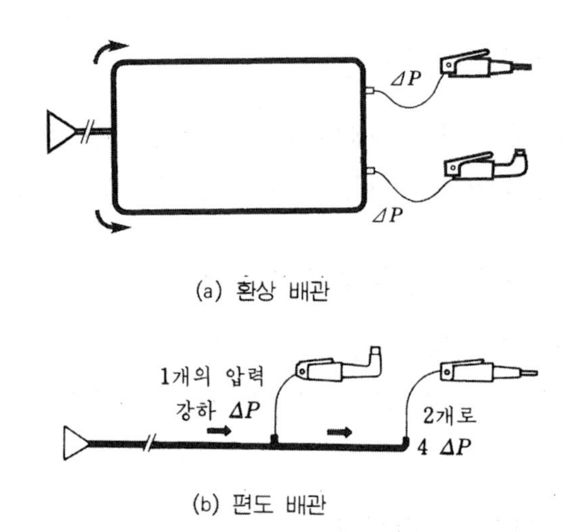

(a) 환상 배관

(b) 편도 배관

그림 5-2 환상(loop) 배관과 편도 배관의 압력 강하 비교

③ 주관로에서 1/100 정도의 기울기를 주고 가장 낮은 곳에 드레인 배출과 자동 배수 밸브를 설치한다. 공장의 지하 관로에도 드레인 배출 장치를 설치한다.

④ 주관로의 입구나 분기 관로와 기기 사이에는 반드시 공압 필터를 설치하여 드레인, 녹, 카본(carbon) 등의 유출을 막는다.

⑤ 유동 관로는 용접이나 가열, 굽힘 등으로 시공하지 않아야 한다. 부득이할 때는 가열에 의한 산화 스케일(scale) 등을 제거한 후 방청 처리를 한다.

⑥ 긴 직선 배관에는 기온 변화에 의한 팽창 수축 등의 여유를 두어 시공한다.

⑦ 주관로로부터 분기 관로를 설치하는 경우에는 반드시 차단 밸브를 설치한다. 또, 부분적으로 배관을 점검할 수 있도록 곳곳에 차단 밸브를 설치하면 좋다.

⑧ 중요한 공압 장치의 배관 입구측과 출구측에는 차단 밸브와 바이패스 회로를 설치한다. 바이패스 관로에 의해 주관로를 잠그고 공압 장치의 보수 점검을 할 수 있다.(그림 5-3)

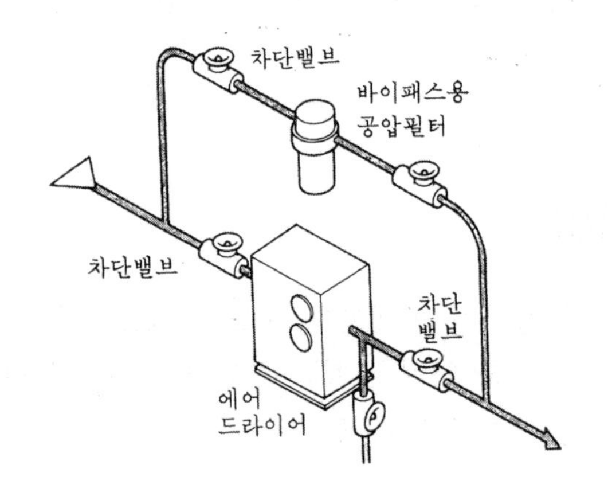

그림 5-3 주요 관로의 바이패스 회로

⑨ 공기 압축기 배관계가 두 개 이상 설치되어 있을 경우는 이들을 접속하여 긴급 시에는 차단 밸브를 개폐하여 공기를 공급할 수 있도록 한다.

⑩ 관이음 부분은 합리적으로 배치해서 최소의 수량이 되도록 한다. 또, 분해할 필요가 있는 배관 이음은 플랜지 커플링이나 유니온 커플링을 사용하여 분해 조립이 가능하도록 여유 공간을 둔다.

⑪ 유동 관로는 누설 점검과 누설 방지 처치를 할 수 있도록 배려하여야 한다. 장기간 사용하여 누설이 발생하였을 때 대처할 수 없으면 많은 압축 공기의 손실이 따른다.

5.2 공유 증압기

5.2.1 공유 증압기의 개요

증압기란 입구쪽 압력에 비례한 높은 출구쪽 압력으로 변환하는 기기를 말하며, 일종의 압력 변환기이다.

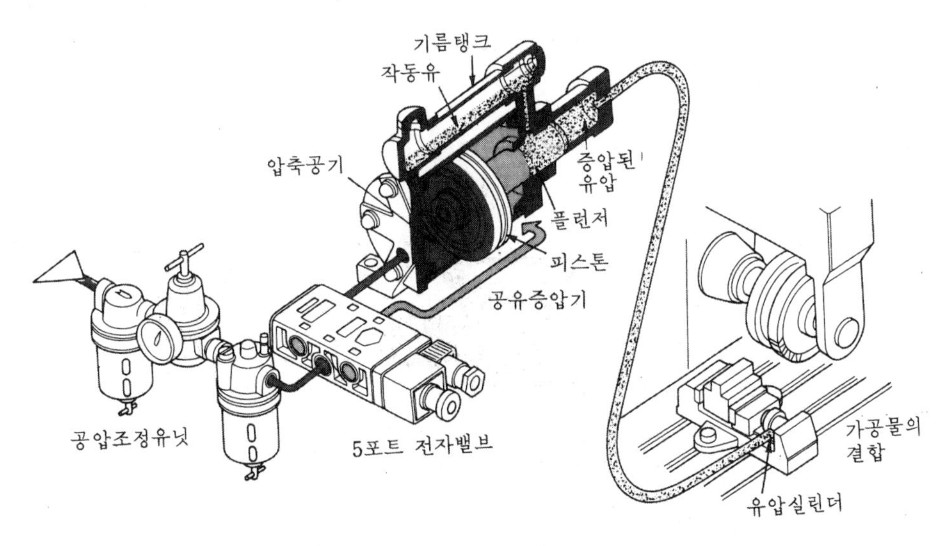

그림 5-4 공유 증압기의 기능

입구쪽 압력은 공압이고, 출구쪽 압력은 공압 · 수압 · 유압 등이 있는데, 통상 가장 많이 쓰이는 것은 유압으로 변환하여 증압한다. 입구쪽 압력에 공압, 출구쪽 압력에 유압을 사용한 것을 특별히 공유 증압기라 한다.

5.2.2 원리 및 구조

공유 증압기는 공압 실린더와 플런저를 짜맞춘 것이며, 각 면적비에 따라 입구쪽 공기 압력이 증압되어 출구쪽 유압이 된다. 출구쪽 유압은 다음과 같이 된다.

$$P_2 = \frac{A}{a} P_1 \ (\text{kgf/cm}^2)$$

여기서, P_2 : 출구쪽 유압 (kgf/cm^2)

A : 공압 실린더의 수압 면적 (cm^2)

a : 플런저의 수압 면적 (cm^2)

P_1 : 입구쪽 공기 압력 (kgf/cm^2)

따라서, 공압 실린더 수압 면적과 플런저의 수압 면적의 비가 커지면 커질수록 높은 유압이 나온다는 것을 알 수 있다.

통상적으로 증압비 (P_2/P_1)는 100 정도까지의 것이 사용 가능하지만, 사용 공기 압력 5 kgf/cm^{2}으로 210 kgf/cm^{2}의 유압을 얻기 위해 증압비가 45~50 정도의 것이 많이 쓰이고 있다.

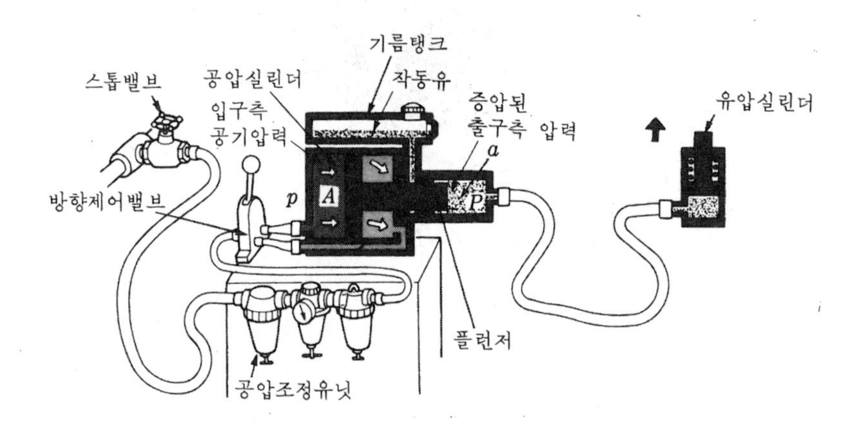

그림 5-5 공유 증압기의 원리

5.2.3 특징

① 일반 공장에서 사용하는 비교적 저압의 압축 공기로 간단히 높은 유압을 얻을 수 있다

따라서, 큰 공압 실린더 대신에 작은 유압 실린더를 사용할 수 있어서 장치를 소형화할 수 있다.

② 공유 증압기를 사용함으로써 위험한 고압의 압축 공기를 피할 수 있다.

③ 공유 증압기로 유압 실린더를 조작할 때는 실린더가 이동하지 않는 한 압축 공기를 소비하지 않고 오랜 시간 고압을 발생, 유지할 수 있다.

④ 공유 증압기를 빈번히 작동해도 유압 유닛에 비해 열이 덜 발생하므로 작은 기름 탱크로도 충분하다. 따라서, 기름의 소비도 절약된다.

⑤ 장치가 간단하여 관리 점검도 간편하며 토털 코스트 다운이 이루어진다.

⑥ 압축 공기 압력을 조정함으로써 쉽게 무단계로 유압을 변동할 수 있다.

⑦ 유압 유닛에 비해 소음이 작다.

5.3 소음기

5.3.1 소음기의 기능

공압 시스템에서는 각종 소음이 존재한다. 먼저 압축 공기를 생산하는 공기 압축기에서는 공기를 흡입하거나 토출할 때 유체적 소음이 발생되며, 또한 전동기나 공기 압축기 몸통에서 발생되는 기계적 소음이 있고, 공압 기기에서는 공압 모터나 공기 구동 공구 등의 배출구에서 연속적으로 배기되는 배기음과 방향 제어 밸브가 변환되어 압축 공기를 배출시킬 때 발생되는 배기음 등이 공압 시스템에서의 대표적인 소음이다.

공압 소음기는 유체적 소음에 대한 소음 제거용으로 공기 압축기의 흡・배기구에 장착되며, 흡・배기음을 감소시키는 간편한 소음 대책으로 유효하다.

공압 소음기가 구비해야 할 기능은 다음과 같다.

① 배기 저항이 적어(유효 단면적이 크다) 방향 변환 밸브의 전환 성능이나 액추에

이터의 작동에 영향을 미치지 않을 것

② 소음 효과가 클 것

③ 장기간의 사용에 대해 막힘 등의 저항 변화가 적을 것

④ 전자 밸브 등에 장착하기 쉬운 콤팩트한 형상일 것

⑤ 배기의 충격이나 진동 등으로 변형이 생기지 않을 것

5.3.2 소음기의 종류

공압 소음기는 크게 저항형, 팽창형, 공명형으로 나뉘며, 일반적으로 사용되고 있는 것은 저항형이 대부분이다.

저항형 소음기의 구조는 그림 5-7에 나타낸 바와 같이 커버와 소음재의 조합으로 되어 있으며, 재질은 수지제가 많으며 입자 소결형도 많이 사용된다. 즉, 커버 안에 다공질 또는 섬유질 흡음재를 사용하거나 소음기 통과시에 공기의 점성에 기인한 내벽이나 통로와의 마찰을 이용하여 소음 에너지를 흡수하는 것이다.

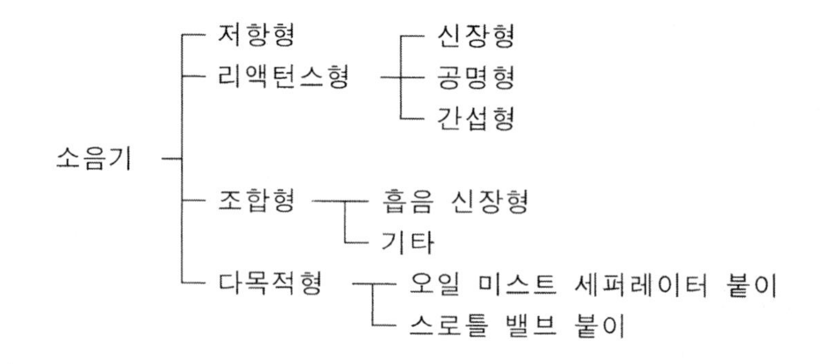

그림 5-6 소음기의 종류

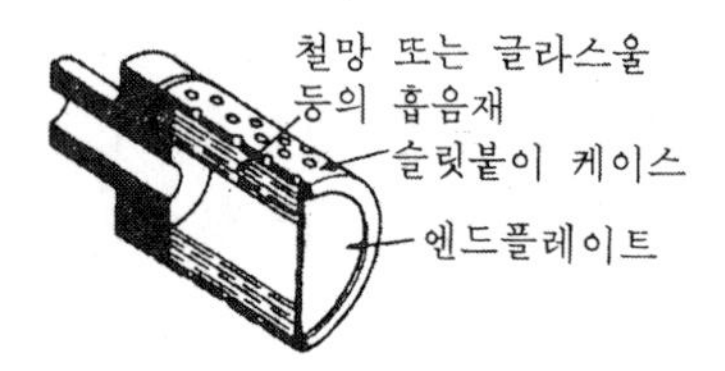

(a) 측면 방출형

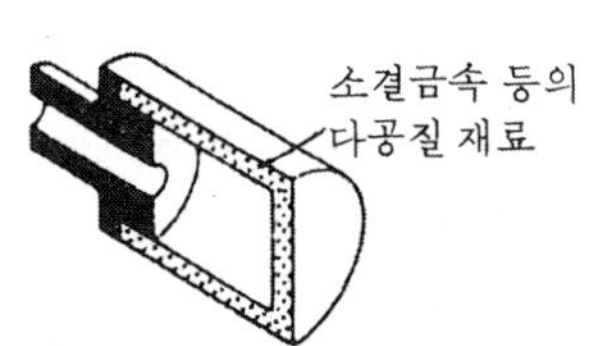

(b) 전면 방출형

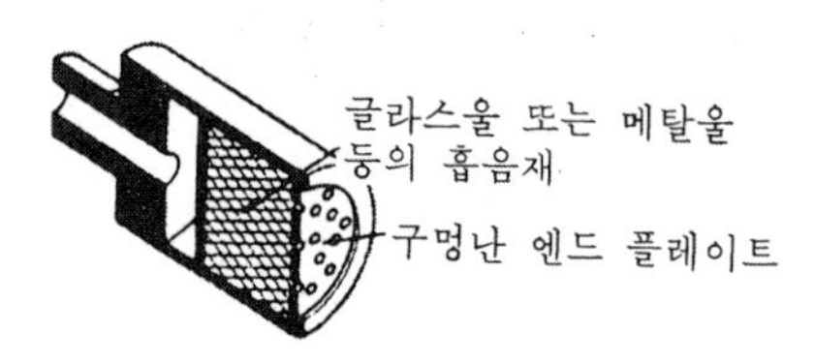

(c) 단면 방출형

그림 5-7 저항형 소음기의 구조 예

5.3.3 소음기 사용상 주의 사항

소음기를 사용할 때는 다음 사항에 주의한다.

① 공기 유량에 알맞는 유효 단면적을 지닌 소음기를 선정한다.
② 배기구 가까이에 구조물이나 방해물이 있는 장소를 피한다.
③ 눈막힘이 발생했을 때는 세정을 하고 재생한다.
④ 수지제 소음기는 강도면에서 약하므로 무리한 힘이 가해지지 않도록 해야 한다.
⑤ 소음기의 배기 방향은 일반적으로 지향성이 있으므로 설치 장소에 따라 주의해야 한다.

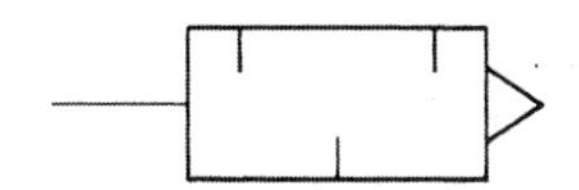

그림 5-8 소음기의 도면 기호

5.4 진공 흡입 기기

5.4.1 진공 흡입 기기의 개요

에너지원으로 유체의 압력을 이용하는 기기에는 공압이나 유압과 같이 대기압보다 높은 정압을 이용하는 경우와, 대기압보다 낮은 부압을 이용하는 것도 있으며 이들 기기를 진공용 기기라 한다.

진공용 기기는 반도체 제조 과정에서의 진공 발생, 형광등의 제조 과정, 가스 분석, 진공 건조, 진공 발포 등 완전 진공에 가까운 고진공 분야와 주로 워크의 흡착 등에 이용되는 저진공 분야로 나누어진다.

5.4.2 공압 진공 발생기

진공 발생기로는 종래부터 진공 펌프를 사용하였으나 이것은 고가이면서 장치가 비교적 크고 진공 밸브에 의한 제어가 필요하는 등의 문제점을 안고 있다.

그러나 최근 자동화의 발전에 따라 소형이면서 간편하게 사용할 수 있는 진공 이젝터가 많이 사용되고 있으며, 이 이젝터는 흡입 패드를 부착하여 여러 종류의 물체를 흡착하여 운반하는 데에 사용된다.

공압 진공 발생기는 그림 5-9에 나타낸 구조와 같이 벤튜리(venturi) 원리에 의해 진공을 발생한다. 즉, 입구로 들어간 공기가 출구쪽으로 가면서 통로가 좁아지기 때문에 속도가 증가하게 되고 2차측을 부압으로 만들어 진공을 얻는 것이다.

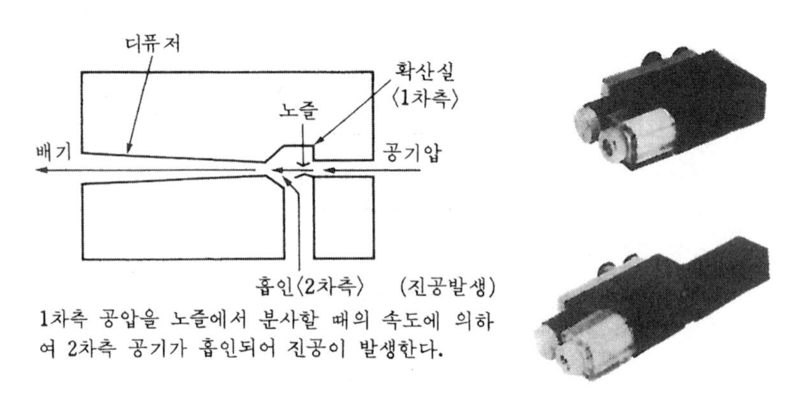

그림 5-9 이젝터의 구조 원리와 외형

또 이젝터와 함께 사용되는 기기로는 압력 스위치, 전자(solenoid) 밸브, 패드(컵), 필터 등이 있으며 이들 기기의 역할은 다음과 같다.

(1) 압력 스위치

이젝터에 의해 발생된 진공으로 워크를 흡착할 때 전기 신호를 끌어내어 워크의 흡착 검출을 한다.

(2) 전자 밸브

이젝터에 공급되는 공압을 ON, OFF하여 진공을 발생시키게 하거나 또는 차단시키는 제어를 한다.

(3) 패드

진공압에 의해 워크를 흡착하는 역할을 하는 것이 패드이며, 재질은 니트릴 고무가 많이 사용되고 있으나 워크에 따라서는 우레탄 고무, 실리콘 고무 등도 사용한다.

(4) 필터

이젝터가 진공을 발생시킬 때 먼지가 함유된 공기를 사용하면 효율이 저하되므로 이젝터를 보호하기 위해 사용한다.

연습 문제

1. 공압 배관의 종류에 대해 기술하라.
2. 유압 배관에 비해 공압 배관의 특징에 대해 기술하라.
3. 공압 배관 시공시 주의할 점에 대해 기술하라.
4. 이젝터가 진공을 발생하는 원리에 대해 기술하라.

제 6 장 공압 회로

6.1 공압 회로도 작성시 유의 사항

6.1.1 공압 회로도 작성

공압 회로도를 작성 할 때도 전기 시퀀스 회로도를 작성할 때와 같이 규정된 약속을 지켜서 표현하여야 한다. 그래야만 회로가 간결해지고 회로의 의미를 전달할 수 있게 된다.

공압 회로도 작성시의 약속은 전기 회로도 작성시의 약속보다 적으나 그 하나 하나의 의미는 매우 중요하므로 항목별로 설명한다.

(1) 회로도의 표현 형식

그림 6-1의 (a)와 (b)의 회로도는 동일한 기능의 회로도이다. 즉 수동 조작 밸브 HV를 변환하면 파일럿 신호가 마스터 밸브 MV에 가해지고 MV가 위치 전환되어 압축 공기는 실린더 헤드측에 작용되어 실린더 로드를 전진시킨다. 전진 끝단에서 리밋 밸브 LV에 접촉하면 LV가 동작되어 그 신호를 마스터 밸브에 작용시키고 마스터 밸브를 그림과 같은 상태로 위치 전환하면 실린더가 후진되는 1회 왕복 회로이다.

이 회로도 중 (a)는 횡서 표현이며, (b)는 종서로 표현되어 있다.

어느 방식으로 회로도를 작성해도 무방하나 그림으로 알 수 있듯이 횡서 방식이 작성하기 쉽고 회로도를 읽기에도 편리하다.

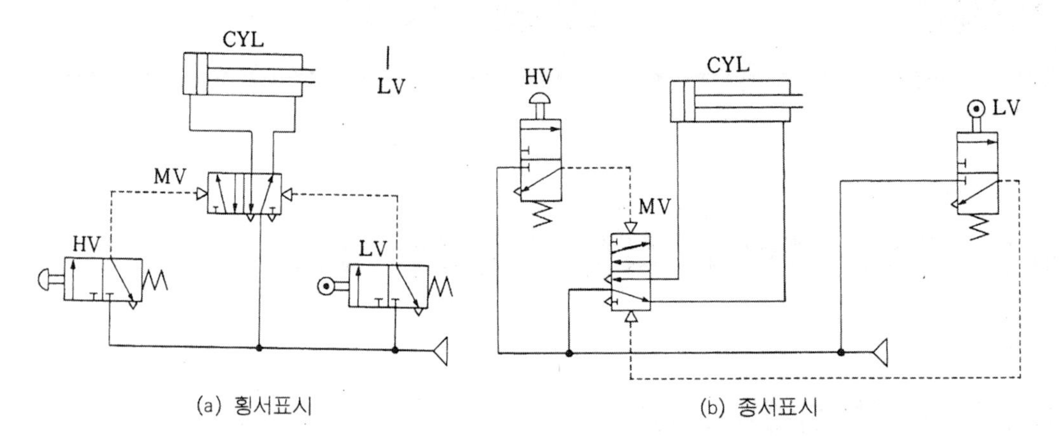

그림 6-1 공압 회로도 표현 방식의 예

(2) 공압 기기의 배치

회로도에서 기기의 배치는 그림 6-2와 같이 밑에서부터 에너지원 ⇒ 신호 입력 요소 ⇒ 신호 처리 요소 ⇒ 최종 제어 요소 ⇒ 액추에이터 순서로 배치하는 것이 좋다.

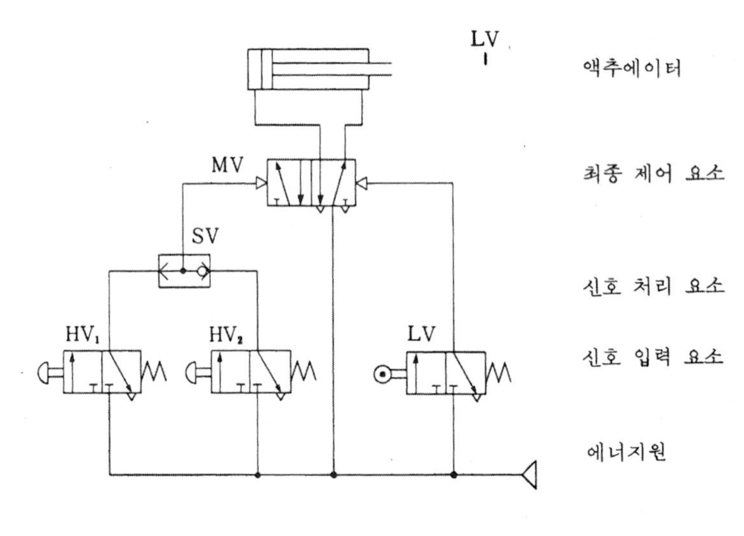

그림 6-2 기기의 배치 순서

(3) 기호의 표시

회로도에 나타내는 기호는 실제로 사용될 요소와 같은 종류의 기호를 사용해서 나타내어야 한다. 이 때 사용하는 도면 기호는 KS B 0054 유압·공압 도면 기호에 정해진 기호를 사용해야 한다.

(4) 기기의 상태 표시

회로도에 나타내는 모든 기기의 기호는 동작 개시 전의 상태로 나타내어야 한다. 시스템의 작동 개시는 통상 수동 조작 밸브(스타트 밸브)를 누름으로써 이루어지는 것이 일반적이므로 스타트 밸브를 누르기 전의 상태로 표현한다.

또한 자동 복귀용 밸브는 스프링에 의해 자동적으로 복귀된 상태, 플립플롭형(FF형) 메모리 밸브는 신호가 가해지지 않은 상태로 나타내어야 한다.

만일 정상 상태 닫힘형의 리밋 밸브가 실린더 위치를 검출하는 용도로 사용될 때, 초기 상태에서 실린더에 도그에 의해 작동되었을 때에는 그림 6-3과 같이 밸브의 제어 위치는 작동 위치로 나타내고 작동되어서 열려 있다는 도면 표시를 반드시 나타내어야 한다.

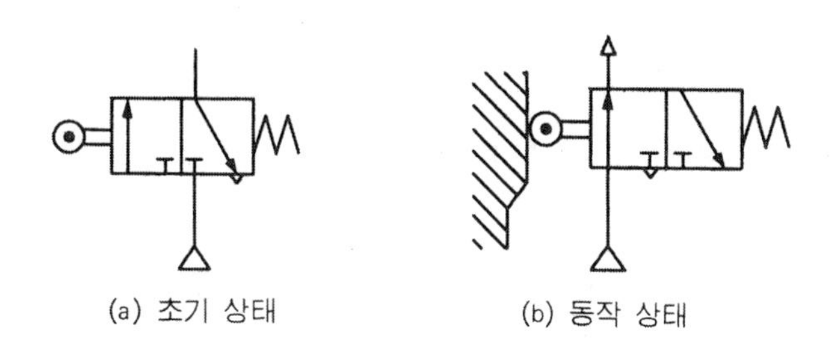

그림 6-3 리밋 밸브의 초기 상태 동작 표시

(5) 배선의 방법

회로도에 나타내는 배선은 가능한 한 교차점이 없이 직선으로 그려야 한다. 주관로는 실선으로 그리고 파일럿 신호 등의 제어선은 점선으로 그린다. 다만 회로도가 복잡해지면 제어선도 실선으로 그려도 무방하다.

(6) 일방향 작동 롤러 레버 밸브의 작동 방향 표시

리밋 밸브 중에는 롤러 레버의 구조에 의해 한 방향에서만 작동되는 리밋 밸브가 있는데 그 원리와 기호를 그림 6-4에 나타냈다.

이 밸브는 어느 한 방향에서만 외력이 가해질 때 밸브가 작동하는 것으로 만일 실린더의 운동에 의해 작동시킬 경우는 로드의 전진운동이나 후진운동 중 어느 한 방향 운동중일 때만 동작이 가능하므로 회로도에는 그 방향의 표시를 나타내야 한다.

그림 6-5는 그 일례로 실린더의 전진 끝단 검출용 리밋 밸브로 일 방향 작동 롤러 레버 밸브를 채용하였고, 이 밸브는 실린더가 전진시에만 동작한다는 것을 의미한다.

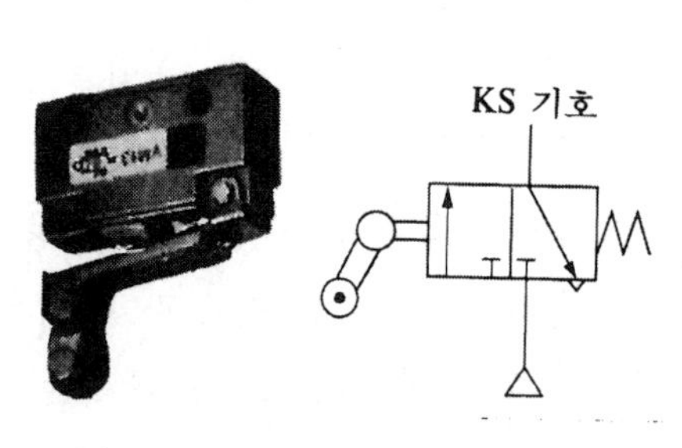

그림 6-4 일방향 작동 롤러 레버 밸브의 구조와 기호

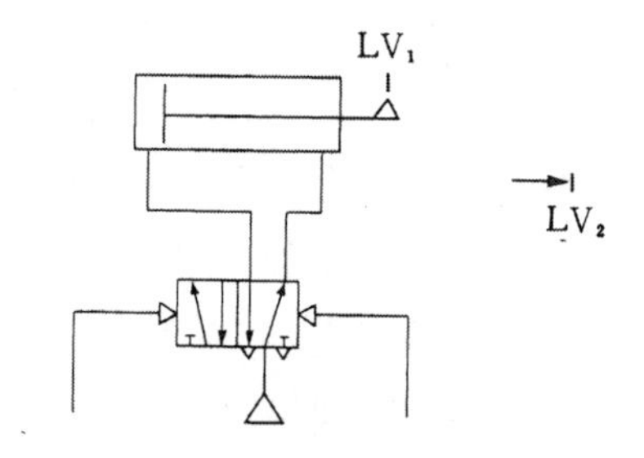

그림 6-5 일방향 작동 롤러 레버 밸브의 방향성 표시

(7) 접속구의 표시

배선시 실수를 방지하기 위해 도면 기호에 그림 6-6과 같이 접속구 기능을 나타내는 표시를 하면 좋다.

요소의 접속구 표시법은 ISO 1219, ISO 5599에 규정되어 있으며 그 규정내용은 다음과 같다.

A. ISO 1219

P	공급 포트
A, B, C	작업 포트
R, S, T	배기 포트
X, Y, Z	제어 포트
L	누출 포트

B. ISO 5599

1	공급 포트
2, 4.....	작업 포트
3, 5.....	배기 포트
10, 12, 14....	제어 포트

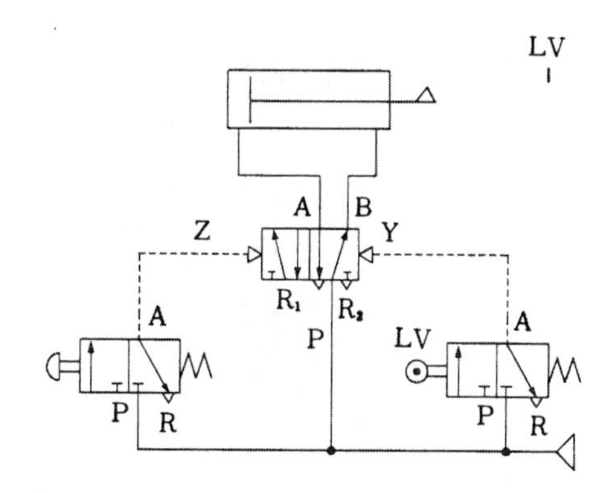

그림 6-6 접속구의 기능을 표시한 회로 예

6.2 공압 기초 회로

6.2.1 단동 실린더의 제어 회로

(1) 방향 제어 회로

단동 실린더의 운동 방향을 제어하기 위해서는 한번은 압축 공기를 공급하고 한번은 압축된 공기를 제거해야 하므로 기본적으로 3포트 밸브가 필요하며 그림 6-7이 그 일례이다.

그림 6-7은 단동 실린더의 직접 제어 회로로서 3포트 2위치 밸브를 조작하면 압축 공기는 A 포트를 통해 실린더 헤드측으로 공급되어 피스톤 로드를 전진시킨다. 밸브의 조작력을 제거하면 밸브는 스프링에 의해 그림 상태로 복귀되며 따라서 실린더 내의 공압은 3포트 밸브의 R 포트를 통해 배기되므로 실린더의 피스톤은 내장된 복귀 스프링력으로 후진하게 되는 것이다.

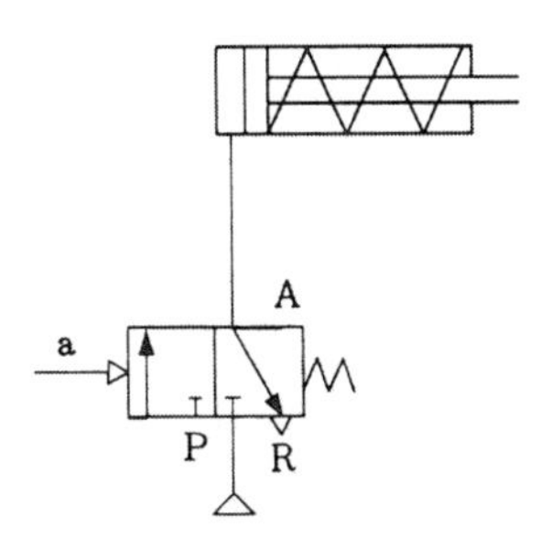

그림 6-7 단동 실린더의 방향 제어 회로

(2) 단동 실린더의 속도 제어 회로

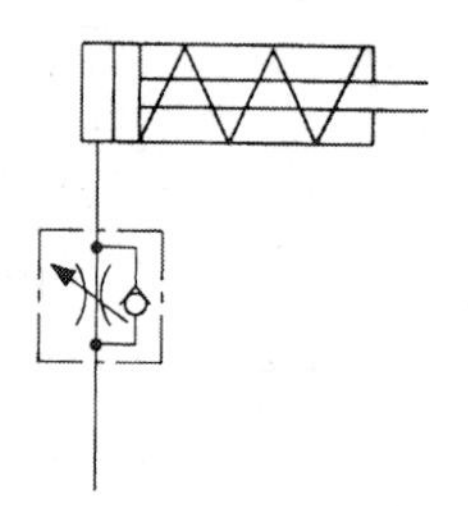

그림 6-8 단동 실린더의 전진 속도 조절 회로

단동 실린더는 한 방향의 운동에만 공압을 사용하므로 속도 제어는 공급 공기 교축(meter-in)방식으로만 가능하다. 즉, 배기조절(meter-out) 방식으로는 속도 조절을 할 수 없으며, 급속 배기 밸브에 의해 속도를 증가시키는 것도 곤란하다.

6.2.2 복동 실린더의 제어 회로

(1) 복동 실린더의 방향 제어 회로

복동 실린더는 전후진 운동 모두에 압축 공기를 사용하므로 헤드측과 로드측에 번갈아 가면서 압축 공기를 공급해야 제어되므로 기본적으로 4포트 밸브나 5포트 밸브 1개가 필요하며, 3포트 밸브로 제어하려면 2개가 필요하다.

A. 5포트 밸브를 사용한 제어 회로

그림 6-9는 가장 일반적인 복동 실린더의 방향 제어 회로로서 5포트 2위치 밸브를 사용한 경우이다. 이 회로에서 5포트 2위치 밸브는 플립플롭형의 메모리 밸브이기 때문에 펄스 입력의 신호로 작동되고 또한 신호가 소거되어도 그 상태를 유지할 수 있다.

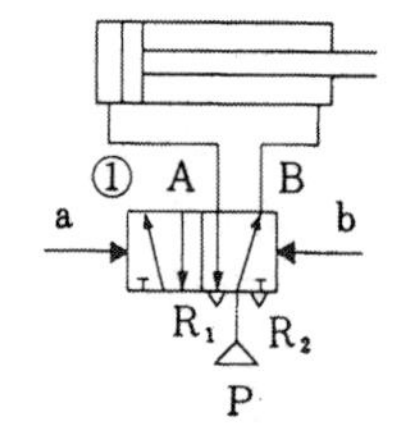

그림 6-9 복동 실린더의 기본 회로(1)

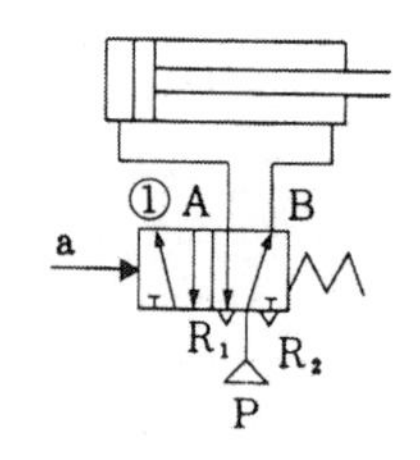

그림 6-10 복동 실린더의 기본 회로(2)

B. 스프링 복귀식 밸브를 사용한 제어 회로

그림 6－10의 제어 회로는 복동 실린더의 방향 제어에 스프링 복귀 형식의 5포트 2위치 밸브를 사용한 회로이다. 이와 같은 회로에서는 조작 신호가 계속 유지되어야만 실린더의 운동이 이루어지므로 입력 회로를 동작 유지 회로로 구성하여야 한다.

C. 3포트 2위치 밸브를 사용한 제어 회로

그림 6－11은 NO형 3포트 2위치 밸브와 NC형 3포트 2위치 밸브를 각각 사용한 복동 실린더의 방향 제어 회로이다. 그림 상태에서는 공압은 ①밸브를 통해 실린더 로드측에 가해지므로 피스톤은 후진 위치에 있다. 여기서 a에 조작신호를 가하면 ②번 밸브가 열리게 되고 ①번 밸브는 닫히게 되므로 압축공기는 실린더 헤드측으로 공급되고 로드측 공기는 ①번 밸브의 R포트를 통해 배기되므로 실린더는 전진 운동을 하는 것이다.

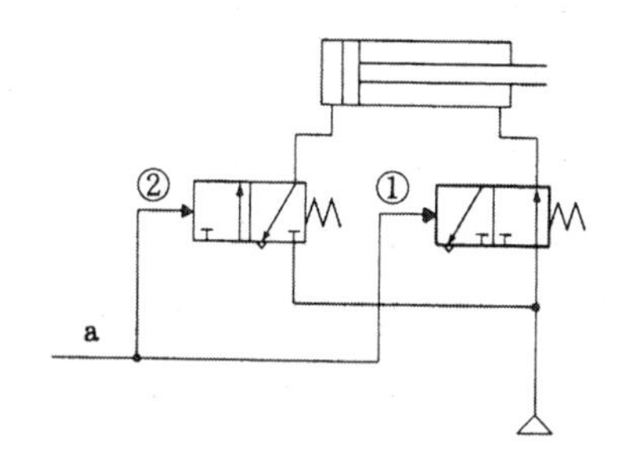

그림 6－11 복동 실린더의 기본 회로(3)

(2) 복동 실린더의 속도 제어 회로

복동 실린더의 속도 제어는 공급 공기를 교축하거나 배기 공기를 교축시켜 전후진 속도 모두를 조절할 수 있고 또한 급속 배기 밸브를 사용하여 속도를 증가시키는 것도 가능하다.

A. 미터인(Meter-in) 회로

그림 6－12와 같이 액추에이터로 유입되는 공기 즉, 공급 공기량을 교축하여 속도를 제어하는 회로이며, 다음과 같은 특징이 있다.

① 실린더의 초기 속도에서는 미터아웃 회로보다 안정적이다.

② 실린더의 속도가 부하 상태에 따라 크게 변하는 단점이 있다.

③ 부하가 불규칙한 곳에는 사용할 수 없다.
④ 인장 하중이 작용하면 속도 조절 기능이 없어진다.
⑤ 실린더의 직경이 작은 소형의 실린더에 제한적으로 사용된다.

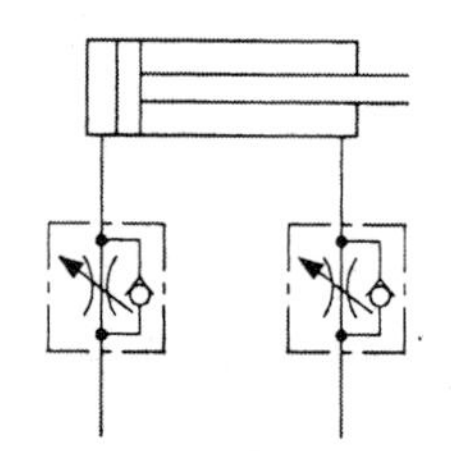

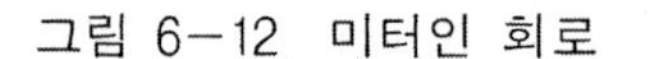

그림 6-12 미터인 회로

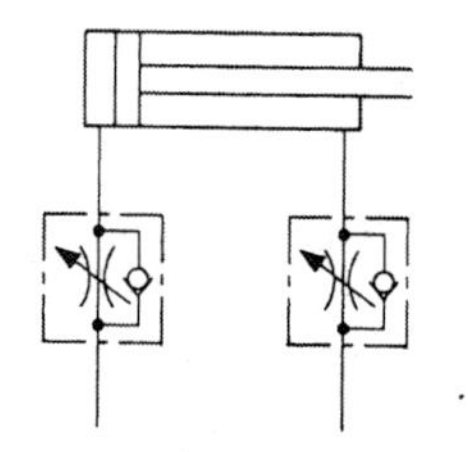

그림 6-13 미터아웃 회로

B. 미터아웃(Meter-out) 회로

그림 6-13과 같이 액추에이터로부터 유출되는 공기 즉, 배기 공기를 교축하여 속도를 조절하는 방식으로 속도 제어가 안정적이어서 공압 실린더의 속도 제어는 주로 이 방식에 의해 제어한다.

미터아웃 방식의 속도 제어 회로는 다음과 같은 특징이 있다.

① 인장 하중이 작용하는 실린더에도 안정적이다.
② 부하 변동이 있어도 영향을 받지 않는다.
③ 미터인 방식에 비해 초기 속도가 다소 불안정하다.
④ 복동 실린더의 속도 제어는 거의 이 방식으로 이루어진다.

그림 6-14는 실린더의 방향 제어를 5포트 밸브로 제어하고 속도 제어는 방향 제어 밸브의 배기 포트에 배기 교축 밸브를 사용하여 속도를 제어하는 회로이다. 이와 같은 속도 제어 방법은 실린더로부터 유출되는 공기를 조절하여 속도를 제어하므로 미터아웃 방식의 속도 제어에 해당한다.

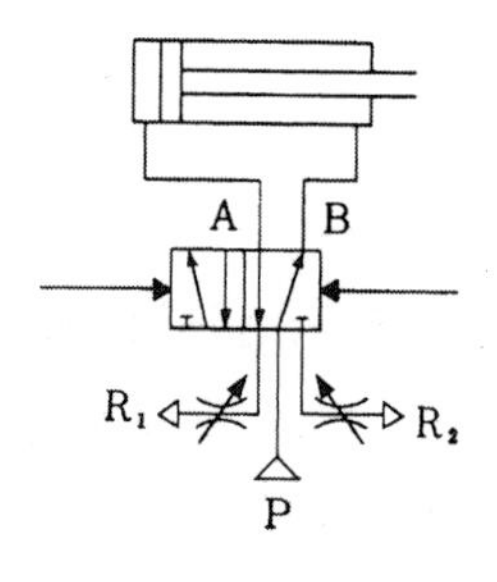

그림 6-14 배기 교축 밸브를 이용한 속도 제어 회로

C. 속도 증가 회로

실린더의 속도를 증가시키는 방법은 기본적으로 공급측에는 많은 유량이 신속히 공급되어야 하고, 배기측에는 배압이 걸리지 않도록 해야한다.

그림 6-15는 급속 배기 밸브를 이용하여 복동 실린더의 전진 운동 속도를 증가시키는 회로 예이다. 이 회로에서 급속 배기 밸브는 가급적 실린더에 가깝게 설치하여야만 실린더 속도 증가 효과를 향상시킬 수 있다.

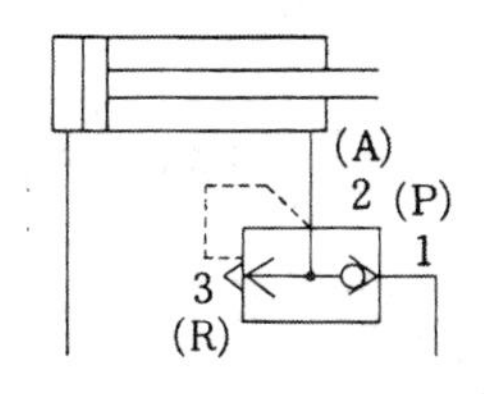

그림 6-15 속도 증가 회로

일반적으로 급속 배기 밸브를 이용하면 실린더의 속도가 약 2배까지도 증가되기 때문에 속도 에너지를 이용하여 작업을 수행하는 프레싱, 스탬핑, 엠보싱, 펀칭 작업 등에 이용된다.

6.2.3 중간 정지 회로

실린더 행정 거리 중간 임의의 위치에서 정지시키는 회로를 말하며, 금형의 세팅이나 시운전시의 미동 조작, 공작물의 임의 위치로 이동, 에지 제어나 긴급 정지시 그 위치에서 실린더를 강제 정지시키고자 할 때 사용하는 회로이다.

(1) 공압을 배출시켜 중간 정지시키는 회로

그림 6-16과 같이 방향 제어 밸브로 실린더 내의 공기를 대기로 방출하여 임의의 위치에서 정지시키는 회로이다.

[특징]

① 정지시 피스톤 로드의 위치를 자유롭게 움직일 수 있다.

② 실린더가 수직으로 설치되는 경우에는 사용할 수 없다.

③ 속도가 빠르면 정지 정밀도가 떨어진다.

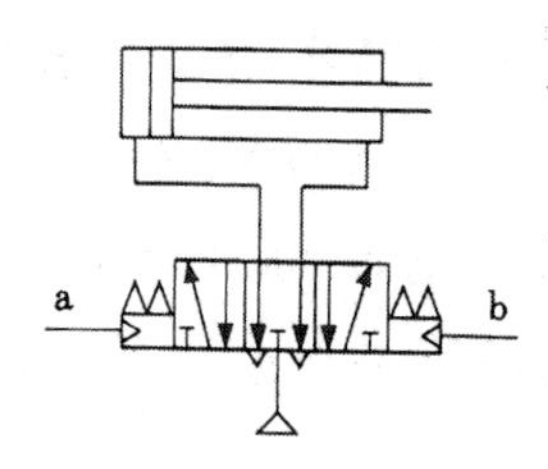

그림 6-16 중간 정지 회로(1)

(2) 공기를 블록시켜 중간 정지시키는 회로

그림 6-17의 회로와 같이 실린더의 양측 포트를 블록시켜 중간 정지시키는 방법으로 올 포트 블록형의 3위치 밸브를 사용하거나 또는 2포트 2위치 밸브 2개를 사용하여 회로를 구성한다.

[특징]

① 중간 정지시 실린더가 고정되어 있다.
② 실린더가 수직으로 설치되어 있거나 또는 외력이 작용되어도 위치가 유지된다.
③ 공기 누설이 있으면 실린더가 정지 상태에서 이동한다.

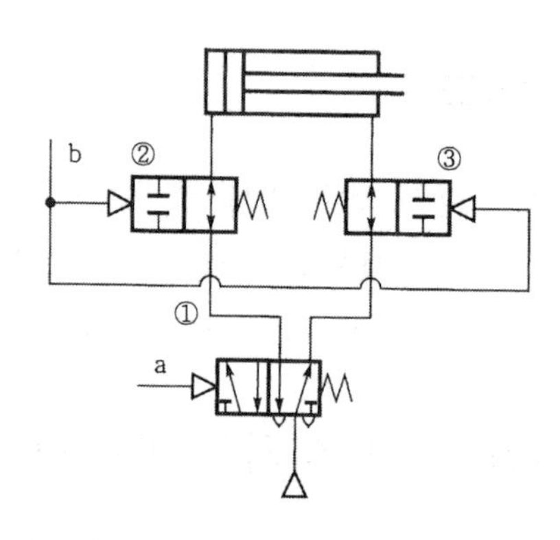

그림 6-17 중간 정지 회로(2)

(3) 공압을 실린더 양측에 공급하여 중간 정지시키는 회로

중립 위치 PAB 접속형의 3위치 밸브나 3포트 2위치 밸브 2개를 사용하여 실린더의 헤드측과 로드측의 양측에 공압을 공급하여 중간 정지시키는 회로이다.

[특징]

① 중간 정지 상태에서도 출력을 유지할 수 있다.

② 정지 후 재스타트시에도 안정된 속도가 유지된다.

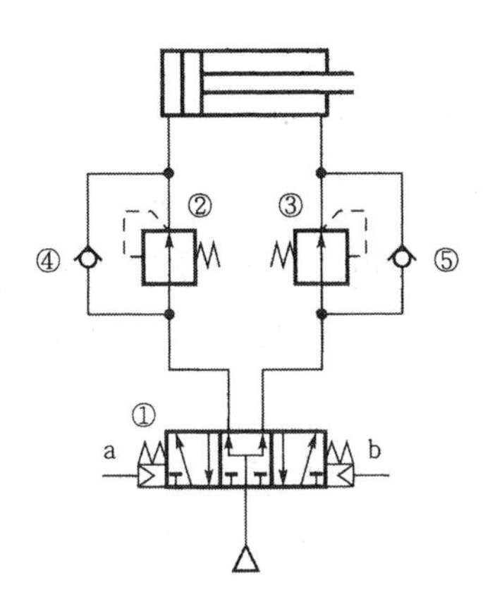

그림 6-18 중간 정지 회로(3)

6.3 공압 논리 회로

6.3.1 논리 회로와 2값 신호

액추에이터를 제어하기 위해 공기 흐름을 변환시키거나 램프를 점등시키기 위해 전류를 ON·OFF 시키는 경우에 있어서, 압축 공기나 전류와 같이 목적물을 제어하는 능력을 가지고 있는 것을 신호라 한다. 또 이 제어 능력을 가진 신호가 입력된 상태를 1 또는 H수준으로 표시하고, 신호가 없거나 제어 능력을 상실한 상태를 0 또는 L수준으로 표현한다면 신호의 의미가 간단 명료해진다.

이와 같이 1수준과 0수준이라고 하는 두 개의 신호로 표현하는 상태를 2값 신호 표현이라고 하며, 제어 문제를 표현하거나 간략화하는 데 이용된다.

논리(logic) 회로란 이 1수준과 0수준의 신호 상태를 조합하여 확실한 출력 상태를 얻기 위한 회로이다. 논리 회로에는 AND 회로, OR 회로, NOT 회로, NAND 회로, NOR 회로 등의 기본논리 회로가 있으며, 기타 논리 회로에는 플립플롭 논리, 시간 지연 논리 등이 있다.

6.3.2 AND 회로

AND 회로는 2개 이상의 입력 포트와 1개의 출력 포트를 가진 밸브에서 모든 입력포트에 신호가 입력될 때에만 출력 포트에 신호가 나오는 회로이다.

표 6-1은 AND 회로의 진리표이며 입력 신호 a, b 가 모두 1일 때 출력 신호 c가 1이며, a, b의 어느 한쪽이 0이거나 양쪽 신호 모두가 0일 때 출력 신호 c도 0이 된다.

이와 같이 AND 회로는 복수의 신호가 입력될 때에만 출력이 발생하는 것으로서, 기동 조건이나 인터록 등에 자주 사용된다.

그림 6-19는 AND 회로의 일례로서 (a)는 기본 회로를 나타낸 것이다. 즉, AND 회로는 2압 밸브를 사용하거나 또는 입력 신호를 직렬로 연결하여 논리 기능을 만드는 것이며, (b)의 응용 회로는 2개의 입력신호로 복동 실린더를 제어하는데 2개의 입력 신호 a, b가 모두 ON될 때에만 실린더가 작동되는 회로이다.

표 6-1 AND 회로의 진리표

입력		출력
a	b	c
0	0	0
0	1	0
1	0	0
1	1	1

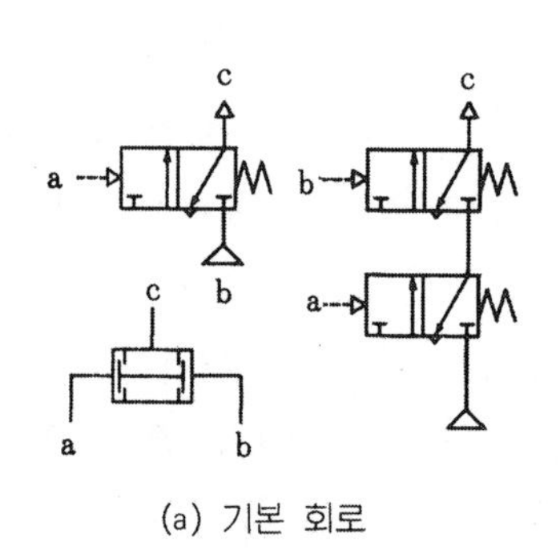

(a) 기본 회로

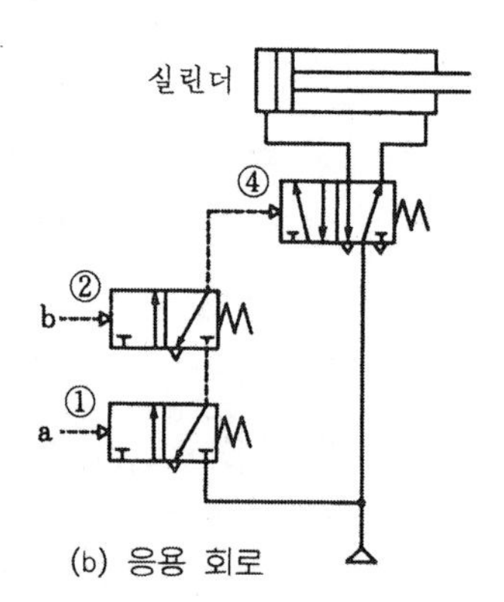

(b) 응용 회로

그림 6-19 AND 회로

6.3.3 OR 회로

OR 회로는 두 개 이상의 입력 포트와 한 개의 출력 포트를 가진 밸브에서 어느 한 개 또는 그 이상의 입력 포트에 신호가 존재하면 출력 포트에 출력이 발생하는 회로이다. 표 6-2는 OR 회로의 진리표이다. 표에서 보면 알 수 있듯이 입력 신호 a, b 신호 모두가 0일 때만 출력 신호 c가 0으로 된다.

표 6-2 OR 회로의 진리표

입력		출력
a	b	c
0	0	0
0	1	1
1	0	1
1	1	1

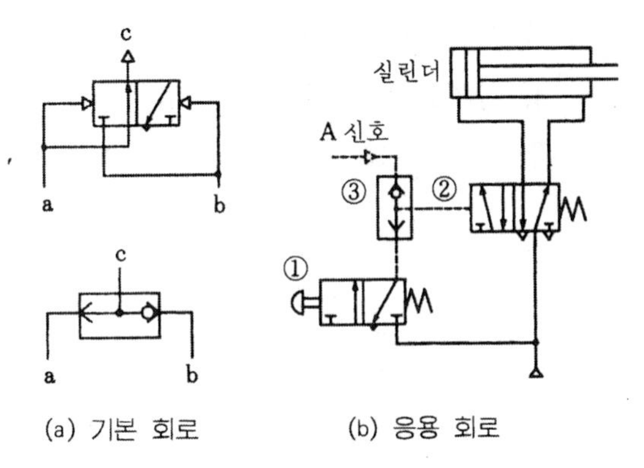

그림 6-20 OR 회로

6.3.4 NOT 회로

NOT 회로는 한 개의 입력 포트와 한 개의 출력 포트를 가진 밸브에서 정상 상태에서는 출력이 존재하지만 신호가 입력되면 출력이 차단되는 회로이다.

표 6-3은 NOT 회로의 진리표로서, 입력 신호 a가 0일 때 출력 신호 b가 1이며, 입력 신호 a가 1이면 출력 신호 b는 0으로 된다.

표 6-3 NOT 회로의 진리표

입력	출력
a	b
0	1
1	0

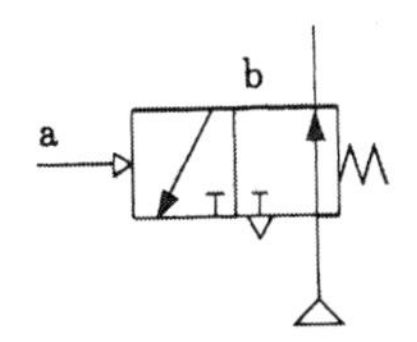

그림 6-21 NOT 회로

그림 6-21은 정상 상태 열림형 3포트 밸브를 사용한 NOT 회로이다. 신호 a가

0일 때 출력 b는 항상 1이며, 신호 a가 1이면 3포트 밸브는 위치 전환되어 출력 b가 0으로 되는 회로이다.

6.3.5 NOR 회로

NOR 회로는 NOT 회로의 입력 포트가 한 개인데 반해 두 개 이상의 입력 포트를 가진 것으로, 모든 입력 포트에 신호가 없을 때만 출력이 나오는 회로이다.

표 6-4는 NOR 회로의 진리표로서 입력 신호 a, b가 0일 때 출력 신호 c가 1이며 입력 신호 a, b 모두 또는 어느 한쪽 신호라도 1일 때는 출력 신호 c가 0으로 된다.

표 6-4 NOR 회로의 진리표

입력		출력
a	b	c
0	0	1
0	1	0
1	0	0
1	1	0

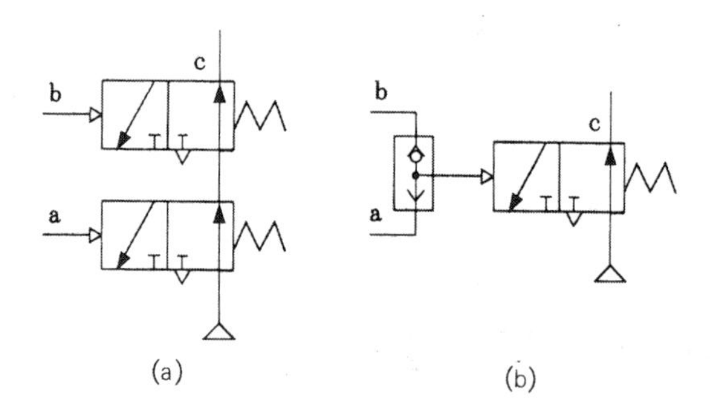

그림 6-22 NOR 회로

그림 6-22 (a), (b)는 NOR 회로의 예로서, 그림 6-20의 OR 회로와 그림 6-21의 NOT 회로를 조합한 회로이다.

6.3.6 NAND 회로

NAND 회로는 AND 회로의 출력을 반대로 한 것으로서, 정상 상태에서는 출력이 존재하지만 모든 입력 신호가 입력될 때 출력이 소멸되는 회로이다.

표 6-5는 NAND 회로의 진리표이고, 그림 6-23은 정상 상태 닫힘형 3포트 밸브 두 개와 정상 상태 열림형 3포트 밸브 한 개를 사용한 NAND 회로이다.

표 6-5 NAND 회로의 진리표

입력		출력
a	b	c
0	0	1
0	1	1
1	0	1
1	1	0

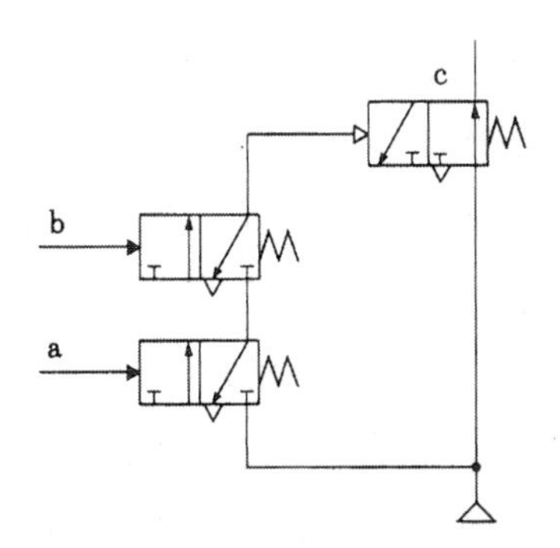

그림 6-23 NAND 회로

6.3.7 플립플롭 회로

플립플롭 회로는 안정된 두 개의 출력 상태를 가지며 세트 신호가 입력되면 출력이 전환되며, 세트 신호가 소거되어도 리셋 신호가 입력될 때까지는 출력 상태를 계속 유지하는 회로이다.

그림 6-24 (a)는 플립플롭형 5포트 2위치 방향 제어 밸브를 사용한 플립플롭 회로이다.

신호 a가 0이고 신호 b가 1일 때 출력 c는 0, d는 1이 유지되고, 신호 a가 1이고 신호 b가 0으로 될 때 플립플롭 5포트 밸브는 전환되어 출력 c는 1로 되고 d는 0이 된다.

또한, 신호 a, b가 모두 0일 때는 입력 전 상태를 유지하게 된다. 이것은 실린더의 조작 회로나 공압 제어 회로의 릴레이 밸브 등에 가장 많이 사용되는 회로이다.

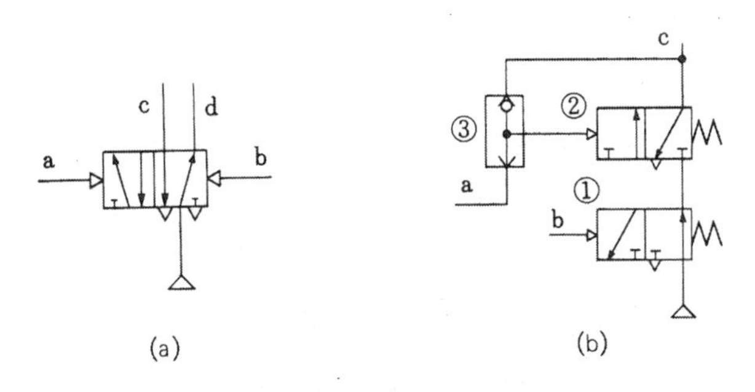

그림 6-24 플립플롭 회로

그림 6-24 (b)는 3포트 밸브 두 개와 셔틀 밸브를 사용한 플립플롭 회로이다. 그림에서 신호 a가 1일 때 공압 신호는 셔틀 밸브 ③을 통하여 3포트 밸브 ②가 전환되어 출력 c가 1로 된다. 또한, 출력 c의 일부는 셔틀 밸브 ③을 통하여 3포트 밸브 ②에 파일럿 신호를 주어 a가 0으로 되어도 3포트 밸브 ②는 ON 상태를 유지한다.

다음에, 신호 b가 1로 되면 3포트 밸브 ①이 전환되어 지금까지 3포트 밸브 ②를 통하여 출력 c에 공급된 공압 신호를 차단하므로 출력 c는 0으로 되고, 동시에 셔틀 밸브 ③을 통하여 3포트 밸브 ②를 전환시켰던 파일럿 신호도 소거되므로 3포트 밸브 ②도 OFF되고 플립플롭은 해제된다.

6.3.8 ON Delay 회로

ON 딜레이 회로는 신호가 입력된 후 일정 시간 경과 후에 출력을 ON시키는 회로로서, 일반적으로 타이머 회로가 있다.

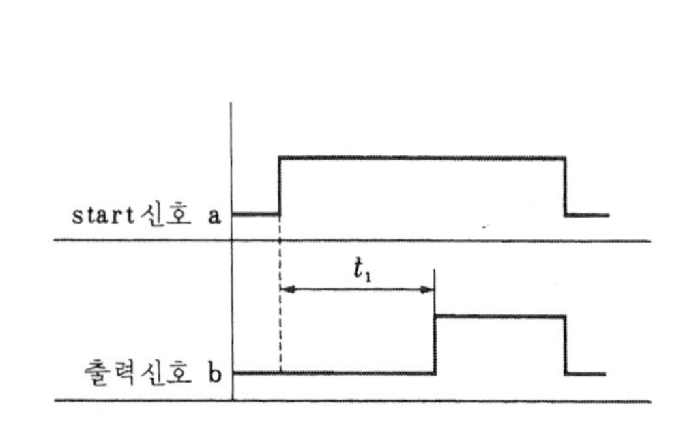

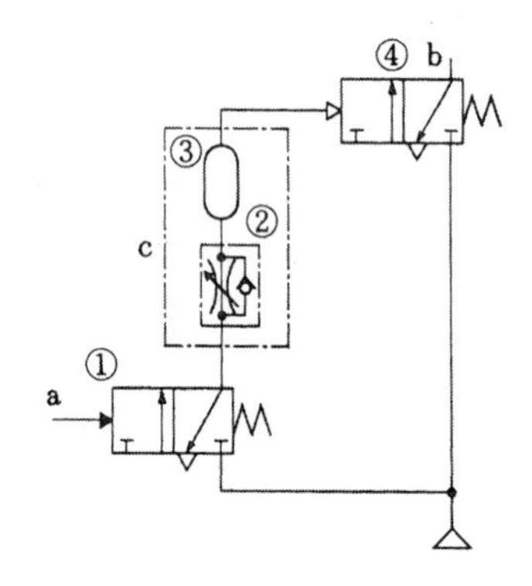

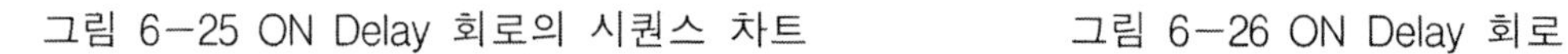
그림 6-25 ON Delay 회로의 시퀀스 차트　　　그림 6-26 ON Delay 회로

그림 6-25는 ON 딜레이 회로의 시퀀스 차트로, 신호 a가 1로 되고 일정 시간 경과 후에 출력 b가 1로 된다는 것을 보여 주고 있다.

그림 6-26은 ON 딜레이 공압 회로이다. 그 구성은 시간을 지연시키는 유량 조절 밸브 ②와 설정 시간을 안정시키는 공기 탱크 ③과 신호를 받아 출력을 내는 3포트 밸브 ④로 되어 있다. 그림에서 신호 a가 1로 되면 3포트 밸브 ①이 전환되어 공압은 유량 조절 밸브 ②를 지나 공기 탱크 ③으로 들어가며, 공기 탱크 ③ 및 관내의 압력은 조금씩 상승되어 일정 시간 경과 후에 3포트 밸브 ④를 전환시켜 출

력 b를 ON시킨다.

6.3.9 OFF Delay 회로

OFF 딜레이 회로는 신호가 입력됨과 동시에 출력이 나오지만, 입력 신호가 차단되면 일정 시간 경과 후에 출력이 소멸되는 회로이다.

그림 6-27은 OFF 딜레이 회로의 시퀀스 차트로서, 신호 a가 1일 때 출력 b도 1이며, 신호 a가 0으로 되면 일정 시간 경과 후에 출력 b가 0으로 된다.

그림 6-28은 OFF 딜레이의 공압 회로이다. 회로의 구성은 ON 딜레이 회로와 같지만, ON 딜레이 회로는 신호 a가 1로 된 후 일정 시간 경과 후에 출력 b가 1로 되는 데 비하여, OFF 딜레이 회로는 시퀀스 차트에 나타낸 것과 같이 신호 a가 1로 됨과 동시에 출력 b가 1로 되지만 신호 a가 0으로 된 후 일정 시간 지난 후에 출력 b가 0으로 된다.

따라서, ON 딜레이 회로와 비교할 때 유량 조절 밸브 ②의 방향이 반대로 된다.

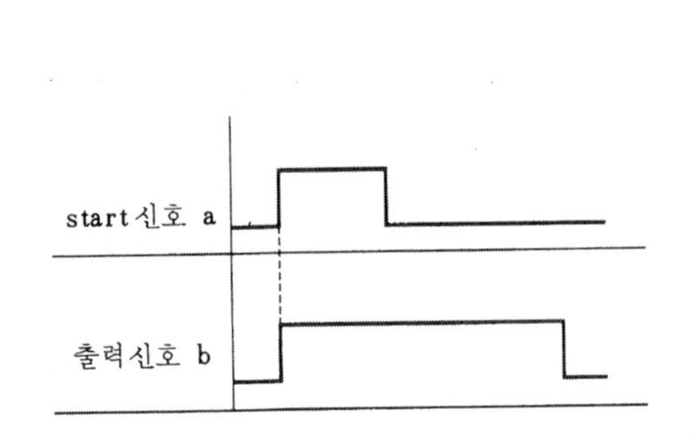

그림 6-27 OFF Delay 회로의 시퀀스 차트

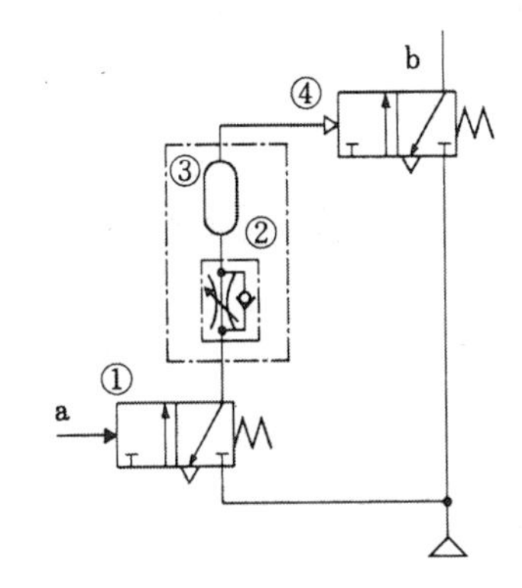

그림 6-28 OFF Delay 회로

6.3.10 ONE Shot 회로

ONE Shot 회로는 신호가 입력되면 출력이 일정 시간 동안 지속되다가 설정 시간 경과 후에 차단되는 회로로서, 펄스 신호를 사용하는 경우와 연속 신호를 사용하는 경우가 있다.

그림 6-29는 펄스 신호를 사용하는 ONE Shot 회로이다. 작동은 스타트 신호 a를 ON시키면 3포트 밸브 ①이 전환되어 동시에 출력 b가 나타나며, 출력공기의

일부는 유량조절 밸브 ②와 탱크 ③을 지나 일정시간 후에 3포트 밸브 ①을 원위치시키므로 출력 b가 OFF되는 것이다.

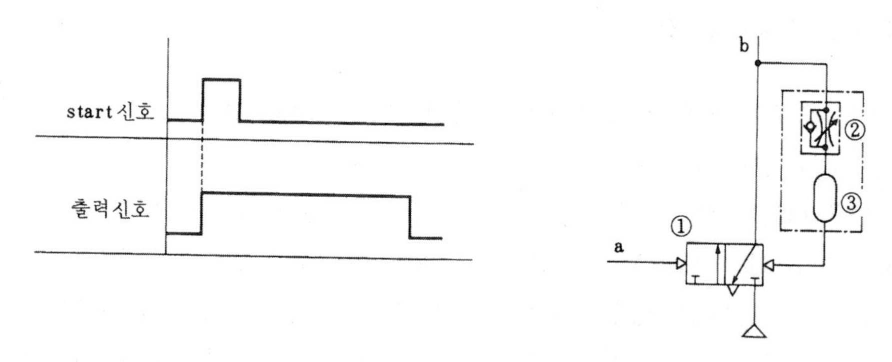

그림 6-29 ONE Shot 회로

6.4 공압 응용 회로

6.4.1 왕복 작동 회로

시동 신호를 주면 실린더가 전진 운동을 하고 전진 운동을 완료하면 스스로 복귀하는 회로를 왕복 작동 회로라 하며, 검출 밸브를 이용하는 방법과 시간 지연 밸브를 이용하는 방법, 시퀀스 밸브를 이용하는 방법 등이 있다.

(1) 리밋 밸브를 이용한 왕복 작동 회로

그림 6-30은 자동 왕복 작동 회로의 가장 일반적인 것으로 실린더 전진 끝단에 리밋 밸브를 설치하여 피스톤 로드가 전진 완료되면 리밋 밸브를 작동시키고 그 신호로서 자동 복귀하는 원리의 회로이다.

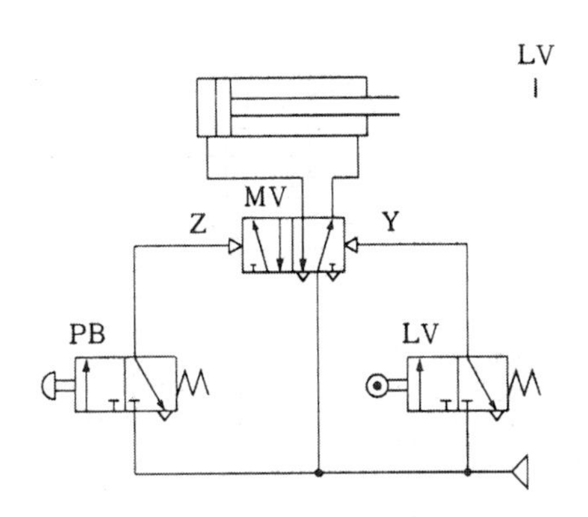

그림 6-30 왕복 작동 회로(1)

(2) 시간 지연 밸브를 이용한 왕복 작동 회로

그림 6-30의 회로는 가장 일반적이며 확실한 제어 방법이다. 그러나 실린더 전진 끝단에 리밋 밸브를 설치할 수 없는 경우나 전진 끝단에서 일정 시간 정지한 후 복귀되는 회로에서는 그림 6-31과 같이 시간 지연 밸브의 신호를 이용한다. 즉, ON Delay형 시간 지연 밸브에 실린더가 전진 완료하는 시간을 설정해 두면 일정시간 후에 메모리 밸브 MV를 전환시켜 자동적으로 복귀하게 된다.

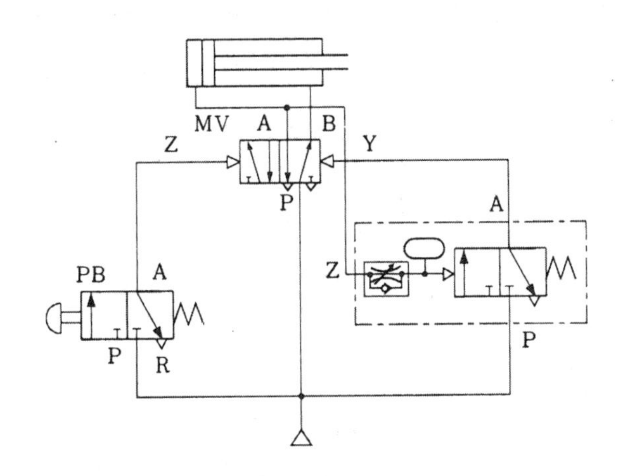

그림 6-31 왕복 작동 회로(2)

(3) 시퀀스 밸브를 이용한 왕복 작동 회로

그림 6-32는 실린더 전진 끝단에 리밋 밸브를 설치할 수 없거나 또는 실린더

전진실의 압력이 규정치에 도달될 때에만 복귀하는 경우 등에 이용되는 회로로서 시퀀스 밸브를 이용한 경우이다.

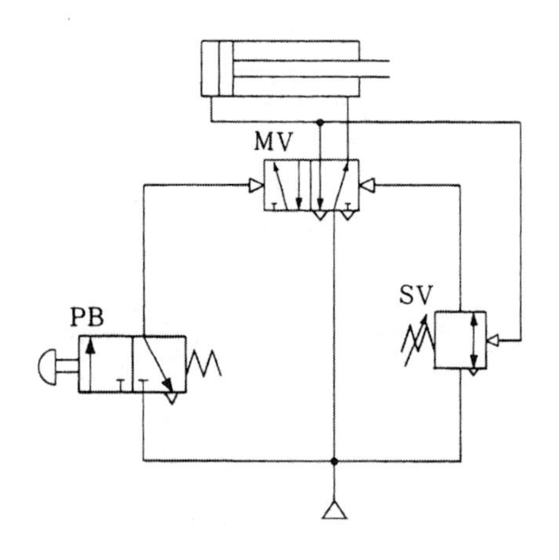

그림 6-32 왕복 작동 회로(3)

(4) 교번 작동 회로

하나의 누름 버튼 조작 스위치로 복동 실린더의 전·후진을 제어하는 회로로서 한번 누름 버튼을 누르면 피스톤이 전진하고 다시 누르면 피스톤이 후진하는 회로로서 누름 버튼을 누를 때마다 실린더의 전·후진 동작이 교대로 반복되는 회로를 교번 작동 회로라 한다.

그림 6-33이 교번 작동 회로의 일례로 누름 버튼 밸브 ①을 한번 누를 때마다 실린더의 전·후진 동작이 반복적으로 이루어지는 회로이다.

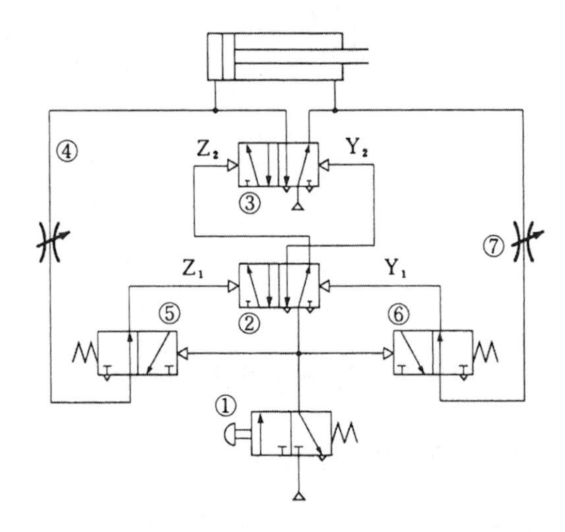

그림 6-33 교번 작동 회로

6.4.2 연속 왕복 작동 회로

(1) 유지형 조작 밸브를 이용한 회로

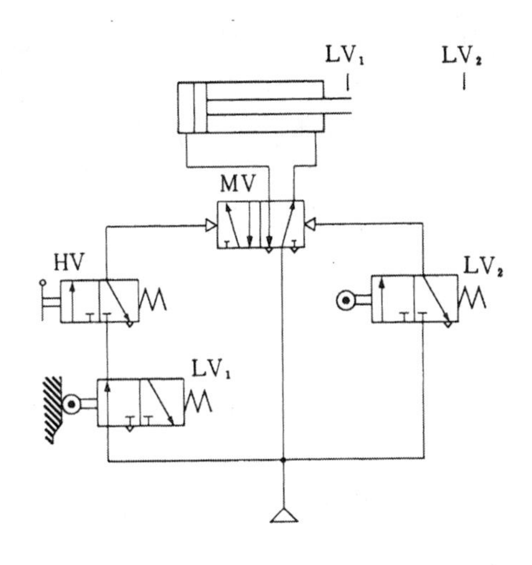

그림 6-34 연속 왕복 작동 회로(1)

그림 6-34는 실린더 전·후진 끝단에 위치 검출용의 리밋 밸브를 설치하고 조작 스위치로 유지형 밸브를 사용한 연속왕복 작동 회로이다.

그림에서 현재 실린더가 후진되어 리밋 밸브 LV_1을 누르고 있는 상태이므로 수동 조작 밸브 HV를 ON시키면 메모리 밸브 MV가 전환되고 실린더가 전진한다. 실린더가 전진 끝단에 도달되면 리밋 밸브 LV_2가 작동되어 MV 밸브를 그림 상태로 복귀시키므로 실린더는 바로 후진하게 되며, 후진 끝단에 도달되어 LV_1 밸브가 ON되면 다시 전진하게 된다. 즉, 실린더는 수동 조작 밸브 HV를 OFF시킬 때까지 LV_1과 LV_2의 신호에 의해 계속적으로 왕복 운동을 반복하는 회로인 것이다.

(2) 리밋 밸브가 없는 연속 왕복 작동 회로

그림 6-35는 공간적으로 리밋 밸브를 설치할 수 없는 경우에 사용할 수 있는 복동 실린더의 연속 왕복 작동 회로이다.

실린더 최종 제어 요소인 MV 밸브를 변환시키기 위해서는 시간 지연 요소를 사용하여야 하며 시간을 조절함에 따라 움직이는 행정 거리를 변화시킬 수 있는 장점이 있다. 이 회로는 수동 조작 밸브 HV를 OFF시키면 실린더의 피스톤은 전·후진 중 어느 한 위치에서 정지하며, 정지 위치의 결정은 HV 밸브를 OFF할 시점의 피스톤 운동 방향에 의해 결정되어 진다.

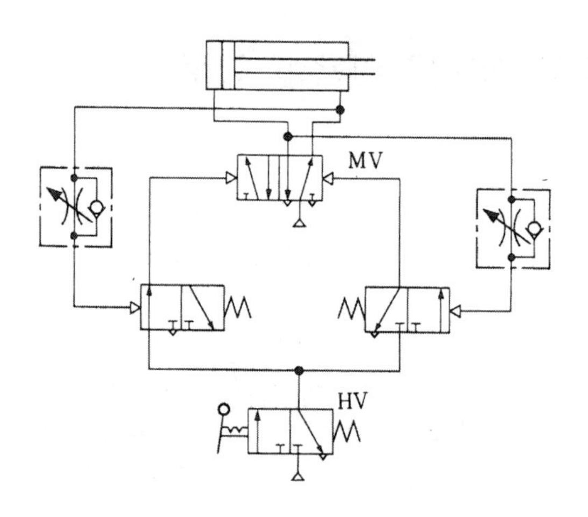

그림 6-35 연속 왕복 작동 회로(2)

(3) 시간 지연 밸브에 의한 연속 왕복 작동 회로

그림 6-36은 실린더의 전·후진 제어에 ON Delay형 시간 지연 밸브를 사용한 회로이다. 이 회로에서 시간 지연 밸브의 설정 시간은 실린더의 동작 시간에 정확히 일치시켜야만 안정된 동작이 이루어진다. 즉, 설정 시간이 짧으면 실린더는 행정 도중에서 전진과 후진 동작이 반복되고, 반대로 설정 시간이 너무 길면 행정 끝단에서 일시 정지한 후 동작하는 현상이 일어난다.

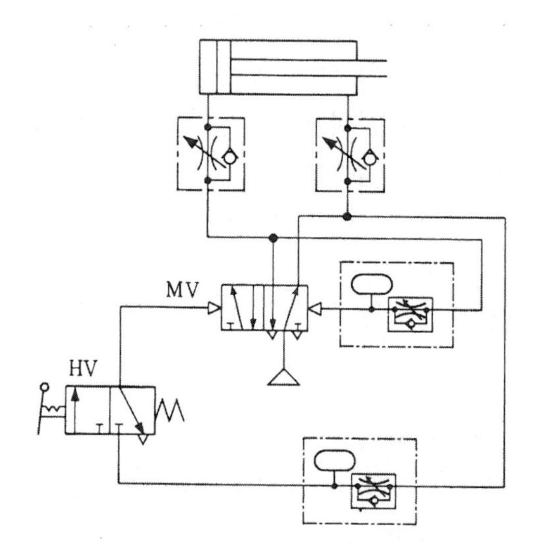

그림 6-36 연속 왕복 작동 회로(3)

6.5 전공압 시퀀스 회로

6.5.1 시퀀스 제어란

공압을 이용하는 자동화 기계나 장치의 대부분은 다수의 실린더로 구성되어 장치의 작동 기능에 맞춰 각 실린더가 순차적으로 운동하도록 되어 있다.

이와 같이 다수의 실린더(액추에이터)가 미리 정해 놓은 순서에 따라 순차적으로 각 단계를 진행시켜 나가는 제어를 시퀀스 제어(sequence control)라 하고, 이 시퀀스 제어에는 순서 제어와 타임 제어, 조건 제어 등으로 나뉘어진다.

- 시퀀스 제어
  - 프로그램 제어
    - 순서 제어
    - 타임 제어(시한 제어)
  - 조건 제어

순서 제어란 전 단계의 작업 완료 여부를 확인하여 순차적인 작업이 수행되도록 하는 방법으로 작업 완료 여부를 전기계 회로에서는 리밋 스위치나 각종의 센서를 이용하고 공압에서는 공압 리밋 밸브(롤러 레버 작동 밸브)나 공압 센서를 이용하여 동작 완료 여부를 확인한 다음에 다음 단계의 작업을 수행하는 방법으로, 각 동작의 이행 상태가 확실하기 때문에 대부분의 시퀀스 제어는 이 순서 제어로 이루어지며, 다른 말로 순차 작동 회로라고도 한다.

타임 제어란 다른 말로 시한 제어라고도 하며 순서 제어에서와 같이 검출기의 신호를 이용하지 않고 시간의 경과에 따라 작업의 각 단계를 순차적으로 진행시켜 나가는 제어로써, 공압에서는 타이밍 일치가 곤란하고 시간 설정 요소인 시간 지연 밸브가 고가이므로 그다지 사용하지 않는다.

또한 조건 제어는 입력 조건에 따라 여러 가지 패턴 제어를 실행하는 것으로 자동화 장치에서는 위험 방지 조건이나 불량품 처리의 제어에 적용되며, 특히 엘리베이터 제어가 이 조건 제어의 대표적인 예이다.

6.5.2 운동 상태 표시법

여러 개의 공압 실린더를 순서 제어하면 회로가 복잡해지고 또한 이해하기 어려워지므로 그 이해를 돕고 회로 설계를 용이하게 하기 위해 운동 순서의 스위칭 조건을 도표로 나타내는 각종 선도가 사용된다.

그림 6-37은 제1 컨베이어에 의해 이송된 상자를 제2 컨베이어로 보내기 위한 이송 장치의 구성도이다. 이 장치도를 모델로 각종의 운동 표현법과 작동 선도 및 시간 선도, 제어 선도 등의 작성법에 대해 알아보기로 한다.

(1) 운동의 시간적 순서에 의한 서술적 표현법

① 제1 컨베이어에 의해 상자가 도달되면 실린더 A가 상승하여 상자를 들어올린다.
② 실린더 B가 전진하여 상자를 제2 컨베이어로 밀어 넣는다.
③ 실린더 A가 내려온다.
④ 실린더 B가 후진한다.

이 방법은 장치의 각 공정별 작업 상태를 서술적으로 표현하는 것으로 장치의 운동 특성을 정확히는 나타낼 수 있으나, 장치가 복잡해지면 운동 순서를 쉽게 요약할 수 없다.

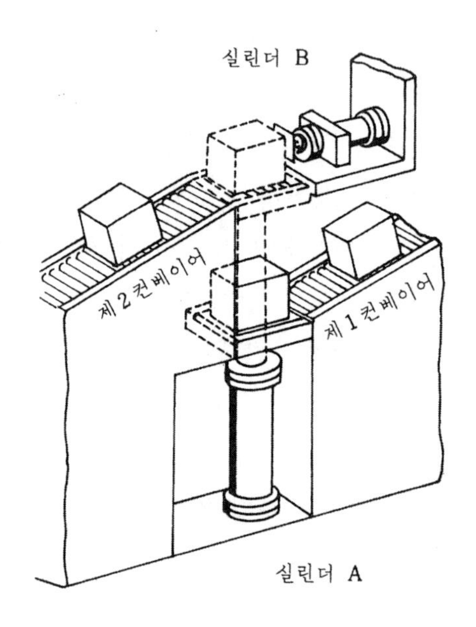

그림 6-37 컨베이어 간 이송 장치의 구성도

(2) 기호에 의한 표시법

정해진 기호에 의해 운동 상태를 나타내는 방법으로 운동 순서 표현법으로 많이 사용된다.

실린더의 전진 운동이나 모터의 정회전을 『+』로 표시하고, 실린더의 후진운동이나 모터의 역회전은 『−』로 나타내면 운동 순서를 간단 명료하게 나타낼 수 있다.

컨베이어 간 이송 장치의 운동 순서를 나타내면 다음과 같고, 이와 같은 기호에 의한 표시 방법을 간략적 표시법이라 하기도 한다.

A + B + A − B −

(3) 그래프에 의한 표시법

장치의 작업 순서를 이해하기 쉽게 표현하는 방법에는 선도가 많이 이용되며 이 선도에는 작동 선도(motion step diagram)와 타임 선도, 제어 선도가 있다.

A. 작동 선도 작도법

작동 선도는 실린더(액추에이터)의 작업 순서를 도표를 작성한 것으로 통상 시퀀스 차트라 부르기도 한다. 이 작동 선도는 그 장치의 동작 순서를 명확히 나타낼 뿐만 아니라 제어 회로 설계시도 유효하므로 정확히 나타내어야 한다.

일례로 실린더 A가 전진하여 2스텝 후에 복귀하는 것을 변위−단계 선도로 그려보면 다음과 같이 된다.

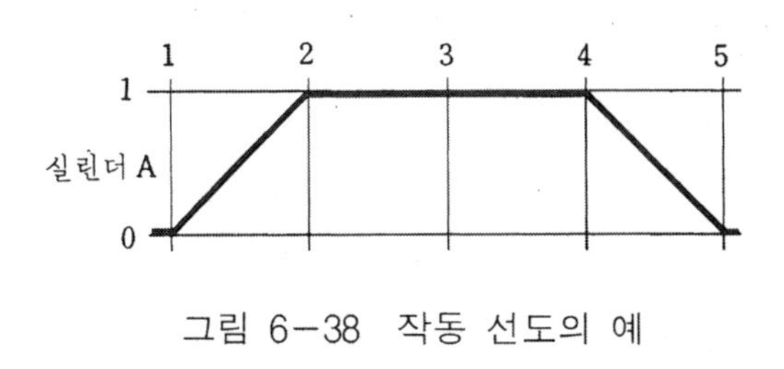

그림 6−38 작동 선도의 예

즉 이것은 작업의 단계에 따라 실린더의 변위 상태를 약속된 기호로 나타내는 것으로 다음 규칙에 의거 작성한다.

① 각 란의 간격은 실린더(액추에이터)의 작동 시간과 관계 없이 일정한 간격으로 그린다

② 실린더의 동작은 스텝 번호선에서 변화시켜 그린다.

③ 2개 이상의 실린더가 동시에 운동을 개시하고 종료 시점이 다른 경우에는 그 종료점은 각각 다른 스텝 번호로 그린다.

④ 작동중 실린더의 상태가 변화할 때, 즉 행정 중간에서 작동 속도의 변화가 있는 경우 등은 중간 스텝을 나타낸다.

⑤ 작동 상태의 표시는 그림 6-38의 예에 나타낸 바와 같이 실린더의 전진을 1, 후진을 0으로 나타내거나 전진, 후진 등의 표시를 사용한다.

이상의 작도법에 따라 앞서 모델로 제시한 6-37의 컨베이어 간 이송 장치의 변위-단계 선도를 작성하면 그림 6-39와 같이 된다. 그림의 내용을 보면 1단계로 실린더 A가 전진하고 이 때 실린더 B는 후진된 상태로 정지되어있다.

이어서 2단계에서는 실린더 B가 전진하고 실린더 A는 전진된 상태로 정지되어 있다. 3단계에서는 실린더 A가 후진하고 실린더 B는 전진된 상태에서 정지되어 있으며, 그리고 마지막 4단계에서는 실린더 B가 후진하고 실린더 A는 후진된 상태에서 정지되고 있음을 보여 주고 있다.

이후부터는 이 변위-단계 선도를 작동 선도라 부르고, 변위-시간 선도를 시간 선도라 부르기로 한다.

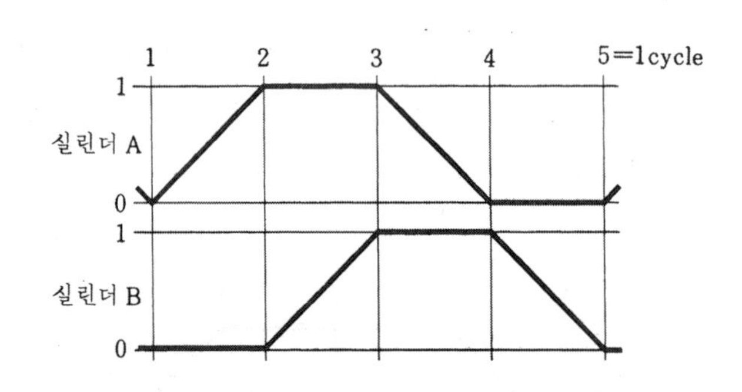

그림 6-39 컨베이어 간 이송 장치의 작동 선도

B. 시간 선도 작성법

시간 선도는 작동 선도가 실린더의 작동 시간과 관계 없이 항상 일정한 간격으로 그리는 것에 비해, 각 실린더의 운동 상태를 시간의 변화에 따라 나타내는 선도로 장치의 시간 동작 특성과 속도 변화를 자세히 파악할 수 있다.

따라서 이 선도의 작도법은 작동 선도의 작도법과 거의 같으나 다만 작업의 단계를 동작 시간에 대응시켜 나타내야 한다. 그림 6-40은 컨베이어 간 반송장치의 시간 선도를 나타낸 것이다.

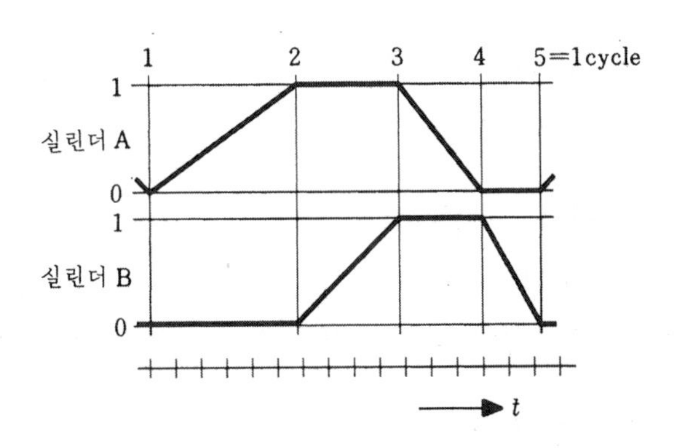

그림 6-40 이송 장치의 시간 선도

C. 제어 선도 작도법

제어 선도는 실린더의 운동 변화에 따른 제어 밸브의 동작 상태를 나타내는 선도로서 뒤에 설명하는 신호 중복의 여부를 판단하는 데 유용한 선도이다. 그러므로 이 제어 선도는 앞서 설명한 작동 선도 밑에 연관시켜 그리면 제어 신호의 중복 여부를 판단하는 데 용이하다.

제어 선도의 작도법은 작동 선도와 같이 가로축을 운동 스텝으로 표시하고 세로축을 밸브의 ON, OFF 상태를 펄스 파형으로 그린다. 그리고 밸브의 상태를 0과 1로 표시하거나 열림, 닫힘 등으로 나타내기도 한다.

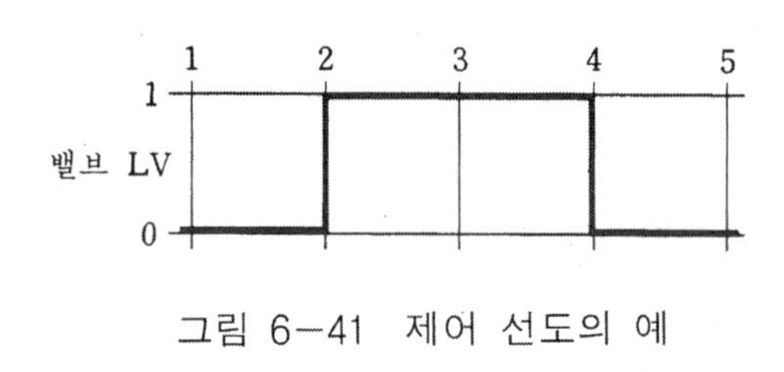

그림 6-41 제어 선도의 예

6.5.3 전공압(全空壓) 시스템의 특징

전공압(all pneumatics) 시스템이란 구동부는 물론 제어 및 검출부를 포함한 시스템 전체에 공압 에너지를 사용한 시스템을 말한다. 즉, 일반적으로 산업 현장에서는 구조가 간단하고 값이 저렴하면서 속도나 파워의 조절이 용이하다는 장점 때문에 공압 액추에이터를 많이 사용하고 있으나 그 제어는 대부분 전기 에너지에 의한 시퀀스 제어가 대부분인 것이다. 이러한 시스템에 비해 작동 요소는 물론 그 제어도 스풀 밸브나 포핏 밸브 등과 같은 가동형 소자로서 제어하거나 또는 가동부가 없는 순유체 소자(純流體素子, fluidics)로 제어하는 방식을 전공압 시스템이라 하며 다음과 같은 분야에 이용된다.

A. 단순 작업의 간이 자동화

절삭칩의 제거, 프레스에서 소형 부품의 송출 및 공작물의 장착이나 탈착 등 단순 작업에서는 에너지 균질성이 확보되기 때문에 경제적이면서 안전하다.

B. 방폭이 요구되는 작업장

도장 시스템, 세척 장치 및 인화성이 있는 장소에서의 전기적 제어 방식은 가스로 인한 폭발이나 화재의 우려 때문에 안전 장치를 해야 한다. 이러한 작업장에서 전공압 시스템은 안전성과 가격면에서 우수한 장점을 발휘한다.

C. 환경이 나쁜 작업장

습기, 먼지, 수분, 절삭유나 자계(磁界)가 강한 작업장 등에서 전기적 제어는 감전이나 노이즈(noise) 영향에 의한 오작동 등이 문제시된다. 이러한 환경 분야에서 전공압 방식은 안심하고 사용할 수 있다.

D. 전기적 제어가 문제시되는 환경

정전이나 누전 등이 일어나면 트러블이 큰 시스템에서 전공압 제어는 비상운전이 가능하면서 안전하다는 장점이 있다.

6.5.4 시퀀스 회로의 설계

공압 제어 회로를 설계할 때는 시스템에서 요구하는 정확한 작동은 물론 신뢰성 높은 방법으로 단순화되도록 설계되어야 한다. 그러기 위해서는 각 액추에이터의 동작 상태를 감시하는 검출기가 배치되어야 하고 경우에 따라서는 회로 내의 압력을 검출하여 제어 신호로 이용하여야 한다.

제어 회로의 설계 방법이나 그 순서는 회로 설계법에 따라 각기 다르고, 회로 설계법도 신호 중복 유무 및 장치의 특성에 따라 결정되지만 여기서는 순서 제어에서 가장 일반적인 외부 검출 신호(리밋 밸브)만으로 순차 작동되는 회로의 설계법에 대해 설명한다.

(1) 리밋 밸브 신호에 의한 A+B+A-B-의 제어 회로

회로도 작성 순서

① 실린더(액추에이터)를 그린다.

② 실린더에 대한 최종 제어 요소(마스터 밸브)를 그린다.

③ 시동 신호용 밸브와 마지막 스텝인 B-완료 검출 신호인 LV_3를 직렬로 접속하여 첫번째 스텝 신호(마스터 밸브 sA)에 접속한다.

④ 첫 스텝 A+가 완료되었다는 검출 신호인 LV_2로 두번째 단계의 B+신호(마스터 밸브 sB)에 접속한다.

⑤ 두번째 스텝 B+가 완료되었다는 검출 신호인 LV_4로 세번째 단계의 A-신호(마스터 밸브 rA)에 접속한다.

⑥ 세번째 스텝 A-가 완료되었다는 검출 신호인 LV_1으로 마지막 단계의 B-신호(마스터 밸브 rB)에 접속한다.

A+B+A-B-의 시퀀스는 앞서 모델로 제시한 컨베이어 간 이송 장치의 동작 순서이며, 이상의 설계 순서에 따라 완성한 회로가 그림 6-42이다.

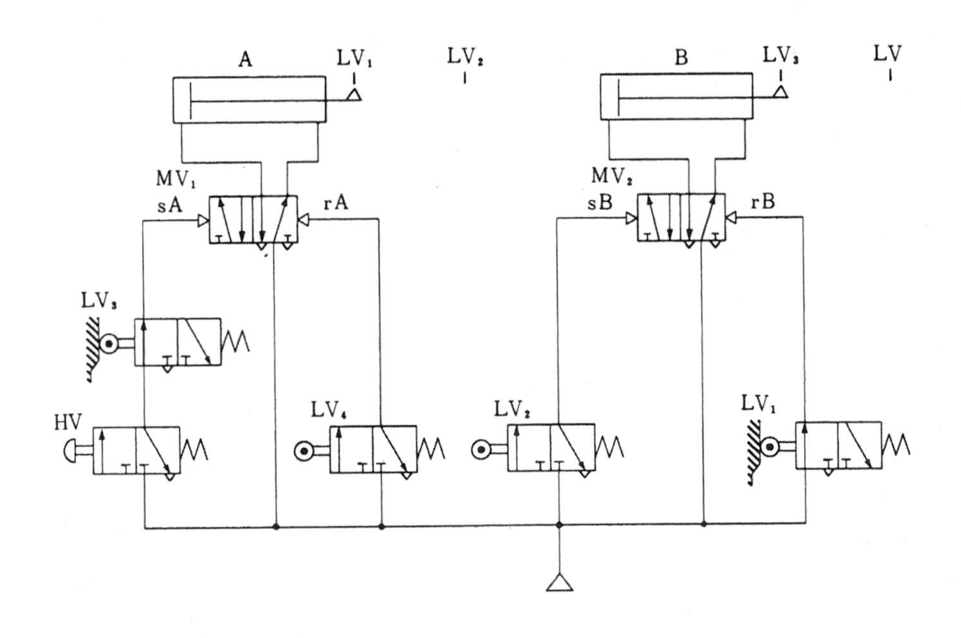

그림 6-42 A+B+A-B-의 제어 회로

그림 6-42 회로의 동작 원리는 다음과 같다.

초기 상태에서 실린더 A, B는 후진되어 있고, 따라서 각 실린더의 후진 끝 검출 밸브인 LV_1과 LV_3이 ON되어 있다. 장치를 시동시키기 위해 시동 밸브 HV를 ON 시키면 LV_3 밸브가 ON되어 있기 때문에 A실린더 마스터 밸브 sA에 공압이 가해져 마스터 밸브를 변환시킨다. 따라서 공압이 A실린더 헤드측에 가해지므로 첫단계로 A실린더가 전진하며, A실린더가 전진완료되어 LV_2 리밋 밸브가 작동되면 LV_2를 통과한 공기가 B실린더 마스터 밸브 sB에 가해진다. 그 결과 B실린더 마스터 밸브가 변환되고 두번째 단계로 B실린더가 전진한다. B실린더가 전진완료되어 LV_4 리밋밸브가 ON되면 공압 신호가 A실린더 마스터 밸브 rA에 가해져 마스터 밸브가 변환되고 세번째 단계로 A실린더가 후진한다. A실린더가 후진 완료되면 LV_1밸브가 ON되어 B실린더 마스터 밸브 rB에 가해지므로 같은 원리로 B실린더가 후진되고 1사이클이 완료되는 것이다.

(2) 리밋 밸브에 신호에 의한 A+B+B-A-의 제어회로

두 개의 액추에이터로 구성된 장치나 기계의 대부분은 주로 단순한 작업의 처리나 반자동기에서 흔히 볼 수 있다. 그와 같은 시스템에서 가장 많이 볼 수 있는 동작 순서가 A+B+B−A−이다. 이것은 A실린더가 작업의 준비 공정이나 공작물을 고정하고, 이어서 B실린더가 운동하여 작업 처리를 실시하고 복귀하는 조건이 가장 많이 나타나기 때문이다.

두 개의 실린더를 A+B+B−A−시키기 위해 검출 신호의 흐름을 요약하면 다음과 같다.

① 제어계는 작업자의 시동 신호에 의해 스타트되어야 하므로 시동용 밸브 HV를 누르면 1단계로 실린더 A가 전진해야 한다.

② A실린더가 전진 완료하여 LV_2가 동작되면 이 신호로서 2단계 작업을 실시해야 하므로 LV_2의 신호로서 B실린더를 전진시킨다.

③ B실린더가 전진 완료되면 동작되는 검출 신호는 LV_4이고 이 신호로써 3번째 단계인 B−를 시킨다.

④ B실린더가 복귀 완료되면 LV_3가 동작되고 LV_3의 신호로써 다음 단계인 A−를 시킨다. 그리고 A실린더가 복귀 완료되면 LV_1이 동작되고 연속작업인 경우 A+가 다시 이루어져야 하므로 LV_1은 시동용 밸브와 AND로 연결한다.

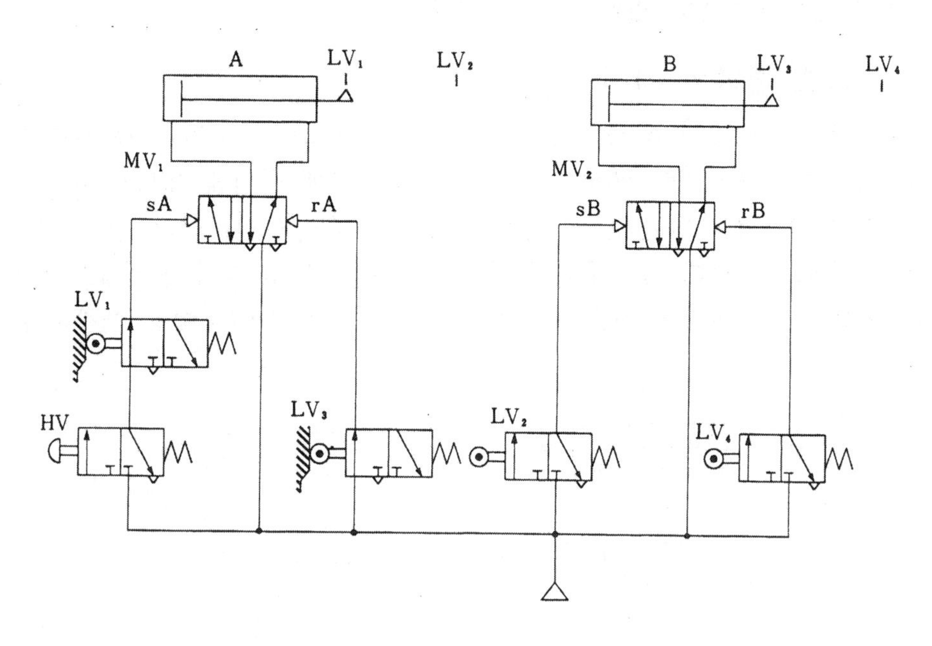

그림 6-43 리밋 밸브 신호에 의한 A+B+B-A-의 회로

이상의 원리에 따라 회로도로 작성하면 그림 6-43과 같이 된다. 그러나 회로도를 살펴보면 이 회로는 작동되지 않는다는 것을 알 수 있다. 즉 그림과 같은 초기 상태에서 작업자가 시동용 수동 조작 밸브 HV를 누르면 A실린더가 전진되어야 하나 LV_3의 신호가 ON되어 A실린더 복귀 신호인 rA에 신호를 주고 있기 때문에 마스터 밸브 MV_1이 전환되지 않고, 따라서 실린더 A는 전진되지 않는다.

또한 B실린더도 마찬가지로 복귀가 이루어지지 않는다. 만일 A실린더가 전진되어 LV_2가 동작되었다면 LV_2의 신호에 의해 MV_2의 마스터 밸브가 세트되어 B실린더가 전진되나 전진 끝단의 LV_4의 신호로서 B실린더를 바로 복귀시키기 위해 MV_2의 마스터 밸브를 리셋 시키려고 한다. 이때 LV_2의 리밋 밸브가 계속 동작된 상태이므로 MV_2는 세트 신호와 리셋 신호가 동시에 작용되어 위치 전환이 불가능하게 된다.

즉 이와 같이 최종 제어 요소인 한 개의 마스터 밸브에 동시에 세트 신호와 리셋 신호가 존재할 때를 가리켜 신호 중복이라 하며, 신호 중복이 발생되면 실린더가 움직이지 않거나 요구 시퀀스와는 달리 임의의 순서대로 동작되는 경우가 발생된다. 따라서 회로도를 설계하기 전에는 제어 선도를 작성하여 신호 중복 여부를 판단하고 적절한 대책을 강구해야 한다.

(2) 신호 중복의 개념과 판단법

A. 신호 중복의 의미

신호 중복이란 앞서 A+B+B−A−의 제어 회로에서 보인 것과 같이 한 개의 실린더를 제어하는 최종 제어 요소인 마스터 밸브에 동시에 세트 신호와 리셋 신호가 존재하는 것을 말한다. 이 신호 중복이 발생되면 실린더가 움직이지 않거나 계획된 시퀀스와 달리 임의대로 동작되기도 하며, 특히 전자 밸브에서의 신호 중복은 솔레노이드 코일의 소손을 가져와 기기를 파손시키는 일도 발생한다.

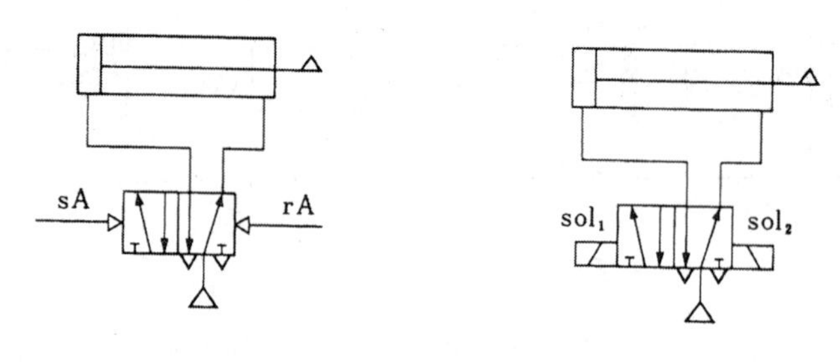

그림 6−44 신호 중복의 개념

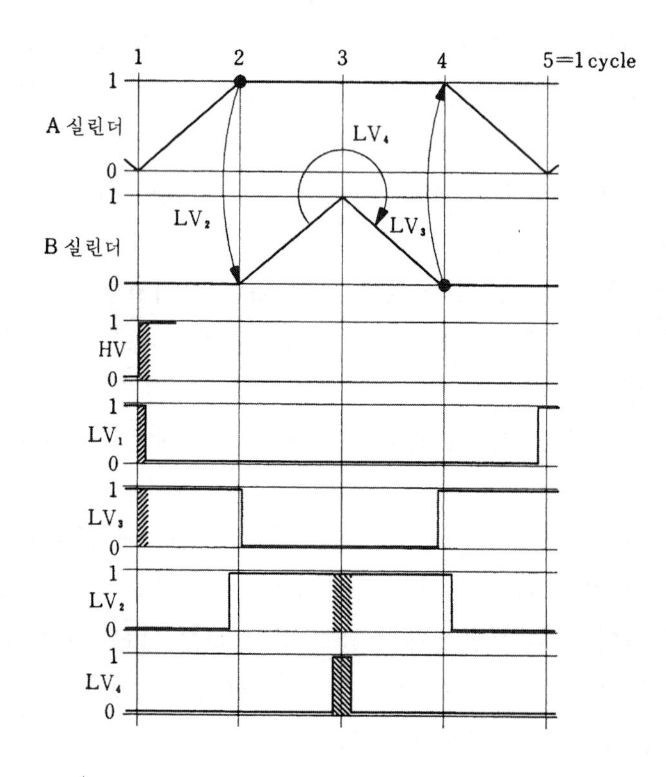

그림 6−45 A+B+B−A−의 작동 선도와 제어 선도

B. 신호 중복의 판단법

그림 6-45는 앞서 설계한 두 개의 실린더를 A+B+B-A-시키는 시퀀스의 작동 선도와 제어 선도이다.

신호 중복은 최종 제어 요소인 마스터 밸브에 세트 신호와 리셋 신호가 동시에 존재하면 발생되므로 그림과 같이 제어 선도에서 신호를 분리하여 작성하면 쉽게 알 수 있다.

즉, A실린더를 제어하는 마스터 밸브의 세트 신호인 HV와 LV_1이 AND일 때와 리셋 신호인 LV_3가 동일 구간에서 ON되어 있다면 신호 중복을 의미하므로 A실린더는 빗금친 부분의 1스텝 구간에서 신호 중복이 발생됨을 알 수 있다.

또한 B실린더의 경우도 마찬가지로 마스터 밸브 MV_2의 세트 신호와 리셋 신호인 LV_2와 LV_4가 3스텝 구간의 빗금친 부분에서 동시에 신호가 ON되어 있으므로 신호 중복이 발생되었다.

이와 같이 신호 중복이 발생되면 외부 검출 신호인 리밋 밸브의 신호만으로 실린더를 순차 작동시킬 수 없다. 따라서 신호 중복에 대한 대책을 실시해야 하는데 그 대책 방법에는 다음과 같은 것들이 있다.

(3) 신호 중복 방지 대책

신호 중복을 방지하는 방법으로는 마스터 밸브에 입력되는 불필요한 신호를 차단시키는 신호 제거법과, 현재 입력중인 신호보다 더 강력한 신호를 입력하여 신호를 억제시키는 2가지 방법으로 대별되며 그에 따라 여러 가지 기법이 사용되고 있다.

A. 방향성 롤러 레버 밸브에 의한 신호 제거법

가장 경제적이고 간단한 방법으로 제거해야 할 신호가 리밋 밸브에서 나오는 신호라면 일방향 작동 롤러 레버 밸브에 의해 신호를 제거할 수 있다.

일방향 작동 롤러 레버식이란 앞서 설명한 바와 같이 접촉물(캠이나 도그)이 왕복 작동하여도 어느 한쪽 방향으로만 밸브가 작동하는 형식을 말한다.

이 방법에 의해 앞서 신호 중복이 발생한 A+B+B-A-의 회로를 설계한 것이 그림 6-46이다. 설계 방법은 신호를 제거해야 할 부분에 일방향 작동 롤러 레버 밸브를 사용하여 신호를 펄스적으로 발생시키도록 함으로써 신호 중복을 방지하는 것이다.

이 방법은 회로 구성이 간단하고 경제적이기는 하나, 밸브를 행정 끝에 설치하지 못하므로 논리적 스위칭 회로나 시간 지연 회로 등의 제어가 불가능하고 신호 발생 시간이 짧기 때문에 실린더 속도가 고속이면 밸브가 작동되지 않을 수도 있다.

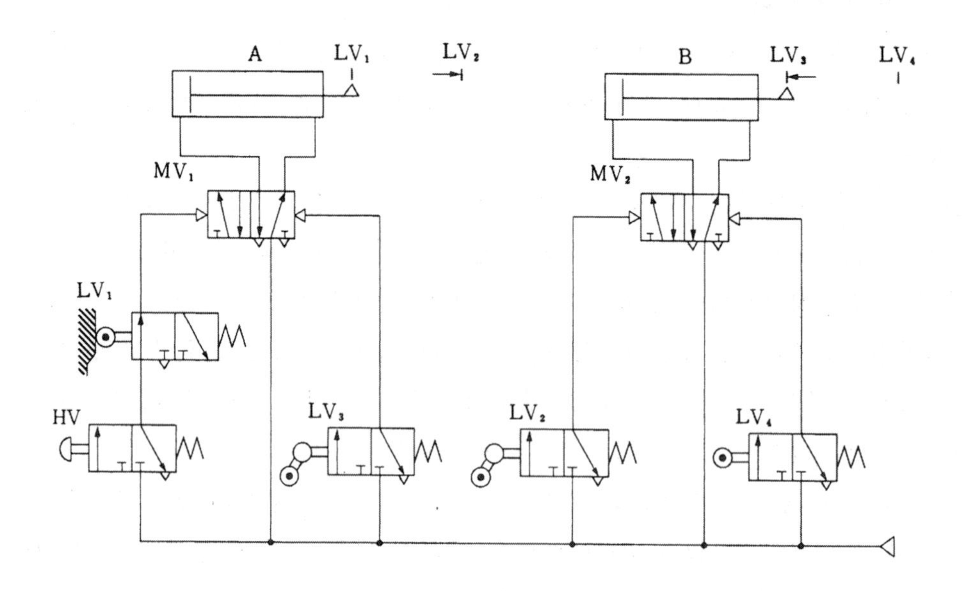

그림 6-46 일방향 작동 롤러 레버 밸브로 중복 신호를 제거한 A+B+B-A-의 회로

B. 시간 지연 밸브에 의한 신호 제거법

이 방법은 길게 나오는 신호를 OFF-Delay형 시간 지연 밸브로 차단하여 중복 신호를 제거하는 방법이다. 그림 6-47은 공압 시간 지연 밸브와 그 타임 차트를 나타낸 것으로, 입력 신호가 길게 유지되어도 출력 신호는 시간 지연 밸브에 의해 차단되어 펄스적으로 나오게 되므로 리밋 밸브에서 나오는 신호가 길어 신호 중복이 발생된 경우에는 이 시간 지연 밸브로써 신호를 차단시키므로 반대 신호가 유효하게 된다.

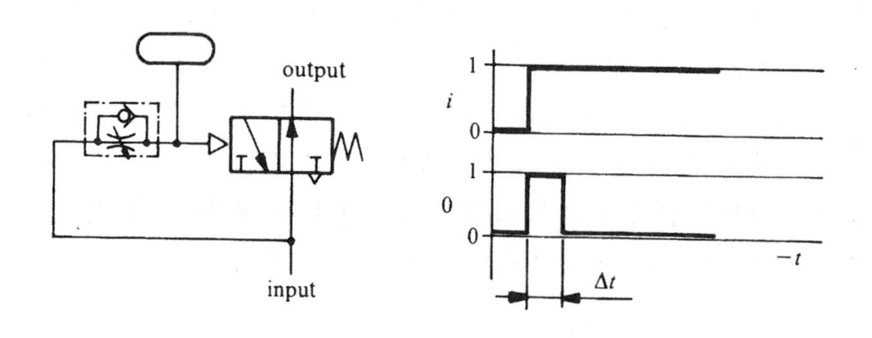

그림 6-47 공압 시간 지연 밸브와 타임 차트

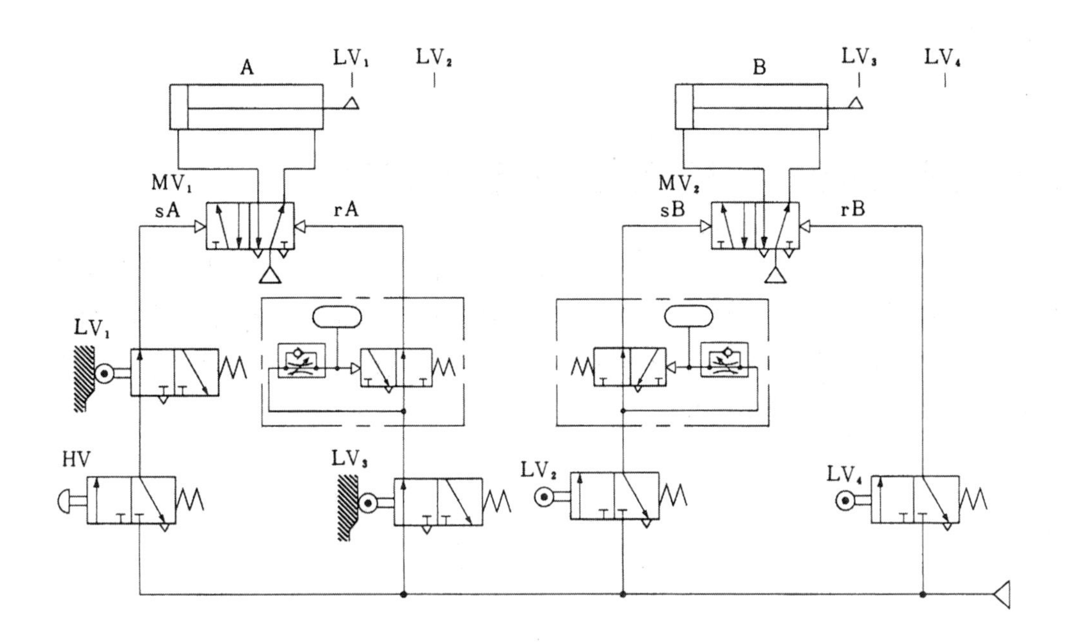

그림 6-48 시간 지연 밸브로 중복 신호를 제거한 A+B+B-A-의 회로

그림 6-48의 회로도는 앞서 A+B+B-A-의 회로에서 중복 신호를 시간지연 밸브에 의해 제거한 회로도이다. 이와 같이 시간 지연 밸브에 의한 신호제거 방법은 작동 신뢰성은 높으나 공압 시간 지연 밸브가 고가이므로 제거해야 할 신호 부분이 많은 회로에서는 비경제적이다.

C. 공압 제어 체인에 의해 중복 신호를 제거하는 방법

여러 개의 액추에이터를 순차 작동시킬 때 밸브가 가장 적게 소요되도록 설계하는 것이 경제적인 면에서 이상적이지만, 반대로 설계하기가 어렵고 보수할 때도 고장 개소를 쉽게 발견할 수 없다는 단점이 있다. 그러므로 설계 상 밸브는 다소 소요되더라도 제어 신뢰성이 높고 고장 판단이 용이하도록 규칙적인 설계가 이루어지도록 공압 제어 체인을 구성하면 신호 중복을 방지 할 수 있다.

공압 제어 체인은 밸브를 조합시켜 구성할 수도 있으며, 공압 기기 메이커에서 상품화한 콤팩트한 공압 제어 체인을 이용하면 편리하다. 시퀀서(sequencer) 형식의 콤팩트한 제어 체인은 전문 지식이 없어도 사용할 수 있으며, 입·출력의 배선만으로 시스템 구성이 완료되므로 조립이 신속하다는 장점이 있다.

대표적인 공압 제어 체인에는 캐스케이드(cascade)와 시프트 레지스터(shift

register) 체인이 있다.

6.5.5 캐스케이드 체인에 의한 회로 설계

캐스케이드 체인이란 플립플롭형 밸브 등의 제어 요소를 접속할 때 전단의 출력 신호를 다음 단의 입력 신호에 차례로 직렬 연결한 것으로, 각 제어 요소는 다음 위치에 있는 제어 요소의 작동을 규제하는 제어 체인으로, 캐스케이드란 명칭은 계단과 같은 직렬 연결을 의미한다.

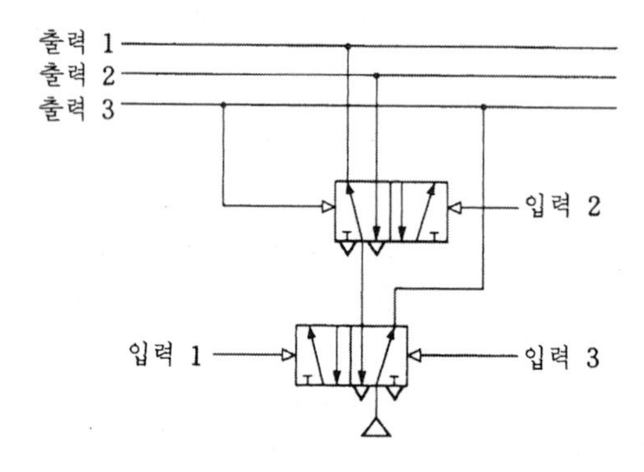

그림 6-49 공압 캐스케이드 체인(3그룹)

그림 6-49는 3그룹의 캐스케이드 체인의 일례로 입력 1에 의해 출력 1이 나오며, 입력 2가 입력되면 출력 2에 공압이 나오고 출력 1은 소거된다. 즉 입력 순서에 따라 해당 출력이 나오고 전신호는 다음의 출력 신호에 의해 차단시킴으로써 유효한 신호만 존재하도록 한 제어 체인이다. 그러나 순차적 입력 신호에 따라 순차적 출력 신호를 얻기 위해서는 그림 6-50과 같이 입력은 전단계 출력과 AND로 인터록되어야 작동 신뢰도가 보증되므로 리밋 밸브의 입력 신호를 전 단계의 출력 신호에서 받는다.

캐스케이드 제어의 특징은 입·출력 관계가 확실하여 제어 신뢰도가 높지만 많은 밸브들이 직렬로 연결되어 있어 그룹 수가 많은 경우는 압력 강하가 크다는 단점이 있다.

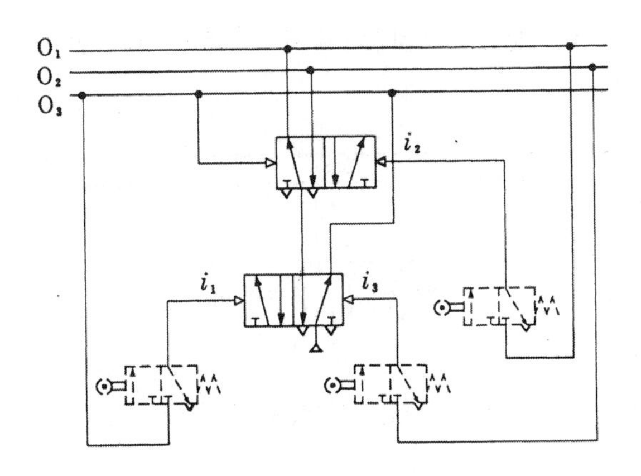

그림 6-50 전(前) 출력과 인터록시킨 캐스케이드 체인

(1) 캐스케이드 체인에 의한 A+B+B-A-회로

앞서 신호 중복이 발생된 A+B+B-A-의 시퀀스를 예로 설계 순서에 따라 회로도를 작성하기로 한다.

A. 간략적 표시법에 의해 동작 시퀀스를 나타낸다.

A+ B+ B- A-

B. 작동 순서를 그룹으로 나눈다.

그룹으로 나누는 것은 제어 체인을 구성하는 메모리 밸브의 수를 최소화하기 위한 것으로 동일 실린더의 운동이 한 그룹에 한 번씩만 나타나도록 하여 최소화시킨다.

A+ B+ / B- A-
I 그룹 II 그룹

C. 작동 요소인 실린더와 이를 제어하는 마스터 밸브를 그린다.(그림 6-51)

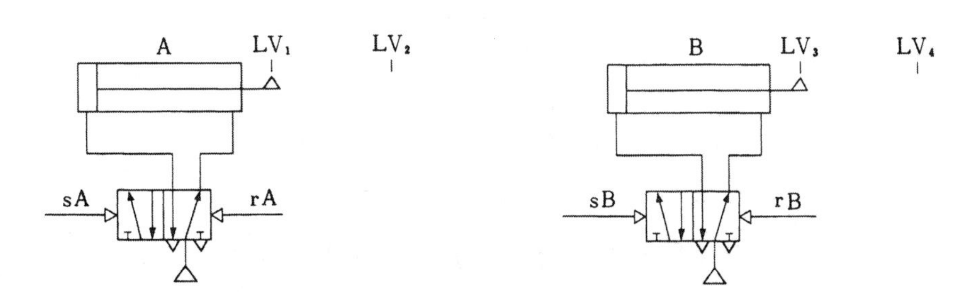

그림 6-51 실린더와 마스터 밸브 작도

D. 그룹 수와 같게 출력 라인을 그리고 제어 체인을 구성한다(그림 6-52).

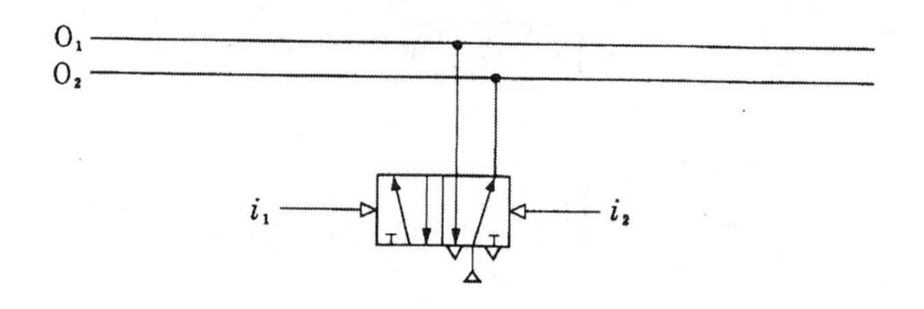

그림 6-52 제어 체인 작도

제어 체인을 구성하는 메모리 밸브의 수는 그룹 수 -1이고, 각 그룹별 캐스케이드 체인은 그림 6-53과 같다.

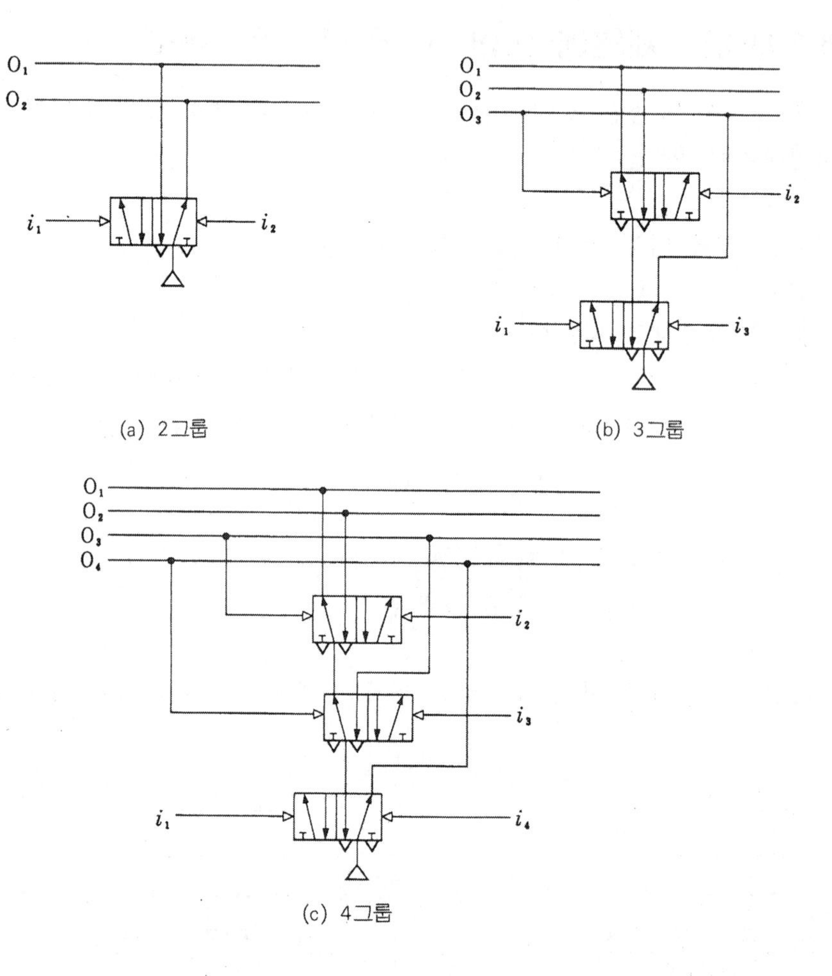

(a) 2그룹

(b) 3그룹

(c) 4그룹

그림 6-53 각 그룹별 캐스케이드 체인

E. 실린더의 동작 순서에 따라 작동되는 리밋 밸브를 결정하여 간략적으로 표시한 시퀀스에 기입한다. 이 때 그룹을 변환시키는 신호(그룹 경계 신호)는 밑에 나타내고 그룹 내에서 작동되는 신호는 위에 표시하여 입력 신호 파악을 용이하도록 한다. 즉, 각 그룹의 경계 지점의 신호가 제어 체인의 입력 신호가 된다.

LV_2　　LV_3

A+　B+ / B−　A−

ST　　LV_4　　LV_1

입력 i_1 = ST AND LV_1

입력 i_2 = LV_4

F. 결정된 입력 신호를 제어 체인의 입력 라인에 접속하고 전 단계 신호와 인터록 시킨다.

G. 시퀀스의 진행에 따라 제어 체인의 출력 라인과 마스터 밸브를 접속한다. 단 한 그룹에서 여러 스텝이 동작될 경우는 전 스텝 완료 신호와 AND로 접속하여 회로를 완성한다.

이상의 설계 순서에 따라 완성된 회로가 그림 6−54이다.

그림 6−54 회로의 동작 순서는 다음과 같다.

그림 상태에서 모든 실린더는 복귀되어 있으며 출력 버스 라인 O_2에 압축 공기 신호가 존재하고 있고 O_1은 메모리 밸브 RV의 배기구를 통해 배기되고 있다. 여기서 시동 신호인 ST 밸브를 누르면 LV_1을 통해 메모리 밸브 RV의 i_1에 신호가 가해지므로 RV가 셋트되고 그에 따라 출력 신호는 O_1에 존재한다. 한편 O_2는 RV의 배기구를 통해 배기되므로 신호가 0이 된다.

따라서 O_1에서 신호를 직접 받는 MV_1이 먼저 셋트되고 A실린더가 전진한다. A 실린더가 전진완료되면 LV_2가 동작되고 이때까지 O_1에 신호가 존재하므로 MV_2가 세트된다. 그에 따라 실린더 B가 전진되며 전진 끝단의 LV_4와 접촉하면 LV_4의 출력 신호가 메모리 밸브 RV를 리셋시키므로 이제는 출력 라인 O_2에 신호가 존재되고 O_1은 초기 상태와 같이 배기되어 압축 공기가 없는 상태이다.

그러므로 O_2에서 신호를 직접 받는 MV_2가 리셋되고 실린더 B가 후진된다. 실린더 B가 후진 완료되어 LV_3가 동작되면 O_2에서의 신호가 LV_3을 지나 MV_1을 리셋

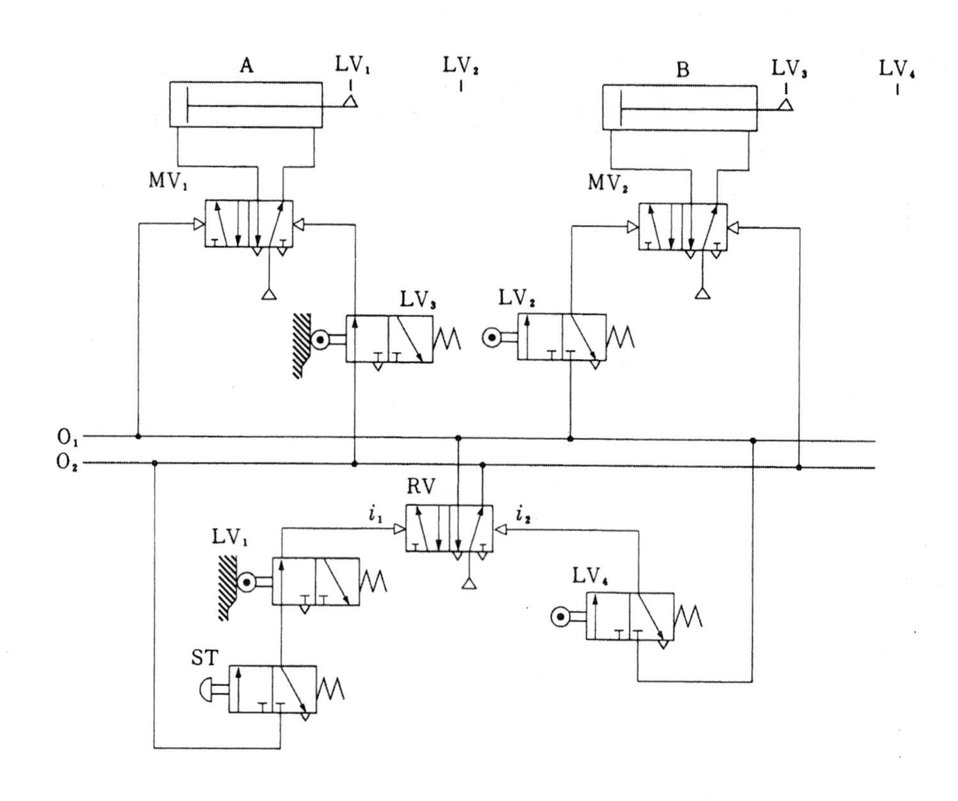

그림 6-54 캐스케이드 체인에 의한 A+B+B-A-의 회로

시키므로 실린더 A가 복귀되고 모든 실린더 및 제어 밸브가 처음 상태로 복귀된다. 이 때 수동 조작 밸브 ST가 ON되어 있다면 상기와 같은 동작을 반복한다.

(2) 캐스케이드 체인에 의한 A+A-B+B-회로

두 개 실린더의 동작 순서가 A+A-B+B-인 시퀀스를 캐스케이드 제어 체인을 이용하여 순차 작동 회로를 설계하려면 먼저 간략적 표시법으로 표시하고 그룹핑(grouping)을 실시한다.

A+/A- B+/B-

그룹핑 결과 3그룹임을 알 수 있고 실린더와 마스터 밸브를 그리고 그 밑에 3그룹의 캐스케이드 제어 체인을 작도한 것이 그림 6-55이다.

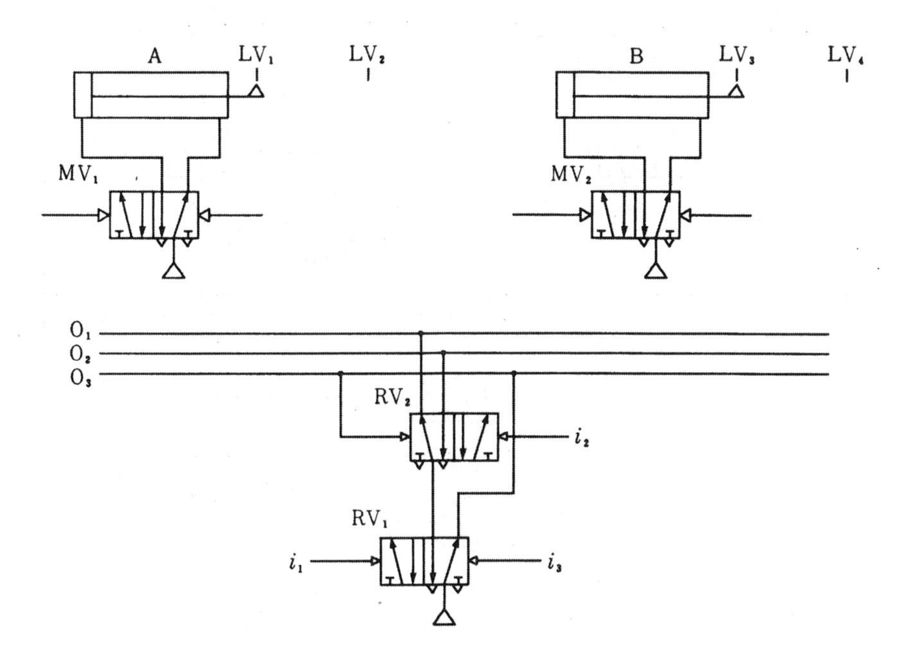

그림 6-55 3그룹 캐스케이드 체인과 실린더의 작도

실린더의 동작 순서에 따라 작동되는 리밋 밸브를 결정하여 간략적으로 표시한 시퀀스에 기입하고 각 그룹을 변환시키는 제어 체인의 입력 신호를 결정한다.

LV₁

A+ / A− B+ / B−

ST LV₂ LV₄ LV₃

입력 i_1 = ST AND LV_3

입력 i_2 = LV_2

입력 i_3 = LV_4

결정된 입력 신호를 제어 체인의 입력 라인에 접속한 후 전 단계 신호와 인터록 시키고, 시퀀스의 진행에 따라 제어 체인의 출력 라인과 마스터 밸브를 접속한다. LV_1 리밋 밸브는 2그룹 내에서 A실린더가 복귀된 후 작동되어 B실린더를 전진시키는 신호이므로 2그룹 출력 신호를 받아 LV_1 밸브를 경유하여 B실린더 마스터

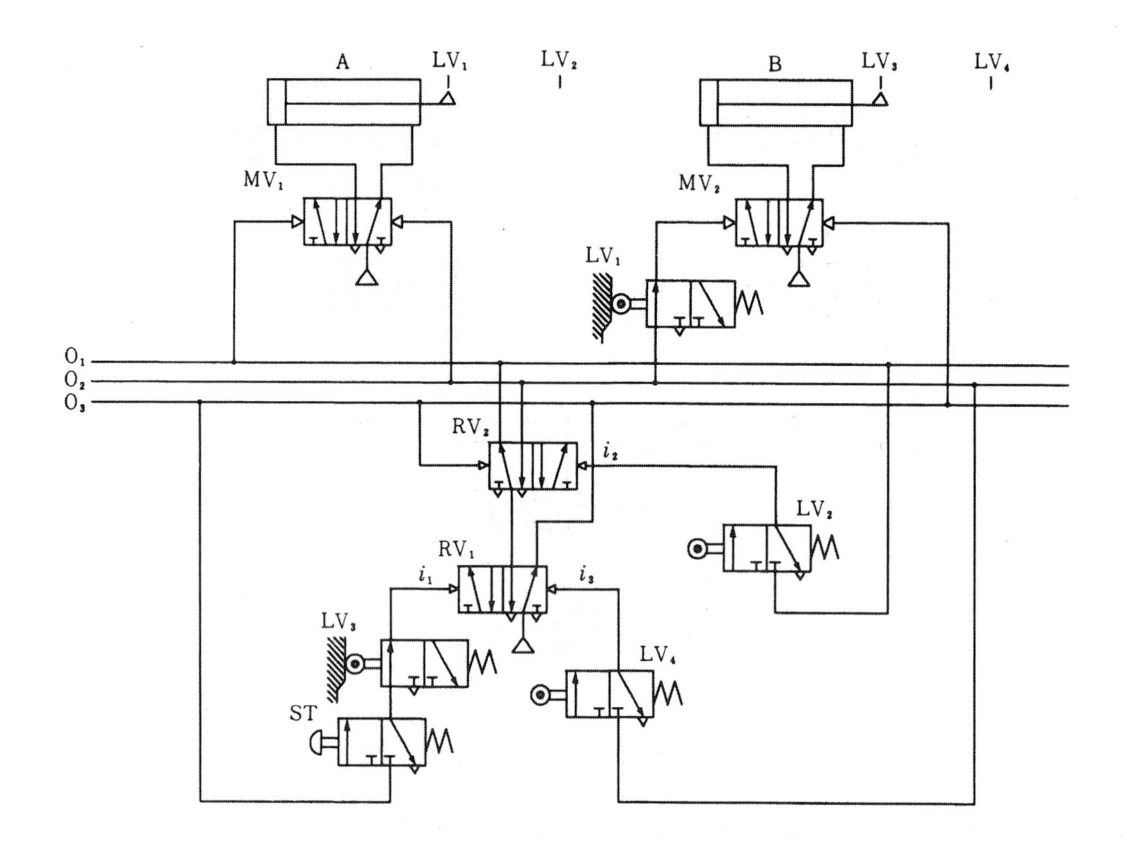

그림 6-56 캐스케이드 체인에 의한 A+A-B+B-의 회로

밸브의 셋트 신호에 접속하면 된다.

이상의 방법으로 완성한 회로가 그림 6-56이다.

(3) 3개 실린더의 A+B+A-C+C-B-의 회로

3개의 실린더로 구성된 자동기의 동작 순서가 A+B+A-C+C-B-의 순서로 작동되는 시퀀스를 캐스케이드 체인에 의해 설계한다.

먼저 그루핑을 실시하고 실린더의 동작 순서에 따라 작동되는 리밋 밸브를 표기하면 다음과 같다.

LV_2 LV_1 LV_5

A+ B+ / A- C+ / C- B-

ST LV_4 LV_6 LV_3

따라서 각 그룹을 변환시키는 제어체인의 입력 신호는 다음과 같다.

입력 i_1 = ST AND LV_3

입력 i_2 = LV_4

입력 i_3 = LV_6

결정된 입력 신호를 제어 체인의 입력 라인에 접속한 후 전 단계 신호와 인터록 시킨다. 즉, 스타트 밸브인 ST와 마지막 스텝 완료 신호인 LV_3를 직렬로 연결하고 제어체인의 입력신호 1에 연결한다. 이 때 에너지는 1그룹의 전 단계인 3그룹의 라인에서 받는다.

그리고 2그룹 신호를 만드는 LV_4는 2그룹의 전 단계인 1그룹 라인에서 신호를 받아 2그룹에 접속하고, 입력신호 3인 LV_6도 마찬가지로 3그룹의 전 단계인 2그룹에서 신호를 받아 3그룹에 접속한다.

제어 체인을 완성키고 시퀀스의 진행에 따라 제어 체인의 출력 라인과 마스터 밸브를 접속한다. 먼저 A+는 1그룹의 첫 스텝이므로 출력 1번 라인에서 직접 A+에 해당하는 마스터 밸브에 접속하고, B+는 1그룹에 2번째 스텝이므로 출력 신호는 1그룹에서 받고 1그룹의 첫 스텝이 완료되었다는 신호 LV_2를 경유하여 B+에 해당하는 마스터 밸브에 접속한다.

즉, 각 그룹의 첫 스텝은 그룹에 해당하는 출력 라인에서 직접 마스터 밸브에 접속하고, 각 그룹의 2번째 스텝 이후는 해당 그룹에 속하는 출력 라인에서 신호를 받아 전 스텝이 완료되었을 때 작동하는 리밋 신호를 경유하여 마스터 밸브에 접속하는 것이다.

이상의 방법으로 완성한 회로가 그림 6-57이다.

그림 6-57의 회로는 시동 신호용 ST 밸브를 한번 눌렀다 떼면 세 개의 실린더가 A+B+A-C+C-B-의 순서로 작동되고 초기 위치에서 정지하고, ST 밸브를 계속 누르고 있으면 계속적으로 운전을 반복하는 회로이다.

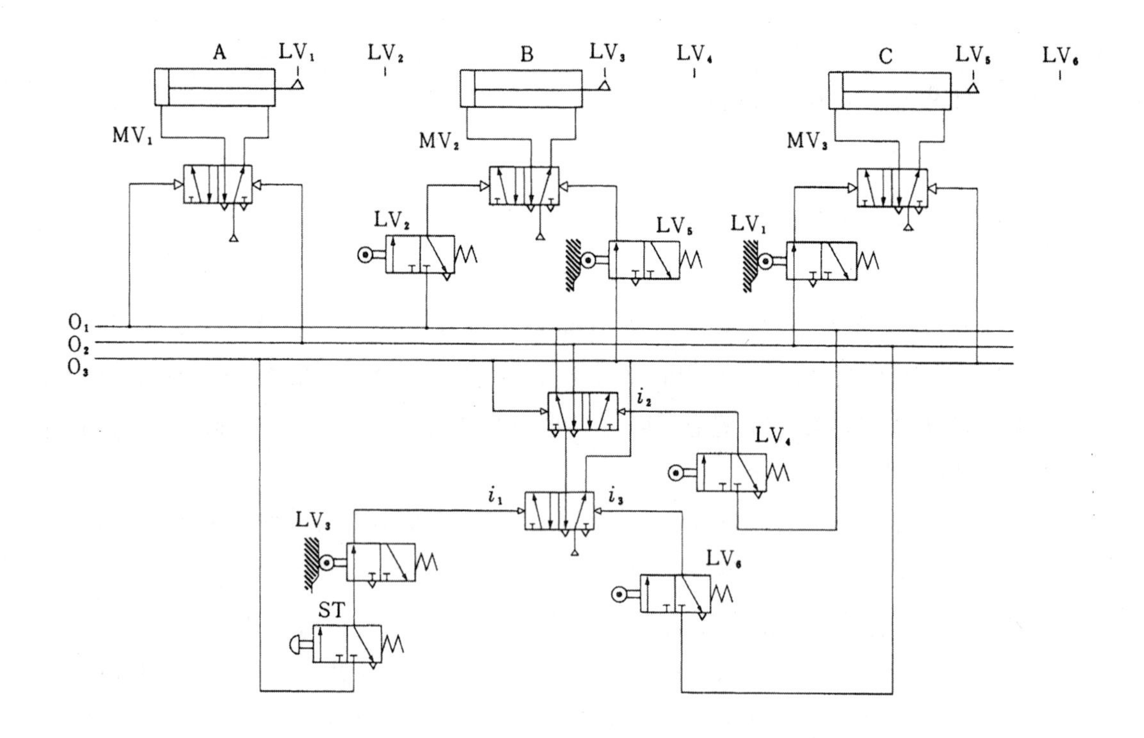

그림 6-57 A+B+A-C+C-B-의 회로

(4) 단속 및 연속 사이클 기능이 부가된 A+B+A-B-의 회로

두 개의 복동 실린더가 A+B+A-B-의 순서로 동작되고 부가 조건으로 단속 사이클 기능과 연속 사이클 운전 기능이 부가된 회로가 그림 6-58이다.

단속 사이클(single cycle)이란 시동 신호가 주어지면 제어 시스템이 1사이클 동작 후 초기 위치에서 정지하는 사이클로 단동 사이클이라고도 한다.

또한 연속 사이클(continuous cycle)이란 정지 신호나 비상 정지 신호가 입력될 때까지 연속적으로 반복 운전하는 사이클을 말하는 것으로 이와 같은 작업 조건은 자동화 기계에서 기본적으로 요구되는 제어 조건들이다.

동작 순서 A+B+A-B-의 시퀀스는 그루핑 결과 다음과 같이 2그룹으로 분리되고 또한 각 그룹을 변환시키는 제어 체인의 입력 신호는 다음과 같다.

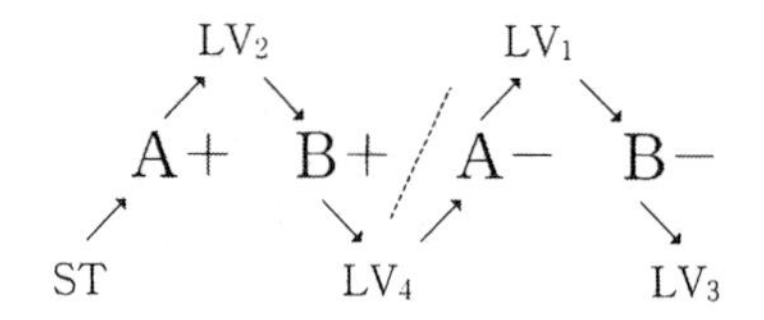

입력 i_1 = ST AND LV_3

입력 i_2 = LV_4

그림 6-58 회로의 동작 원리는 다음과 같다.

수동 조작 밸브 ST는 단동 사이클 운전 겸 시동 신호 밸브로 ST 밸브를 누르면 압축 공기는 셔틀 밸브와 LV_3 밸브를 통과하여 RV 밸브의 i_1에 신호가 가해져 압축 공기는 출력 라인 O_1에 존재한다. 따라서 O_1에서 신호를 직접 받는 MV_1이 셋트되어 A실린더가 첫번째로 전진하고, A실린더가 전진 완료되어 LV_2 밸브가 ON되면 O_1의 압축 공기 신호가 LV_2를 경유하여 MV_2를 셋트시키므로 두번째 단계로 B실린더가 전진한다.

B실린더가 전진 완료되어 LV_4가 ON되면 LV_4를 통과한 공기가 RV 밸브의 i_2에 가해지므로 압축공기는 O_2라인에 존재하고 O_1의 신호는 RV 밸브의 배기구를 통해 배기된다. 따라서 O_2라인에서 신호를 직접 받는 MV_1 밸브가 리셋되고 그 결

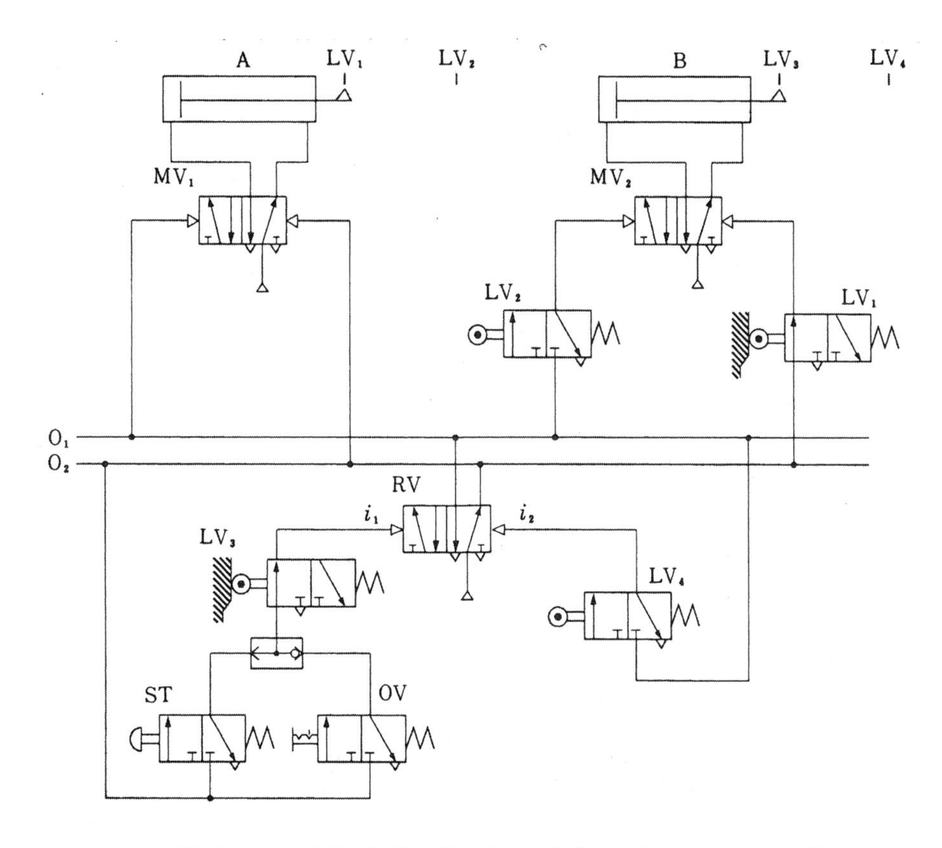

그림 6-58 연속 운전 기능이 부가된 A+B+A−B−의 회로

과 세번째 단계로 A실린더가 후진된다. A실린더가 후진 완료되어 LV_1 밸브가 ON 되면 O_2의 공기가 LV_1을 경유하여 MV_2를 리셋시키므로 마지막 단계로 B실린더가 후진된다. B실린더가 후진 완료되어 LV_3가 ON되면 모든 기기는 초기 상태로 되어 정지함으로써 1사이클 운전이 종료되는 것이다.

한편 연속 사이클 운전을 위해서는 연속 사이클 운전 신호인 OV 밸브를 ON시키면 상기와 같은 동작을 계속적으로 반복하게 되고 OV 밸브를 OFF시키면 운전 중인 사이클을 종료하고 초기 위치에서 정지하게 된다.

(5) 비상 정지 기능이 부가된 A+B+C+A-B-C-의 회로

3개의 실린더가 시동 신호를 주면 차례대로 전진하고 C실린더가 전진 완료되면 다시 전진한 순서대로 차례로 복귀되어 1사이클이 종료되는 순서의 회로를 설계하고 이 회로에 부가 조건으로 어느 위치에서도 비상 정지 버튼을 누르면 모든 기기가 초기 상태로 즉시 복귀되는 기능의 회로가 그림 6-59이다.

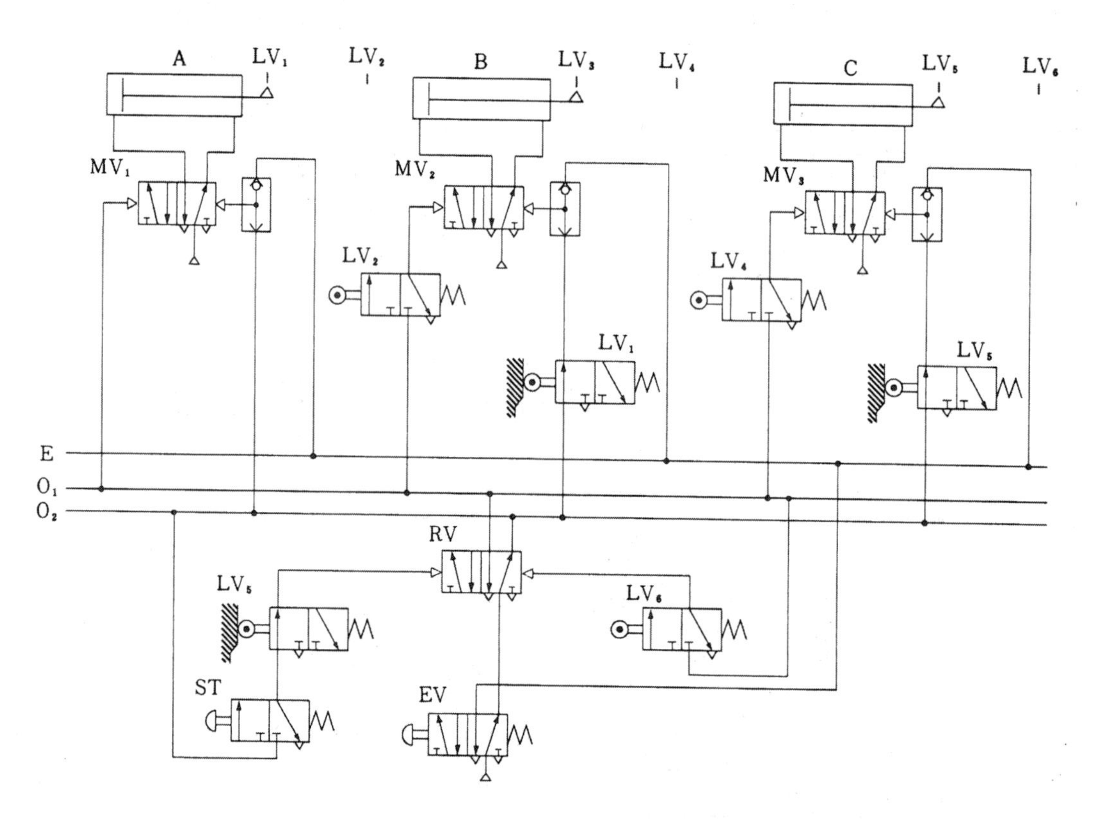

그림 6-59 비상 정지 기능이 부가된 A+B+C+A-B-C-의 회로

즉, 시동 신호인 ST 밸브를 누를 때마다 캐스케이드 체인에 의해 A+B+C+A−B−C−의 순서로 동작되며 동작중에 비상 정지 신호인 EV 밸브를 누르면 모든 실린더 및 제어 밸브는 초기 위치로 복귀되어 정지하게 된다.

제 7 장 전기-공압 제어

7.1 전기-공압 회로의 기초

7.1.1 전기-공압 제어의 개요

공압 기술의 목적은 공압 실린더 등의 액추에이터를 목적에 맞게 작동시키는 기술로서 제어 방법에 따라 크게 두 가지로 나뉘어진다.

그 하나는 전기를 사용하지 않고 전부 공압을 사용하여 액추에이터를 제어하는 방법으로서 제 6장에서 설명한 소위 전공압(全空壓) 시스템이라 말하는 방식이고, 또 한가지 방법은 전자 밸브를 사용하여 액추에이터를 작동시키는 방법으로 액추에이터와 전자 밸브를 제외하고는 모두 전기 기기에 의한 제어 방법으로서 그림 7-1과 같은 시스템을 말한다.

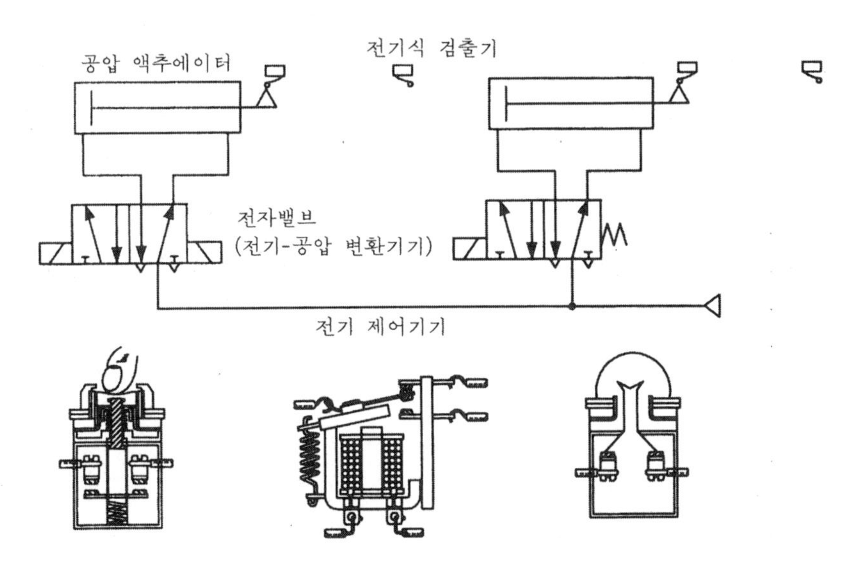

그림 7-1 전기-공압 시스템의 구성도

이 전기 제어 방식은 응답이 빠르고 소형이면서, 확실한 동작이 이루어진다는 점이 전공압 시스템보다 장점이며 또한 가는 전선으로 멀리 떨어진 위치에서도 원격조작이 간단하다는 이점이 있다. 그러므로 작업장 환경이 특별한 경우를 제외하고는 전자 밸브를 사용한 전기-공압 제어방식을 채용하고 있다.

전자 밸브의 제어는 내장되어 있는 솔레노이드의 여자(ON) 또는 소자(OFF)에 따라 이루어지는 것으로 그를 위해 전기 회로가 필요하다.

7.1.2 접점이란

실린더의 운동 방향이나 순서를 제어하려면 전자 밸브의 솔레노이드를 ON시키거나 OFF시켜야 되고, 이 솔레노이드를 원하는 대로 ON · OFF시키려면 전류를 통전시키거나 단전시킬 필요가 있으며, 전기회로에서 그 역할을 하는 것을 접점(接點 ; contact)이라 한다.

요컨대, 전기 제어라는 것은 회로에 있는 접점을 어떻게 하면 목적에 맞게 순서대로 ON, OFF시키느냐는 기술이다. 접점에는 a접점과 b접점의 두 종류가 있으며 이 두 접점을 적절히 이용하는 것이 곧 전기 제어 기술의 핵심이다.

(1) a접점

a접점은 그림 7-2의 (a)와 같이 조작력이 가해지지 않은 상태 즉, 초기 상태에서 고정 접점과 가동 접점이 떨어져 있는 접점을 말하며, 조작력이 가해지면 (b)그림과 같이 고정 접점과 가동 접점이 접촉되어 전류를 통전시키는 기능을 한다.

① 초기 상태 열려 있는 접점이다.

② 작동하는 접점이므로 일명 메이크(make) 접점이라고도 한다.

③ 열려 있는 접점(normally open contact)이라 해서 NO 접점이라 표시한다.

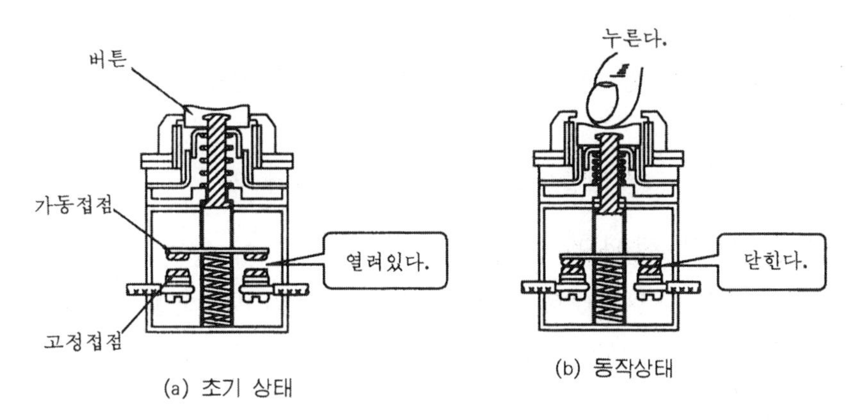

그림 7－2 a접점

(2) b접점

그림 7－3의 (a)그림은 초기 상태에서 가동 접점과 고정 접점이 닫혀있는 것으로 외부로부터의 힘 즉, 조작력이 작용하면 (b)그림과 같이 가동 접점과 고정 접점이 떨어지는 접점을 b접점이라 한다.

① 초기 상태 닫혀 있는 접점이다.

② 끊어지는 접점이므로 브레이크((break) 접점이라고도 한다.

③ 닫혀 있는 접점(normally closed contact)이라 해서 NC 접점이라 표시한다.

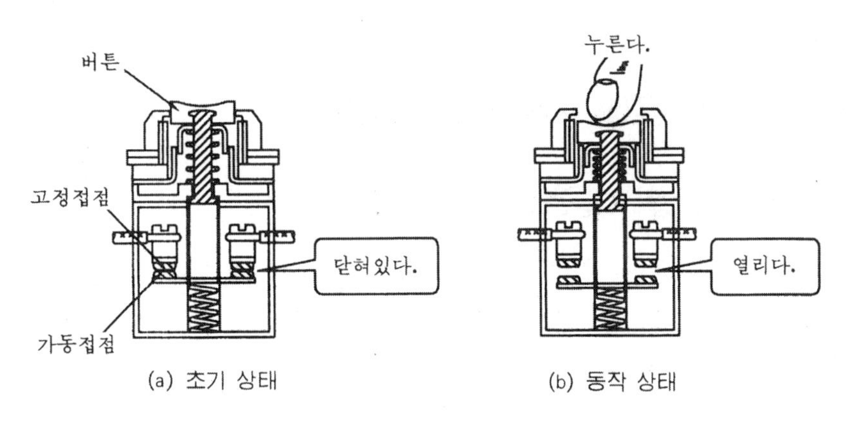

그림 7－3 b접점

(3) 접점의 분류

접점에는 접점의 동작 상태 및 조작력의 종류에 따라 다음과 같이 분류된다.

A. 자동 복귀 접점

누름 버튼 스위치의 접점과 같이 누르고 있는 동안은 ON 또는 OFF되지만, 조작력을 제거하면 스프링 등의 복귀 기구에 의해 원 상태로 자동적으로 복귀하는 접점을 말한다.

대표적인 것으로 누름 버튼(push button) 스위치가 있다.

B. 수동 복귀 접점과 잔류 접점

한 번 변환시킨 후 원상태로 복귀시키려면 외력을 가해야만 복귀되는 접점으로 대표적인 예가 가정의 점등 스위치이다.

C. 수동 조작 접점과 자동 조작 접점

접점을 ON시키거나 OFF시키는 것을 조작이라 하고, 누름 버튼 스위치나 셀렉터 스위치와 같이 손으로 조작하는 방식을 수동 조작 접점이라 한다. 그리고 전자 릴레이나 전자 접촉기의 접점과 같이 전기 신호에 의해 자유로이 개폐되는 접점을 자동 조작 접점이라 한다.

D. 기계적 접점

이 접점은 수동 조작 접점이나 자동 조작 접점과는 달리 기계적 운동 부분과 접촉하여 조작되는 접점을 말하며, 대표적인 예가 리밋 스위치나 마이크로 스위치의 접점이 있다.

7.1.3 전기 회로에 사용되는 기기

(1) 전기 회로에 사용되는 기기의 종류

전기 회로에 사용되는 각종 전기 기기를 분류하면 표 7-1과 같다.

전기 회로를 작성하려면 먼저 이들 기기가 어떤 기능을 가지고 어떠한 용도로 사용되는지를 이해하여야 한다.

표 7-1 전기 회로에 사용되는 기기

분 류	종 류
조작 스위치	누름 버튼 스위치, 셀렉터 스위치, 로터리 스위치, 푸트 스위치, 나이프 스위치 등
검출 스위치	리밋 스위치, 마이크로 스위치, 근접 스위치, 광전 스위치 등
제어 기기류	제어용 릴레이, 타임 릴레이, 전자 접촉기, 전자 개폐기, 열동 계전기, 전자 카운터 등
작동 기기	전자 밸브, 솔레노이드, 전자 클러치, 전자 브레이크 등
표시 경보 기기	파일럿 램프, 벨, 부저 등
기타	변압기, 정류기, 저항기 등

(2) 조작 스위치

A. 누름 버튼 스위치

누름 버튼 스위치는 명령 입력용 조작 스위치 중 가장 많이 사용되고 있는 스위치로서 기능, 모양, 크기에 따라 많은 종류가 있다.

누름 버튼 스위치의 동작 원리는 그림 7-4에 나타낸 바와 같이 조작부를 손으로 누르면 접점 상태가 변하는 것으로, 조작력을 제거하면 내장된 스프링으로 자동적으로 초기 상태로 복귀하는 스위치로서 수동 조작 자동 복귀형 스위치라고도 한다.

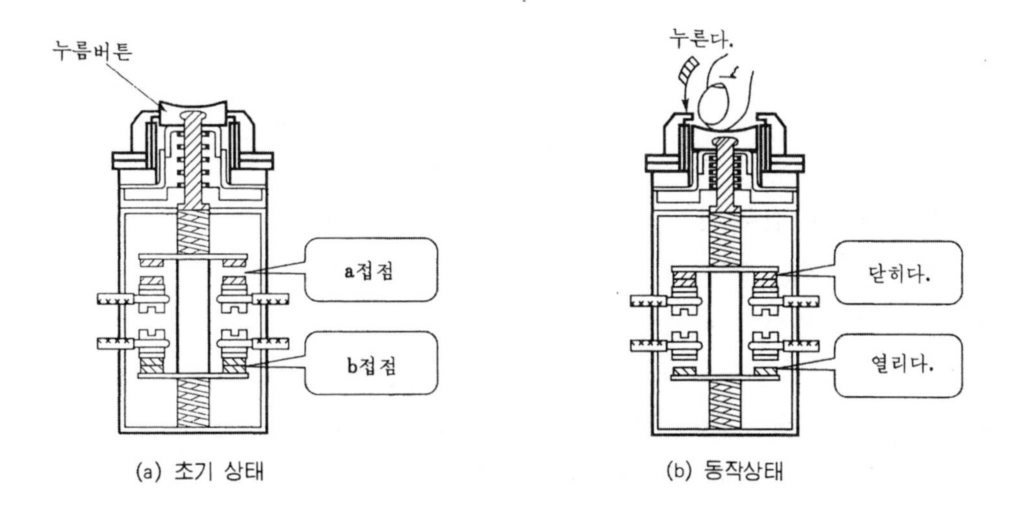

(a) 초기 상태 (b) 동작상태

그림 7-4 누름 버튼 스위치의 구조 원리

접점의 형태는 a접점과 b접점이 항상 공유하게 되며, 한 개의 누름 버튼에는 접점의 형식에 따라 1a 1b 접점에서부터 4a 4b 접점까지 표준으로 제작 판매되고 있으며, 기능별로는 기본형 외에 동작 표시 램프 내장형, 한시(限時) 동작형, 등이 있고, 버튼 모양에 따라서도 원형, 각형, 장방형, 버섯형 등이 있다. 또한 버튼 색상은 그 스위치의 기능을 나타내는 것으로 녹색, 적색, 황색, 청색, 백색 등이 사용되고 있다.

표 7-2 버튼 색상에 따른 기능의 분류

색상	기 능	적 용 예
녹색	시동	시스템의 시동, 전동기의 시동
적색	정지	시스템의 정지, 전동기의 정지
	비상 정지	모든 시스템의 정지
황색	리셋	시스템의 리셋
백색	상기 색상에서 규정되지 않은 이외의 동작	

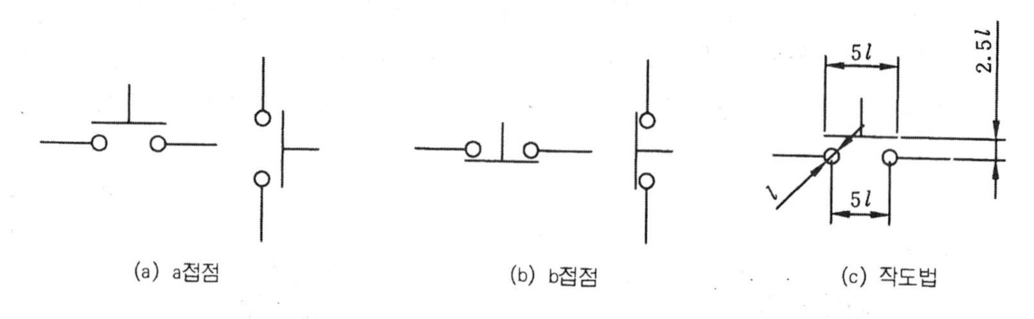

그림 7-5 누름 버튼 스위치의 접점 기호와 작도법

B. 유지형 스위치

유지형 스위치는 일명 잔류 접점 스위치로 조작을 가하면 반대 조작이 있을 때까지 조작했을 때의 접점 상태를 유지하는 스위치로, 시퀀스에서 자동⇔수동, 연동⇔단동 등과 같이 조작방법의 절환에 주로 사용되며, 또한 간단한 회로에서는 직접운전⇔정지와 같은 프로그램 제어용으로도 사용된다.

유지형 스위치의 종류로는 셀렉터 스위치, 토글 스위치, 로터리 스위치 등이 있다.

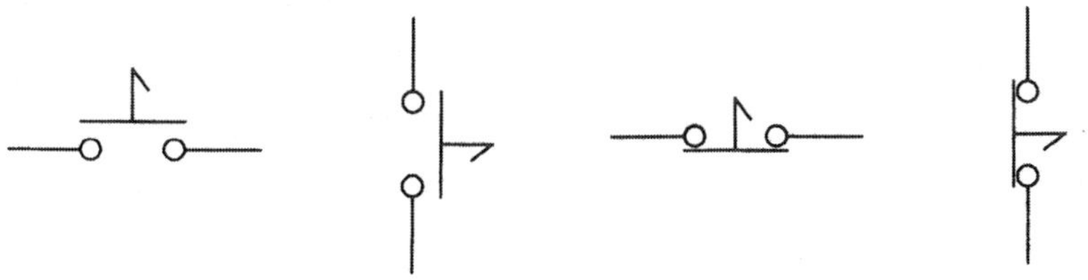

(a) a접점 (b) b접점

그림 7-6 유지형 스위치의 접점 기호

(3) 검출 스위치

검출 기기는 제어 장치에서 사람의 눈과 귀 역할을 하는 부분으로서 제어대상의 상태인 위치, 레벨, 온도, 압력, 힘, 속도 등을 검출하여 제어 시스템에 정보를 전달하는 중요한 기기로서 센서(sensor)라고 한다

검출용 스위치는 크게 나누어 검출 물체와 접촉하여 검출하는 접촉식 센서와, 접촉하지 않고 검출하는 비접촉식으로 분류되며, 접촉식 스위치의 대표적인 것에는 리밋 스위치와 마이크로 스위치가 있고, 비접촉식에는 근접 스위치 광전 스위치, 초음파 스위치 등이 있다.

사진 7-1 리밋 스위치와 마이크로 스위치

A. 마이크로 스위치와 리밋 스위치

마이크로 스위치와 리밋 스위치는 접촉식 센서의 대표적인 기기로서 이 두 가지가 서로 다른 점은 구조와 용도면에 약간의 차이가 있다.

마이크로 스위치는 비교적 소형으로 성형품 케이스에 접점 기구를 내장하고 밀봉되지 않은 구조로서 주로 계측 장치나 소형 기계 장치의 검출기용으로 사용한다.

리밋 스위치는 견고한 다이캐스트 케이스에 마이크로 스위치를 내장한 것으로 밀봉되어 내수(耐水), 내유(耐油), 방진(防塵) 구조이기 때문에 내구성이 요구되는 장소나 외력으로부터 기계적 보호가 필요한 생산 설비와 공장 자동화 설비 등에 사용된다. 따라서 리밋 스위치를 봉입형(封入形) 마이크로 스위치라 한다.

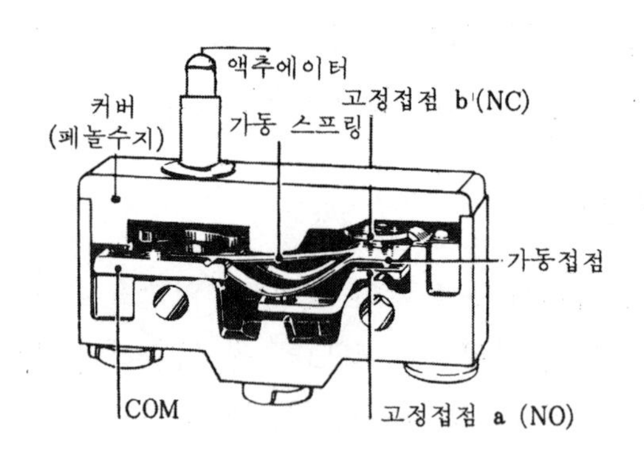

그림 7-7 마이크로 스위치의 내부 구조

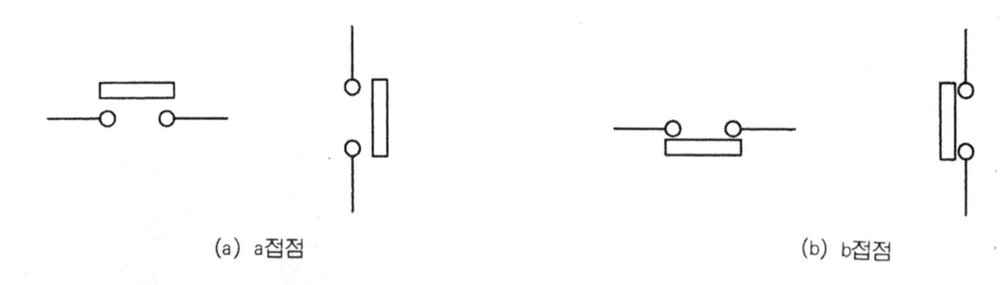

그림 7-8 마이크로 스위치의 접점 기호

B. 근접 스위치

비접촉식 검출 스위치는 물리 현상의 변화를 통해 비접촉으로 검출 대상의 상태를 검출하는 것으로 사용하는 물리 현상에 따라 여러 가지 검출 스위치가 있다.

근접 스위치에서 이용하는 물리 현상에는 검출 코일의 인덕턴스 변화를 이용하는 고주파 발진형의 근접 스위치와, 커피시턴스의 변화를 이용하는 정전용량형 근접 스위치가 있다. 즉 고주파 발진형 근접 스위치는 검출면 내부에 발진용 검출 코일이 있으며, 이 코일 가까이에 금속체가 존재하거나 접근하면 전자 유도 작용으로 인해 금속체 내에 유도 전류가 흘러 검출 코일의 인덕턴스 변화가 발생되는 것을 검출하여 출력 신호를 발생시키는 형식으로 검출 대상은 금속에 한한다.

정전 용량형 근접 스위치는 검출부에 유도 전극을 가지고 있어 이 전극과 대지 간에 물체가 존재하거나 접근하면, 유도 전극과 대지 간의 정전 용량이 크게 변하므로 그 변화량을 검출하여 출력 신호를 발생시키는 형태의 근접 스위치이다. 따라서 정전 용량형 근접 스위치는 금속체를 포함하여 나무, 종이, 플라스틱, 물 등 거의 모든 물체의 검출이 가능하다.

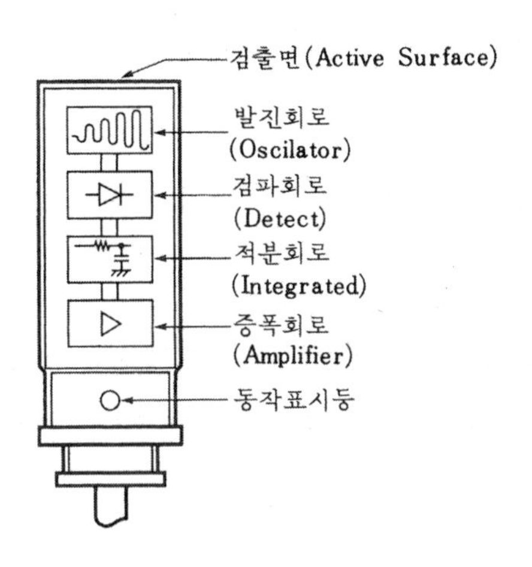

그림 7-9 근접 스위치의 구조도

이와 같은 근접 스위치는 내부 부품들이 주형 수지로 고정되어 몰드 케이스화 되어 있기 때문에 환경이 나쁜 장소에서도 사용이 가능하고, 내진동, 내충격성이 우수하다. 또한 내부 부품이 반도체 소자로 구성되어 가동 부분이 없고 수명이 길며, 보수가 불필요하다는 장점이 있다. 그러나 검출 거리는 비교적 작다.

C. 광전 스위치

사진 7-2 광전 스위치

광전 스위치는 투광기의 광원으로부터의 광을 수광기에서 받아 검출체의 접근에 따라 광의 변화를 검출하여 스위칭 동작을 얻어내는 센서로서, 빛을 투과시키는 물체를 제외하고는 모든 물체의 검출이 가능하다. 또한 검출 거리도 몇 mm에서부터 수십 m에 이르는 것까지 근접 스위치에 비해 현저히 길고 검출 기능도 물체의 유무나 통과 여부 등의 간단한 검출에서부터 물체의 대소 판별, 형체 판단, 색채 판단 등 고도의 검출을 할 수 있으므로 자동 제어, 계측, 품질 관리 등 모든 산업 분야에 활용되고 있다.

광전 스위치는 검출 형태에 따라 투과형, 미러 반사형, 직접 반사형 광전 스위치로 분류된다.

(4) 제어 기기

A. 전자(電磁) 계전기

전자 계전기는 전자력에 의해 접점을 개폐하는 기능을 가진 장치의 총칭으로 신호 처리용 기기로서 가장 많이 사용되고 있으며, 일반적으로는 릴레이(relay)라 부르며 다양한 종류가 있다.

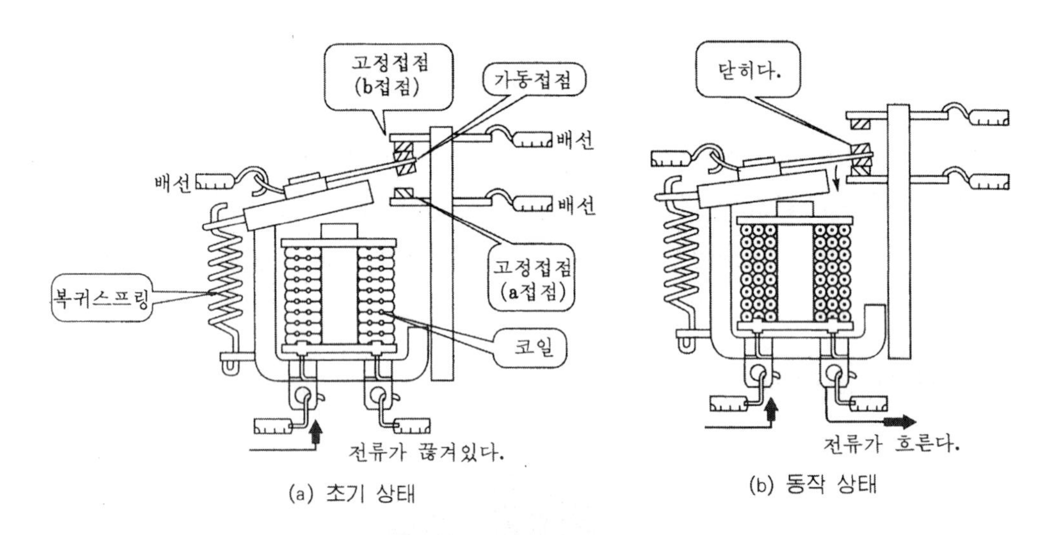

(a) 초기 상태 (b) 동작 상태

그림 7-10 릴레이의 구조와 동작 원리

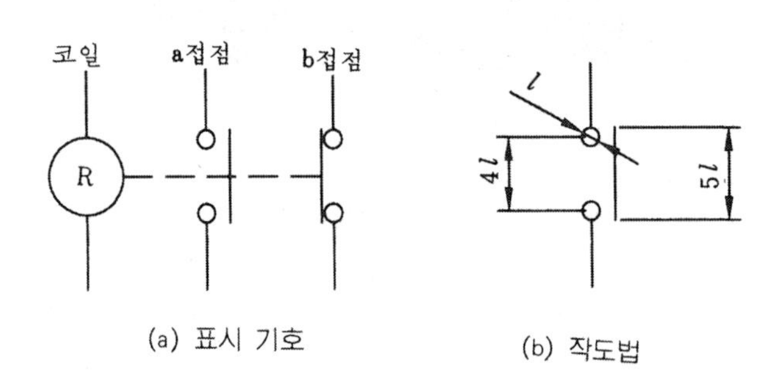

(a) 표시 기호 (b) 작도법

그림 7-11 릴레이의 코일과 접점 기호

릴레이의 기본 구조는 그림 7-10의 (a)에 나타낸 바와 같이 솔레노이드 코일, 복귀 스프링, 접점부로 구성되어 있으며, 접점부에는 고정 접점 a접점과 고정 접점 b접점이 있으며 이 사이를 가동접점(c접점이라고도 함)이 움직여 회로를 변환시킨다.

릴레이의 동작 원리는 먼저 (a)그림과 같이 초기상태에서는 가동 접점인 c접점은 고정접점 b접점과 연결되어 있고, 코일에 전류를 인가하면 (b)그림과 같이 철심이 전자석이 되어 가동 접점이 붙어있는 가동 철편을 끌어당기게 된다. 따라서 가동 철편 선단부의 가동 접점이 이동하여 고정 접점 a점접에 붙게되고 고정 접점 b접점은 끊어지게 된다. 그리고 코일에 인가했던 전류를 차단하면 전자력이 소멸되어 가동 철편은 복귀 스프링에 의해 원상태로 복귀되므로 가동 접점은 b접점과 접촉한다. 즉 전자 릴레이는 코일에 인가되는 전류의 ON, OFF에 따라 가동 접점이 a접점과 또는 b접점과 접촉하여 회로에서의 전기 신호를 연결시켜주거나 차단시키는 역할을 하며, 회로도로 그 기능을 나타내면 다음과 같다.

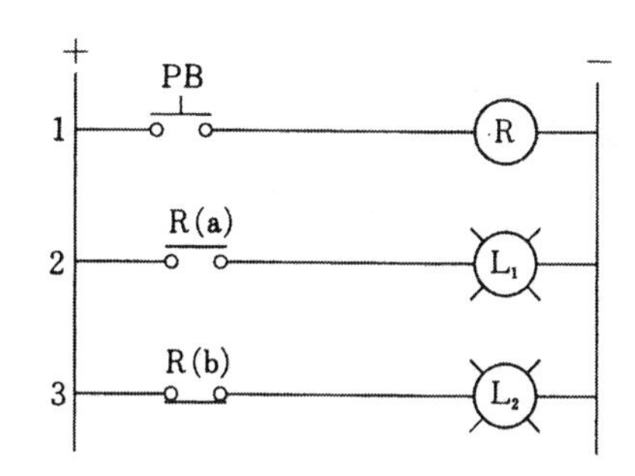

그림 7-12 릴레이의 기본 동작

그림 7-12의 회로도는 릴레이의 a접점과 b점접에 의해 램프를 각각 ON, OFF 시키는 회로도로 동작 원리는 다음과 같다.

① 초기 상태에서 2열의 L_1은 릴레이의 a접점이므로 소등되어 있고, b접점으로 연결된 3열의 L_2는 점등되어 있다.
② 누름 버튼 스위치 PB를 누르면 릴레이 코일 R이 동작(여자)한다.
  +전원 ⇒ PB ON ⇒ R(여자) ⇒ −전원
③ ②의 동작에 의해 2열의 a접점이 닫히므로 램프 L_1이 점등한다.
  +전원 ⇒ R(a)접점 ON ⇒ L_1 점등 ⇒ −전원

④ ②의 동작에 의해 3열의 b접점이 열리므로 램프 L_2가 소등된다.

+전원 ⇒ R(b)접점 OFF ⇒ L_2 소등 ⇒ −전원

⑤ PB 스위치에서 손을 떼면 릴레이가 복귀됨에 따라 접점도 초기 상태로 복귀되어 ①의 상태로 된다.

릴레이는 이와 같이 회로의 접속, 차단 등의 전기적 신호를 전달하는 전달기능 외에도 여러 가지 풍부한 기능이 있어 시퀀스 제어용은 물론 통신 기기에서 가정용 전기 기기에 이르기까지 폭넓게 이용되고 있다.

릴레이의 대표적 기능을 열거하면 다음과 같다.

① 분기 기능 : 릴레이 코일 1개의 입력 신호에 대해 출력 접점 수를 많이 하면 신호가 분기되어 동시에 몇 개의 기기를 제어할 수 있다.

② 증폭 기능 : 릴레이 코일의 소비 전력을 입력으로 할 때, 출력인 접점에는 입력의 몇 십배에 해당하는 전류를 인가할 수 있다.

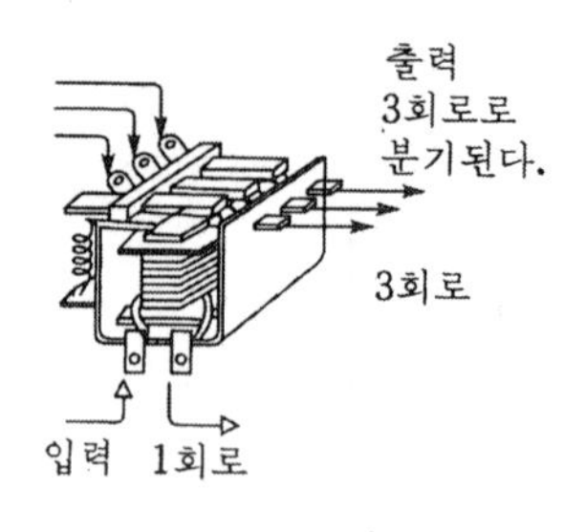

그림 7-13 분기 기능

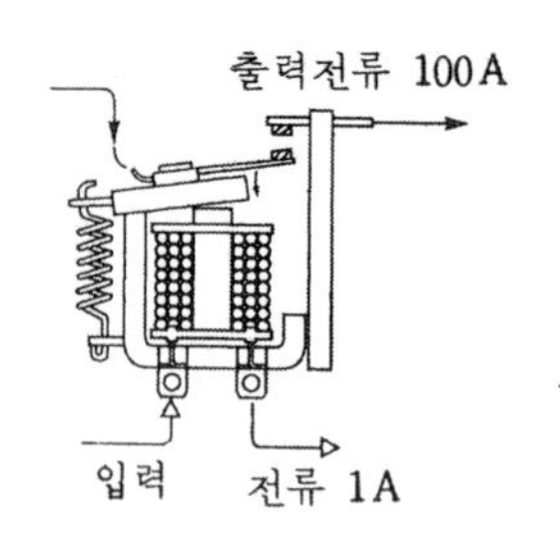

그림 7-14 증폭 기능

③ 변환 기능 : 릴레이의 코일부와 접점부는 전기적으로 분리되어 있기 때문에 각각 다른 성질의 신호를 취급할 수 있다.

예) 코일 전원 DC 24V − 접점 전원 AC 220V

④ 메모리 기능 : 릴레이 자신의 접점에 의해 입력 상태의 유지가 가능하여 동작 신호를 기억할 수 있다.

⑤ 기타 연산 기능, 조정, 검출, 경보 기능 등이 있다.

릴레이를 사용하기 위해서 선정할 때는 특성을 살리고 충분한 성능을 얻기 위해서는 다음 항목을 검토하여야 한다.

• 코일의 정격 전압 및 소비 전류　　• 접점의 수

- 접점 용량
- 수명
- 접촉 신뢰성
- 전원의 종류
- 동작 시간 및 복귀 시간
- 설치 방법 등

① 정격 전압 : 코일에 인가하는 조작 입력의 기준이 되는 전압. DC12, 24V, AC110V, 220V 등이 대표적 동작 전압이다.
② 접점 수 : 릴레이가 가지고 있는 접점의 수를 말하며, 4c접점형, 2a2b접점형 등으로 표시한다.
③ 접점 용량 : 접점의 성능을 나타내는 기준이 되는 값으로 접점 전압과 접점 전류의 조합으로 나타낸다. 1A, 5A, 10A 등으로 나타낸다.
④ 동작시간 : 릴레이의 응답성을 나타내는 기준값으로 입력에 대한 출력의 지연시간을 말한다. 10ms, 15ms 등으로 나타낸다.

B. 한시(限時) 계전기

한시 계전기는 통상 타임 릴레이(time relay) 또는 타이머(timer)라고 부르는 경우가 많고, 출력 지연 시간을 미리 설정하면 입력 신호가 주어지면 곧바로 출력이 나오지 않고 설정된 시간 후에 내장된 접점을 ON, OFF시켜 출력을 내는 시퀀스 제어 기기로서 타임 제어의 주된 신호 처리 기기이다.

표 7-3은 여러 가지 타이머의 종류와 그 특징을 나타냈다.

표 7-3 타이머의 종류와 특성

분 류	전자식 타이머	모터식 타이머	계수식 타이머	공기식 타이머
조작 전압	AC110, 220V DC12, 24, 48V 등	AC 110V 220V	AC 110V 220V	AC110, 220V DC12, 24, 48V 등
설정 시간	0.05초 ~ 180초	1초 ~ 24시간	5초 ~ 999.9초	1초 ~ 180초
시한 특성	ON, OFF	ON	ON	ON, OFF
설정 시간 오차	±1% ~ 3%	±1% ~ 2%	±0.002초	±1% ~ 3%
수명	길다.	보통	길다.	짧다.
특징	• 고빈도, 단시간 설정에 적합 • 소형	• 장시간 사용에 적합 • 온도차에 따른 오차가 없다	• 고정도용 • 동작의 감시 가능	• 정밀하지 않은 단시간의 타이밍용

전자식 타이머는 콘덴서 C와 저항 R의 회로에서의 충전 또는 방전에 소요되는

시간을 이용한 것으로 CR식 타이머라고도 한다. 즉 전류를 인가하면 가변 저항에 의해 전류가 제한되고 이 전류는 콘덴서에 충전되는데, 시간이 경과되어 콘덴서의 전위가 일정 레벨까지 도달되면 출력 신호를 내어 내장된 릴레이를 ON시켜 접점을 동작시키는 원리이다.

또한 모터식 타이머는 그 구조도를 그림 7－15에 나타낸 바와 같이 전원 주파수에 동기되어 회전하는 모터가 감속기와 결합되어 시간을 만들어내는 원리로, 타이머에 전원을 인가하면 전자석의 흡인 동작에 의해 클러치가 결합되어 클러치 다음 단의 캠이 회전하면서 접점을 동작시키는 구조로서 주로 장시간 설정용에 사용된다.

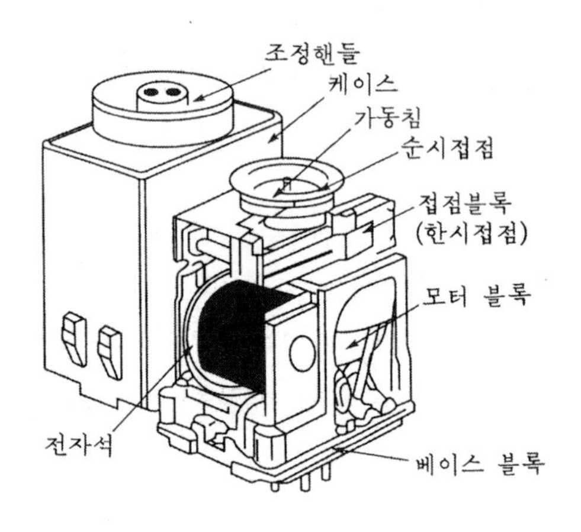

그림 7－15 모터식 타이머의 구조

계수식 타이머는 입력 전원의 주파수를 반도체의 계수 회로에 의해 계수하여 0.1초, 1초, 10초, 100초의 각 단에서 주파수를 체감하여 시간을 얻어내고 외부 스위치에 설정된 값과 계수값이 일치하면 출력을 내는 원리로서 디지털 타이머라고도 한다.

타이머 접점에는 일반적으로 릴레이와 같이 입력 전원이 투입되면 곧바로 동작하는 순시 접점과 설정 시간이 도달되면 동작하는 한시 접점 등 여러 가지 접점이 있는데 표 7－4에 그 내용을 나타냈다.

표 7－4 타이머 접점의 종류

접점 기호	명 칭	동 작
	코일	
	ON 딜레이 a접점	
	ON 딜레이 b접점	
	OFF 딜레이 a접점	
	OFF 딜레이 b접점	
	순시 a접점	
	순시 b접점	

C. 카운터

사진 7－3 카운터

카운터(counter)는 입력 신호의 수를 계수하는 기기로서 각종 기계에서의 동작 횟수나 생산 수량 등의 통계를 위한 계수기로서 사용된다.

카운터는 구조 원리, 기능, 계수 방법에 따라 여러 가지의 종류가 있다.

① 구조 원리에 따라 : 마이컴 회로에 의한 전자(電子) 카운터와 전자석의 흡인기를 이용한 전자(電磁) 카운터, 물리적인 힘을 가해서 구동하는 회전식 카운터 등이 있다.

② 기능에 따라 : 주로 계수치만을 표시하는 표시 전용의 토털(total) 카운터와, 계수치의 표시는 물론 설정치에 도달되면 출력을 내는 프리셋(preset) 카운터, 1개의 입력 신호로 n개의 수를 증가시키거나 n개의 입력 신호로 1개의 수를 계수하는 등의 메저(measure) 카운터 등이 있다.

③ 계수 방식에 따라 : 입력 신호가 입력될 때마다 수를 증가시키는 가산식과 반대로 감소시키는 감산식, 그리고 이 두 가지 기능의 가감산식이 있다.

7.1.4 시퀀스 기초 회로

(1) 시퀀스도의 종류

시퀀스 제어계를 도면화시키는 방법에는 실체(實體) 배선도와 선도(線圖)가 있다. 실체 배선도란 그림 7-16에 나타낸 바와 같이 기기의 접속, 배치를 중심으로 나타낸 그림으로 실제로 회로를 배선하는 경우에는 편리하나, 회로가 복잡해지면 표현이 어려울 뿐만 아니라 회로의 판독에도 어려움이 있다. 그러므로 시퀀스의 표현에는 주로 선도가 이용되며, 이 선도에는 구조도와 기능도, 특성도가 있다.

또한 구조도에는 전개(展開) 접속도, 배선도, 제어대상 구성도 등이 있으며, 기능도에는 논리도, 블록도가 있다. 그리고 타임 차트나 플로 차트를 특성도라 하며, 우리가 일반적으로 시퀀스도라 하는 것은 대부분 전개 접속도를 말한다. 또한 제어대상 구성도에는 기계 제어 장치에는 공·유압 회로도, 전력 제어 장치에는 전기 접속도, 플랜트 제어에는 계장도 등이 이용된다.

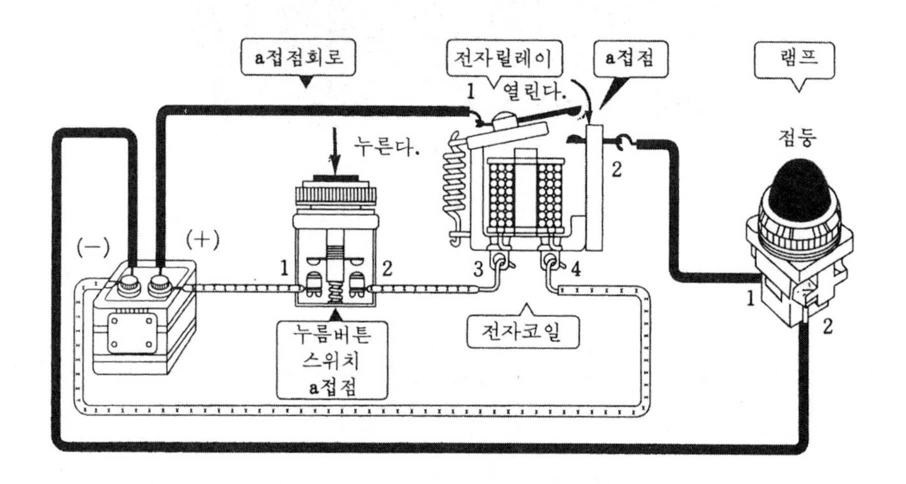

그림 7-16 실체 배선도의 일례

(2) 시퀀스도 작성 방법

시퀀스도는 그 일례를 그림 7－17에 나타낸 바와 같이 전기 기기의 기호나 부호를 사용하여 회로도로 나타내며, 몇 가지 약속을 지켜 작성해야만 언제 어디서나 누구나 쉽게 이해할 수 있다.

① 먼저 전원 모선을 수직 평행하게 2줄을 그리고(종서(縱書)일 때는 수평 평행하게 2줄 그리고) 그 사이에 전기 기기의 기호를 좌에서 우로(종서일 경우는 위에서 아래로) 그린다.

② 스위치나 검출기 및 접점 등은 회로의 좌측(종서일 경우는 위쪽)에 그리고, 릴레이 코일, 솔레노이드, 표시등 등은 우측(종서일 경우는 아래)에 그린다.

③ 회로의 전개 순서는 기계의 동작 순서에 따라 위에서 아래로(종서일 경우는 좌측에서 우측으로) 그린다.

④ 회로도의 기호는 동작 전의 상태 또는 조작하는 힘이 가해지지 않은 상태로 표시한다.

⑤ 모터 제어의 경우 전력 회로는 위쪽(종서일 경우는 좌측)에, 제어 회로는 아래쪽(종서일 경우는 우측)에 그린다.

⑥ 회로도를 쉽게 읽고 보수 점검을 용이하게 하기 위해서는 선 번호 및 릴레이 접점 번호 등을 표시하기도 한다.

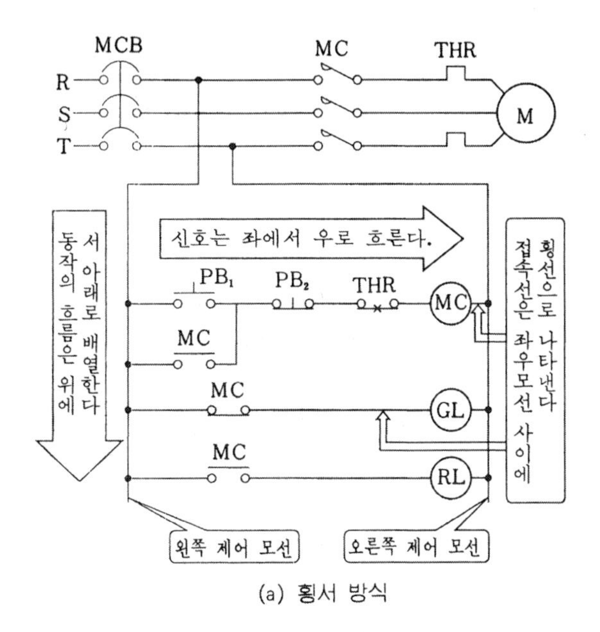

(a) 횡서 방식

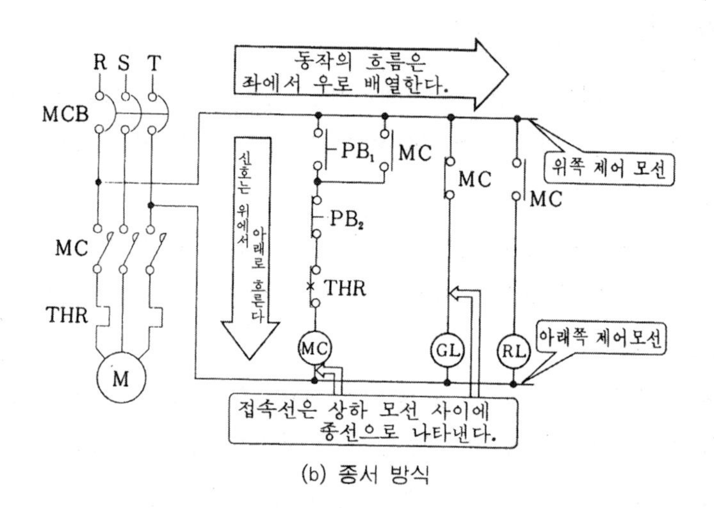

(b) 종서 방식

그림 7-17 시퀀스도의 표현 방식

(3) AND 회로

여러 개의 입력이 있을 때 모든 입력이 존재할 때에만 출력이 나타나는 회로를 AND 회로라고 하며 직렬 스위치 회로와 같다.

그림 7-18은 두 개의 입력 A와 B가 모두 ON일 때에만 릴레이 코일 R이 여자되고 R접점이 닫혀 램프가 점등되는 AND 회로이다.

이와 같은 직렬 회로는 한 대의 프레스에 여러 명의 작업자가 함께 작업할 때, 안전을 위해 각 작업자마다 프레스 기동용 누름 버튼을 설치하여 모든 작업자가 스위치를 누를 때에만 동작되도록 하는 경우에 적용된다. 또 기계의 각 부분이 소정의 위치까지 진행되지 않으면 다음 동작으로 이행을 금지하는 경우 등 그 응용 범위가 넓은 회로이다.

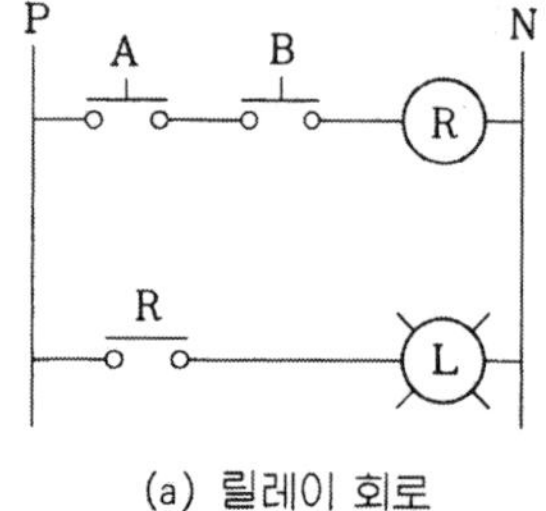

(a) 릴레이 회로

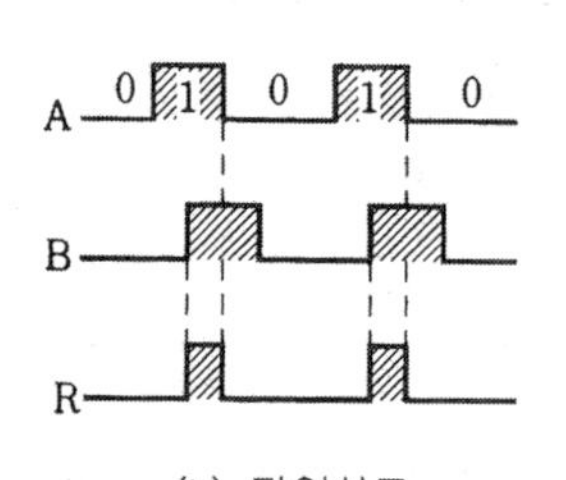

(b) 타임차트

입력		출력
A	B	R
0	0	0
0	1	0
1	0	0
1	1	1

(c) 진리표

그림 7-18 AND 회로

(4) OR 회로

OR 회로는 여러 개의 입력 신호 중 하나 또는 그 이상의 신호가 ON되었을 때 출력을 내는 회로로서 병렬 회로라고 한다.
그림 7-19에서 누름 버튼 스위치 A가 눌려지거나, 아니면 B가 눌려져도, 또는 A와 B가 동시에 눌려져도 릴레이 R이 동작되어 램프가 점등된다.

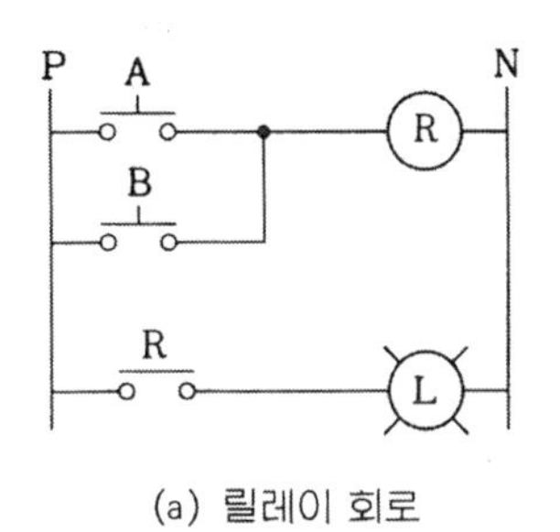

(a) 릴레이 회로

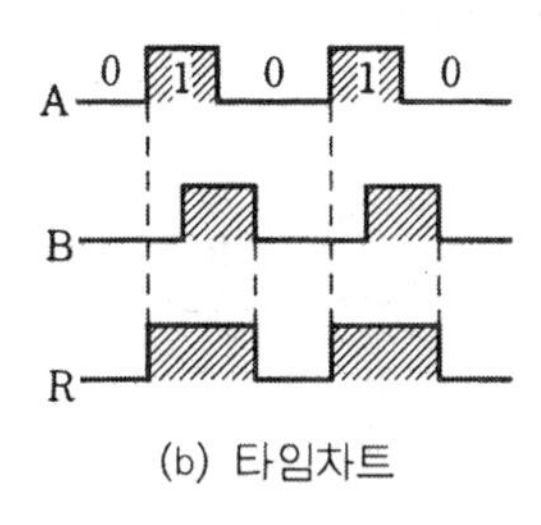

(b) 타임차트

입력		출력
A	B	R
0	0	0
0	1	1
1	0	1
1	1	1

(c) 진리표

그림 7-19 OR 회로

(5) NOT 회로

NOT 회로는 출력이 입력의 반대가 되는 회로로서 입력이 0이면 출력이 1이고 입력이 1이면 출력이 0이 되는 부정회로이다.

그림 7-20은 릴레이의 b접점을 이용한 NOT 회로로서 누름 버튼 스위치 A가 눌려 있지 않은 상태에서는 램프가 점등되어 있고, 누름 버튼 스위치 A가 눌려지면 R접점이 열려 램프가 소등하는 NOT회로이다.

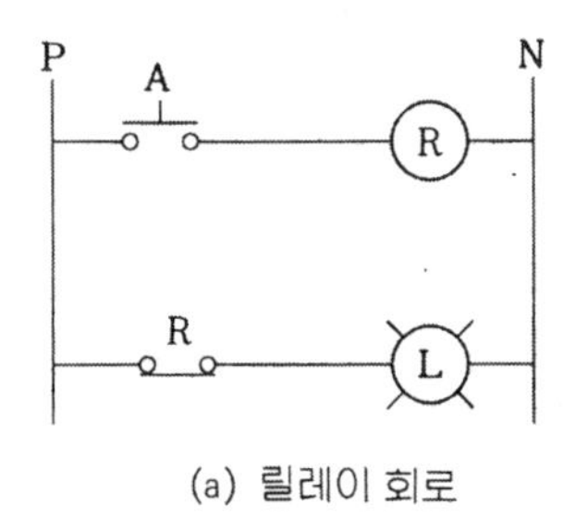

(a) 릴레이 회로

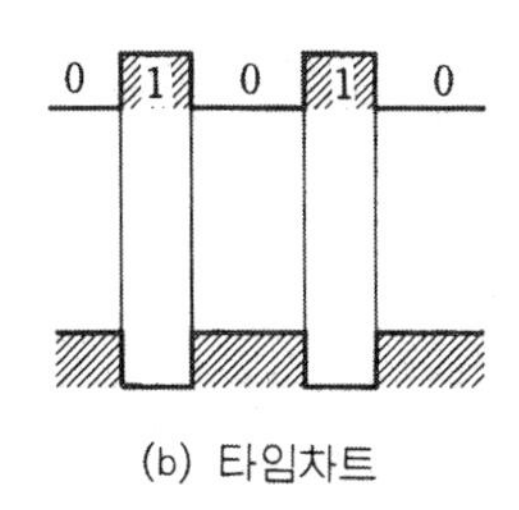

(b) 타임차트

입력	출력
A	R
0	1
1	0

(c) 진리표

그림 7-20 NOT 회로

(6) 자기 유지 회로

릴레이의 기능 중에는 메모리 기능이 있다고 앞서 설명하였다. 이 릴레이의 메모리 기능이란 릴레이는 자신의 접점으로 자기 유지 회로를 구성하여 동작을 기억시킬 수 있다는 것이다. 그림 7-21은 릴레이의 자기 유지 회로이며, 자기 유지 접점 R_1은 누름 버튼 스위치 A에 병렬로 접속한다.

동작 원리는 누름 버튼 스위치 A를 누르면 릴레이가 동작되고, 접점 R_1과 R_2가 동시에 닫혀 램프가 점등한다. 이 때 누름 버튼 스위치 A에서 손을 떼도 전류는 R_1접점과 B를 통해 코일에 계속 흐르므로 동작 유지가 가능하다. 즉 A가 복귀하여도 R_1 접점에 의해 R의 동작 회로가 유지된다.

자기 유지의 해제는 누름 버튼 스위치 B를 누르면 R이 복귀되고 접점 R_1과 R_2가 열려 회로는 초기 상태로 되돌아간다.

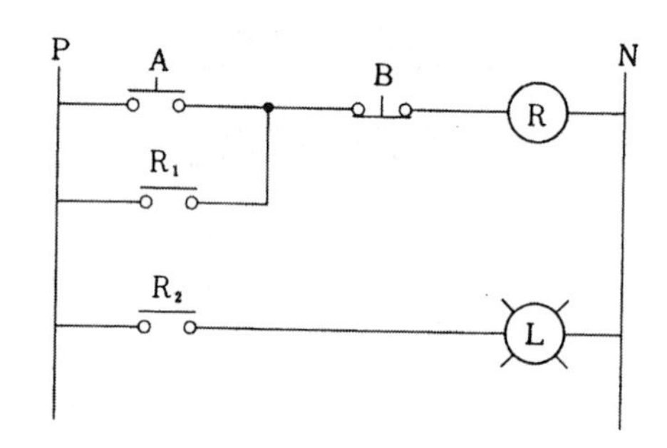

그림 7-21 자기 유지 회로

(7) 인터록(inter-lock) 회로

기기의 보호나 작업자의 안전을 위해 각 기기의 동작 상태를 나타내는 접점을 사용하여 관련된 기기의 동작을 금지하는 회로를 인터록 회로라 하며, 다른 말로 선행 동작 우선 회로 또는 상대 동작 금지 회로라고도 한다.

인터록은 릴레이의 b접점을 상대측 회로에 직렬로 연결하여 어느 한 릴레이가 동작중일 때에는 관련된 다른 릴레이는 동작할 수 없도록 규제한다.

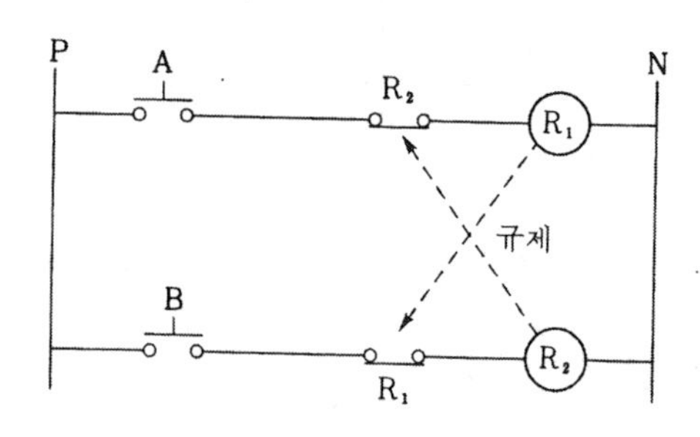

그림 7-22 인터록 회로

그림 7-22는 누름 버튼 스위치 A가 ON되어 R_1 릴레이가 동작하면 B가 눌려져도 R_2 릴레이는 동작할 수 없다. 또한 B가 먼저 입력되어 R_2가 동작하면 R_1릴레이는 역시 동작할 수 없다.

(8) 체인(chain) 회로

체인 회로란 정해진 순서에 따라 차례로 입력되었을 때에만 회로가 동작하고, 동작 순서가 틀리면 동작하지 않는 회로이다.

그림 7-23은 체인 회로의 예로서 동작 순서는 R_1 릴레이가 작동한 후 R_2가 작동하고, R_2가 작동한 후 R_3이 작동되도록 구성되어 있다. 즉 R_2 릴레이는 R_1 릴레이가 작동하지 않으면 동작하지 않고, R_3은 R_1과 R_2가 먼저 작동되지 않으면 작동하지 않는다.

이러한 체인 회로는 순서 작동이 필요한 컨베이어나, 기동 순서가 어긋나면 안 되는 기계 설비 등에 적용되는 회로로서 직렬 우선 회로라고도 한다.

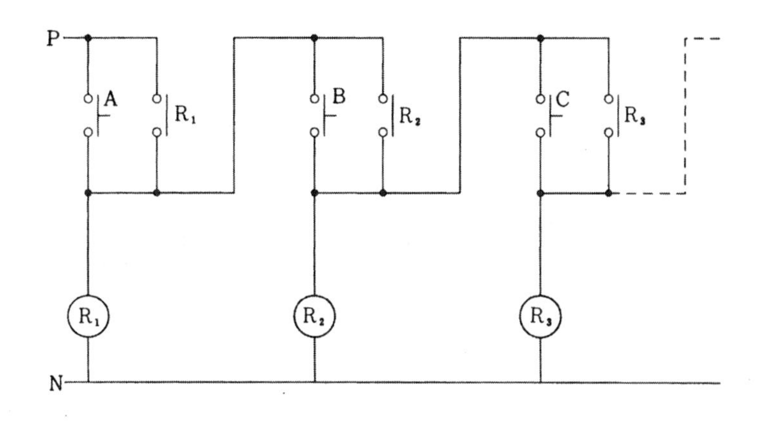

그림 7-23 체인 회로

(9) 일치 회로

두 입력의 상태가 같을 때에만 출력이 나타나는 회로를 일치 회로라 한다. 그림 7-24는 일치 회로의 예인데, 입력 A, B가 동시에 ON되어 있거나 또는 동시에 OFF되어 있을 때에는 출력이 나타나고 A, B 중 어느 하나만 ON되어 두 입력의 상태가 일치하지 않으면 출력은 나타나지 않는 회로이다.

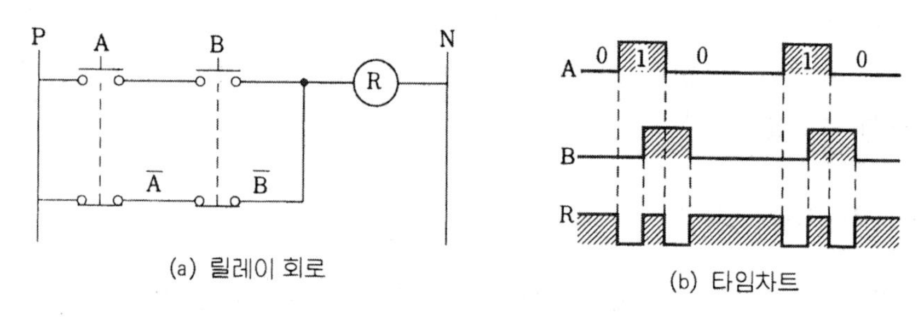

(a) 릴레이 회로

(b) 타임차트

그림 7-24 일치 회로

(10) 온 딜레이(ON delay) 회로

입력 신호를 준 후에 곧바로 출력이 나타나지 않고 계획된 시간만큼 늦게 출력이 나타나도록 설계한 회로를 지연 회로라 하며, 지연 회로에는 ON 시간 지연 회로와 OFF 시간 지연 회로가 있다.

그림 7-25는 ON 시간 지연 작동 회로로서 누름 버튼 스위치 A를 누르면 타임 릴레이가 동작하기 시작하여 미리 설정해 둔 시간이 경과되면 타이머 접점이 닫혀 램프가 점등되며, 누름 버튼 스위치 B를 누르면 타임 릴레이가 복귀하고 타이머 접점도 열려 램프가 소등되는 회로이다.

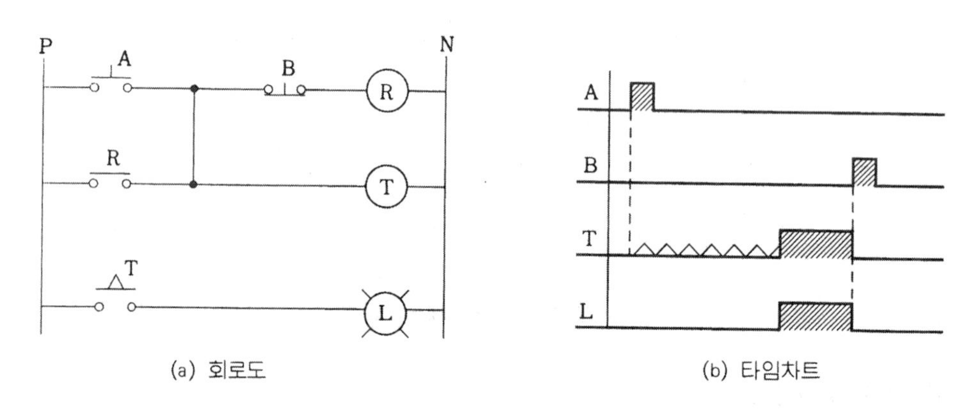

(a) 회로도

(b) 타임차트

그림 7-25 온 딜레이 회로

(11) 오프 딜레이(OFF delay) 회로

오프 딜레이 회로는 복귀 신호가 주어지면 출력이 곧바로 복귀되지 않고, 계획된 시간 후에 부하가 개방되는 회로로서 ON 딜레이 타이머의 b접점을 이용하거나, OFF 딜레이 타이머의 a접점을 이용하여 회로를 구성할 수 있다.

그림 7-26은 OFF 딜레이 회로의 일례로 누름버튼 스위치 A를 누르면 램프가

점등되고 B를 누르면 곧바로 램프가 소등되지 않고 타이머에 설정된 시간 후에 소등되는 오프 딜레이 회로이다.

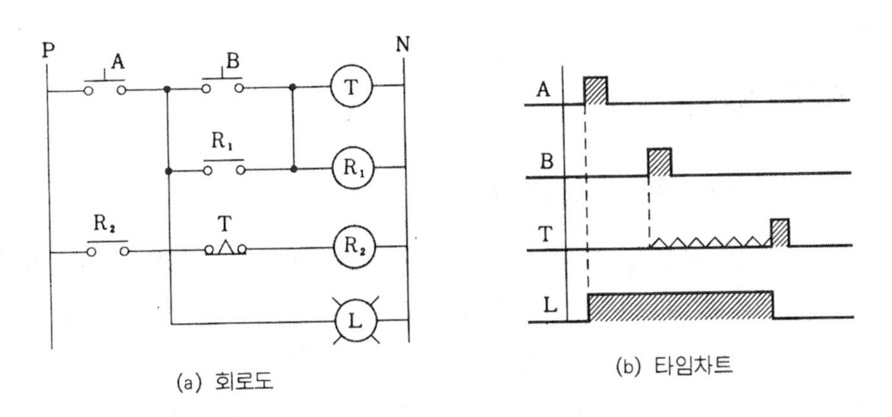

그림 7－26 오프 딜레이 회로

(12) 일정 시간 동작 회로(one shot)

이 회로는 누름 버튼 스위치 등의 입력이 주어지면 부하가 동작하기 시작하여 타이머에 설정된 시간이 경과되면 스스로 복귀하는 회로이다.

그림 7－27이 이 회로의 일례로, 누름 버튼 스위치 A를 누르면 릴레이 코일 R이 여자되어 자기 유지되고, 램프가 점등됨과 동시에 타이머가 동작하기 시작한다. 타이머에 설정된 시간이 경과되면 타이머 b접점이 개방되어 램프가 소등되는 회로이다. 이와 같은 일정 시간 동작 회로는 가정에서 현관 출입문 등에서 이용되고 있다.

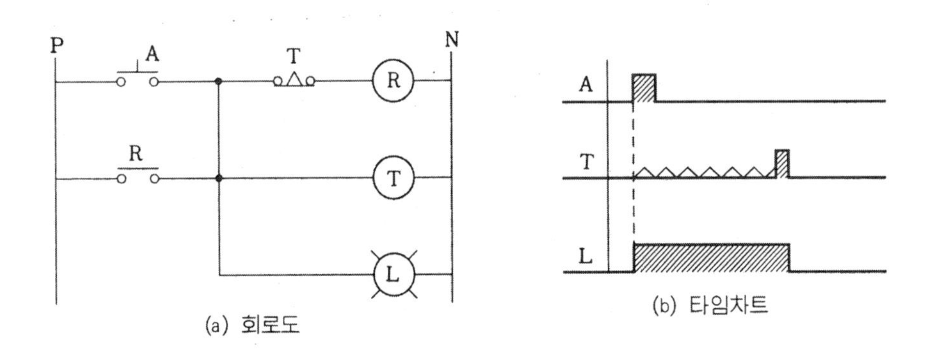

그림 7－27 일정 시간 동작 회로

7.2 전기 - 공압 회로

7.2.1 전자 밸브

(1) 전자 밸브의 종류와 원리

전자(電磁) 밸브란 방향 변환 밸브와 전자석(電磁石)을 일체화시켜 전자석에 전류를 통전시키거나 또는 단전시키는 동작에 의해 공기 흐름을 변환시키는 밸브의 총칭으로, 일반적으로 솔레노이드 밸브라 부르기도 한다.

전자 밸브는 크게 나누어 전자석 부분과 밸브 부분으로 구성되어 있으며 전자석의 힘으로 밸브가 직접 변환되는 직동식과 파일럿 밸브가 내장된 간접식(파일럿 작동형)이 있다.

표 7-5 전자석의 종류와 특징

구 분	종 류	특 징
조작 방식	직동형	응답성이 좋다. 소비전력이 크다.
	파일럿형	소비전력이 작다. 응답성이 느리다. 동작이 조용하다.
전자석의 종류	T플런저형	형상이 크고 소비전력이 크다. 흡인력이 커서 행정 길이를 길게 할 수 있다. 스풀형의 직동식에 많이 사용.
	I플런저형	크기가 소형이다. 파일럿 작동형에 주로 채용
전원의 종류	DC 전원형	작동이 원활하다. 스위칭이 용이하다. 사용 수명이 길다. 소음이 적다.
	AC 전원형	스위칭 시간이 빠르다. 흡인력이 세다. 잡음이 생긴다.

또한 일반적인 방향 변환 밸브와 같이 포트의 수나 제어 위치의 수, 솔레노이드의 수, 중립 위치에서 흐름의 형식, 장착 방법에 따라 여러 가지로 분류되며 그 일반적 분류 방법에 따른 전자 밸브의 종류를 표 7-6에 나타냈다.

표 7-6 전자 밸브의 일반적 분류

구	분	기 호	내 용
주 관로가 접속되는 포트의 수	2포트 밸브		두 개의 작동 유체의 통로 개구부가 있는 전자 밸브
	3포트 밸브		세 개의 작동 유체의 통로 개구부가 있는 전자 밸브
	4포트 밸브		네 개의 작동 유체의 통로 개구부가 있는 전자 밸브
	5포트 밸브		다섯 개의 작동 유체의 통로 개구부가 있는 전자 밸브
제어 위치의 수	2위치 밸브	a b	두 개의 밸브 몸통 위치를 갖춘 전자 밸브
	3위치 밸브	a b c	세 개의 밸브 몸통 위치를 갖춘 전자 밸브
	4위치 밸브	a b c d	네 개의 밸브 몸통 위치를 갖춘 전자 밸브
중앙 위치에서 흐름의 형식	올포트 블록		3위치 밸브에서 중앙 위치의 모든 포트가 닫혀 있는 형식
	PAB 접속 (프레셔 센터)		3위치 밸브에서 중앙 위치 상태에서 P, A, B포트가 접속되어 있는 형식
	ABR 접속 (엑조스트 센터)		3위치 밸브에서 중앙 위치 상태에서 A, B, R포트가 접속되어 있는 형식
정상위치에서 흐름의 형식	상시 닫힘 (Normal Close)		정상 위치가 닫힌 위치인 상태
	상시 열림 (Normal Open)		정상 위치가 열린 위치인 상태
복귀 형식	스프링 복귀		조작력을 제거했을 때, 스프링으로 밸브 몸통을 정상 위치에 복귀시키는 방법
	공기압 복귀		조작력을 제거했을 때, 공기압으로 밸브 몸통을 정상 위치에 복귀시키는 방법
	디텐드		밸브 몸통을 복귀 또는 눈금에 의해 어느 위치를 유지한다.
솔레노이드의 수	싱글 솔레노이드		코일이 한 개 있는 전자 밸브
	더블 솔레노이드		코일이 두 개 있는 전자 밸브
조작 형식	직동식		한 뭉치로 조립된 전자석에 의한 조작 방식
	파일럿 작동식		전자석으로 파일럿 밸브를 조작하여 그 공기압으로 조작하는 방식
전원	전압·주파수	코일을 구동하기 위한 전원 교류 110, 220V, 직류 12, 24V 등. 주파수 50, 60Hz	

(2) 3포트 2위치 전자 밸브

그림 7-28은 파일럿 작동식의 3포트 2위치 전자 밸브의 내부 구조이다.

3포트 전자 밸브에는 밸브 통로의 상태에서 보면 그림 7-28과 같이 초기 상태 닫힘형과 열림형이 있으며, 작동 형식에도 직동식과 파일럿 작동식이 있다.

그림 7-28은 파일럿 작동식의 구조로서 작동 원리는 솔레노이드에 전류를 인가하지 않은 상태에서는 (a)그림과 같이 밸브는 내장된 스프링에 의해 스풀이 밀려 원위치 되어 있으며 유체 통로는 A포트와 R포트가 연결되어 있고, P포트는 차단되어 있다. 이 상태에서 솔레노이드를 여자시키면 (b)그림과 같이 전자석이 플런저를 흡인하여 내부 공기통로를 열어 주기 때문에 압축 공기의 힘으로 주 밸브인 스풀이 밀려 이동하고 공기 통로는 P 포트와 A 포트가 접속되고 R포트는 차단되게 된다. 이와 같이 3포트 밸브는 한 위치에서는 압축 공기를 공급하고, 반대 위치에서는 공급된 압축 공기를 방출하므로 단동 실린더의 방향 제어나 공기 클러치, 공기 브레이크 등의 조작, 공기 탱크에의 압력 충전이나 방출, 공압원의 차단, 방출 등에 사용된다.

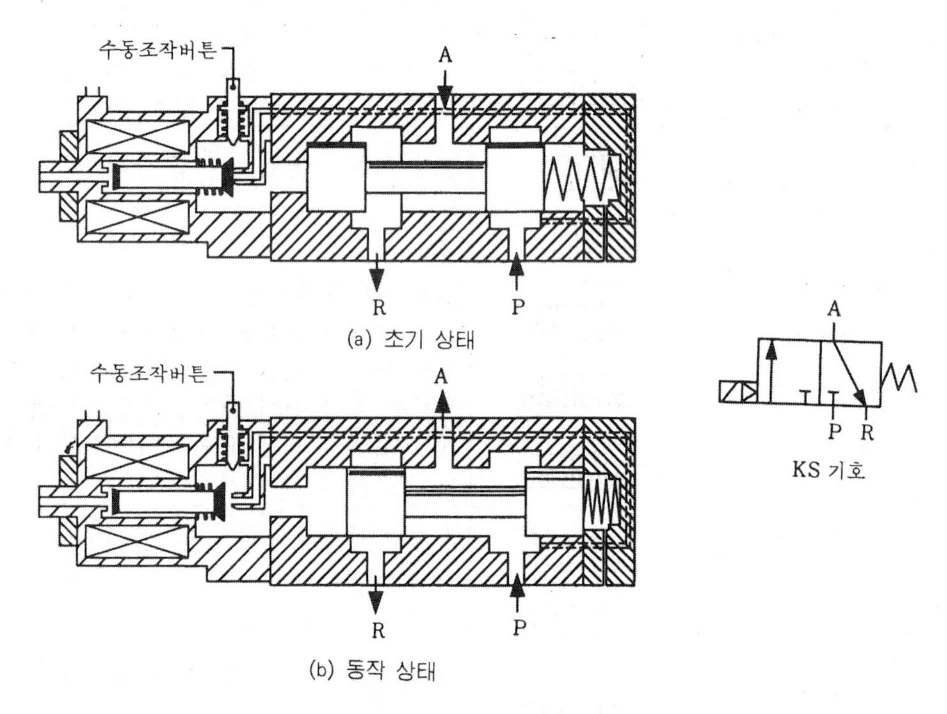

그림 7-28 3포트 2위치 전자 밸브

(3) 5포트 2위치 전자 밸브

그림 7-29는 5포트 2위치 더블 솔레노이드 방식 전자 밸브의 구조를 나타냈다. 이와 같은 5포트 전자 밸브는 전기-공압 제어에서 복동 실린더의 제어나, 공압 모터 또는 공압 요동형 액추에이터의 방향 제어에 많이 쓰이고 있으며 동작 원리는 다음과 같다.

먼저 (a)그림은 좌측 솔레노이드에 전류를 인가하였을 때로 플런저가 전자석에 의해 흡인되어 내부 공기 통로를 열어 주기 때문에 밸브의 스풀은 공압에 의해 우측으로 밀려 있고, 공기의 통로는 P 포트는 B 포트에 이어져 있고 A 포트의 공기는 R_1 포트로 배기되고 있는 상태이다. 물론 이 상태에서 솔레노이드에 인가했던 전류를 차단하여도 밸브는 그림 상태를 유지한다. 이것은 이 밸브가 플립플롭형의 메모리 밸브이기 때문이다. 또한 좌측 솔레노이드 전류를 차단하고 반대로 우측의 솔레노이드에 전류를 인가하면 (b)그림과 같이 압축공기는 P에서 A 포트로 통하게 되고 B포트는 R_2 포트를 통해 배기된다.

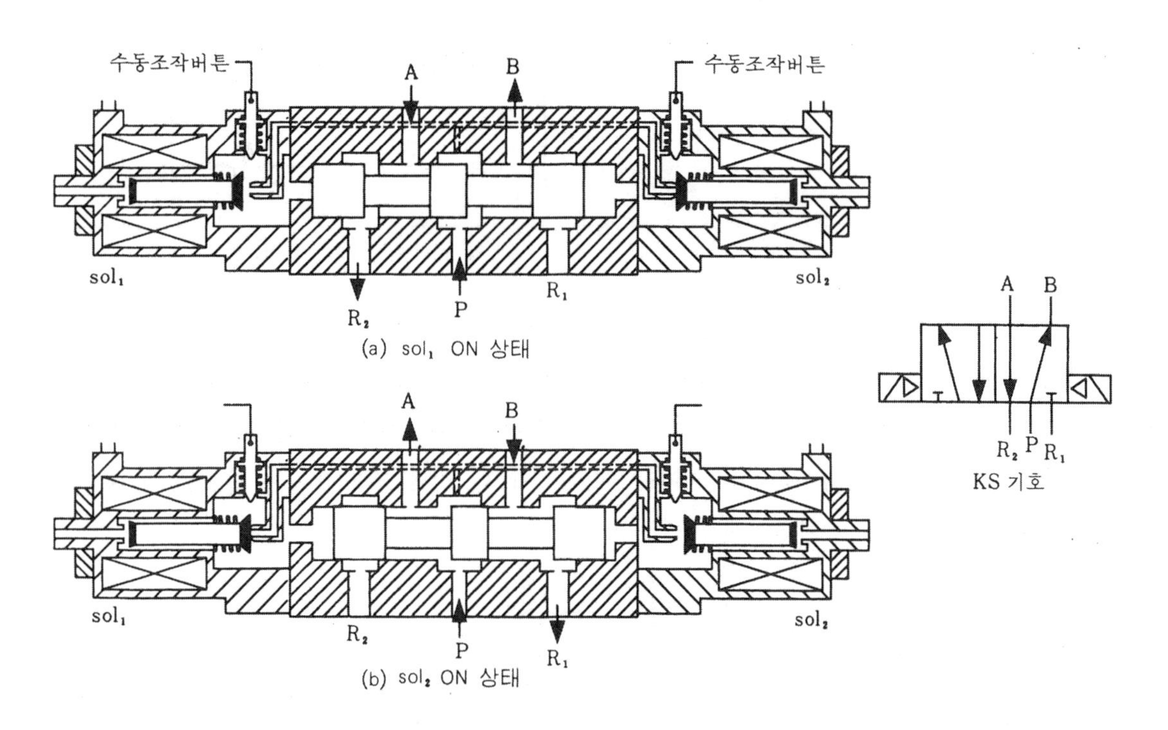

그림 7-29 5포트 2위치 전자 밸브(더블 솔레노이드형)

7.2.2 전자 밸브에 의한 공압 제어

(1) 단동 실린더의 제어

단동 실린더를 제어하기 위해서는 3포트 방향 변환 밸브 1개나 2포트 방향 변환 밸브 2개가 필요하며, 그림 7-30은 3포트 2위치 전자 밸브로 공압 단동 실린더를 제어하는 공압 구성도이다. 한 개의 공압 실린더를 왕복 작동시키는 전기 회로는 그 내용과 목적에 따라 여러 가지 종류가 있으므로 공압 실린더를 제어하는 전기 회로도를 작성할 때는 반드시 먼저 공압 회로 구성도를 표시해 주어야 한다.

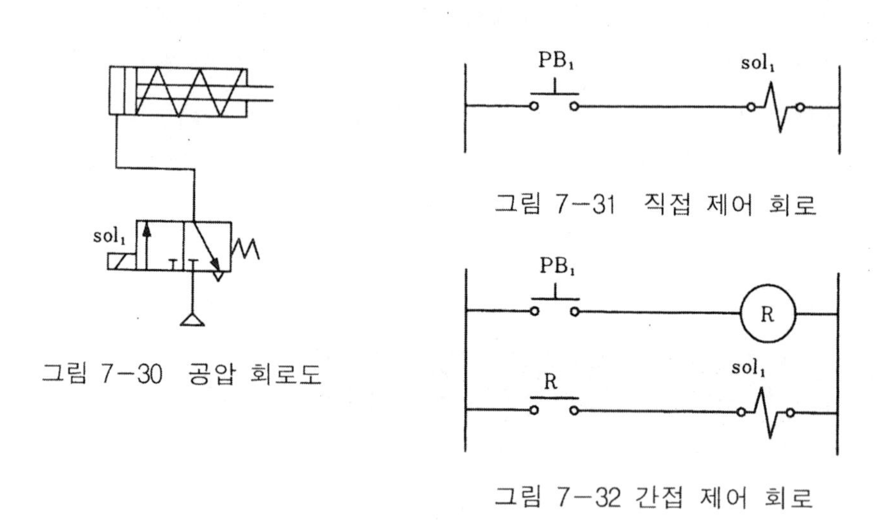

그림 7-30 공압 회로도

그림 7-31 직접 제어 회로

그림 7-32 간접 제어 회로

그림 7-31은 그림 7-30의 공압 회로를 제어하는 전기 회로로, 누름 버튼 스위치에 의해 직접 전자 밸브의 솔레노이드에 통전시켜 실린더를 제어하는 직접 회로이고, 그림 7-32는 직접 제어하기 곤란한 경우에 사용되는 간접 제어 회로이다. 즉 누름 버튼 스위치를 눌러 릴레이를 여자시키고, 그 릴레이의 a 접점으로 솔레노이드를 여자시켜 실린더를 제어하는 회로이다.

(2) 복동 실린더의 왕복 작동 회로

복동 실린더의 방향을 제어하기 위해서는 4포트 밸브나 또는 5포트 밸브 1개가 필요하며, 경우에 따라서는 3포트 밸브 2개로 제어하기도 하나 대부분은 그림 7-33과 같이 5포트 밸브로 제어하는 경우가 많다.

그림 7-34는 직접 제어 회로도로 누름 버튼 스위치 PB_1을 눌러 솔레노이드를 여자시킴에 따라 실린더를 왕복 작동시키는 회로이다. 그러나 이 회로는 실린더가

동작할 때까지 누름버튼 스위치를 계속 누르고 있어야 하는 불편이 있으므로 그림 7-35와 같이 자기 유지 회로를 구성하면 쉽게 해결할 수 있다.

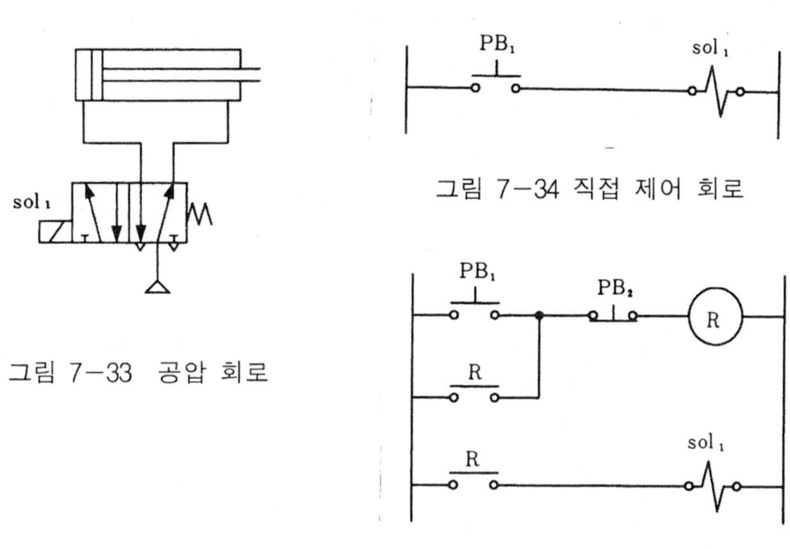

그림 7-33 공압 회로

그림 7-34 직접 제어 회로

그림 7-35 간접 제어 회로

그림 7-35는 간접 제어 형식으로 누름 버튼 스위치 PB_1을 누르면 릴레이가 여자되고 자기 유지되며 릴레이의 a접점에 의해 솔레노이드를 동작시켜 실린더를 전진시킨다. 이 때 누름 버튼에서 손을 떼도 실린더는 자기 유지 회로에 의해 전진을 계속하고, PB_2를 ON시켜야만 자기 유지가 해제되어 실린더가 복귀한다.

한편 그림 7-35의 회로도는 실린더의 후진 신호를 작업자가 판단하여 누름버튼 스위치를 누름으로써 이루어지나, 실린더가 전진 끝단에 도달되면 자동적으로 복귀되어야 하는 경우에는 그림 7-36과 같이 실린더 전진 행정 끝단에 리밋 스위치를 설치하여 그 신호로서 자기 유지를 해제케 하면 가능하므로 그림 7-37과 같이 된다.

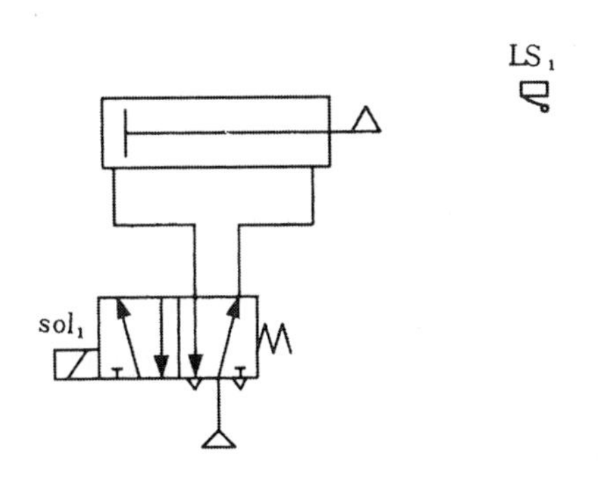

그림 7-36 공압 회로

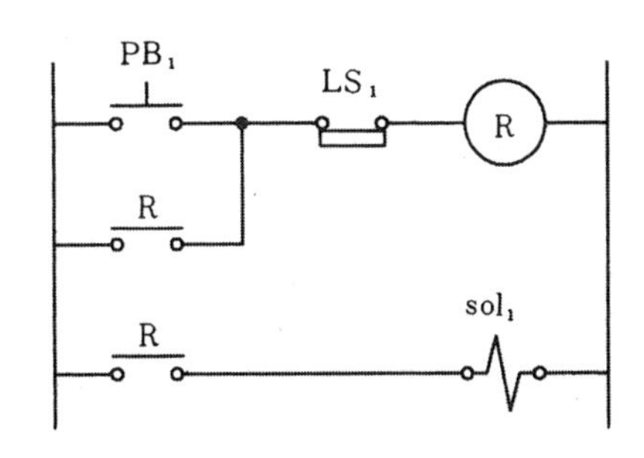

그림 7-37 자동 복귀 회로

지금까지는 전자 밸브가 편측(single)인 경우의 회로에 대해 설명하였으나, 양측인 경우는 그 성격이 달라진다. 즉 편측 전자 밸브인 경우는 솔레노이드에 통전하면 실린더가 전진하고, 솔레노이드에 통전했던 전류를 끊어버리면 복귀하나, 양측 전자 밸브의 경우는 실린더 전진측 솔레노이드를 ON시키면 실린더가 전진하고 전진 도중에 솔레노이드의 전류를 차단하여도 그 상태 유지가 가능하다. 실린더를 복귀시키기 위해서는 전진측 솔레노이드를 OFF시킨 다음에 복귀측 솔레노이드를 ON시켜야만 가능하므로 이것을 회로도로 표현하면 그림 7-39와 같이 된다.

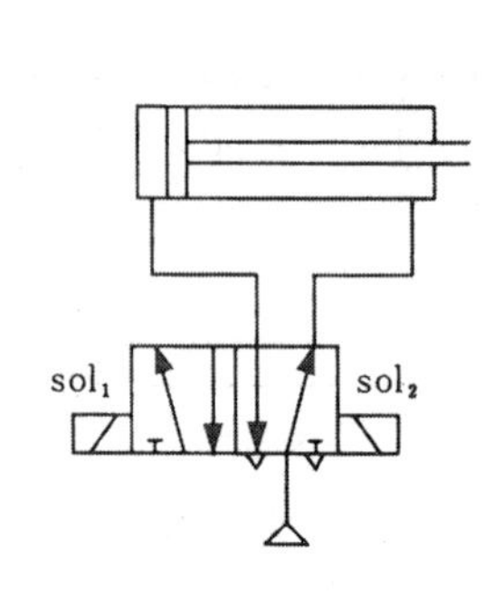

그림 7-38 공압 회로

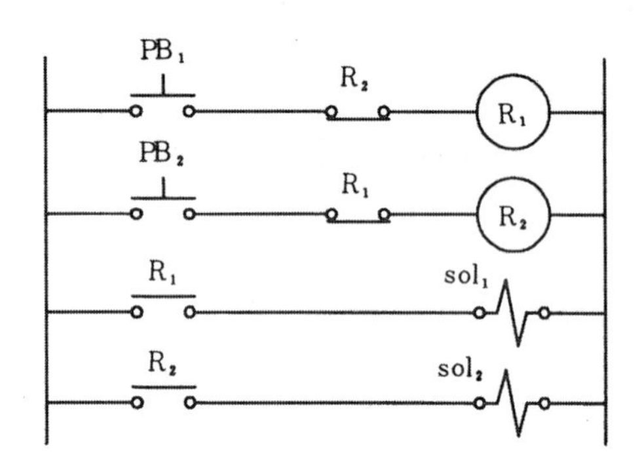

그림 7-39 수동 왕복 회로

(3) 전진단에서 일정 시간 정지 후 복귀 회로

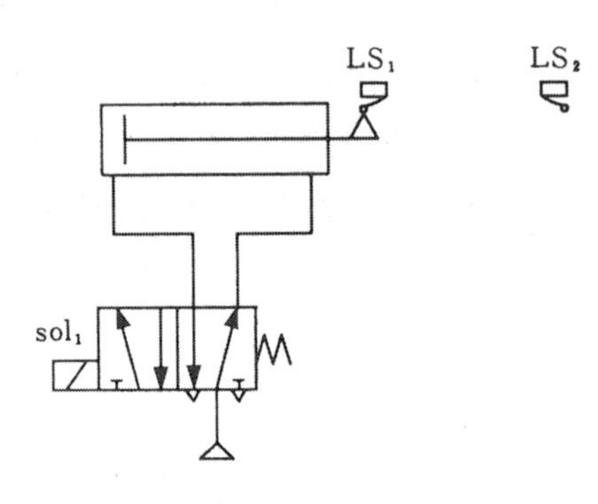

그림 7-40 공압 회로

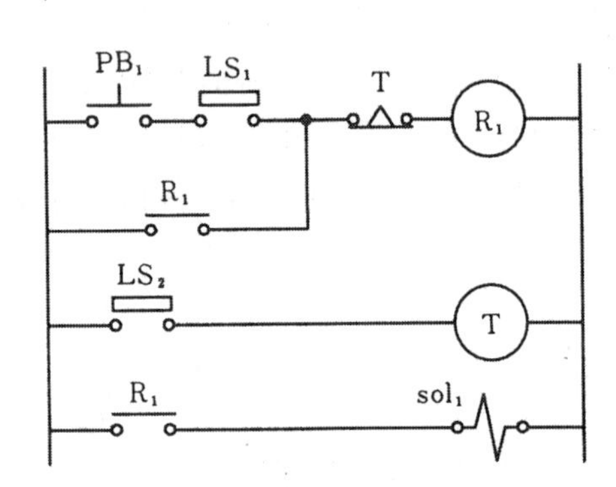

그림 7-41 전진단에서 일정 시간 정지 후 복귀하는 회로

피스톤 로드를 전진 끝단에서 일정 시간 정지시킨 후, 복귀시키는 회로는 자동화 장치나 기계에서 종종 볼 수 있다. 이와 같은 경우는 타이머를 사용하여 타이머의 접점을 활용한다.

그림 7－41은 그림 7－40의 공압 회로를 제어하는 회로도로, 누름 버튼 스위치 PB_1을 누르면 실린더가 전진하고, 전진 끝단에서 리밋 스위치 LS_2를 눌러 타이머를 동작시키며, 이 타이머에 설정된 시간 경과 후에 타이머 접점을 ON시켜 그 신호로서 릴레이 R_1을 OFF시키므로 실린더가 후진하는 회로이다.

(4) 연속 왕복 작동 회로

그림 7－42의 공압 회로를 연속 왕복 작동시키는 회로가 그림 7－43의 회로이다. 동작 원리는 시동 신호인 누름 버튼 스위치 PB_1을 누르면 R_1이 여자되고 2열의 R_1 접점에 의해 자기 유지된다. 동시에 3열의 R_1 접점이 ON되어 R_2가 여자되고 자기 유지된다. 따라서 7열의 sol_1이 ON되어 실린더가 전진한다. 전진 끝단에서 LS_2에 접촉되면 5열의 R_3가 여자되고 자기 유지되며 3열의 R_3접점은 OFF되어 R_2의 자기 유지가 해제된다. 그러므로 7열의 R_2 접점도 떨어져 실린더는 후진한다.

실린더가 후진 끝까지 도달되어 LS_1 리밋 스위치를 ON시키면 R_3의 자기 유지가 해제되고 그로 인해 3열의 R_3 접점은 다시 b접점으로 원위치 되므로 R_2의 코일이 자기유지되고 7열의 R_2 접점도 ON되어 실린더는 다시 전진한다.

이와 같이 실린더는 계속적으로 전진과 후진을 반복하며, 이것을 정지시키려면 1열의 정지버튼 PB_2를 ON시켜 R_1의 자기유지를 해제시켜야 한다.

그림 7－45도 복동 실린더를 연속적으로 왕복 작동시키는 회로이나, 그림 7－43과 다른 점은 그림 7－44에 공압 회로를 나타낸 바와 같이 양측 전자 밸브로 실린더를 제어하는 경우의 회로이다.

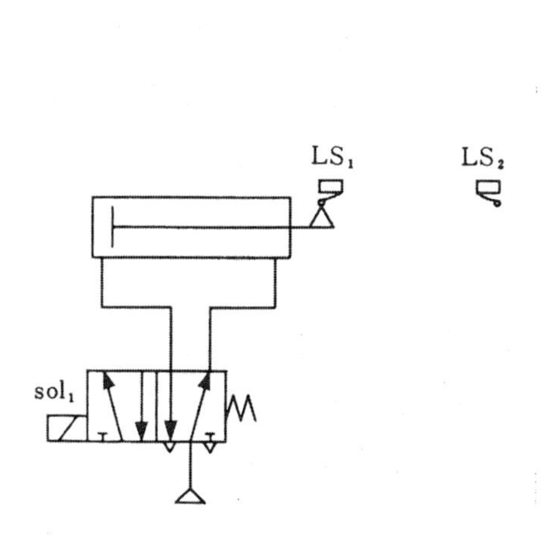

그림 7－42 공압 회로

그림 7－43 실린더의 연속 왕복 작동 회로(1)

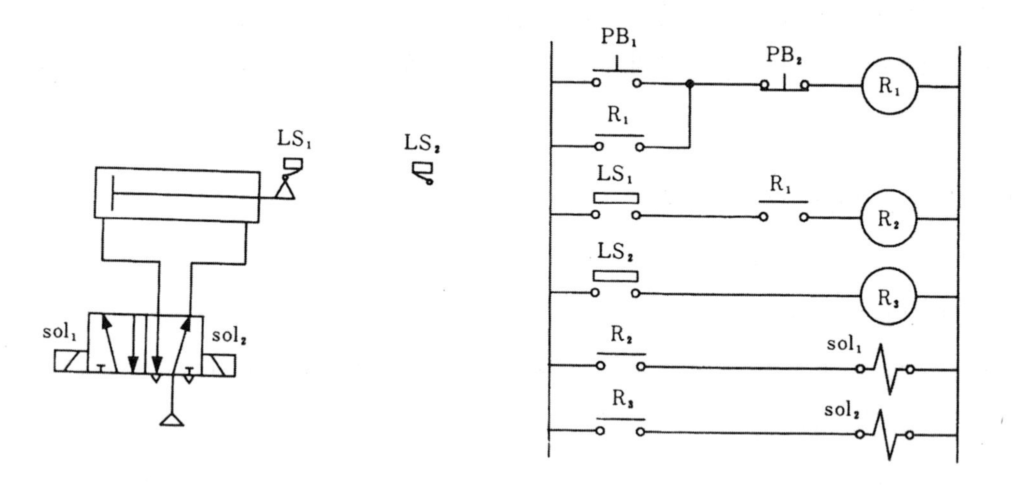

그림 7-44 공압 회로

그림 7-45 실린더의 연속 왕복 작동 회로(2)

7.2.3 시퀀스 회로

자동화 장치나 기계 등은 공압 실린더나 모터, 전자 클러치, 전자 브레이크, 솔레노이드 등 다수의 액추에이터가 정해진 순서에 따라 동작되어 목적을 달성하는 것이다.

다수의 실린더를 순차 작동시키기 위해 시퀀스 회로를 설계하는 방법에는 크게 두 가지로 분류되며, 그 하나는 체계적인 방법으로 정해진 지침을 이용하여 회로를 설계하는 방법으로 이 방식은 제어 회로가 체계적이고 일정한 신뢰성과 정렬된 회로를 얻을 수 있는 방법이다. 또 다른 하나는 직관에 의한 방법으로 직관과 경험에 기초를 두고 회로를 설계하므로 안정된 회로를 얻을 수 있으나 복잡한 제어의 경우는 많은 시간과 경험이 필요하다.

(1) 주 회로 차단법에 의한 설계법

주 회로 차단법이란 말 그대로 솔레노이드를 구동하는 주 회로 구간에서 복귀 신호를 주어 솔레노이드에 통전하던 신호를 차단하여 제어하는 것으로, 그림 7-46의 공압 회로와 같이 공압 액추에이터를 편측 전자 밸브로 제어하는 회로에 적용되는 방식이다.

즉 편측 전자 밸브로 공압 실린더를 제어하려면 먼저 릴레이의 a접점으로 솔레노이드를 통전시켜 동작시키고 이 릴레이를 OFF시키면 밸브는 내장된 스프링에 의해 원위치 되어 실린더가 후진되므로 주 회로 구간에서 솔레노이드에 통전하는 전류를 릴레이의 b접점으로 차단시킴으로써 실린더를 후진시키는 일이 가능한 것이다. 이와 같은 설계법을 주 회로 차단법이라 하고 설계 순서 및 방법은 다음과 같다.

문제로 그림 7-46의 공압 회로를 그림 7-47에 나타낸 시퀀스 차트와 같이 동작시키는 회로를 설계하기로 한다.

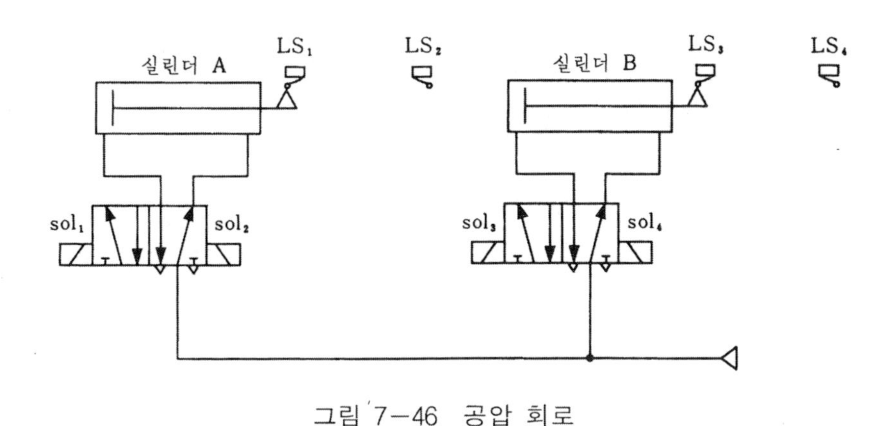

그림 7-46 공압 회로

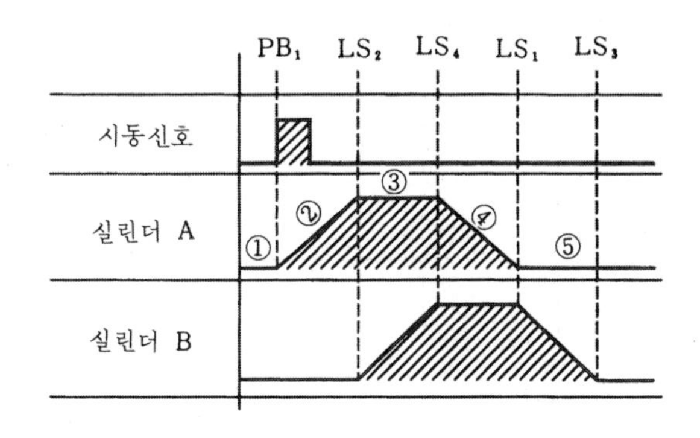

그림 7-47 시퀀스 차트

설계 순서는 다음과 같다.

① 1단계 : 동작 순서를 간략적 표시법으로 나타낸다.

② 2단계 : 공압 회로를 그리고 검출기를 배치한다.

③ 3단계 : 제어 회로를 작성한다.

동작 순서는 시퀀스 차트에 나타낸 바와 같이 다음과 같다.

A+ B+ A− B−

제어 회로 작성방법은

① 먼저 제어 모선을 수직 평행 또는 수평 평행하게 두 줄 긋고 그 사이에 운동 스텝 수만큼 제어 요소인 릴레이를 배치한다.

② 시퀀스 마지막 스텝 완료 신호인 LS_3과 시동신호를 직렬로 R_1에 접속하고 자기 유지시킨다.

③ R_1의 신호로 첫 스텝인 A+를 시키기 위해 주회로 구간에서 R_1의 a 접점을 통해 soi_1에 접속한다(그림 7−48, 9열)

④ A실린더가 전진 완료하면 LS_2 리밋 스위치가 동작되므로 LS_2와 전단계 신호인 R_1의 a 접점을 직렬로 R_2 릴레이에 접속하고 자기유지 시킨다.(그림 7−48, 3, 4열)

⑤ 이 신호로써 두 번째 스텝인 B+를 진행시켜야 되므로 주 회로 구간에서 R_2의 a 접점을 통해 sol_2에 접속한다.(그림 7−48, 10열)

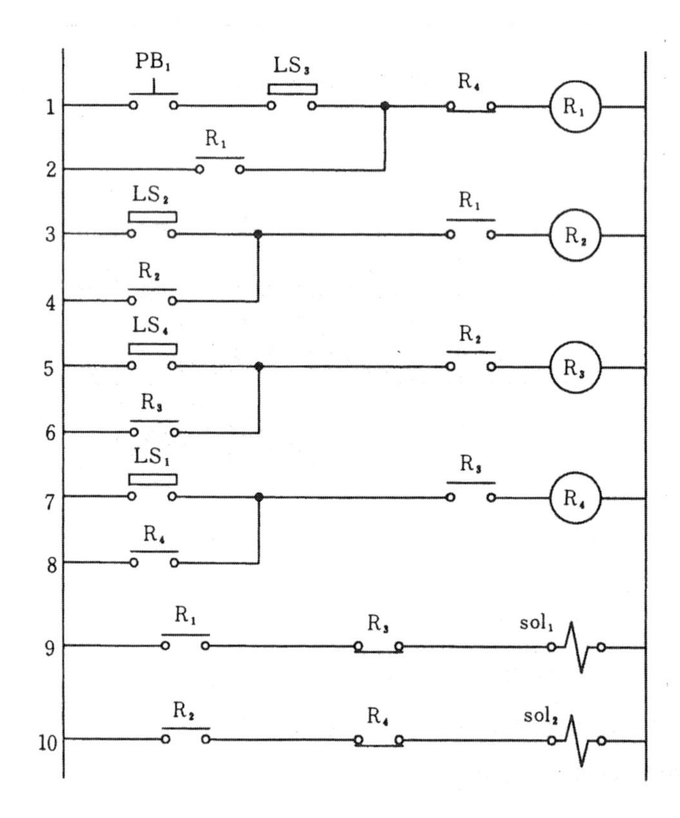

그림 7−48 주회로 차단법에 의한 A+B+A−B−회로

⑥ 두 번째 스텝이 완료되었다는 신호 LS_4와 전단계 신호 R_2를 직렬로 하여 R_3에 접속하고 자기 유지시킨다(그림 7－48, 5, 6열). 이 신호로써 세 번째 스텝인 A－를 시켜야 하므로 주회로 구간에서 A 실린더 제어용 솔레노이드 sol_1 위에 R_3의 b 접점을 삽입한다(그림 7－48, 9열)

⑦ 세 번째 스텝이 완료되면 LS_1 리밋 스위치가 동작되므로 LS_1과 전단계 신호 R_3을 직렬로 하여 R_4의 릴레이에 접속하고 자기 유지시킨다(그림 7－48, 7, 8열).
이 신호로써 네 번째 스텝인 B－를 시켜야 하므로 ⑥항과 같이 주회로 구간에서 sol_2 위에 R_4의 b 접점을 접속한다. 그리고 마지막 스텝까지 설계가 완료되면 자기 유지를 해제하기 위해 마지막 스텝의 릴레이 R_4의 b 접점을 첫 스텝 신호인 R_1 릴레이 코일과 자기 유지 라인 중간에 삽입한다.

이와 같이 하면 제어회로 설계가 완료되는데 설계방법의 요점은 다음과 같다.

액추에이터의 동작 순서에 따라 리밋 스위치 신호와 전단계 신호로서 릴레이를 여자시키고 자기 유지시키며, 전진 신호는 릴레이의 a접점으로 주회로 구간에서 솔레노이드와 접속하고, 복귀 신호는 해당 릴레이의 b접점으로 주회로 구간에서 솔레노이드 위에 접속하여 구성하고 마지막 스텝의 릴레이가 동작하면 모든 릴레이가 순차적으로 자기 유지가 해제되도록 구성하는 것이다.

다만 이와 같은 주 회로 차단법은 회로 설계가 규칙적이고 신호의 처리가 간단하여 설계는 용이하나 시스템의 동작 시간이 길면 그에 따라 릴레이의 동작시간도 길어진다는 단점도 있다.

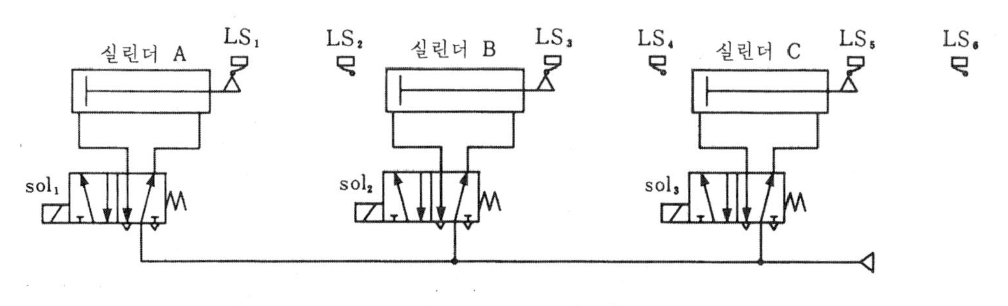

그림 7－49 공압 회로

그림 7－49는 3개의 공압 실린더가 편측 전자 밸브로 제어되는 공압 구성도이다. 이 공압 회로를 A＋B＋C＋C－B－A－의 순서로 제어되도록 주 회로 차단법에 의해 설계한 회로가 그림 7－50이다.

그림 7－50 회로의 동작 원리 및 순서는 다음과 같다.

먼저 1열의 시동신호인 PB_1 스위치를 누르면 LS_1이 ON되어 있고 R_6가 b 접점 연결이므로 릴레이 코일 R_1이 여자된다. 그 결과 2열의 R_1 a접점이 닫혀 자기 유지되고 13열의 a 접점도 닫히므로 sol_1이 여자되어 실린더 A가 전진된다.

A실린더가 전진 완료되면 리밋 스위치 LS_2가 ON되므로 3열의 R_2 코일이 여자되고 4열과 14열의 R_2 a접점이 닫혀 자기유지 됨과 동시에 sol_2가 여자되어 두번째 단계로 B 실린더가 전진한다. B 실린더가 전진완료 되어 LS_4가 ON되면 마찬가지로 R_3 릴레이가 여자되고 자기 유지되며 15열의 R_3 a 접점을 닫아 sol_3가 여자되어 C 실린더가 전진한다.

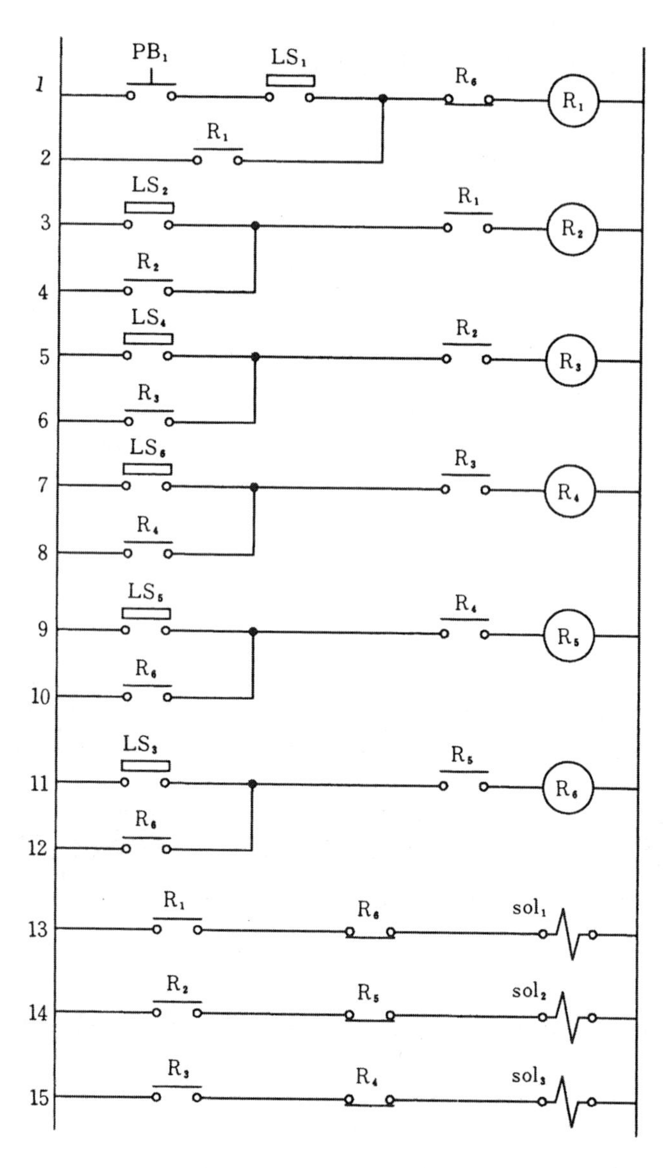

그림 7-50 주회로 차단법을 이용한 A+B+C+C-B-A-의 회로

C 실린더가 전진완료 되면 LS_6가 ON되고 따라서 7열의 R_4 릴레이가 ON된다. 그 결과 8열의 R_4 a 접점에 의해 자기 유지 되고 15열의 R_4 b 접점이 열리므로 sol_3가 복귀되어 네번째 단계로 C 실린더가 후진된다. C 실린더가 후진완료 되면 LS_5가 ON되고 9열의 R_5 릴레이가 여자되므로 14열의 R_5 b 접점이 열려 B 실린더가 후진되며, B실린더가 후진 완료되어 LS_3가 ON되면 11열의 R_6 릴레이가 여자되어 13열의 b 접점을 열어 sol_1을 복귀시킨다. 그 결과 A 실린더가 마지막 단계로 후진하고 동시에 1열의 R_6 b 접점도 열려 R_1 릴레이를 복귀시키므로 3열의 R_1 a 접점이 열려 R_2 릴레이가 복귀되며 또한 5열의 R_2 a 접점도 열려 R_3 릴레이 코일을 복귀시킨다. 즉 이와 같은 방법으로 모든 릴레이 코일이 복귀되어 정지함으로써 1사이클 운전이 종료되는 것이다.

(2) 최대 신호 차단법

그림 7-53은 그림 7-51의 공압 회로를 그림 7-52의 시퀀스 차트와 같이 동작시키는 제어회로이다. 즉 공압 회로에서 나타낸 바와 같이 양측 전자 밸브로 공압 실린더를 제어하는 회로로서 각각의 운동 스텝에 릴레이를 할당했고 레지스터의 원리를 이용한 회로 설계로, 리밋 스위치의 신호와 전 신호의 동작 신호인 릴레이의 a 접점을 AND로 하여 다음 스텝의 릴레이를 동작시키고, 그 스텝 신호의 b 접점으로 전 신호를 차단시키도록 구성된 회로이다. 이와 같이 각각의 제어 신호를 자기 유지시키고 다음 운동 스텝 신호에 인터록 시킴으로써 운동의 제어가 확실한 설계 방법으로 이와 같은 회로 설계법을 최대신호 차단법이라 하며 회로설계 방법은 다음과 같다.

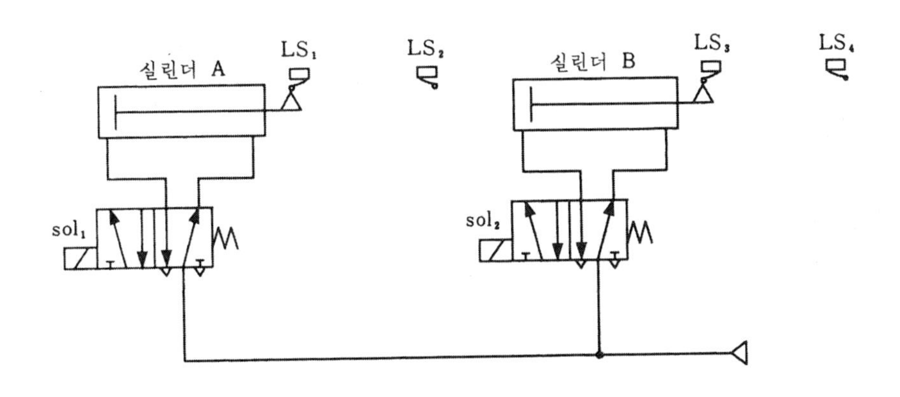

그림 7-51 공압 회로

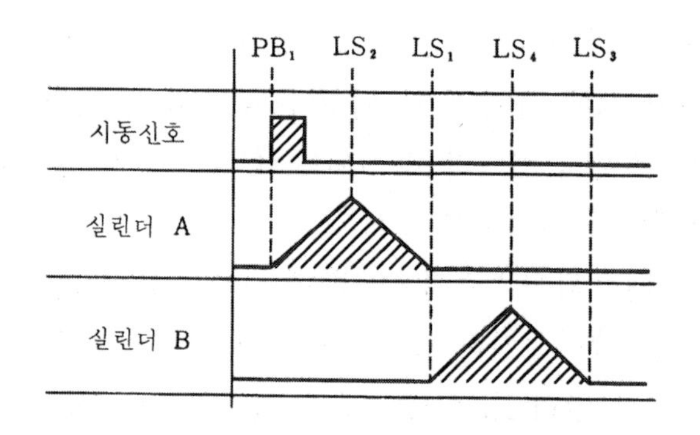

그림 7-52 시퀀스 차트

먼저 동작 순서를 간략적 표시법으로 표시하고 각 스텝에 릴레이를 할당한다.

A+	A−	B+	B−
↓	↓	↓	↓
R_1	R_2	R_3	R_4

두 번째로 공압 회로를 작성하고 리밋 스위치를 배치한다. 공압 회로는 그림 7-51과 같다.

세 번째로 제어 회로를 작성한다.

① 시동 신호인 누름 버튼 스위치 PB_1과 최종 스텝 완료 신호인 LS_3를 직렬로 연결하고 자기 유지시킨다.

② 첫 번째 스텝 완료 신호인 LS_2와 전 단계 신호 R_1의 a접점을 직렬로 연결하고 자기 유지시킨다. 이와 같이 리밋 스위치의 동작 순서대로 전 단계 신호와 직렬로 차례로 연결하고 각 동작마다 자기 유지시킨다.

③ 전단계 신호의 리셋은 릴레이의 b 접점을 자기 유지 라인 밑에 삽입하여 다음 스텝이 동작되면 자기 유지가 해제되도록 한다.

④ 마지막 스텝은 자기 유지 회로와 병렬로 리셋 스위치를 접속하여 시퀀스 첫 스텝에 전 단계 보증 신호를 줄 수 있도록 한다.

⑤ 주 회로를 그리고 작동 순서에 따라 릴레이의 a접점을 솔레노이드와 접속하여 회로를 완성한다.

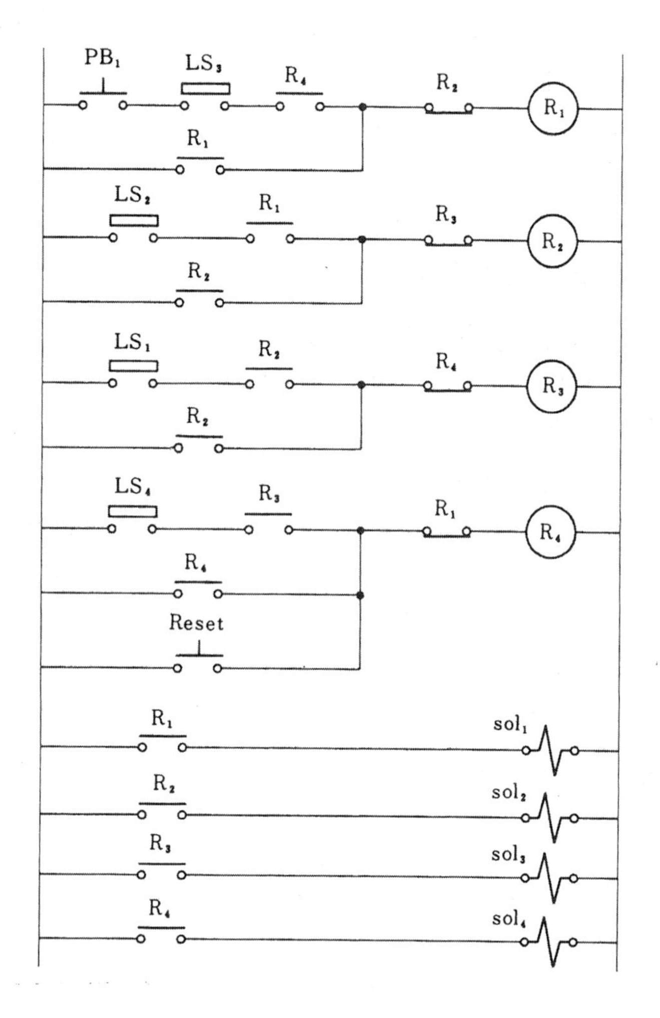

그림 7-53 최대 신호 차단법을 이용한 A+A-B+B-시키는 회로

그림 7-53 회로의 동작 원리는 다음과 같다.

전원를 투입 후 첫 사이클은 먼저 리셋 스위치를 눌러 첫 번째 스텝에 전 단계 보증 신호를 준 후, 시동 스위치인 PB_1을 누르면 릴레이 R_1이 여자되고 자기유지되며, R_1의 a 접점에 의해 sol_1이 동작되므로 실린더 A가 전진한다. 실린더 A가 전진 완료되어 LS_2가 ON되면 LS_2와 R_1이 AND로 되어 R_2 릴레이가 여자되고 자기유지된다. 이 R_2의 a 접점으로서 sol_2가 ON되어 실린더 A가 후진한다. 이와 같이 리밋 스위치의 동작 순서에 따라 각 스텝이 차례로 진행되어 실린더가 순차적으로 동작하는 것이다.

최대 신호 차단법의 특징은 전 단계 명령처리 신호와 작업 완료 검출 신호가 모두 만족되어야만 다음 단계로의 작업이 이행되기 때문에 운동의 동작 순서가 확실하며, 시퀀스 진행중에 오입력이 일어나도 동작 순서에 영향을 미치지 않는 장점이 있다. 그러나 이 제어 방식은 양측 전자 밸브로만 구성된 공압 시스템에 적용되는 설계법이므로 주로 편측 전자 밸브를 많이 사용하는 공압 시스템에서는 많이 사용되지는 않는다.

(3) 최소 신호 차단법

2개 이상의 실린더를 순차 작동시킬 경우, 제어 요소의 수를 최소화하고 제어 시간을 짧게 하여 확실한 기능을 얻기 위한 설계법을 최소 신호 차단법이라 하고 설계 방법은 다음과 같다.

먼저 회로를 설계하기 전에 동작 시퀀스를 간략적 표시법으로 나타내고 그룹으로 분리한다. 그룹으로 나누는 것은 릴레이의 수를 최소화하기 위한 것으로, 방법은 앞서 공압 시퀀스 회로설계법 중 캐스케이드 방법에서와 같이 동일 실린더의 전후진 동작이 한 그룹에 한 번씩만 나타나도록 하여 분리한다.

회로설계용 모델로 2개의 실린더를 순차 작동시킬 때 가장 많이 사용되는 A+B+B−A− 시퀀스를 예로 들어 설계하기로 한다. 먼저 간략적 표시법으로 나타낸 후 그룹으로 분리하면 다음과 같다.

A+ B+ / B− A−
(1그룹) / (2그룹)

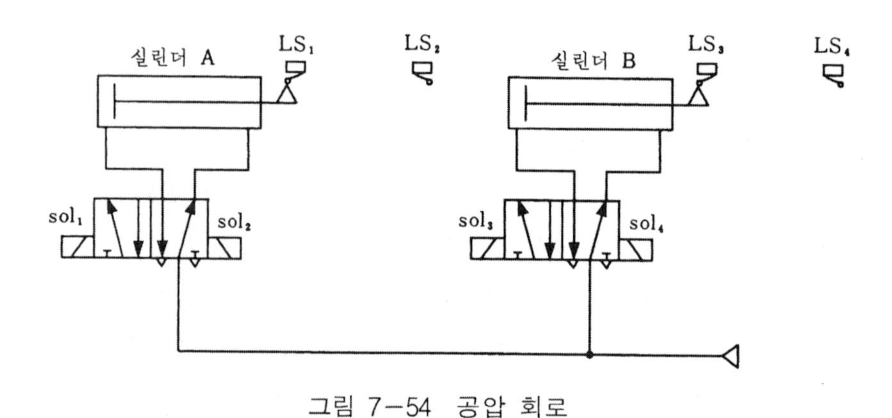

그림 7−54 공압 회로

두 번째로 공압 회로를 작성하고 리밋 스위치를 배치한다. 최소 신호 차단법은 양측 전자 밸브를 사용하였을 때에만 적용되므로 공압 회로를 작성하면 그림 7−54와 같다.

세 번째로 제어 회로를 작성한다. 제어 회로를 작성하기 위해서는 먼저 제어모선을 수직 평행 또는 수평 평행하게 두 줄 그리고

① 제어 회로 구간에는 (그룹 수 – 1)만큼 릴레이를 배치하고 주 회로란에는 그룹 라인을 그린다.

② 시동 스위치와 마지막 스텝 완료 신호인 LS_1을 직렬로 하여 릴레이에 접속하고 자기 유지시킨다. 그리고 주회로에서 분리한 그룹선에 릴레이의 a, b접점으로 신호선을 그린다.

③ 주회로의 Ⅰ라인에서 A+ 동작을 위해 솔레노이드 sol_1과 직접 연결한다.

④ Ⅰ그룹의 두 번째 스텝은 Ⅰ그룹의 첫 스텝이 완료된 후에 이루어져야 하므로 LS_2를 삽입하여 sol_3에 연결한다.

⑤ Ⅰ그룹이 종료되면 신호를 Ⅱ그룹으로 넘겨야 하므로 Ⅰ그룹 신호를 리셋시켜야 한다. 따라서 시퀀스 두 번째 완료신호인 LS_4로 자기 유지를 해제토록 한다.

⑥ ⑤의 동작으로 주 회로의 Ⅱ그룹에 신호가 존재하므로 Ⅱ그룹에서 직접 sol_4에 연결한다. 이로써 세 번째 스텝이 진행된다.

⑦ 세 번째 스텝이 완료된 신호 LS_3를 삽입하여 Ⅱ라인에서 sol_2와 연결하면 회로가 완성된다.

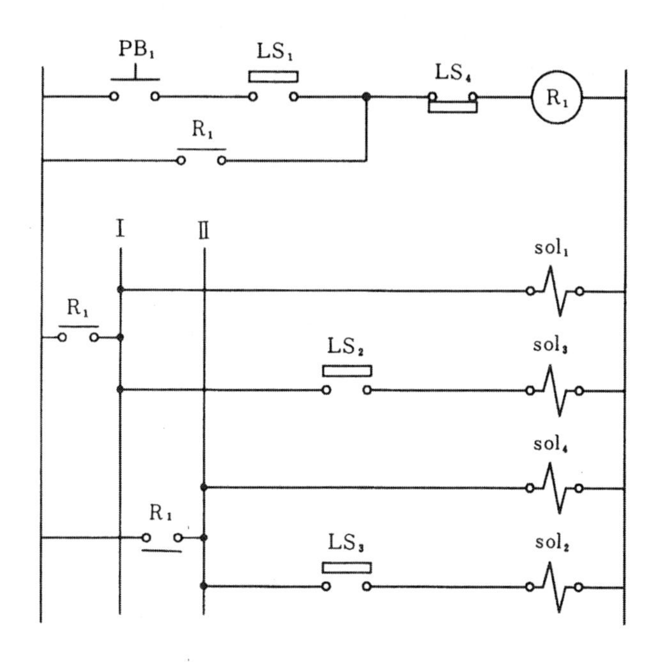

그림 7–55 A+B+B–A–시키는 전기회로

그림 7–55 회로의 동작 원리 및 순서는 다음과 같다.

먼저 시동 스위치인 PB_1 스위치를 누르면 A 실린더가 후진되어 있기 때문에 LS_1 리밋 스위치가 동작되어 있어 릴레이 코일 R_1이 여자된다. 그 결과 R_1 코일이 자기 유지되고 주회로 구간의 Ⅰ그룹 라인에 신호를 공급한다. 따라서 Ⅰ그룹 라인에서 직접 연결된 sol_1이 여자되고 그로 인해 실린더 A가 전진한다. A 실린더가 전진 완료되어 LS_2 리밋 스위치가 ON되면 Ⅰ그룹의 신호가 LS_2를 경유해 sol_3를 여자시키므로 B 실린더가 전진되며, B 실린더가 전진완료 되어 LS_4가 ON되면 릴레이 코일 R_1을 복귀시킨다. 그 결과 Ⅰ그룹에 신호를 공급하는 R_1 a 접점이 열려 Ⅰ그룹의 신호는 없어지고 동시에 R_1의 b 접점에 의해 Ⅱ그룹에 신호가 가해진다. 따라서 Ⅱ그룹에서 신호를 직접 받는 sol_4가 여자되므로 실린더 B가 복귀되고, B 실린더가 복귀완료 되어 LS_3를 ON시키면 Ⅱ그룹의 신호가 LS_3를 통해 sol_2를 여자시킨다. 그로 인해 실린더 A가 후진되고 1사이클 운전이 완료된다.

이와 같이 신호를 최소화하여 회로를 설계하는 최소신호 차단법은, 회로 설계가 간단하고 제어기기가 최소화되어 경제적이기는 하나, 기계나 장치가 정지시에도 주 전원을 차단하지 않는 한 어느 한 그룹에 신호가 존재함에 따라 솔레노이드에 통전한다는 단점이 있다.

또한 앞서 설계한 최대 신호 차단법이나 최소 신호 차단법은 본 예에서와 같이 실린더를 제어하는 전자 밸브가 양측인 경우에만 적용된다는 점이 전기-공압 회로에서 제한적으로 이용되고 있다는 점이다.

제 8 장 실습편

8.1 공압 기초 실습

8.1.1 단동 실린더의 방향 제어 회로

(1) **요구 사항** : 스타트 밸브의 누름 버튼을 누르면 단동 실린더가 전진 운동을 해야 하고, 누름 버튼에서 손을 떼면 즉시 처음 상태로 복귀해야 한다.

(2) **실습 목표** : ① 단동 실린더의 구조 원리와 특성을 익힌다.
② 단동 실린더의 제어 원리를 익힌다.
③ 3포트 2위치 밸브의 구조 원리와 기능을 이해한다.

(3) **구성 기기** : ① 공압 조정 유닛 (PU−2001) −1세트
② 단동 실린더 (PCS−2010) −1개
③ 3포트 2위치 누름 버튼 조작 밸브(NC형) (PPV−2002) −1개
④ 3포트 2위치 공압 작동 밸브(NC형) (PMV−3201) −1개

(4) **회로도**

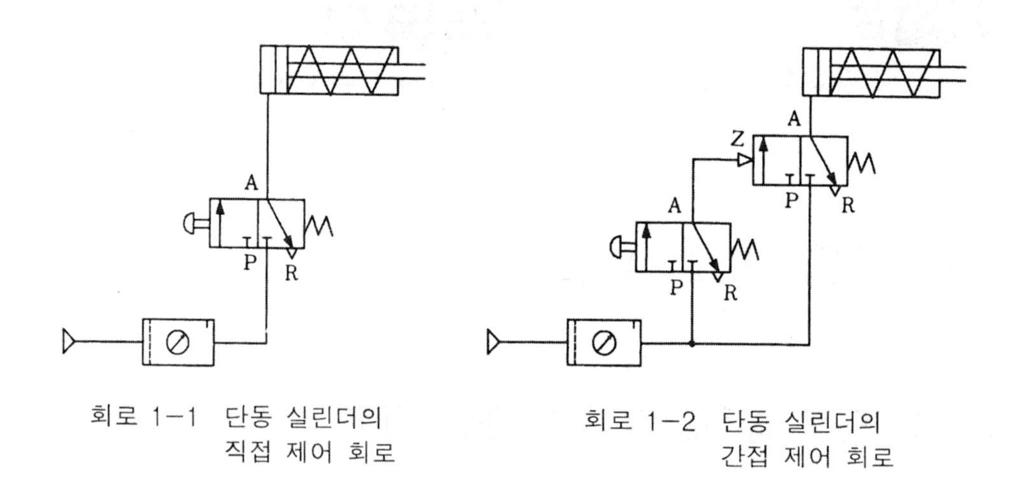

회로 1-1 단동 실린더의 직접 제어 회로

회로 1-2 단동 실린더의 간접 제어 회로

(5) **동작 설명**

회로 1-1은 단동 실린더의 직접 제어 회로로서 초기 상태에서 압축 공기는 누름 버튼 조작 3포트 2위치 변환 밸브의 P 포트에서 차단되어 있어 단동 실린더는 내장된 스프링에 의해 후진되어 있다. 이 상태에서 누름 버튼을 누르면 압축 공기는 3포트 2위치 밸브의 A 포트를 통해 실린더의 피스톤에 작용되므로 실린더의 피스톤은 전진을 시작한다. 누름 버튼에서 손을 떼면 밸브는 그림 상태로 복귀되고 실린더의 피스톤에 작용했던 압축 공기는 R 포트를 통해 대기중으로 방출되므로 실린더는 내장된 스프링력으로 후진한다.

이와 같이 단동 실린더의 운동 방향을 제어하기 위해서는 한 번은 압축 공기를 공급하고 한 번은 압축 공기를 배기시켜야 하므로 3포트 2위치 방향 변환 밸브가 필요하다.

회로 1-2는 단동 실린더의 간접 제어 회로로 실린더의 직경이 크고, 행정 길이가 긴 실린더, 실린더와 조작밸브와의 길이가 길어 배관에 의한 압력 손실이 일어나는 곳 등에 사용되는 회로로서, 누름 버튼 조작 3포트 2위치 밸브로 공압작동 3포트 2위치 밸브를 제어하여 단동 실린더를 제어하는 회로이다.

(6) **실습 순서**

① 주어진 요구사항과 실습 목표를 이해하고 구성 기기를 선정한다.

② 실험 보드에 각종 모듈을 회로도의 모양과 같이 배치한다.

③ 회로도와 같이 배관(튜빙)을 한다.

④ 공압 분배기에 장착된 슬라이드 밸브를 ON시켜 압축 공기를 공급한다.

⑤ 조작 밸브를 ON시켜 동작을 확인한다.

(7) 주의 사항

① 각 모듈을 실험 보드에 고정할 때에는 배관이 용이하고, 상호 간섭이 발생되지 않도록 적당한 간격을 띄워서 배치한다.
② 실린더가 운동하는 전면에는 간섭이 발생하지 않도록 충분한 간격을 띄운다
③ 배관은 압력이 공급될 때 빠지지 않도록 확실히 고정한다.
④ 배관 완료 후 압축 공기를 공급할 때는 약간 떨어진 위치에서 슬라이드 밸브를 서서히 ON시킨다.
⑤ 실습이 종료되면 반드시 압축 공기를 차단하고 호스를 분리한다.
⑥ 각 모듈은 떨어뜨리지 않도록 주의한다.

(8) 연습 문제

① 단동 실린더의 복귀방법에는 어떤 것들이 있는지 설명하시오.

② 복동 실린더에 비해 단동 실린더를 사용할 때의 이점은 무엇인가?

8.1.2 단동 실린더의 속도 제어 회로

(1) **요구 사항** : 단동 실린더의 운동 속도가 천천히 또는 빠르게 조절할 수 있어야 한다.

(2) **실습 목표** : ① 속도제어 원리를 익힌다.
② 단동 실린더의 속도 제어 방법을 익힌다.
③ 속도 제어 밸브의 구조 원리와 기능을 이해한다.

(3) **구성 기기** : ① 단동 실린더 (PCS－2010) －1개
② 3포트 2위치 누름 버튼 조작 밸브 (PPV－2002) －1개
③ 속도 제어 밸브 (일방향 유량 조절 밸브) (PJV－2001) － 1개

(4) **회로도**

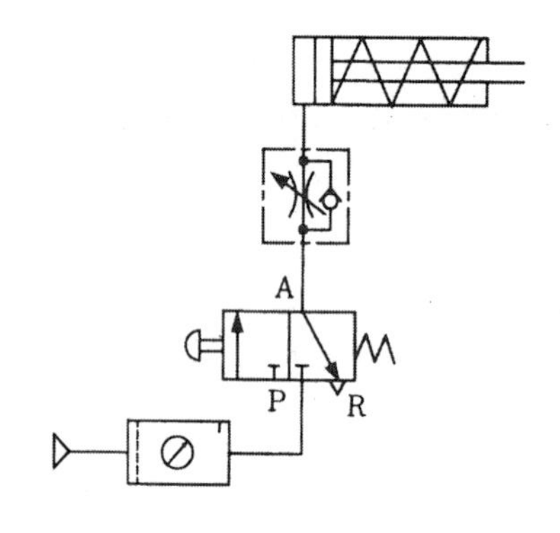

회로 1－3 단동 실린더의 전진 속도 제어 회로

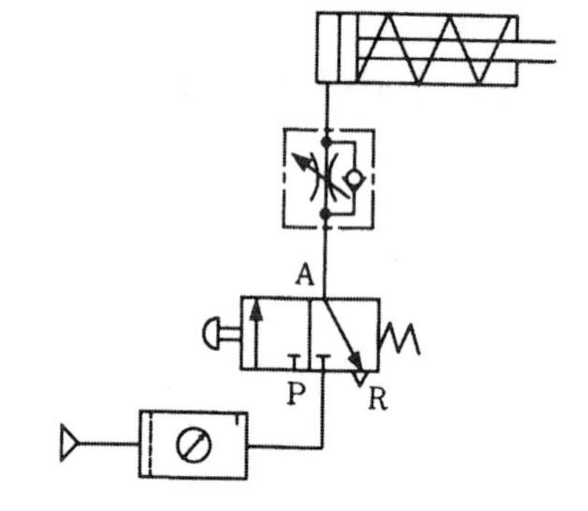

회로 1－4 단동 실린더의 후진 속도 제어 회로

(5) **동작 설명**

실린더의 속도 제어는 공압 기술에서 중요한 기술 중의 하나이다. 실린더의 속도를 제어하기 위해서는 방향 변환 밸브와 실린더 사이에 속도 조절 밸브를 설치하거나 또는 방향 변환 밸브의 배기 포트에 배기 교축 밸브를 설치하여 속도를 조절한다.

회로 1－3은 단동 실린더의 전진 속도 제어 회로로 누름 버튼 조작 3포트 2위치 밸브의 누름 버튼을 누르면 압축 공기는 속도 제어 밸브를 통해 실린더에 가해지

는데, 이 때 속도 제어 밸브에 의해 공급 유량이 조절되기 때문에 운동 속도가 규제된다. 누름 버튼에서 손을 떼면 실린더 내의 공압은 속도 제어 밸브의 체크 밸브를 통해 3포트 밸브의 R 포트로 방출되어 실린더는 내장된 스프링력에 의해 후진하게 된다.

회로 1-4는 단동 실린더의 후진 속도 제어 회로로서 제어 원리는 실린더로부터 유출되는 배기 공기를 속도 제어 밸브로 조절하여 후진 운동 속도를 제어하는 것이다. 다만 단동 실린더는 어느 한 방향의 운동에만 일을 하므로 이와 같은 후진 속도 조절 회로는 의미가 없다.

(6) **연습 문제**

① 단동 실린더의 전진 운동 속도와 후진 운동 속도를 각각 조절하려고 한다. 다음 회로를 완성하시오.

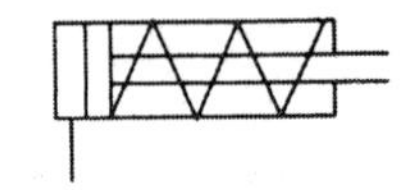

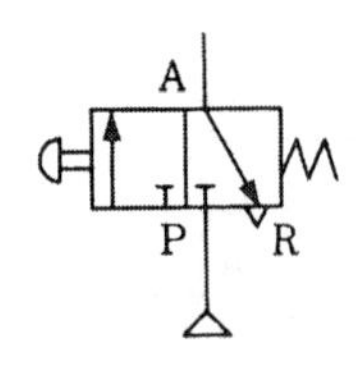

8.1.3 단동 실린더의 급속 후진 회로

(1) **요구 사항** : 단동 실린더의 후진 운동 속도를 증가시키려고 한다.

(2) **실습 목표** : ① 실린더의 속도를 증가시키는 방법을 익힌다.
② 급속 배기 밸브의 구조와 원리를 이해한다.
③ 급속 배기 밸브의 사용 방법을 익힌다.

(3) **구성 기기** : ① 단동 실린더 (PCS－2010) －1개
② 3포트 2위치 누름 버튼 조작 밸브 (PPV－2002) －1개
③ 급속 배기 밸브 (PQV－2001) －1개

(4) **회로도**

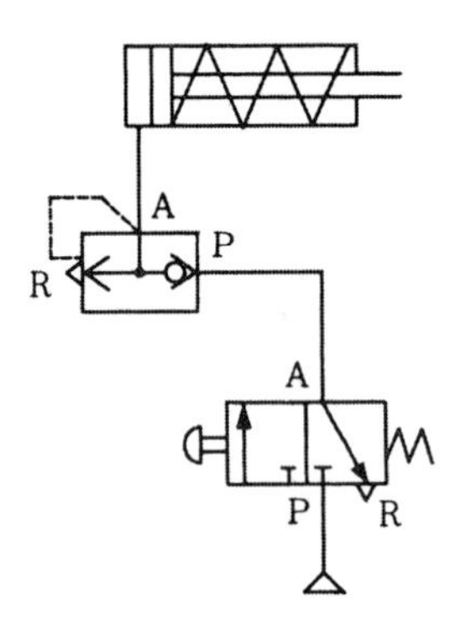

회로 1－5 단동 실린더의 급속 후진 회로

(5) **동작 설명**

회로 1－5에서 누름 버튼 조작 3포트 2위치 변환 밸브를 ON시키면 압축 공기는 급속 배기 밸브를 통해 단동 실린더의 피스톤에 작용되어 실린더가 전진하게 된다.

누름 버튼에서 손을 떼면 3포트 2위치 밸브가 원위치되고 실린더 안의 공기는 급속 배기 밸브의 R 포트를 통해 배기되므로 실린더는 스프링력으로 후진하게 된다.

이 때 실린더의 후진 속도는 3포트 2위치 밸브의 R 포트를 통해 배기되는 경우보다 빨라지는데 그 이유는 실린더가 후진하기 위해서는 피스톤 전진측 단면에 부하가 작용하지 말아야 하는데, 누름 버튼 밸브가 OFF되더라도 전진실의 압축 공

기는 좁은 통로의 배관과 방향 변환 밸브에서 배기 소음을 줄이기 위해 설치된 소음기에 의해 배기 저항이 적용되어 실린더의 후진 속도를 저해하는 꼴이 된다. 그러나 회로 1-5와 같이 실린더 가까이에 급속 배기 밸브를 설치하면 배관 저항이 무시되고 급속 배기 밸브의 R포트 단면적이 큰 관계로 방향 변환 밸브에서 배기 포트에 의한 배기 저항보다 소음기에 의한 배기 저항이 경감되어 실린더의 후진 속도를 향상시키는 것이다.

(6) 연습 문제

① 단동 실린더의 전진운동 속도는 느리게 조절되어야 하고 후진 속도는 급속히 이루어 져야 한다. 다음 회로를 완성하시오.

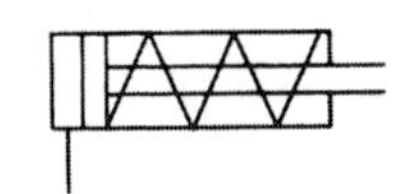

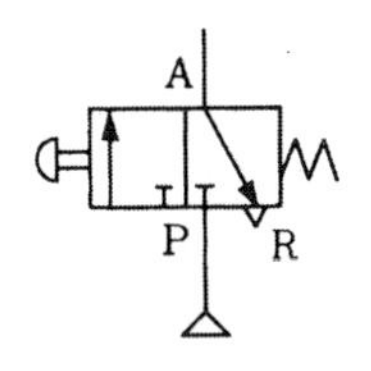

8.1.4 복동 실린더의 방향 제어 회로

(1) **요구 사항** : 시동용 누름 버튼 조작 밸브를 누르면 복동 실린더가 전진되어야 하고 누름 버튼에서 손을 떼면 후진되어 처음 위치로 복귀되어야 한다.

(2) **실습 목표** : ① 복동 실린더의 구조 원리를 익힌다.
② 복동 실린더의 제어 원리를 익힌다.
③ 5포트 2위치 방향 변환 밸브의 구조 원리와 기능을 이해한다.

(3) **구성 기기** : ① 복동 실린더 (PCD－2012) －1개
② 5포트 2위치 누름 버튼 조작 밸브 (PPV－2004) －1개
③ 5포트 2위치 공압 작동 밸브 (PMV－5201) －1개
④ 3포트 2위치 누름 버튼 조작 밸브 (PPV－2002) －1개

(4) **회로도**

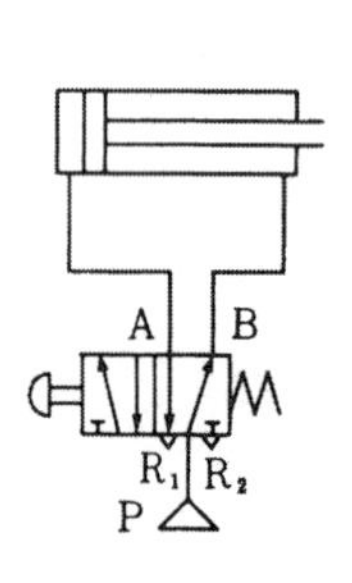

회로 1-6 복동 실린더의 직접 제어 회로

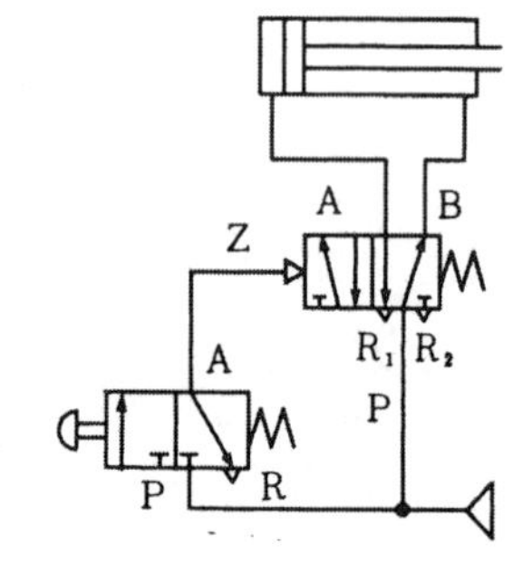

회로 1-7 복동 실린더의 간접 제어 회로

(5) **동작 설명**

회로 1-6은 복동 실린더의 직접 제어 회로로서 초기 상태에서는 5포트 2위치 방향 변환 밸브에서 P포트와 B포트가 연결되고, A포트와 R_1포트가 연결되어 실린더는 회로도와 같이 후진된 위치에 있다.

밸브의 누름 버튼을 누르면 방향 변환 밸브가 위치 전환되어 P포트는 A포트와 연결되고 B포트는 R_2포트에 연결되어 실린더는 전진 운동을 하게 된다. 누름 버

튼에서 손을 떼면 밸브는 내장된 스프링에 의해 원위치로 복귀되고 따라서 실린더도 후진하게 된다. 이와 같이 복동 실린더는 전진 운동과 후진 운동이 모두 압축공기에 의해 이루어지므로 복동 실린더를 제어하기 위해서는 공급과 배기를 동시에 실시해야 한다. 따라서 방향 변환 밸브 중에서 공기 출구인 작업 포트가 2개이어야 하고 출구 포트 하나는 압축 공기를 공급하고 다른 하나는 배기시키는 기능을 가진 밸브이어야 하므로 4포트 밸브나 5포트 밸브가 이에 해당한다.

회로 1-7은 누름 버튼 조작 3포트 2위치 방향 변환 밸브로 공압 작동 5포트 2위치 방향 변환 밸브를 제어하여 복동 실린더를 전·후진시키는 간접 제어 회로이다.

8.1.5 복동 실린더의 속도 제어 회로

(1) **요구 사항** : 복동 실린더의 속도를 천천히 또는 빠르게 조절할 수 있어야 한다.

(2) **실습 목표** : ① 복동 실린더의 속도 제어 원리를 익힌다.
② 속도 제어 회로의 종류와 특성을 이해한다.

(3) **구성 기기** : ① 복동 실린더 (PCD−2012) −1개
② 5포트 2위치 수동 조작 밸브 (PPV−2004) −1개
③ 속도 제어 밸브 (PJV−2001) −2개

(4) **회로도**

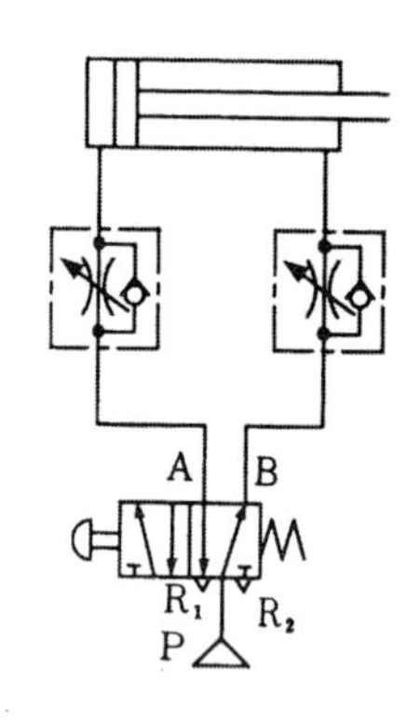

회로 1−8 미터인 제어

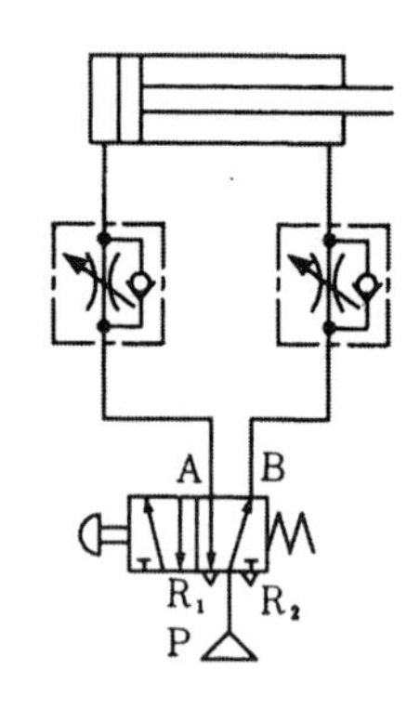

회로 1−9 미터아웃 제어

(5) **동작 설명**

회로 1−8의 미터인 제어 방식은 실린더로 유입되는 공급 공기를 조절하여 속도를 제어하는 방법으로, 이 방식은 실린더의 초기 운동시는 안정감이 있지만 실린더의 배기측 공기 압력은 빨리 배기되고 실린더의 급기측 공기 유량은 교축되기 때문에, 피스톤 전진실과 후진실의 압력 균형이 깨지므로 피스톤의 움직임이 불안정하여 좋은 속도 제어 방법은 아니다.

이와 같은 미터인 제어는 체적이 작은 소형 실린더의 속도 제어에 주로 적용되나, 특히 실린더에 인장하중이 작용하는 경우에는 적용할 수 없다. 또한, 실린더를 수직으로 고정한 경우 하강 방향의 실린더 속도 제어가 부하의 자중으로 낙하하기 때문에 미터인 제어로는 사용할 수 없다.

회로 1-9는 미터아웃 제어 방식이라 불리는 속도 제어 방법으로 실린더로부터 유출되는 배기 유량을 조절하여 속도를 제어하는 방법이다. 이 방법은 운동의 시작에는 힘이 평형을 이룰 때까지 약간의 동요가 발생되지만 이후에는 하중에 관계없이 안정된 속도를 얻을 수 있어 실린더의 속도 제어 방식으로 많이 이용된다. 이 방식에서 속도 조절 밸브는 되도록이면 실린더에 가깝게 설치하는 것이 속도의 안정에 좋다.

(6) **연습 문제**

① 배기 교축 밸브를 사용하여 복동 실린더를 제어하는 속도 제어 회로는 미터인 제어인가, 미터아웃 제어인가?, 또 그 이유를 설명하라.

② 5포트 2위치 수동 조작 밸브로 복동 실린더를 제어한다. 전진 속도는 미터아웃 방식으로 느리게 제어되고 후진 속도는 급속 배기 밸브에 의해 증가시키는 회로를 설계하라.

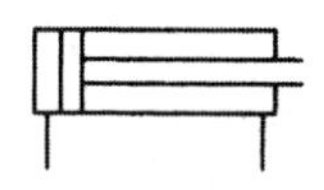

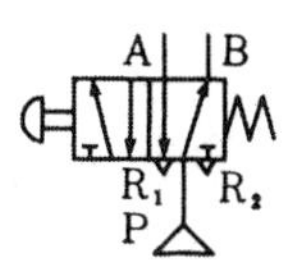

8.1.6 실린더의 중간 정지 회로

(1) **요구 사항** : 복동 실린더를 행정 도중에 임의의 위치에서 정지할 수 있어야 한다.

(2) **실습 목표** : ① 실린더의 중간 정지 회로의 구성과 원리를 이해한다.
② 3위치 방향 변환 밸브의 종류와 적용 예를 익힌다.

(3) **구성 기기** : ① 복동 실린더 (PCD−2012) −1개
② 4포트 3위치 레버 작동 밸브 (PMV−4301) −1개

(4) **회로도**

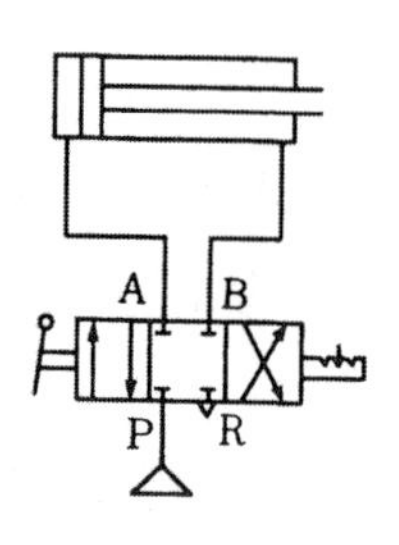

회로 1−10 실린더의 중간 정지 회로(Ⅰ)

(5) **동작 설명**

중간 정지 회로란 피스톤 로드를 행정 거리 임의의 위치에서 정지시키는 회로로서, 공압 실린더의 중간 정지는 공기의 압축성으로 인해 정확한 위치 결정이 어려워 위치 결정의 제어로는 그다지 사용되지 않고, 주로 비상 정지나 공작물의 이동 또는 기계의 조정을 위해 중간 정지시키는 목적으로 사용하는 경우가 많다.

회로 1−10은 클로즈드 센터형 4포트 3위치 밸브를 사용한 복동 실린더의 중간 정지 회로로서 실린더 내의 공기를 블록시켜 피스톤 로드를 정지시키는 회로이다.

동작 원리는 4포트 3위치 변환 밸브의 핸드 레버를 밀면 실린더가 전진하고, 전진 도중에 레버를 중립 위치로 하면 밸브가 그림 상태로 되어 실린더 양 포트의 공기가 블록되므로 실린더는 정지한다. 또한 레버를 앞으로 당기면 실린더는 후진한다.

이 방식은 실린더의 속도가 저속이고 부하가 작은 경우는 중간 정지시의 오버런

양이 적고 따라서 정지 정밀도가 비교적 좋다. 그러나 반대로 실린더의 속도가 고속이고 부하가 큰 경우는 오버런 양이 커지고 정지 정밀도도 떨어지게 된다.

회로 1-11도 실린더 내의 공기를 블록시켜 중간 정지시키는 회로로서 2포트 2위치 밸브를 사용한 예이다.

이 방식에서 복동 실린더의 전 · 후진 제어는 통상의 5포트 2위치 밸브로 이루어지고 실린더 동작중에 2포트 밸브를 ON시키면 MV1, 2가 변환되어 실린더 내의 압축 공기를 블록시키므로 실린더 로드가 정지한다. 이 회로에서 2포트 2위치 밸브는 실린더에 가깝게 설치할수록 정지 정도가 향상된다.

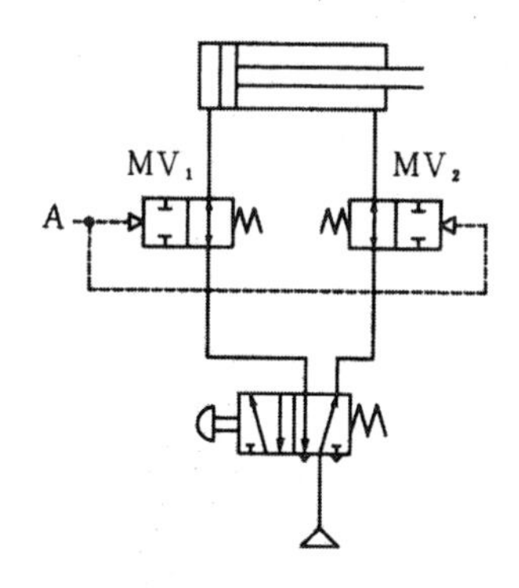

회로 1-11 실린더의 중간 정지 회로(II)

(6) 연습 문제

① 중간 정지 회로의 필요성에 대해 기술하라.

② 공압 복동 실린더를 중간 정지시키는 방법을 모두 기술하라.

③ 중간 정지 상태에서 피스톤 로드를 자유로이 움직일 수 있는 회로를 설계하라.

8.1.7 AND 논리 회로 실습

(1) **요구 사항** : 두 개의 입력 신호가 모두 ON되었을 때에만 복동 실린더가 전진되어야 하고, 두개 중 하나나 둘 모두가 OFF되면 즉시 복귀되어야 한다.

(2) **실습 목표** : ① AND 논리의 기능을 익힌다.
② AND 회로의 구성과 적용 예를 익힌다.

(3) **구성 기기** : ① 복동 실린더 (PCD−2012) − 1개
② 3포트 2위치 누름 버튼 조작 밸브 (PPV−2002) − 2개
③ 5포트 2위치 공압 작동 밸브 (PMV−5201) − 1개
④ 2압(AND) 밸브 (PAV−2001) − 1개

(4) **회로도**

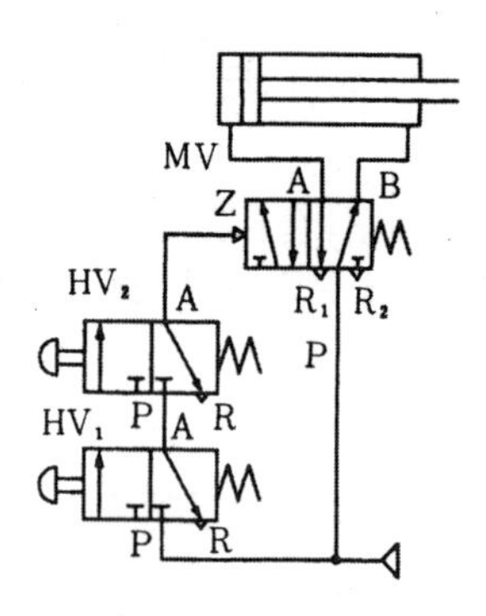

회로 1−12 AND 회로(Ⅰ)

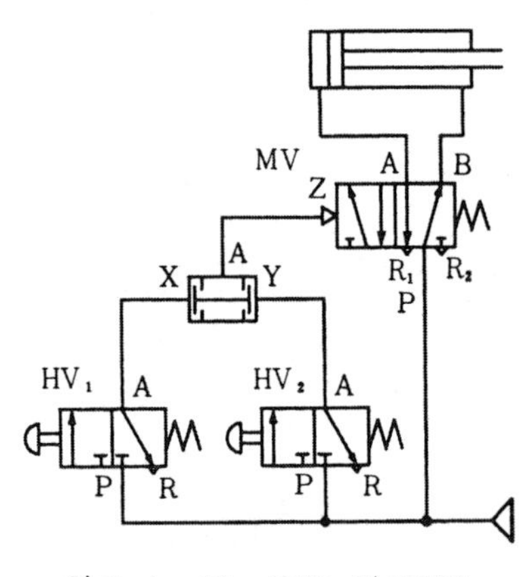

회로 1−13 AND 회로(Ⅱ)

(5) 동작 설명

AND 회로란 2개 이상의 입력 신호를 가진 회로에서 모든 입력이 존재할 때에만 출력을 내는 회로로서, 직렬 회로 또는 동시 조작 회로라고도 한다.

AND 회로는 주로 안전 제어나, 연동 제어, 검사 기능 등에 사용되며, 특히 프레스 장치 등에서 작업자의 손을 보호하기 위해 기동용 스위치를 2개 설치하고 이 2개의 스위치를 두손을 모두 사용하여 조작할 때에만 프레스가 기동하도록 한 것에서부터 양수 조작 회로란 이름이 붙여졌다.

회로 1-12는 2개의 입력 신호를 직렬로 연결한 AND 회로로 누름 버튼 작동 3포트 2위치 밸브 HV_1 및 HV_2가 동시에 ON되어야만 실린더가 전진하고 HV_1 및 HV_2 중 어느 하나나 둘 모두 OFF이면 실린더는 전진하지 않는다.

회로 1-13은 2압 밸브를 사용한 AND 회로로 누름 버튼 작동 밸브 HV_1과 HV_2를 병렬로 설치하고 각각의 신호를 2압 밸브로 받아 5포트 2위치 공압 작동 변환 밸브를 제어하여 실린더를 전・후진시키는 회로이다.

(6) 연습 문제

① 회로 1-12를 실습하고 다음 동작 도표(진리표)를 작성하라.

HV_1	HV_2	출력(피스톤 상태)
OFF	OFF	
ON	OFF	
OFF	ON	
ON	ON	

② 입력 밸브 HV_1, HV_2, HV_3가 모두 ON되었을 때 실린더가 전진하는 회로를 2압 밸브를 사용하여 설계하라.

8.1.8 OR 논리 회로 실습

(1) **요구 사항** : 두 개의 입력 신호 중 어느 하나나 둘 모두 ON되면 복동 실린더가 전진되어야 하고, 둘 모두 OFF되면 즉시 복귀되어야 한다.

(2) **실습 목표** : ① OR 회로의 기능을 익힌다.
② OR 회로의 구성과 적용 예를 익힌다.

(3) **구성 기기** : ① 복동 실린더 (PCD-2012) - 1개
② 3포트 2위치 누름 버튼 조작 밸브 (PPV-2002) - 2개
③ 5포트 2위치 공압작동 밸브 (PMV-5201) - 1개
④ OR(셔틀) 밸브 (POV-2001) - 1개

(4) **회로도**

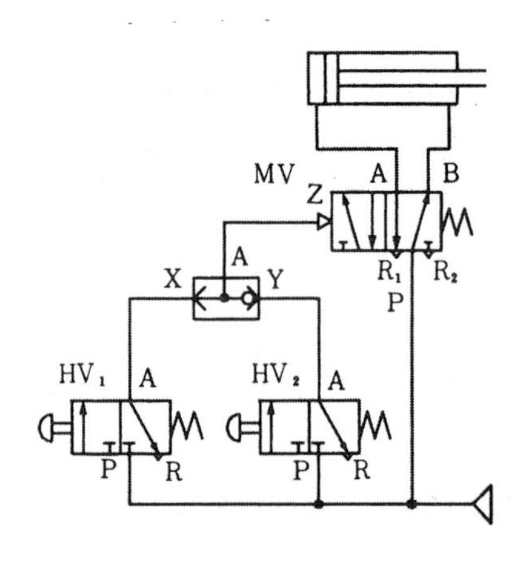

회로 1-14 OR 회로

(5) **동작 설명**

2개 이상의 입력 신호를 가진 회로에서 하나 이상의 입력 신호가 존재하면 출력이 나오는 회로를 OR 회로라 한다.

회로 1-14는 2개의 입력 신호를 가진 OR 회로로 셔틀 밸브를 사용한 예이다.

셔틀 밸브는 두 개의 공기 입구와 한 개의 공기 출구를 가진 밸브로서, 두 개의 입구 중 어느 하나나 두 개 모두에 입력이 존재하면 출구에 압축 공기가 나오는 OR 기능의 밸브로 두 개의 체크 밸브를 조합한 구조이기 때문에 더블 체크 밸브

라고도 한다.

회로의 동작 원리는 수동 조작 밸브 HV_1이 ON되면 압축 공기는 셔틀 밸브 X포트에 입력되어 출구 A로 나와 5포트 2위치 변환 밸브의 Z에 가해져 실린더를 전진시킨다.

또한 HV_2가 ON 되어도 셔틀 밸브 Y포트로 들어가 A포트로 나와 Z측에 가해져 5포트 2위치 밸브를 위치 전환시키고 실린더를 전진시킨다.

이와 같은 OR 회로는 수동·자동의 선택 회로나 원격 조작 등 독립된 위치에서 각각 조작하는 회로에 이용된다.

(6) 연습 문제

① 회로 1-14를 실습하고 다음 동작 도표(진리표)를 작성하시오.

HV_1	HV_2	출력(피스톤 상태)
OFF	OFF	
ON	OFF	
OFF	ON	
ON	ON	

② 다음 조건의 회로를 완성하시오.

2명의 작업자가 한 대의 프레스에서 작업을 할 때, 프레스가 기동되려면 2명의 작업자마다 설치되어 있는 기동용 버튼을 모두 누르면 실린더가 전진하고, 복귀는 피스톤 로드의 전진 끝단에 설치되어 있는 리밋 밸브에 의해 자동적으로 복귀되어야 한다. 다만 기계나 작업자가 위험에 처했을 때는 정지용 버튼으로 언제든지 강제로 복귀시킬 수 있어야 한다.

8.1.9 플립플롭 논리 회로 실습

(1) **요구 사항** : 전진 신호를 주면 복동 실린더가 전진되어야 되고, 후진 신호가 입력될 때까지 전진된 상태가 유지되어야 한다.

(2) **실습 목표** : ① 플립플롭 회로의 기능을 익힌다.
② 플립플롭 회로의 구성과 적용 예를 익힌다.

(3) **구성 기기** : ① 복동 실린더 (PCD－2012) － 1개
② 5포트 2위치 공압 작동 밸브 (PMV－5204) － 1개
③ 3포트 2위치 누름 버튼 조작 밸브 (PPV－2002) － 2개

(4) **회로도**

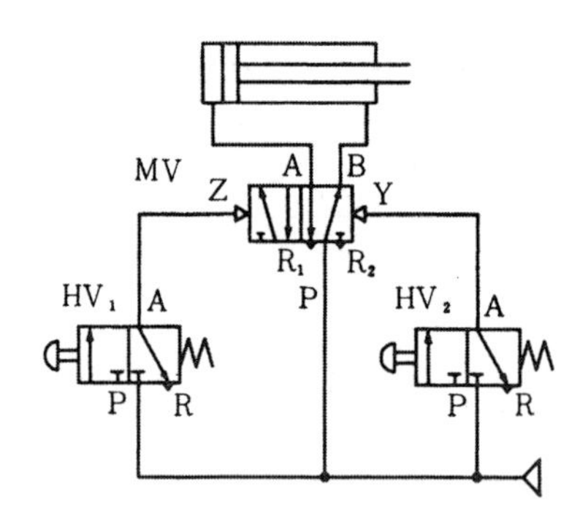

회로 1－15 플립플롭 회로(Ⅰ)

(5) **동작 설명**

플립플롭 회로란 안정된 2개의 출력을 가진 회로에서 입력된 신호를 기억시켜 그 상태를 유지하는 회로. 즉 세트 신호가 입력되면 출력이 전환되고 그 세트 신호가 없어져도 리셋 신호가 입력될 때까지는 그 출력 상태가 유지되는 회로를 말하며, 이 플립플롭 회로를 기억 회로(memory) 라고도 한다.

공압 회로에서 이 기능에 알맞는 것은 양방향 공압 작동형의 마스터 밸브이고 이것을 응용한 회로가 회로 1－15이다.

회로 1－15의 동작 원리는 HV_1의 세트 신호가 입력되면 메모리 밸브 MV가 위치 전환되어 실린더가 전진한다. 실린더의 전진상태는 리셋 신호인 HV_2가 ON될 때까지 그 상태를 유지하다가 HV_2가 ON되면 비로소 실린더가 후진한다.

회로 1－16은 스프링 복귀식 밸브를 이용한 복동 실린더의 전후진 회로로서 플립플롭 회로를 응용한 회로이다. 동작 원리는 전진 신호용 HV_1밸브를 누르면 공압 신호가 셔틀 밸브를 지나 RV_1 밸브에 가해지고 그 결과 RV_1이 위치 전환되어 MV 밸브를 ON시키므로 실린더가 전진한다. 이때 HV_1 밸브가 OFF되어도 RV_1에서 나온 공기의 일부가 셔틀 밸브를 통해 RV_1의 조작 신호로 계속 가해지므로 실린더의 피스톤은 전진 상태가 유지된다. 즉, 세트 신호를 ON시킨 후 제거해도 파일럿 신호에 의해 그 상태가 유지되는 플립플롭을 형성한 회로이다.

한편 후진 신호용 HV_2 밸브를 ON시키면 RV_2 밸브가 위치 전환되어 RV_1에 공급하는 압축 공기를 차단시키므로 MV 밸브에 가해지는 조작신호가 소멸되는 동시에 플립플롭도 해제되어 실린더가 후진한다.

이 회로는 진동이 발생되어도 플립플롭이 해제되는 일이 없다는 장점이 있어 기계의 진동이 심해 회로 1－15와 같은 회로를 사용할 수 없는 경우에 적합하다.

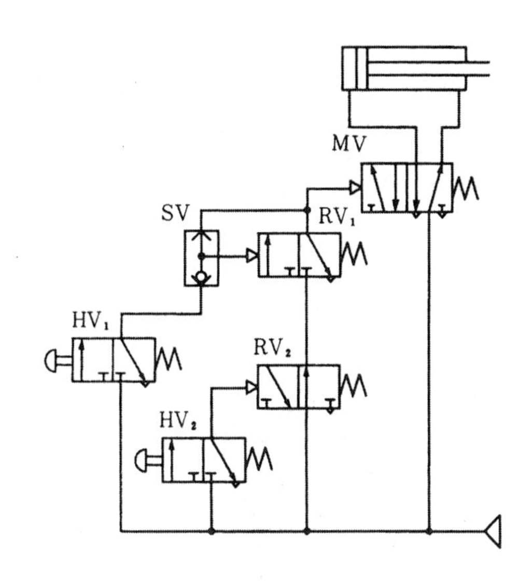

회로 1－16 플립플롭 회로(II)

8.2 공압 응용회로 실습

8.2.1 자동 왕복작동 회로

(1) **요구 사항** : 복동 실린더가 누름 버튼 조작 밸브를 ON시키면 전진하고, 전진 끝단에 도달되면 리밋 밸브 신호에 의해 자동적으로 후진되어야 한다.

(2) **실습 목표** : ① 실린더의 자동 복귀 회로에 대해 알아본다.
② 리밋 밸브의 용도와 검출 원리를 익힌다.

(3) **구성 기기** : ① 복동 실린더 (PCD−2012) − 1개
② 5포트 2위치 공압 작동 밸브 (PMV−5204) − 1개
③ 3포트 2위치 누름 버튼 조작 밸브 (PPV−2002) − 1개
④ 3포트 2위치 리밋(롤러 레버 작동) 밸브 (PRV−2001) − 1개

(4) **회로도**

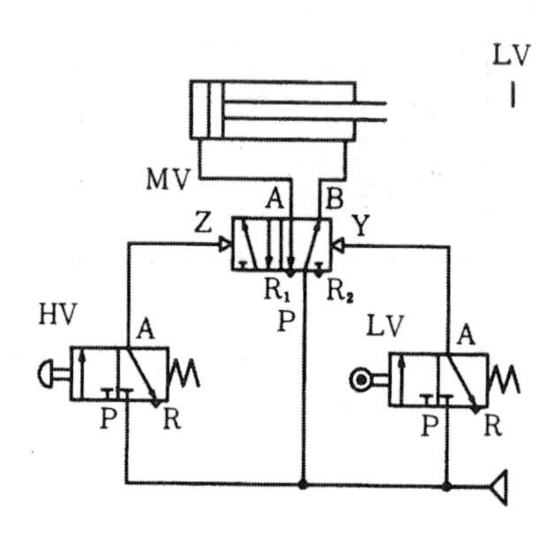

회로 2−1 복동 실린더의 자동 복귀 회로

(5) **동작 설명**

일반적으로 복동 실린더의 방향 제어 회로에서는 실린더가 행정 끝까지 도달되면 복귀되어야 하며, 복귀시키는 방법에는 수동적인 방법과 자동적인 방법이 있다.

자동적인 방법에는 시간 지연 밸브를 이용하여 설정된 시간 후에 복귀시키는 방법, 압력 제어 밸브를 이용하여 피스톤실 내의 압력이 설정치에 도달되면 복귀시키는 방법, 행정 끝단을 기계적으로 검출하여 복귀시키는 방법 등이 있으나, 일반적으로 회로 2-1과 같이 실린더의 행정 끝단에 롤러에 의해 작동되는 밸브를 설치하고 실린더 로드 끝의 도그(dog)에 의해 이 밸브를 ON시켜 자동적으로 후진시키는 회로가 많이 이용된다.

2-1 회로의 동작 원리는 누름 버튼 조작 3포트 2위치의 HV 밸브를 ON시키면 실린더가 전진한다. 실린더가 전진 도중에 누름 버튼 밸브 HV에서 손을 떼도 실린더는 끝까지 전진하고, 전진 끝단까지 도달되어 리밋 밸브 LV를 ON시키면 자동적으로 후진한다.

(6) **연습 문제**

① 실린더의 자동 복귀 회로의 종류와 방법을 구체적으로 기술하라.

8.2.2 연속 왕복 작동 회로

(1) **요구 사항** : 복동 실린더가 수동 조작 밸브를 ON시키면 행정 끝단에 설치된 리밋 밸브의 신호에 의해 연속적으로 왕복작동 되고, 수동조작 밸브를 OFF시키면 후진된 상태에서 정지되어야 한다.

(2) **실습 목표** : ① 연속 왕복 작동 회로의 기능을 익힌다.
② 연속 왕복 작동 회로의 구성과 동작 원리를 익힌다.

(3) **구성 기기** : ① 복동 실린더 (PCD－2012) － 1개
② 5포트 2위치 공압 작동 밸브 (PMV－5204) － 1개
③ 3포트 2위치 수동 전환 밸브 (PPV－2004) － 1개
④ 3포트 2위치 리밋(롤러 레버 작동)밸브 (PRV－2001) － 2개

(4) **회로도**

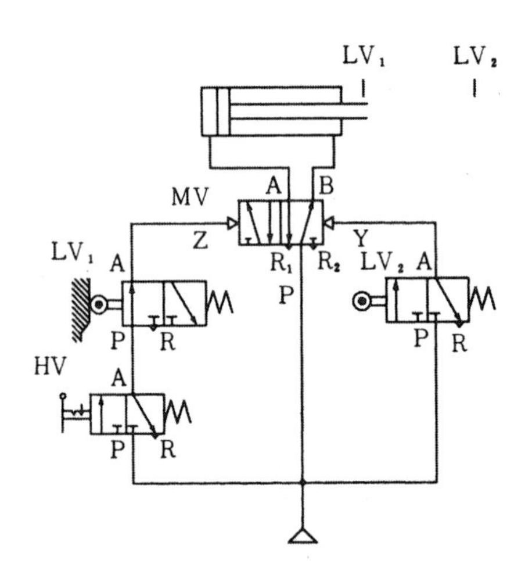

회로 2－2 연속 왕복 작동 회로

(5) **동작 설명**

회로 2－2에서 수동 전환 밸브서 HV를 ON시키면 압축 공기는 HV의 A포트로 나와 후진 끝단에 설치된 LV_1 밸브를 통해 마스터 밸브의 Z에 가해져 밸브를 전환시키고 그 결과 실린더가 전진한다. 실린더가 전진하기 시작하면 LV_1이 실린더 도그로부터 떨어져 OFF되나 마스터 밸브가 메모리 밸브이기 때문에 실린더는 전진

을 계속한다. 실린더가 전진 완료되어 피스톤 로드 끝단에 설치된 도그가 리밋 밸브 LV_2를 ON시키면 LV_2의 신호가 마스터 밸브의 Y 포트에 가해져 마스터 밸브가 처음 상태로 위치 전환되어 실린더를 후진시킨다. 실린더가 후진 끝단에 도달되어 LV_1밸브가 ON되면 다시 MV 밸브가 전환되고 실린더가 전진한다. 실린더는 이와 같은 동작을 수동 조작 밸브 HV를 OFF시킬 때까지 연속적으로 반복하고, HV를 어느 시점에서 OFF시키더라도 후진 위치에서 정지한다.

(6) 연습 문제

① 회로 2-2는 실린더가 전진 도중에 HV를 OFF시켜도 전진 끝까지 도달된 후 복귀하여 정지하나 만일 실린더가 전진중에 HV를 OFF시키면 전진된 상태에서 정지하고 후진 중에 OFF 시키면 후진된 상태에서 정지하도록 회로를 설계하라.

8.2.3 시간 지연 회로

(1) **요구 사항** : 전진 신호를 주면 복동 실린더가 전진하고 5초 후에 자동적으로 후진되어야 한다.

(2) **실습 목표** : ① 공압에서 시간지연 회로의 구성을 익힌다.
② 시간 지연 밸브의 구조 원리와 기능을 익힌다.

(3) **구성 기기** : ① 복동 실린더 (PCD−2012) − 1개
② 5포트 2위치 공압 작동 밸브 (PMV−5204) − 1개
③ 3포트 2위치 누름 버튼 조작 밸브 (PPV−2002) − 1개
④ 시간 지연 밸브 (PTV−2001) − 1개

(4) **회로도**

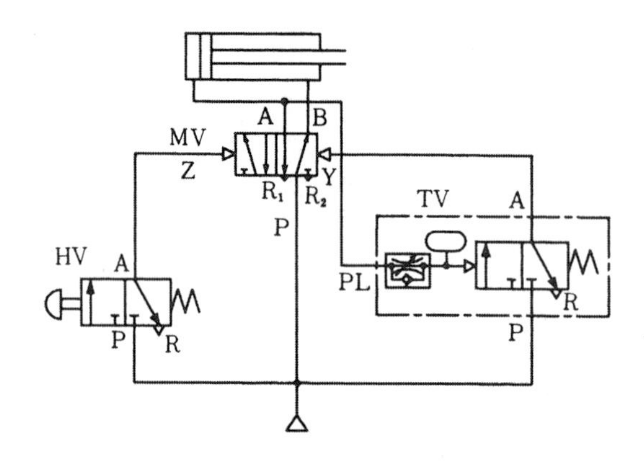

회로 2−3 시간지연 밸브에 의한 자동 복귀 회로

(5) **동작 설명**

시간지연 회로란 전기 회로에서 타이머 회로와 같이 신호가 입력되면 설정된 시간 후에 출력이 나오는 회로로서 시간 지연 밸브를 이용한다.

회로 2−3은 ON 딜레이형 시간 지연 밸브를 이용한 것으로 누름 버튼 조작 밸브 HV를 ON시키면 실린더가 전진한다. 동시에 압축 공기의 일부는 시간 지연 밸브를 들어가 일정 시간 후에 3포트 2위치 밸브가 ON되어 마스터 밸브 MV를 위치 전환시키므로 실린더가 후진되는 회로이다.

한편 회로 2−3에서는 실린더가 출발할 때부터 시간 지연 밸브가 가동되기 때문

에 실린더가 전진 끝단에 도달된 후부터 일정시간 설정 후에 정확히 복귀시키는 것이 어렵다. 따라서 전진 끝단에서 일정시간 경과 후에 복귀시키기 위해서는 회로 2-4와 같이 실린더가 전진 끝단에 도달된 후부터 시간 지연 밸브가 동작하도록 리밋 밸브를 사용하여 리밋 밸브의 신호로서 시간 지연 밸브가 작동되도록 하여야 한다.

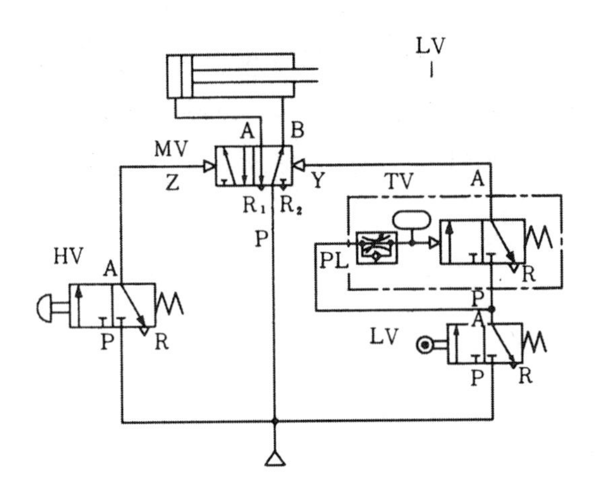

회로 2-4 전진 끝단에서 일정 시간 정지 후 복귀하는 회로

(6) 연습 문제

① 시간 지연 밸브에서 시간을 만들어 내는 원리를 설명하라.

② 회로 2-3 및 2-4를 실습하고 설정 시간을 2초, 3초, 5초로 각각 설정하여 실습하고 다이얼 눈금을 기록하라.

설정 시간	다이얼 눈금 (회전수)
2초	
3초	
5초	

③ 시간 지연 밸브에 그려진 포위선(일점쇄선)의 의미는 무엇인가?

④ 3포트 2위치 수동 조작 밸브를 누르면 복동 실린더의 피스톤이 전진하고, 전진 끝단에 도달된 후 5초 후에 복귀되어야 한다. 단, 이 때 전진 신호용 누름 버튼이 계속 눌려 있어도 실린더의 복귀가 가능해야 하고 다시 전진시키기 위해서는 누름 버튼을 다시 눌러야만 가능하다. 회로를 설계하라.

8.2.4 압력 제어 회로

(1) **요구 사항** : 전진 신호를 주면 복동 실린더가 전진되어야 하고, 후진은 실린더가 일정한 힘(일정한 압력) 이상 작용되어야만 가능하다.

(2) **실습 목표** : ① 압력 제어의 회로의 구성을 익힌다.
② 시퀀스 밸브의 기능과 원리를 익힌다.

(3) **구성 기기** : ① 복동 실린더 (PCD-2012) - 1개
② 5포트 2위치 공압 작동 밸브 (PMV-5204) - 1개
③ 3포트 2위치 누름 버튼 조작 밸브 (PPV-2002) - 1개
④ 시퀀스 밸브 (PR-2001) - 1개
⑤ 압력계 (PG-2001) - 1개

(4) **회로도**

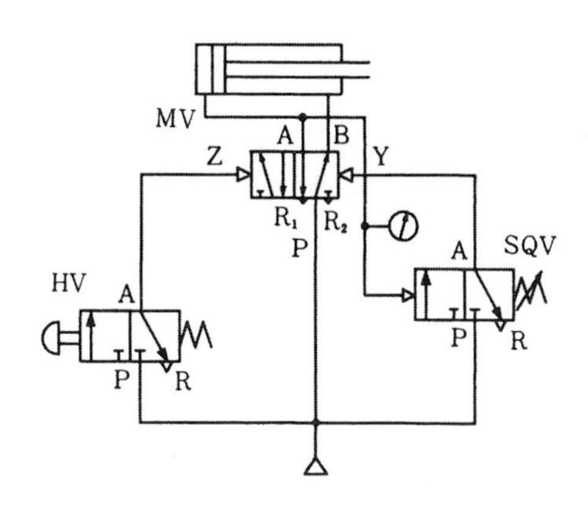

회로 2-5 압력 제어 회로

(5) **동작 설명**

시퀀스 밸브는 설정된 압력 이상이 되어야만 밸브가 작동되는 압력 제어 밸브의 일종으로 공압에서는 실린더가 전진하여 일정 이상의 힘(압력)으로 가압한 후 복귀하는 회로나, 압력 신호에 의한 순차적으로 작동되는 회로에 사용된다.

회로 2-5는 HV의 누름 버튼 조작 밸브를 ON시키면 실린더가 전진한다. 후진은 실린더 전진실의 압력이 시퀀스 밸브에 설정된 압력까지 상승되어야만 시퀀스

밸브가 ON되어 5포트 2위치 MV 밸브가 복귀되고 실린더가 후진된다.

(6) 연습 문제

① 시퀀스 밸브에서 압력이 설정되는 원리를 설명하라.

② 회로 2-5는 실린더 전진 도중에 피스톤에 충분한 외력이 가해지면 실린더가 복귀될 수 있다. 이러한 문제점을 보완하기 위해 실린더가 전진 끝단까지 도달되어야 하고 일정 이상의 압력이 작동되었을 때에만 실린더가 후진되도록 회로를 설계하라.

8.2.5 교번 작동 회로

(1) **요구 사항** : 스타트 밸브를 ON시킬 때마다 실린더의 전진과 후진 운동이 교대로 이루어져야 한다.

(2) **실습 목표** : ① 입력 신호가 입력될 때마다 액추에이터의 운동이 교번 작동되는 회로의 구성을 익힌다.

(3) **구성 기기** : ① 복동 실린더 (PCD−2012) − 1개
② 5포트 2위치 공압 작동 밸브 (PMV−5204) − 2개
③ 2압 밸브 (PAV−2001) − 2개
④ 3포트 2위치 누름 버튼 조작 밸브 (PPV−2002) − 1개
⑤ 스피드 컨트롤러 (PJV−2001) − 2개

(4) **회로도**

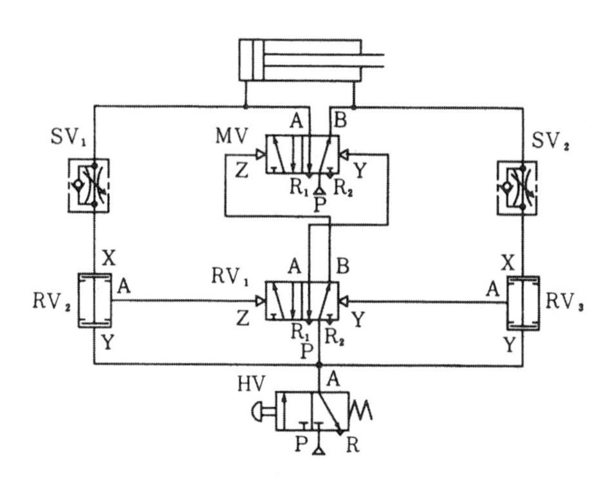

회로 2−6 교번 작동 회로

(5) **동작 설명**

회로 2−6은 5포트 2위치 메모리 밸브와 2압 밸브를 이용한 교번 작동 회로로서, 누름 버튼 조작 3포트 2위치 밸브를 누를 때마다 전진과 후진 운동이 교번되는 회로이다.

그림 상태에서 누름 버튼을 누르면 실린더가 전진하고 누름 버튼에서 손을 떼면

RV_1이 전환되고 다시 누름 버튼을 누르면 공기 신호는 RV_1을 통해 MV의 Y측에 작용되어 실린더는 후진한다. 또 누름 버튼에서 손을 떼면 MV의 B 포트에서 나온 일부의 공기가 RV_3을 지나 RV_1을 변환시켜 그림 상태로 복귀시킨다. 여기서 재차 누름 버튼을 누르면 실린더가 다시 전진되며 이상과 같은 동작을 반복한다.

8.3 공압 시퀀스 회로 실습

8.3.1 A+B+A-B-의 회로

(1) **요구 사항** : 두 개의 복동 실린더가 시동 신호를 주면 리밋 밸브의 신호에 의해 A+B+A-B-의 순서로 순차 작동되어야 한다.

(2) **실습 목표** : ① 순차 작동 회로의 설계 방법을 익힌다.
② 시퀀스 회로의 동작 원리를 익힌다.

(3) **구성 기기** : ① 복동 실린더 (PCD-2012) - 2개
② 5포트 2위치 공압 작동 밸브 (PMV-5204) - 2개
③ 3포트 2위치 리밋(롤러 레버 작동) 밸브 (PRV-2001) - 4개
④ 3포트 2위치 누름 버튼 조작 밸브 (PPV-2002) - 1개

(4) **회로도**

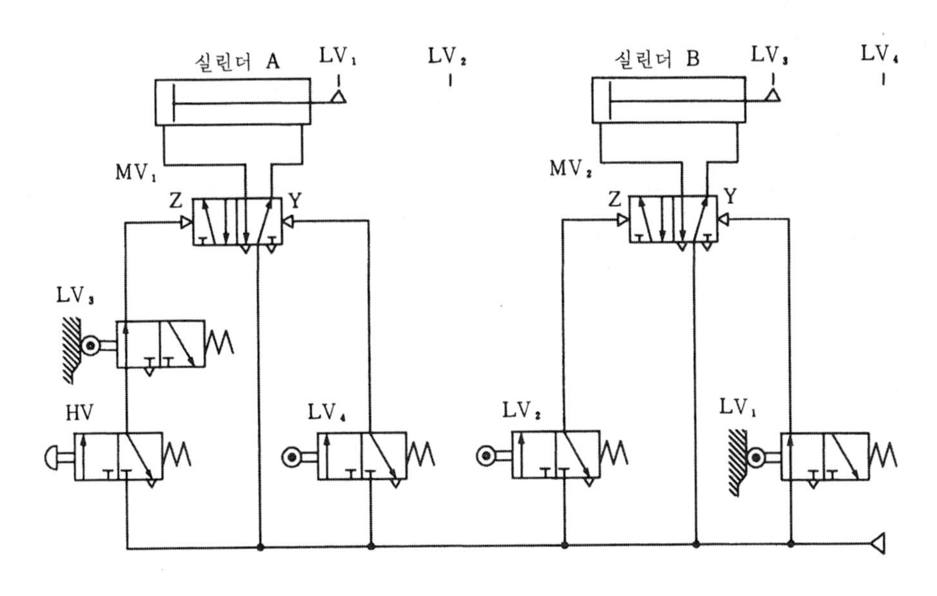

회로 3-1 A+B+A-B- 회로

(5) 동작 설명

회로 3-1은 실린더의 전진 끝단과 후진 끝단 검출을 위해 리밋 밸브를 설치하여 이 리밋 밸브의 신호로 두개의 실린더를 순차 작동시킨 것으로 동작 순서 및 원리는 다음과 같다.

작업 준비 상태에서는 실린더 A, B가 후진되어 있으므로 LV_1과 LV_3은 실린더 로드 끝의 도그에 의해 눌려져 ON상태이다.

① 1단계 : 시동 신호용 HV의 누름 버튼을 누르면 공압은 HV와 LV_3을 통과하여 MV_1의 Z측에 작용되어 MV_1을 위치 전환시키고 실린더 A를 전진시킨다.

② 2단계 : 실린더 A가 전진하면 LV_1이 OFF되고 LV_2가 ON된다. 따라서 LV_2에서 나온 공압 신호가 MV_2를 위치 전환시키므로 실린더 B가 전진된다.

③ 3단계 : 실린더 B가 전진하면 LV_3이 OFF되고 LV_4가 ON되므로 LV_4에서 신호를 받는 MV_1이 원위치되므로 실린더 A가 복귀한다.

④ 4단계 : 실린더 A가 복귀하면 LV_2는 OFF되고 LV_1이 ON되므로 LV_1에 의해 MV_2가 리셋되고 실린더 B가 복귀한다.

이상으로 1사이클이 동작되고 두 개의 실린더 및 모든 밸브는 준비 단계인 초기 상태로 복귀되어 정지한다.

(7) 연습 문제

① 회로 3-1에서 시동 신호용 HV의 누름 버튼을 계속 누르고 있으면 실린더의 동작이 어떻게 되는지 설명하라.

8.3.2 A+B+B-A-의 회로

(1) **요구 사항** : 두 개의 복동 실린더가 시동 신호를 주면 A+B+B−A−의 순서로 순차 작동되어야 한다.

(2) **실습 목표** : ① 신호 중복의 개념과 중복 신호 제거 방법을 습득한다.
② 일방향 작동 롤러 레버 밸브의 작동 원리를 익힌다.

(3) **구성 기기** : ① 복동 실린더 (PCD−2012) − 2개
② 5포트 2위치 공압 작동 밸브 (PMV−5204) − 2개
③ 3포트 2위치 리밋(롤러 레버 작동) 밸브 (PRV−2001) − 2개
④ 3포트 2위치 일방향 작동 롤러 레버 밸브 (PRV−2003) − 2개
⑤ 3포트 2위치 누름 버튼 조작 밸브 (PPV−2002) − 1개

(4) **회로도**

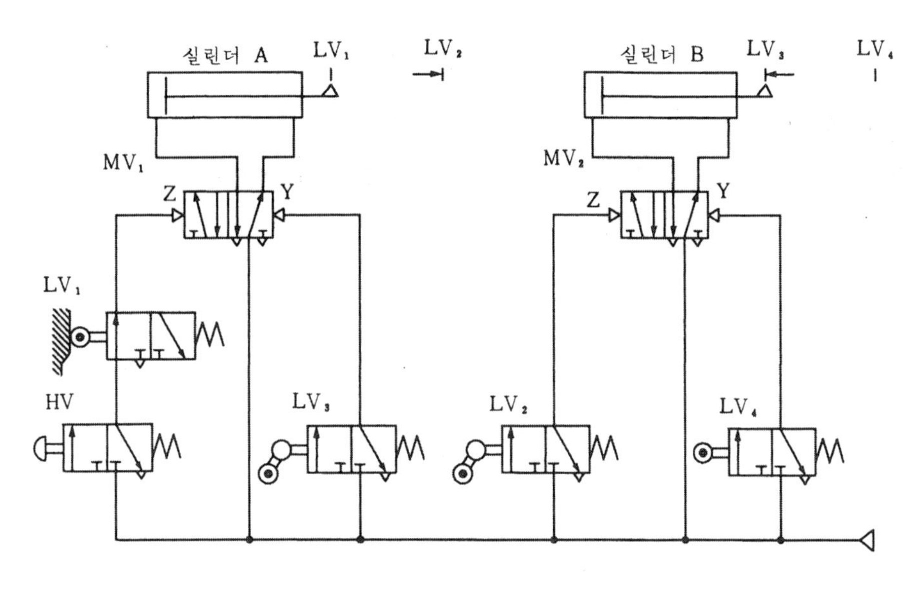

회로 3−2 A+B+B−A− 회로

(5) **동작 설명**

회로 3−2는 신호 중복이 발생되는 A+B+B−A−의 시퀀스를 일방향 작동 롤러 레버 밸브의 의해 중복 신호를 제거한 순차 작동 회로이다.

회로의 동작 원리는 다음과 같다.

① 준비 단계 : 실린더 A, B가 후진되어 있으며 실린더 A의 후진 끝 검출용 LV_1은 ON되어 있으나 실린더 B의 후진끝 검출용 LV_3은 일방향 작동 롤러 레버 밸브이기 때문에 OFF되어 있다. 그 이유는 LV_3은 후진끝 검출용이기는 하나 신호중복을 일으키기 때문에 일방향 작동 롤러 레버 밸브를 사용하였고, 따라서 행정 끝보다 약간 앞선 위치에 고정되어 있으므로 OFF된 상태이다.

② 1단계 : 시동 신호용 HV를 ON시키면 HV와 LV_1을 통과한 압축 공기가 MV_1을 세트시키고 실린더 A가 전진된다.

③ 2단계 : 실린더 A가 전진하면서 행정 끝단 전에서 LV_2를 ON시키고 통과한다. 이 때 LV_2의 신호에 의해 MV_2가 위치 전환되고 실린더 B가 전진한다.

④ 3단계 : 실린더 B가 전진 완료하여 LV_4를 ON시키면 MV_2가 리셋되고 그에 따라 실린더 B가 후진한다.

⑤ 4단계 : 실린더 B가 후진하면서 후진 끝단 직전에서 LV_3을 ON시키고 통과하므로 MV_1이 위치 전환되고 실린더 A가 후진한다.

이상으로 1사이클이 종료되고 모든 실린더 및 밸브가 회로 3-2와 같은 상태로 복귀한다.

(7) **연습 문제**

① 위 회로 3-2를 실습하고 다음 동작 선도 및 제어 선도를 작성하고, 신호 중복이 발생된 부분을 표시하라.

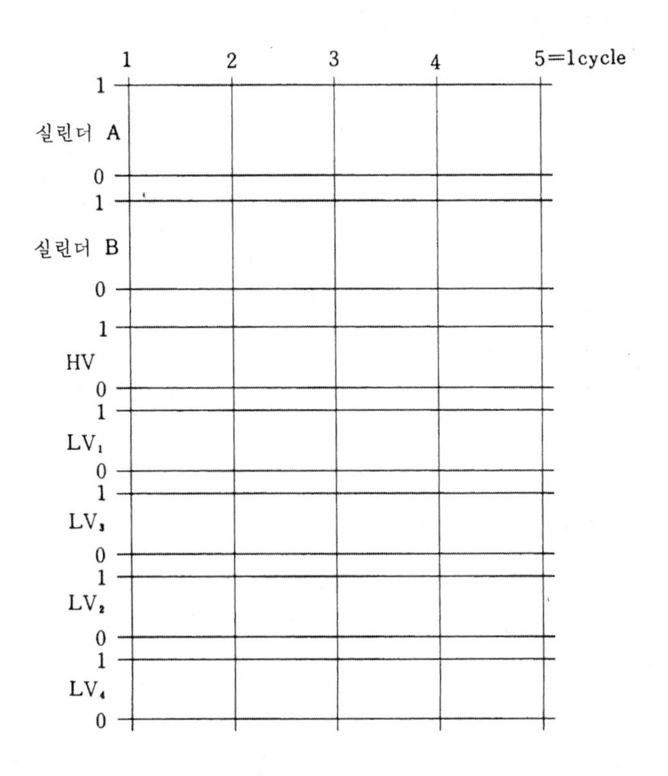
1
2
3
4
5=1cycle
1
실린더 A
0
1
실린더 B
0
1
HV
0
1
LV1
0
1
LV3
0
1
LV2
0
1
LV4
0

8.3.3 A+B+B-A-의 회로

(1) **요구 사항** : 두 개의 복동 실린더가 시동 신호를 주면 A+B+B-A-의 순서로 순차 작동되어야 한다. 다만 신호 중복이 발생되는 신호 부분은 시간 지연 밸브를 이용하여 중복 신호를 제거해야 한다.

(2) **실습 목표** : ① 시간 지연 밸브에 의해 신호 중복을 방지하는 회로에 대해 알아본다.
② 시간 지연 밸브의 구성과 기능을 이해하고 시간 지연 밸브를 조립하여 본다.

(3) **구성 기기** : ① 복동 실린더 (PCD-2012) - 2개
② 5포트 2위치 공압 작동 밸브 (PMV-5204) - 2개
③ 3포트 2위치 리밋(롤러 레버 작동) 밸브 (PRV-2001) - 4개
④ 3포트 2위치 누름 버튼 조작 밸브 (PPV-2002) - 1개
⑤ 시간 지연 밸브(N, O형 - 2개) 또는 스피드 컨트롤러 및 3포트 2위치 공압 작동 밸브(N, O형) 각 2개

(4) **회로도**

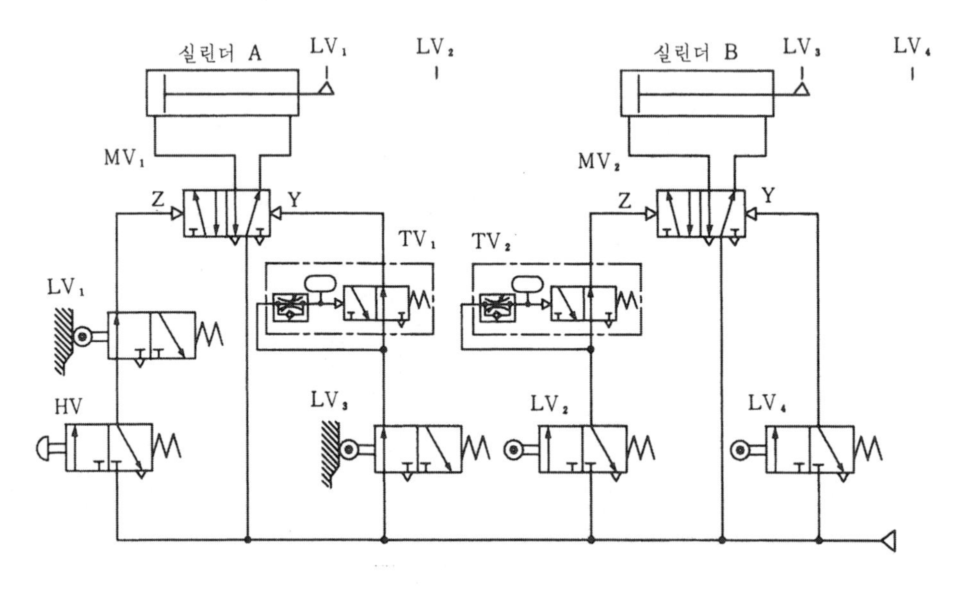

회로 3-3 A+B+B-A- 회로

(5) 동작 설명

회로 3-3은 신호 중복이 발생된 부분을 시간 지연 밸브에 의해 신호를 펄스적으로 발생시켜 중복 신호를 제거한 회로이다.

회로의 구성은 시동 신호인 HV를 ON시키면 LV_1을 통과한 압축 공기가 MV_1의 Z측에 가해져도 LV_3이 초기 상태에서 ON되어 있어 위치 전환이 안 되므로 시간 지연 밸브 TV_1이 간섭 신호를 제거해 준다. 또한 실린더 B에 있어서도 실린더 A가 전진하여 LV_2가 ON되고 그 신호로 MV_2를 세트시켜 실린더 B를 전진시킨다. B 실린더가 전진 완료되어 LV_4가 ON되면 LV_4의 신호에 의해 B 실린더가 후진되어야 하나 이 때 실린더 A가 전진된 상태에서 정지되어 있으므로 LV_2의 신호가 계속 ON되어 있다. 그 결과 MV_2의 Z와 Y 포트에 동시 신호가 작용되므로 시간 지연 밸브 TV_2에 의해 간섭 신호를 제거하도록 구성된 회로이다.

(6) 연습 문제

① 회로 3-3에서 시간 지연 밸브 TV_2의 설정 시간은 무엇을 기준해서 설정해야 하는가?

② 연속 동작시키기 위해 마지막 운동 스텝인 A 실린더가 후진되자마자 곧바로 다음 사이클이 이루어지려면 TV_1의 설정 시간은 어떻게 해야 하는가?

8.3.4 A+A-B+B-의 회로

(1) **요구 사항** : 두 개의 복동 실린더가 시동 신호를 주면 A+A−B+B−의 순서로 순차 작동되어야 한다. 그러나 실린더가 작동 중에 비상 정지 버튼을 누르면 즉시 모든 실린더가 초기 위치로 복귀되어야 하며, 다음 작업은 처음부터 시동 스위치에 의해 가능해야 한다.

(2) **실습 목표** : ① 신호 중복이 발생된 회로의 중복 신호 제거 방법을 습득한다.
② 비상 정지 개념과 회로 설계 원리를 익힌다.

(3) **구성 기기** : ① 복동 실린더 (PCD−2012) − 2개
② 5포트 2위치 공압 작동 밸브 (PMV−5204) − 2개
③ 3포트 2위치 리밋(롤러 레버 작동) 밸브 (PRV−2001) − 3개
④ 3포트 2위치 일방향 작동 롤러 레버 밸브 (PRV−2003) − 1개
⑤ 3포트 2위치 누름 버튼 조작 밸브 (DV−332B−1) − 1개
⑥ 5포트 2위치 누름 버튼 조작 밸브 (PPV−2004) − 1개
⑦ 셔틀 밸브 (POV−2001) − 2개

(4) **회로도**

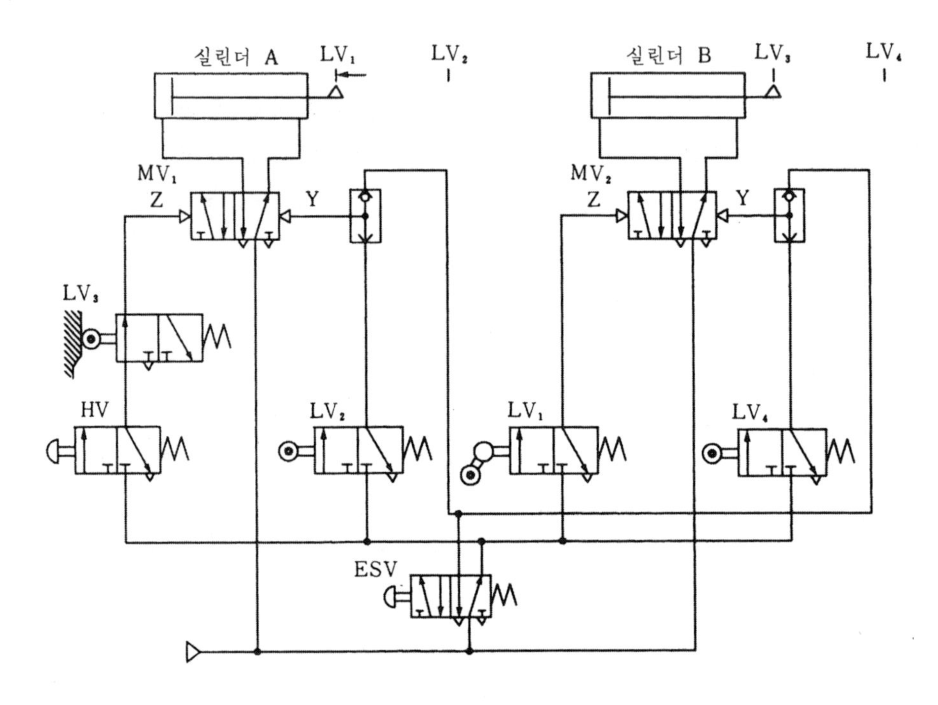

회로 3−4 A+A−B+B− 회로

(6) **동작 설명**

회로 3-4는 리밋 밸브만으로 순차 작동시킬 때 신호 중복이 발생된 시퀀스를 방향성 롤러 레버 작동 밸브를 사용하여 중복 신호를 제거한 A+A-B+B-의 회로이다.

또한 비상 정지 기능을 부가하여 어느 순간에서도 비상 정지 신호를 입력하면 모든 실린더가 즉시 초기 위치로 복귀되도록 설계한 것으로 동작 원리는 다음과 같다.

정상 상태에서 즉, 비상 정지 밸브 ESV를 누르지 않은 상태에서는 ESV 밸브의 B포트를 통해 압축 공기를 공급 받으므로 HV 밸브를 누르면 먼저 A실린더가 전진하고 전진 끝단의 LV_2 밸브에 의해 곧바로 후진한다. A실린더가 후진할 때 일방향 작동 리밋 밸브 LV_1을 순간적으로 ON시키므로 이 신호에 의해 B실린더 마스터 밸브 MV_2가 위치 전환되어 B 실린더가 전진한다. B실린더가 전진 완료되면 LV_4 밸브가 ON되어 마스터 밸브 MV_2를 리셋시키므로 바로 B실린더가 복귀하고 1사이클이 종료된다.

그러나 실린더가 작동중에 비상 정지 입력 ESV 밸브를 ON시키면 정상 운전할 때 공급하던 공기 신호는 소멸되고 비상 정지 신호가 두 개의 셔틀 밸브를 통해 마스터 밸브 MV_1과 MV_2의 리셋측으로 입력되므로 마스터 밸브가 원위치되므로 실린더는 즉시 복귀되는 것이다.

8.3.5 캐스케이드 체인에 의한 A+B+B-A-의 회로

(1) **요구 사항** : 두 개의 복동 실린더가 시동 신호를 주면 A+B+B−A−의 순서로 캐스케이드 제어 체인에 의해 동작되어야 한다.

(2) **실습 목표** : ① 캐스케이드 제어 체인에 의한 순차 작동 회로 구성을 익힌다.
② 캐스케이드 제어 체인의 특징과 설계 원리를 익힌다.

(3) **구성 기기** : ① 복동 실린더 (PCD−2012) – 2개
③ 5포트 2위치 공압 작동 밸브 (PMV−5204) – 3개
⑤ 3포트 2위치 리밋(롤러 레버 작동) 밸브 (PPV−2001) – 4개
⑥ 3포트 2위치 누름 버튼 조작 밸브 (PPV−2002) – 1개

(4) **회로도**

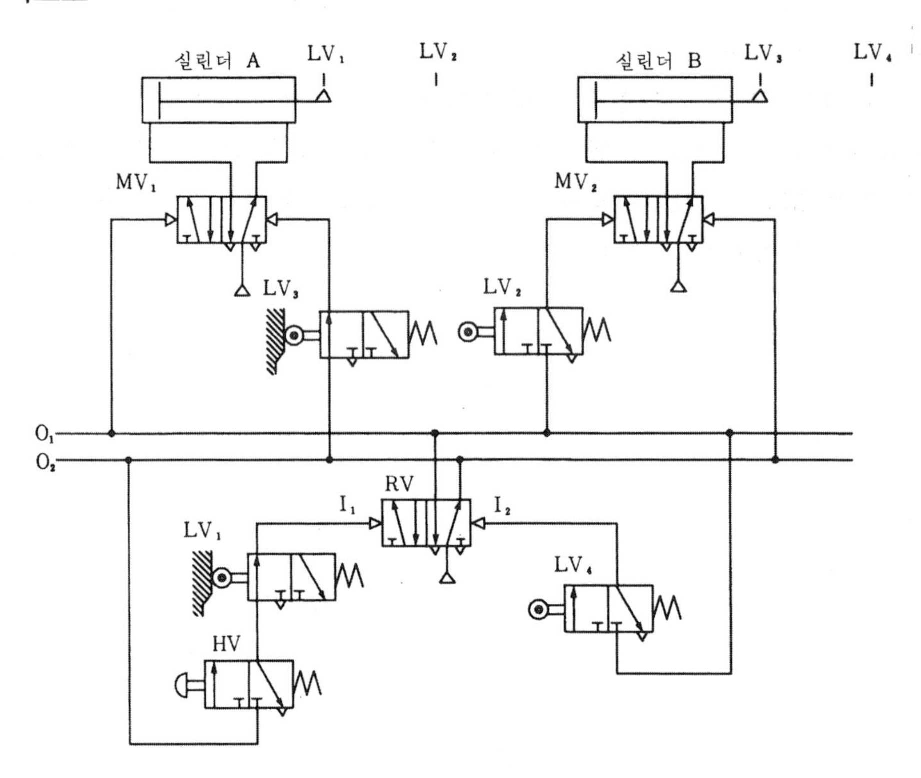

회로 3−5 A+B+B−A−의 회로

(5) **동작 설명**

회로 3−5는 캐스케이드 제어 체인에 의해 신호 중복을 방지하고 두 개의 공압

실린더를 A+B+B−A−의 순서로 순차 작동시키는 회로이다.

회로의 동작 순서는 초기 상태에서는 출력 라인 O_2에 압축 공기 신호가 존재하고 있다. 시동 신호인 HV밸브를 ON시키면 압축 공기는 HV와 LV_1을 통과하여 밸브 RV를 위치 전환시킨다. 그 결과 지금까지 공압이 존재하는 O_2라인은 RV_1을 통해 대기중으로 방출되고 O_1에 신호가 존재한다. 따라서 O_1에서 신호를 받는 LV_4와 LV_2는 OFF 상태이고 MV_1만 직접 연결되어 있으므로 MV_1이 먼저 위치 전환되고, 그 결과 실린더 A가 전진한다. 실린더 A가 전진 완료되어 LV_2가 ON되면 압축 공기는 MV_2에 가해져 MV_2가 세트되고 실린더 B를 전진시킨다. 실린더 B가 전진 완료되어 LV_4를 ON시키면 LV_4의 신호가 RV를 리셋시키므로 O_1의 압축 공기가 소멸되고 O_2 라인에 존재한다. 따라서 O_2 라인에서 신호를 직접 받는 MV_2가 먼저 리셋되어 실린더 B를 후진시키고, 실린더 B가 후진 완료되어 LV_3이 ON되면 MV_1이 리셋되고 실린더 A가 후진되면서 1사이클이 종료되는 것이다.

(6) 연습 문제

① 캐스케이드 제어 체인의 특징을 기술하라.

② 캐스케이드 제어 체인을 이용한 순차 작동 회로 설계의 순서와 방법을 기술하라.

8.3.6 캐스케이드 체인에 의한 A+A-B+B-의 회로

(1) **요구 사항** : 두 개의 복동 실린더가 시동 신호를 주면 캐이스케이드 체인에 의해 A+A-B+B-의 순서로 순차 작동되어야 한다.

(2) **실습 목표** : ① 캐스케이드 체인에 의한 순차 작동 회로 설계의 순서와 방법을 익힌다.
② 순차작동 회로의 동작원리를 익힌다.

(3) **구성 기기** : ① 복동 실린더 (PCD-2012) - 2개
② 5포트 2위치 공압 작동 밸브 (PMV-5204) - 4개
③ 3포트 2위치 리밋(롤러 레버 작동) 밸브 (PRV-2001) - 4개
④ 3포트 2위치 누름 버튼 조작 밸브 (PPV-2002) - 1개

(4) **회로도**

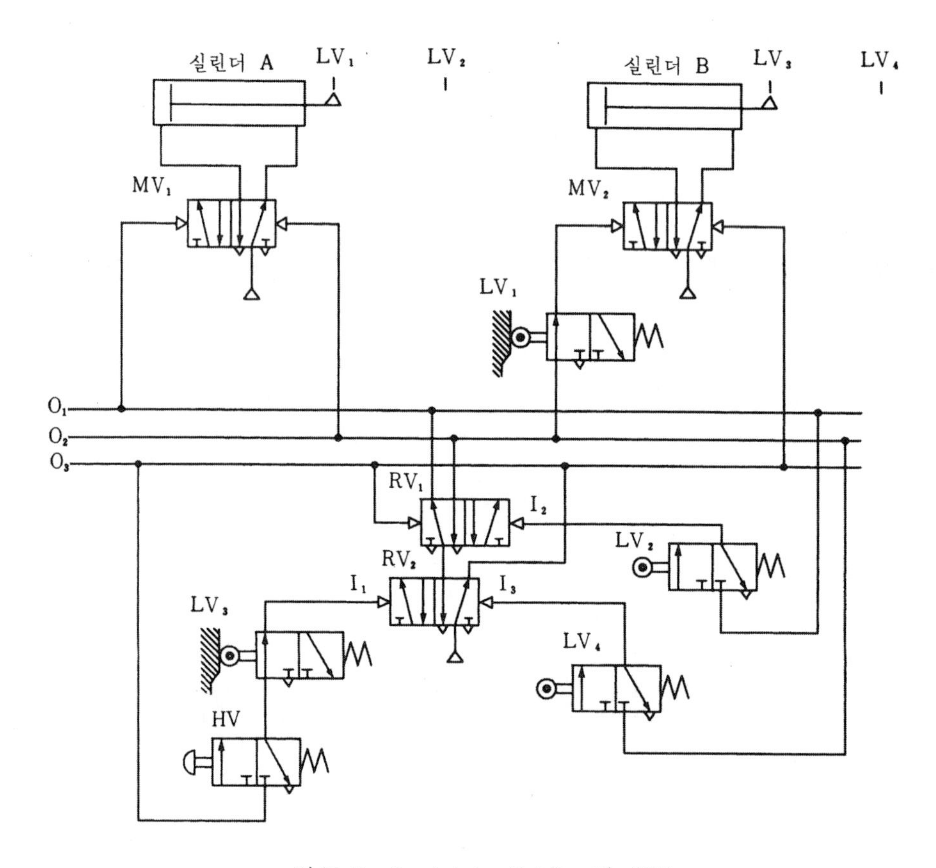

회로 3-6 A+A-B+B-의 회로

(5) 동작 설명

회로 3-6은 캐스케이드 제어 체인을 이용하여 신호 중복을 방지하고 두 개의 실린더를 A+A-B+B-의 순서로 순차 작동되도록 설계한 회로이다.

회로의 설계 원리 및 순서는 다음과 같다.

① 동작 시퀀스를 간략적 표시기호에 의해 나타나고 그룹으로 분리한다. 그룹으로 분리하는 것은 메모리의 수를 최소화하기 위한 것이며, 그룹으로 나누는 방법은 한 실린더의 운동이 한 그룹에 한 번씩만 나타나도록 한다.

A+ / A- B+ / B-

② 그룹으로 분리한 후 신호 관계를 기입한다. 즉 시동 신호(HV)에 의해 제어계가 시동되는데 첫 스텝으로 A실린더가 전진한다. A실린더가 전진 완료되면 LV_2가 ON되고 이 신호로서 다음 단계인 A-를 실행시켜야 되는데 A+와 A-는 그룹이 다르므로 LV_2는 간략적 표시 기호의 밑에 기입하고, A-가 완료되면 LV_1이 ON되고, 이 신호에 의해 B+가 이루어져야 하는데 A-와 B+는 동일 그룹이므로 간략적 표시 기호 위에 기입한다.

이와 같이 그룹 간의 경계 신호는 표시 기호 아래에, 그룹 내에서 동작되는 신호는 위에 기입하면 구분이 명확히 이루어진다.

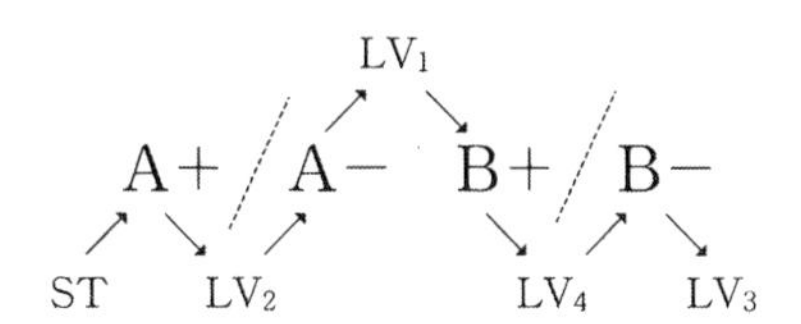

즉, 회로 3-6과 비교하면 출력 라인(버스 라인) 위에 설치되는 것은 표시 기호 위에 기입한 LV_1이고, 표시 기호 밑에 기입된 신호는 회로도에서 출력 라인 아래에 모두 설치된다.

② 그룹 수와 같게 출력 라인을 그리고 캐스케이드 제어 체인을 완성한다. 출력신호를 3개 얻으려면 메모리 밸브는 2개 필요하다.

④ 캐스케이드 체인의 입력 신호를 결정한다.

입력 1 (i_1) = 시동 신호와 Ⅲ그룹에서 Ⅰ그룹으로 신호를 전환시키는 신호

= HV AND LV_3

입력 2 (i_2) = Ⅰ그룹에서 Ⅱ그룹으로 전환시키는 신호 = LV_2

입력 3 (i_3) = Ⅱ그룹에서 Ⅲ그룹으로 전환시키는 신호 = LV_4

⑤ 밸브를 그리고 공압선을 이으면 회로가 완성되는데 간략적 기호에서 각 그룹의 첫 스텝은 해당 그룹 출력 선에서 직접 접속되고, 그룹의 두 번째 스텝은 해당 그룹의 출력선에서 첫 스텝 완료 이행 신호를 거쳐 접속하면 된다.

8.3.7 단동/연동 사이클 운전 기능이 부가된 순차 작동 회로

(1) **요구 사항** : 두 개의 복동 실린더가 시동 신호를 주면 A+B+A−B−의 순서로 캐스케이드 제어 체인에 의해 순차 작동되어야 한다. 또한 작업 조건으로 단동 사이클 운전과 연동 사이클 운전이 각각의 선택 밸브에 의해 선택 운전되어야 한다.

(2) **실습 목표** : ① 신호 중복이 발생된 회로의 중복 신호 제거 방법을 습득한다.
② 운전 선택 회로의 동작과 회로 구성을 익힌다.

(3) **구성 기기** : ① 복동 실린더 (PCD−2012) − 2개
② 5포트 2위치 공압 작동 밸브 (PMV−5204) − 3개
③ 3포트 2위치 리밋(롤러 레버 작동) 밸브 (PRV−2001) − 4개
⑤ 3포트 2위치 누름 버튼 조작 밸브 (DV−332B−1) − 1개
⑥ 3포트 2위치 셀렉터 스위치 밸브 (PPV−2003) − 1개
⑦ 셔틀 밸브 (POV−2001) − 1개

(4) **회로도**

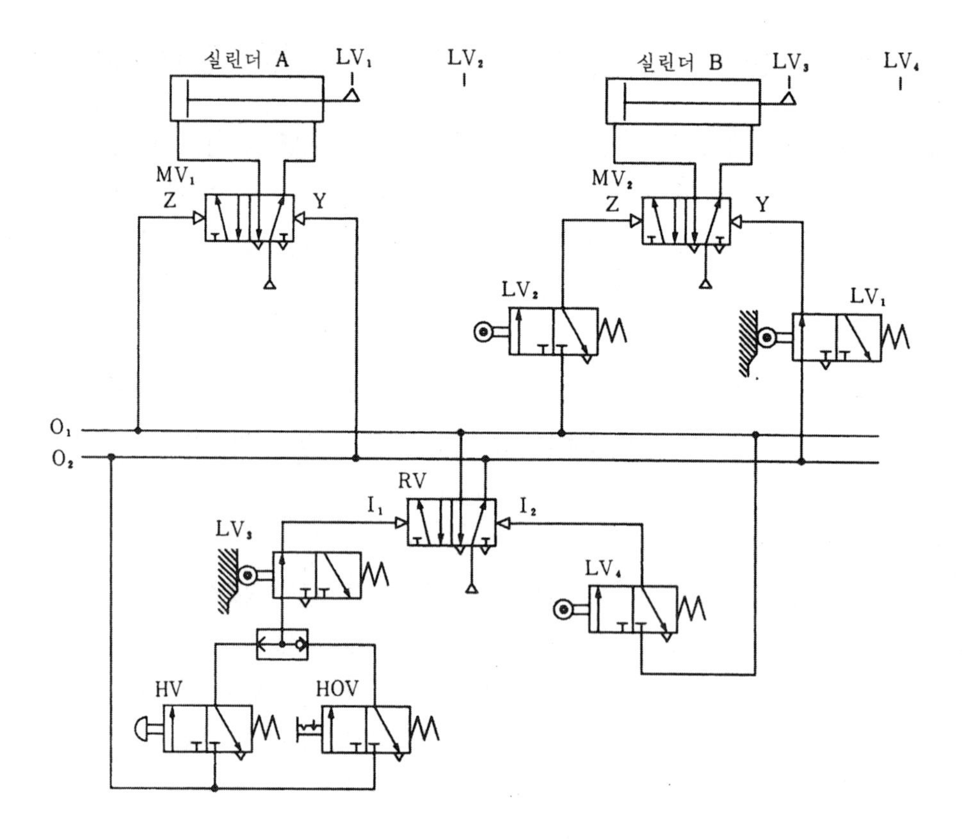

회로 3-7 단속/연속 사이클 기능이 부가된 A+B+A-B-의 회로

(5) 동작 설명

회로 3-7은 두 개의 실린더가 캐스케이드 체인에 의해 A+B+A-B-의 순서로 작동되는 회로로서 HV 밸브를 한번 눌렀다 떼면 1사이클 운전이 되고, HOV 밸브를 ON시켜 놓으면 계속적으로 반복 운전이 되며, HOV 밸브를 OFF시키면 처음 위치에서 정지하는 회로이다.

8.3.8 A+B+C+A-B-C-의 회로

(1) **요구 사항** : 세 개의 복동 실린더가 시동 신호를 주면 리밋 밸브 신호에 의해 A+B+C+A−B−C−의 순서로 순차 작동되어야 한다.

(2) **구성 기기** : ① 복동 실린더 (PCD−2012) − 3개
② 5포트 2위치 공압 작동 밸브 (PMV−5204) − 3개
③ 3포트 2위치 리밋(롤러 레버 작동) 밸브 (PRV−2001) − 6개
④ 3포트 2위치 누름 버튼 조작 밸브 (PPV−2002) − 1개

(3) **작동 선도**

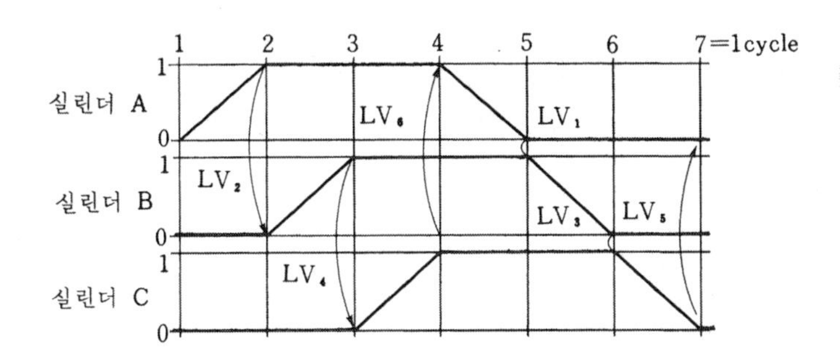

(4) **회로도**

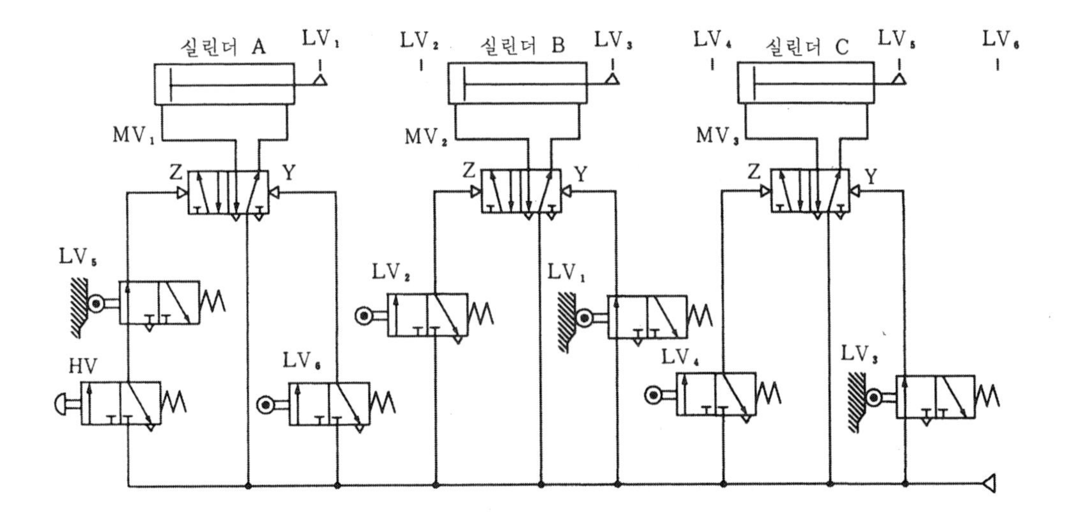

회로 3−8 A+B+C+A−B−C− 회로

(5) 동작 설명

회로 3－8은 실린더의 전・후진 행정 끝단에 설치되어 있는 리밋 밸브의 신호에 의해 세 개의 실린더가 순차 작동되는 회로로서 동작 순서는 다음과 같다.

① HV ON → MV_1 세트 → 실린더 A 전진
② LS_2 ON → MV_2 세트 → 실린더 B 전진
③ LS_4 ON → MV_3 세트 → 실린더 C 전진
④ LS_6 ON → MV_1 리셋 → 실린더 A 후진
⑤ LS_1 ON → MV_2 리셋 → 실린더 B 후진
⑥ LS_3 ON → MV_3 리셋 → 실린더 C 후진

(6) 연습 문제

① 세 개의 실린더를 A+B+C+B－C－A－의 순서로 순차 작동되도록 회로를 설계하라. 단, 신호중복이 발생되면 일방향 작동 롤러 레버 밸브를 이용하여 중복 신호를 제거한다.

8.3.9 A+B+B-C+C-A-의 회로

(1) **요구 사항** : 세 개의 복동 실린더가 캐스케이드 제어 체인에 의해 A+B+B-C+C-A-의 순서로 순차 작동되어야 한다.

(2) **구성 기기** : ① 복동 실린더 (PCD-2012) - 3개
④ 5포트 2위치 공압 작동 밸브 (PMV-5204) - 5개
⑥ 3포트 2위치 리밋(롤러 레버 작동) 밸브 (PRV-2001) - 6개
⑧ 3포트 2위치 누름 버튼 조작 밸브 (PPV-2002) - 1개

(3) **회로도**

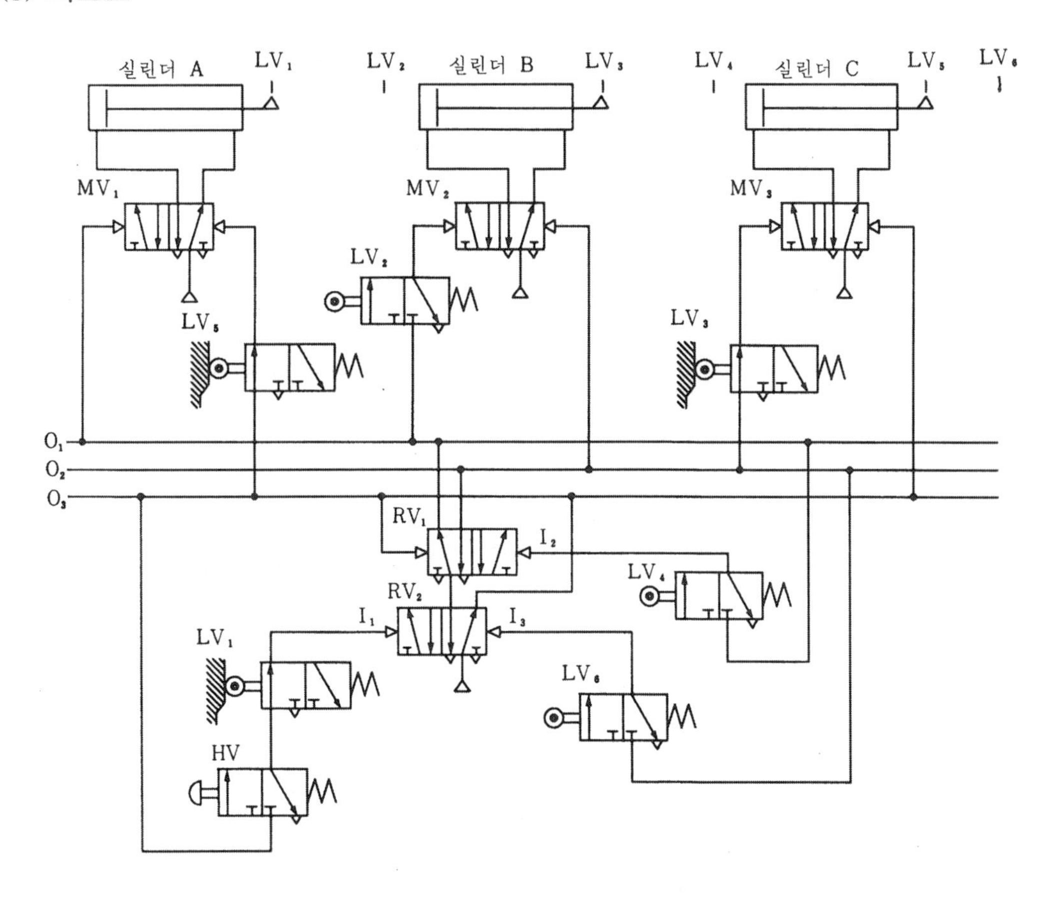

회로 3-9 A+B+B-C+C-A-의 회로

(4) 동작 설명

회로 3-9는 시동 신호용 HV 밸브를 ON시키면 세 개의 실린더가 A+B+B-C+C-A-의 순서로 캐스케이드 제어 체인에 의해 순차 작동되는 회로이다. 회로에서 HV를 계속 누르고 있거나 또는 수동 전환 밸브로 바꾸어 계속 ON 상태로 해 두면 연속 사이클 운전이 된다.

(5) 연습 문제

① 세 개의 공압 실린더를 A+B+C+C-B-A-의 순서로 순차 작동시키려고 한다. 공압 캐스케이드 제어 체인에 의한 회로를 완성하시오.

8.4 전기 시퀀스 기초 회로

8.4.1 AND 회로 실습

(1) **요구 사항** : 두 개의 누름 버튼 스위치 입력이 모두 ON되었을 때에만 출력인 램프가 ON되어야 한다.

(2) **실습 목표** : ① 전기 회로 구성을 익힌다.
② AND 논리의 기능과 구성을 익힌다.
③ 접점의 원리와 기능을 익힌다.

(3) **구성 기기** : ① 누름 버튼 스위치 (DYES−5911) − 1세트
② 릴레이 (DYES−5910) − 1세트
③ 파워 서플라이 내장 전기 분배기 (DYES−5913) − 1세트

(4) **회로도**

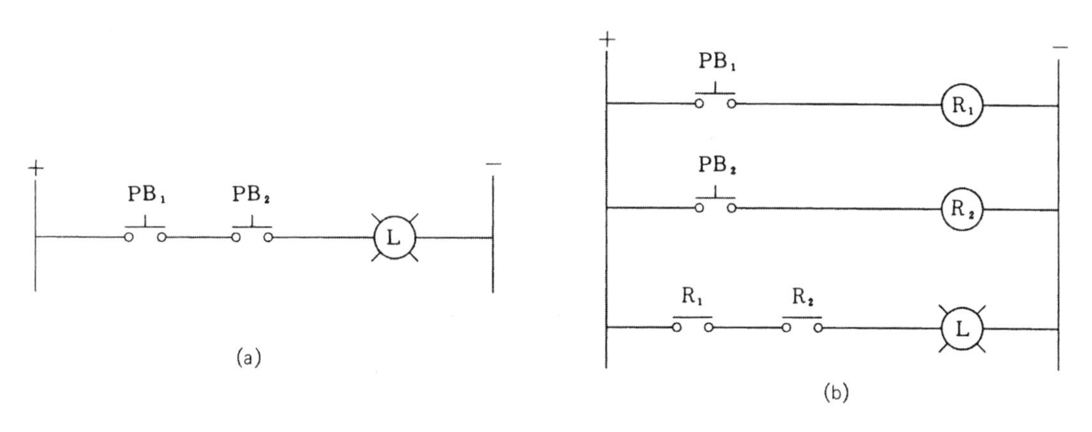

회로 4−1 AND 회로

(5) **동작 설명**

회로 4−1의 (a)는 AND의 직접 제어 회로로 누름 버튼 스위치 PB_1과 PB_2가 동시에 ON되었을 때에만 출력인 램프가 점등되는 회로이다.

또한 회로 (b)도 PB_1과 PB_2가 모두 ON되었을 때 릴레이 R_1과 R_2의 a접점이 닫혀 램프 L이 ON되는 AND의 간접 제어 회로이다.

(6) 실습 순서

① 요구 사항과 실습 목표를 이해하고 구성 기기를 선정한다.
② 실습 보드에 모듈을 고정한다.
③ 회로도와 같이 배선을 한다. 이 때 전원을 공급하는 파워 서플라이는 전원을 OFF상태로 한다.
④ 파워 서플라이의 전원을 ON시키고 회로를 동작시킨다.
⑤ 동작이 요구 사항대로 잘 이루어지는지를 확인하고 연습 문제의 해답을 구한다.
⑥ 실습이 끝나면 파워 서플라이의 전원을 OFF시키고 배선을 해체한다.
이후 모든 전기 회로 실습은 상기와 같은 순서로 실시한다.

(7) 연습 문제

① 회로 4-1을 실습하고 다음 동작 도표를 완성하라.

PB_1	PB_2	R_1	R_2	L
OFF	OFF			
ON	OFF			
OFF	ON			
ON	ON			

② AND 회로의 논리 기호를 작도하라.

8.4.2 OR 회로 실습

(1) **요구 사항** : 두 개의 입력 중 어느 하나 이상이 ON되었을 때 출력인 램프가 점등되어야 한다.

(2) **실습 목표** : ① OR 논리의 기능을 익힌다.
② OR 회로의 구성과 동작 원리를 이해한다.

(3) **구성 기기** : ① 누름 버튼 스위치 (DYES-5911) - 1세트
② 릴레이 (DYES-5910) - 1세트
③ 파워 서플라이 내장 전기 분배기 (DYES-5913) - 1세트

(4) **회로도**

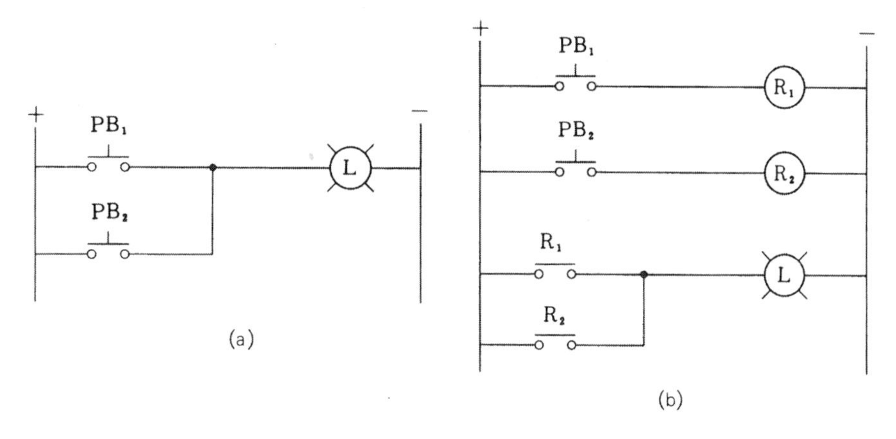

회로 4-2 OR 회로

(5) **동작 설명**

회로 4-2의 (a)는 누름 버튼 스위치 PB_1을 누르면 부하인 파일럿 램프에 전류가 통전되어 점등되고, PB_2만을 ON시켜도 L이 ON되며, 또한 PB_1과 PB_2 모두를 ON시켜도 출력인 램프가 ON되는 OR회로이다.

회로 (b)도 릴레이에 의한 병렬 회로로서 릴레이 접점에 의해 R_1이나 R_2가 각각 ON 되거나 또는 R_1과 R_2가 모두 ON되어도 출력인 램프가 ON되는 OR 회로이다.

(6) 연습 문제

① 회로 4-2를 실습하고 다음 동작도표를 완성하라.

PB_1	PB_2	R_1	R_2	L
OFF	OFF			
ON	OFF			
OFF	ON			
ON	ON			

② OR회로를 논리식으로 나타내라.

③ OR 논리의 논리 기호를 작도하라.

8.4.3 NOT 회로 실습

(1) **요구 사항** : 입력인 누름 버튼 스위치를 누르지 않으면 출력이 ON되어 있어야 하고, 누름 버튼 스위치를 ON시키면 출력이 OFF되어야 한다.

(2) **실습 목표** : ① NOT 논리의 기능을 익힌다.
② b 접점의 원리와 기능을 익힌다.

(3) **구성 기기** : ① 누름 버튼 스위치 (DYES-5911) - 1세트
② 릴레이 (DYES-5910) - 1세트
③ 파워 서플라이 내장 전기 분배기 (DYES-5913) - 1세트

(4) **회로도**

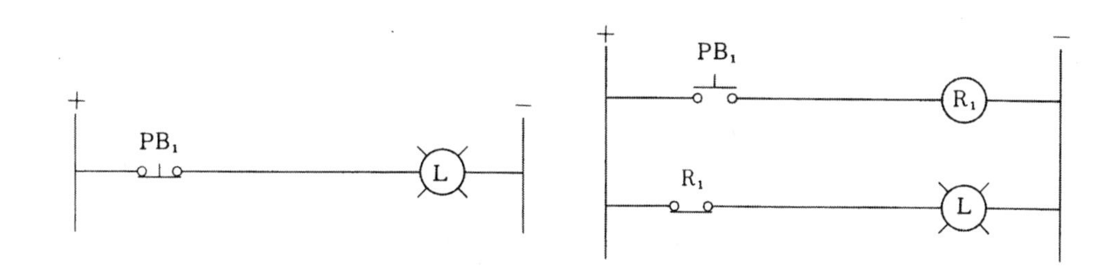

회로 4-3 NOT 회로

(5) **동작 설명**

회로 4-3의 (a)는 NOT 회로의 직접 제어 회로로서 누름 버튼 스위치의 b 접점을 이용한 예이다.

즉 b 접점은 초기 상태에서 닫혀 있으므로 출력인 램프에 전류가 통전되므로 램프가 ON되어 있고 누름 버튼을 누르면 b 접점이 떨어져 전류를 끊게 되므로 램프가 OFF된다.

회로 4-3의 (b)도 NOT 회로의 간접 제어 회로로서 릴레이의 b 접점을 이용한 예이다. 누름 버튼이 OFF되어 있을 때에는 릴레이 코일 R_1이 OFF되어 있으므로 R_1의 b 접점 연결인 램프가 ON되어 있고, 누름 버튼 스위치를 ON시키면 릴레이 코일 R_1이 여자되므로 R_1의 b 접점은 열리게 되고 출력인 램프는 OFF된다. 즉, NOT 회로는 입력과 출력이 정반대인 회로로 입력이 ON되면 출력이 OFF되고, 입

력이 OFF되면 출력이 ON되는 회로를 말한다.

(6) **연습 문제**

① 회로 4-3을 실습하고 다음 동작 도표를 완성하라.

PB_1	R	L
OFF		
ON		

② 회로 4-3을 논리식으로 나타내라.

③ NOT 회로의 논리 기호를 작도하라.

8.4.4 자기 유지 회로 실습

(1) **요구 사항** : 누름 버튼 스위치 PB_1을 누르면 출력이 ON되어야 하고, 누름 버튼에서 손을 떼어도 출력은 계속 ON되어 있어야 한다. 출력의 OFF는 누름 버튼 스위치 PB_2를 눌러야만 가능하다. 또한 PB_1과 PB_2를 동시에 누르면 출력은 OFF되어야 한다.

(2) **실습 목표** : ① 자기 유지 회로의 기능을 익힌다.
② 자기 유지 회로의 구성을 이해한다.

(3) **구성 기기** : ① 누름 버튼 스위치 (DYES−5911) − 1세트
② 릴레이 (DYES−5910) − 1세트
③ 파워 서플라이 내장 전기 분배기 (DYES−5913) − 1세트

(4) **회로도**

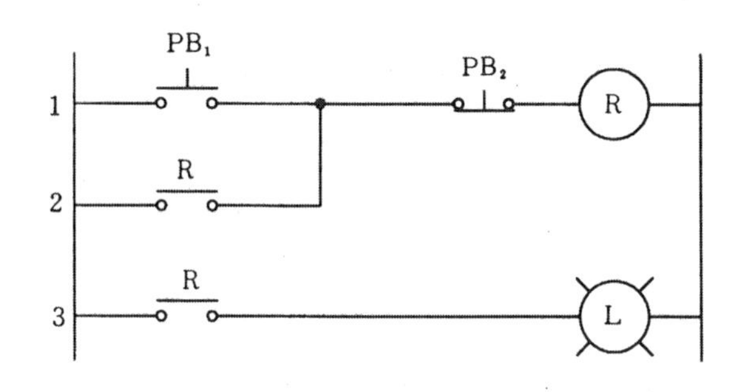

회로 4−4 자기 유지 회로

(5) **동작 설명**

자기 유지(self holding) 회로란 릴레이 자신의 접점에 의해 동작 신호를 유지하는 회로를 말하며 입력 신호를 기억시킨다는 의미에서 메모리(memory) 회로라고도 한다.

회로 4−4는 정지 우선형 자기 유지 회로로서 누름 버튼 스위치 PB_1을 누르면 릴레이가 여자되고, 동시에 2열과 3열의 a접점이 닫히므로 램프가 점등된다. 여기서 PB_1을 OFF시키면 릴레이 코일은 2열을 통해 전류를 계속 공급 받으므로 ON 상태의 유지가 가능하고 따라서 램프도 계속 점등되어 있다.

누름 버튼 스위치 PB_2를 누르면 릴레이 코일이 복귀되고, 따라서 2열과 3열의 a 접점이 복귀되므로 자기 유지가 해제되고 램프도 OFF된다. 또한 PB_1과 PB_2를 동시에 누르면 릴레이 코일이 ON될 수 없는 회로이므로 정지 우선형 회로라고도 한다.

이와 같이 릴레이는 자신의 접점에 의해 동작 회로를 구성하여 스스로 동작 유지하며, 복귀 신호를 주어야 비로소 복귀하는 회로를 자기 유지 회로라 하며, 이것을 릴레이의 메모리 기능이라 한다.

(6) 연습 문제

① 회로 4-4를 실습하고 다음 동작 도표를 완성하라.

순서	PB_1	PB_2	R	L
①	OFF	OFF		
②	ON	OFF		
③	OFF	ON		
④	ON	ON		

② 릴레이의 대표적인 기능을 4가지만 열거하고 의미를 설명하라.

③ 회로 4-4는 세트 신호인 PB_1과 리셋 신호인 PB_2가 동시에 ON되면 릴레이가 동작할 수 없는 정지 우선형 자기 유지회로이다. PB_1과 PB_2가 동시에 ON되었을 때 릴레이가 동작하는 기동 우선형 자기 유지 회로를 설계하라.

8.4.5 인터록 회로 실습

(1) **요구 사항** : 두 개의 입력 신호 중 먼저 입력된 신호가 ON되면 나중에 입력되는 신호는 동작할 수 없어야 한다.

(2) **실습 목표** : ① 인터록 회로의 구성과 기능을 익힌다.
② 선입 신호 우선 회로의 기능과 적용 예를 알아본다.

(3) **구성 기기** : ① 누름 버튼 스위치 (DYES−5911) − 1세트
② 릴레이 (DYES−5910) − 1세트
③ 파워 서플라이 내장 전기 분배기 (DYES−5913) − 1세트

(4) **회로도**

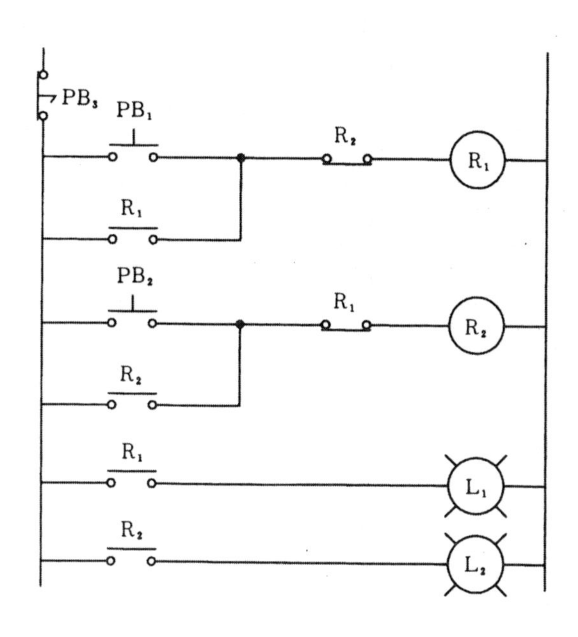

회로 4−5 인터록 회로

(5) **동작 설명**

인터록 회로란 기기의 보호나 작업자의 안전을 위해 기기의 동작 상태를 나타내는 접점을 사용하여 관련된 기기의 동작을 규제하는 회로를 말한다.

회로 4−5는 릴레이의 b접점을 이용하여 상대 기기의 회로를 끊어 동작을 금지시키는 회로로서, 인터록 회로 또는 상대 동작 금지 회로, 선행 동작 우선 회로라

고도 한다.

즉, PB_1이 먼저 ON되면 릴레이 코일 R_1이 여자되고 자신의 a접점에 의해 자기유지되면서 R_2 회로의 b접점이 열리게 된다. 따라서 이 상태에서 PB_2를 누르더라도 릴레이 코일 R_2는 절대 동작할 수 없게 되며, 이것은 PB_2가 먼저 입력되어 릴레이 코일 R_2가 먼저 ON되어도 마찬가지로 릴레이 R_1은 동작할 수 없게 된다.

(6) **연습 문제**

① 회로 4-5를 다음 순서와 같이 실습하고 다음 동작 도표를 완성하라.

㉠

순서	PB_1	PB_2	PB_3	R_1	R_2	L_1	L_2
1	ON	OFF	OFF				
2	OFF	ON	OFF				
3	OFF	OFF	ON				

㉡

순서	PB_1	PB_2	PB_3	R_1	R_2	L_1	L_2
1	OFF	ON	OFF				
2	ON	OFF	OFF				
3	OFF	OFF	ON				

② 상대 동작 금지 회로가 적용되어야 할 제어 대상의 예를 들고 설명하라.

8.4.6 일치 회로 실습

(1) **요구 사항** : 두 개의 입력을 가진 회로에서 두개의 입력이 모두 ON되었을 때나 OFF되었을 때에만 출력이 ON되어야 한다.

(2) **실습 목표** : ① 일치 회로의 기능과 회로 구성을 익힌다.
② 일치 회로의 동작 원리와 적용 예를 이해한다.

(3) **구성 기기** : ① 누름 버튼 스위치 (DYES−5911) − 1세트
② 릴레이 (DYES−5910) − 1세트
③ 파워 서플라이 내장 전기 분배기 (DYES−5913) − 1세트

(4) **회로도**

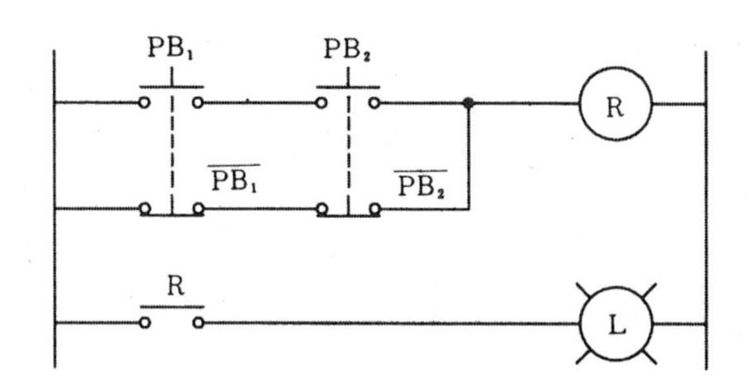

회로 4−6 일치 회로

(5) **동작 설명**

일치 회로란 두 입력의 상태가 같을 때에만 출력이 나타나는 회로를 말하며, 회로 4−6이 일례이다. 동작 원리는 입력 PB_1과 PB_2가 동시에 ON되어 있거나 또는 동시에 OFF되어 있을 때에는 출력이 나타나고 입력 PB_1과 PB_2 중 어느 하나만 ON되어 두 입력의 상태가 일치하지 않으면 출력이 나타나지 않는 회로이다.

(6) **연습문제**

① 일치회로의 응용예를 들고 설명하라.

8.4.7 체인 회로 실습

(1) **요구 사항** : 정해진 순서로 입력이 차례대로 ON될 때에만 그에 해당하는 출력이 차례대로 나타나야 한다.

(2) **실습 목표** : ① 체인 회로의 기능과 구성을 익힌다.
② 체인 회로의 동작 원리와 적용 예를 알아본다.

(3) **구성 기기** : ① 누름 버튼 스위치 (DYES−5911) − 1세트
② 릴레이 (DYES−5910) − 1세트
③ 파워 서플라이 내장 전기 분배기 (DYES−5913) − 1세트

(4) **회로도**

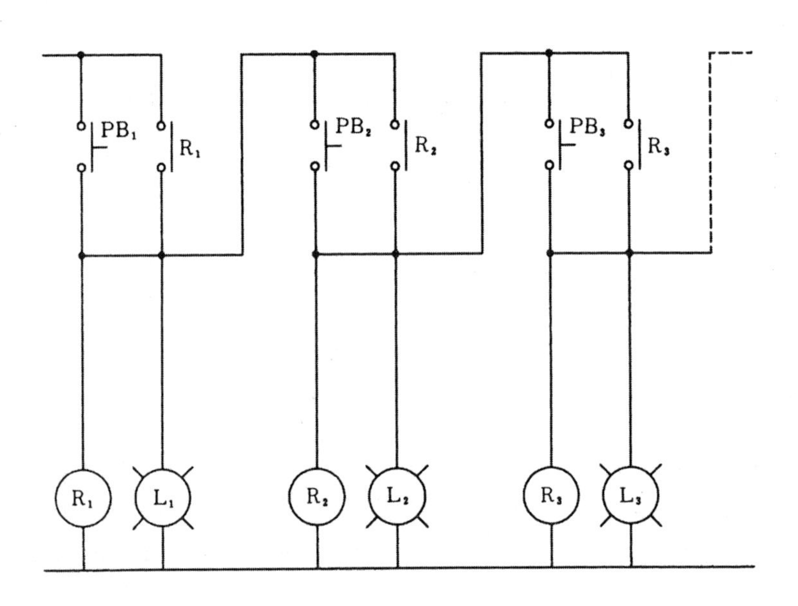

회로 4−7 체인 회로

(5) **동작 설명**

체인 회로란 직렬 우선 회로라고도 하며, 앞에서부터 정해진 순서에 따라 차례대로 입력되었을 때에만 회로가 동작하고 입력 순서가 어긋나면 동작하지 않는 회로이다.

회로 4−7은 입력 3회로의 체인 회로의 예로서 동작 순서는 PB_1이 제일 먼저

ON되어 R_1이 동작하여야만 PB_2 입력에 의해 R_2회로가 동작할 수 있고 또한 R_2릴레이가 동작된 상태에서만 PB_3의 입력에 의해 R_3가 동작할 수 있는 회로이다.

이와 같은 체인 회로는 반드시 동작 순서가 지켜져야 하는 기계 설비의 회로에 적용된다.

8.4.8 ON 딜레이 회로 실습

(1) **요구 사항** : 누름 버튼 스위치 PB_1를 눌렀다 떼면 3초 후에 출력이 ON되어야 하고, 정지 신호 PB_2를 누르면 출력이 즉시 OFF되어야 한다.

(2) **실습 목표** : ① ON 딜레이 회로의 구성과 기능을 익힌다.
② 타임 릴레이의 기능과 사용법을 익힌다.

(3) **구성 기기** : ① 누름 버튼 스위치 (DYES-5911) - 1세트
② 릴레이 (DYES-5910) - 1세트
③ 타임 릴레이 (DYES-5912) - 1세트
④ 파워 서플라이 내장 전기 분배기 (DYES-5913) - 1세트

(4) **회로도**

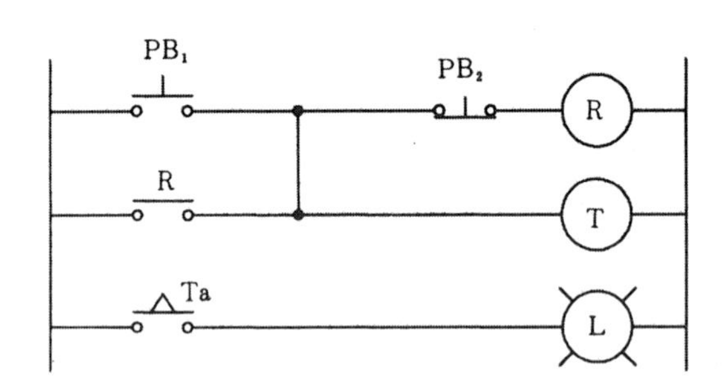

회로 4-8 ON 딜레이 회로

(5) **동작 설명**

ON 딜레이 회로란 입력이 주어지고 나서 계획된 시간 후에 출력이 나타나는 회로를 말하며 시퀀스 회로에서 많이 응용되고 있다.

회로 4-8은 ON 딜레이 회로의 예로서 누름 버튼 스위치 PB_1을 누르면 릴레이 코일이 여자되고 동시에 타이머 코일이 동작을 시작한다. 이 때 누름 버튼에서 손을 떼어도 릴레이 a접점에 의해 자기 유지가 되어 타이머는 계속 동작하고, 설정된 시간이 경과되면 타이머 접점을 닫아 램프를 점등시키는 회로이다. 누름 버튼 스위치 PB_2는 자기 유지 해제 스위치로 PB_2가 ON되면 릴레이가 복귀되고 동시에 타이머도 복귀되어 램프가 소등된다.

(6) 연습 문제

① 회로 4-8을 실습하고 다음 타임 차트를 완성하라.

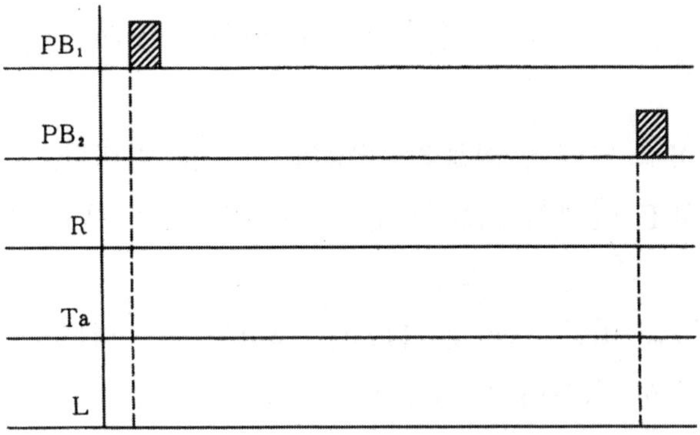

PB_1

PB_2

R

Ta

L

② 회로 4-8에서 타임 릴레이의 설정 시간을 3초, 7초로 각각 설정하여 실습하고, 전자 타이머의 원리에 대해 설명하라.

8.4.9 OFF 딜레이 회로 실습

(1) **요구 사항** : ON 신호가 주어지면 출력이 곧바로 동작하고 OFF 신호가 입력되면 일정 시간 후에 출력이 복귀되어야 한다.

(2) **실습 목표** : ① OFF 딜레이 회로의 구성과 기능을 익힌다.
② OFF 딜레이 회로의 동작 원리와 적용 예를 익힌다.

(3) **구성 기기** : ① 누름 버튼 스위치 (DYES−5911) − 1세트
② 릴레이 (DYES−5910) − 1세트
③ 타임 릴레이 (DYES−5912) − 1세트
④ 파워 서플라이 내장 전기 분배기 (DYES−5913) − 1세트

(4) **회로도**

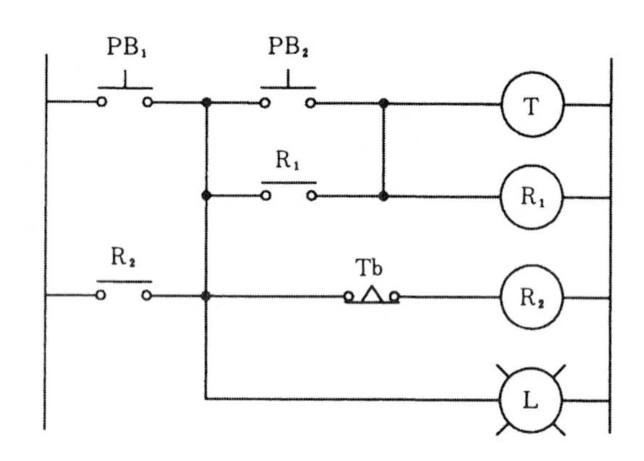

회로 4−9 오프 딜레이 회로

(5) **동작 설명**

OFF 딜레이 회로란 출력이 OFF되는 시간이 지연된다는 의미로서 ON 딜레이 타이머의 b 접점을 이용하거나, OFF 딜레이 타이머의 a 접점을 이용하여 회로를 구성할 수 있다.

회로 4−9는 OFF 딜레이 회로의 예로서 누름 버튼 스위치 PB_1을 누르면 R_2 릴레이가 ON되고 동시에 R_2 a 접점이 닫히며 램프가 점등된다. PB_1에서 손을 떼어도 이 동작은 계속 유지된다.

정지 신호 PB_2를 ON시키면 R_1 릴레이가 동작되어 자기 유지되고, 동시에 타이머가 동작되어 설정 시간 후에 Tb접점을 끊으므로 램프가 소등되고 R_2접점이 끊어져 자기 유지가 해제되며 동시에 출력도 OFF된다.

(6) **연습 문제**

① 회로 4-9를 실습하고 다음 타임 차트를 완성하라.

PB₁

PB₂

R₁

R₂

Tb

L

② 다음 표 안의 각 타이머 접점의 동작 상태를 작도하라.

명　　칭	접점 기호	동작 차트
코일		
순시 a 접점		
ON 딜레이 a 접점		
ON 딜레이 b 접점		
OFF 딜레이 a 접점		

8.4.10 일정 시간 동작 회로 실습

(1) **요구 사항** : 누름 버튼 스위치를 누르면 동시에 출력이 ON되고 일정 시간 후에 스스로 복귀되어야 한다.

(2) **실습 목표** : ① 일정 시간 동작 회로의 기능과 구성을 익힌다.
② ONE Shot 회로의 동작 원리와 적용 예를 이해한다.

(3) **구성 기기** : ① 누름 버튼 스위치 (DYES−5911) − 1세트
② 릴레이 (DYES−5910) − 1세트
③ 타임 릴레이 (DYES−5912) − 1세트
④ 파워 서플라이 내장 전기 분배기 (DYES−5913) − 1세트

(4) **회로도**

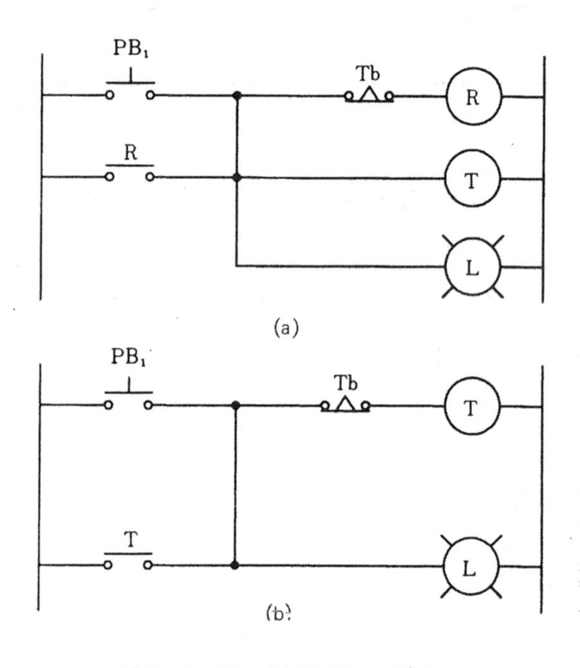

회로 4−10 ONE Shot 회로

(5) **동작 설명**

일정 시간 동작 회로는 ONE Shot 회로라고도 하며, 입력이 주어지면 동시에 출력이 ON되고, 입력이 OFF되더라도 일정 시간 동작 후에 출력이 OFF되는 회로를

말한다.

회로 4-10의 (a)는 입력 PB_1을 눌렀다 떼면 릴레이 코일 R이 여자되어 자기유지 된다. 또한 동시에 타이머 코일이 구동되기 시작하며 출력인 램프가 ON된다. 타이머에 설정된 시간이 경과되면 타이머 접점 Tb가 열리므로 릴레이 코일, 타이머, 램프가 동시에 OFF되는 일정 시간 동작 회로의 예이다.

회로 (b)도 일정 시간 동작 회로로서 타임 릴레이의 순시 접점을 이용하여 자기유지시킨 것으로 동작은 (a)회로와 같다.

(6) 연습 문제

① 회로 4-10을 실습하고 다음 타임 차트를 완성하라.

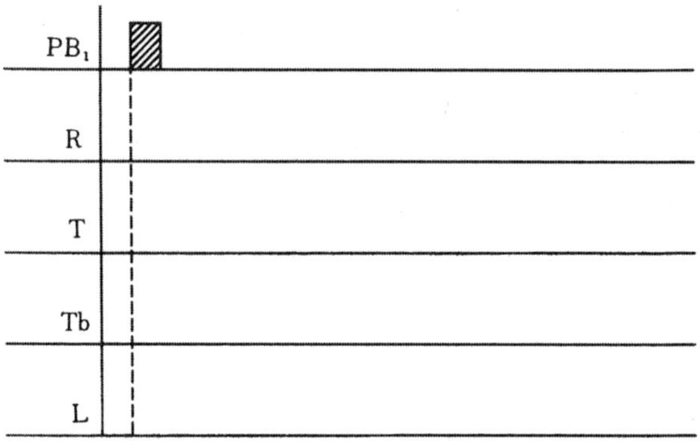

PB_1	
R	
T	
Tb	
L	

② ONE Shot 회로의 응용 사례를 들고 설명하라.

8.5 전기-공압 기초 실습

8.5.1 단동 실린더의 제어 회로 실습

(1) **요구사항** : 누름 버튼 스위치를 누르면 단동 실린더가 전진하고, 누름 버튼에서 손을 떼면 후진되어야 한다.

(2) **실습 목표** : ① 전자 밸브에 의한 단동 실린더의 방향 제어 원리를 익힌다.
② 전자 밸브의 구조와 제어 원리를 익힌다.

(3) **구성 기기** : ① 단동 실린더 (PCS-2010) - 1개
② 3포트 2위치 편측 전자 밸브 (PSV-3201) - 1개
③ 누름 버튼 스위치 (DYES-5911) - 1세트
④ 릴레이 (DYES-5910) - 1세트

(4) **회로도**

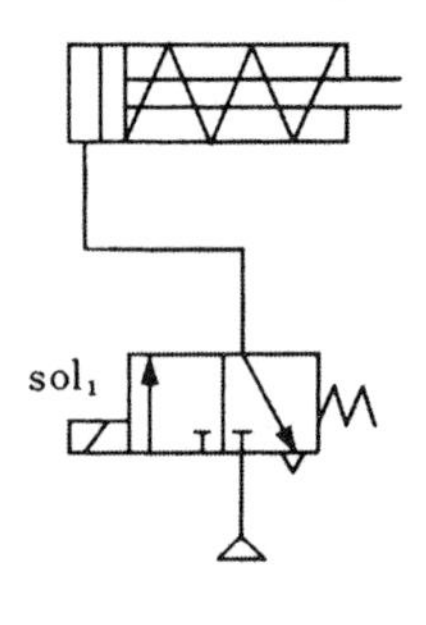

회로 5-1 공압 회로

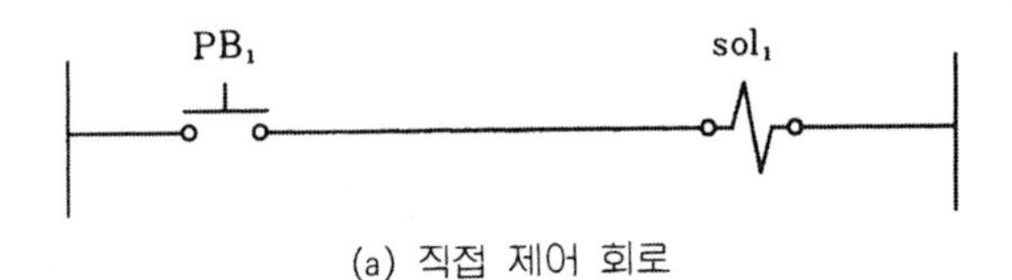

(a) 직접 제어 회로

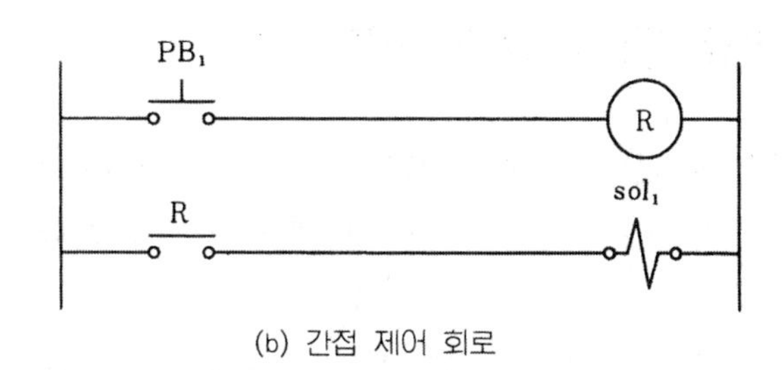

(b) 간접 제어 회로

회로 5-2 제어 회로

(5) **동작 설명**

회로 5-1은 3포트 2위치 편측 전자 밸브로 공압 단동 실린더를 제어하는 제어 대상 구성도이며, 회로 5-2는 공압 실린더를 제어하는 전기 회로이다.

공압이나 유압 시스템을 제어하는 전기 회로를 작성할 때는 반드시 이와 같이 제어 대상 구성도를 작성하고 제어 회로를 나타내는 것이 원칙이다. 이것은 실린더를 제어하는 전지 밸브가 편측(single) 또는 양측(double)이냐에 따라서 제어하는 전기 회로가 달라지기 때문이며, 또한 위치를 검출하는 검출기의 유무나 수에 따라서도 완전히 다르기 때문인 것이다.

회로 (a)는 직접 제어 회로로 누름 버튼 스위치 PB_1을 ON시키면 솔레노이드가 여자되어 밸브가 위치 전환되고 실린더가 전진한다. 누름 버튼에서 손을 떼면 솔레노이드에 통전했던 전류가 끊기므로 밸브가 원위치 되어 실린더가 후진되는 회로이다.

회로 (b)는 같은 원리이나 누름 버튼의 신호를 릴레이로 중계하여 전자 밸브를 제어하는 회로이다.

(6) **연습 문제**

① 회로 5-2는 누름 버튼 스위치를 누르고 있을 때에만 실린더가 전진한다. 그러나 누름 버튼에서 손을 떼도 실린더가 전진을 계속하고, 후진 신호를 줄 때에만 복귀하는 회로를 설계하라.

8.5.2 복동 실린더의 제어 회로

(1) **요구 사항** : 복동 실린더가 전진 신호용 누름 버튼을 ON시키면 전진하고, 후진 신호용 누름 버튼을 누르면 후진되어야 한다.

(2) **실습 목표** : ① 전자 밸브에 의한 복동 실린더 제어 회로의 구성을 익힌다.
② 자기 유지 회로의 기능과 응용 예를 이해한다.

(3) **구성 기기** : ① 복동 실린더 (PCD−2012) − 1개
② 5포트 2위치 편측 전자 밸브 (PSV−5202) − 1개
③ 5포트 2위치 양측 전자 밸브 (PSV−5203) − 1개
④ 누름 버튼 스위치 (DYES−5911) − 1세트
⑤ 릴레이 (DYES−5910) − 1세트

(4) **회로도**

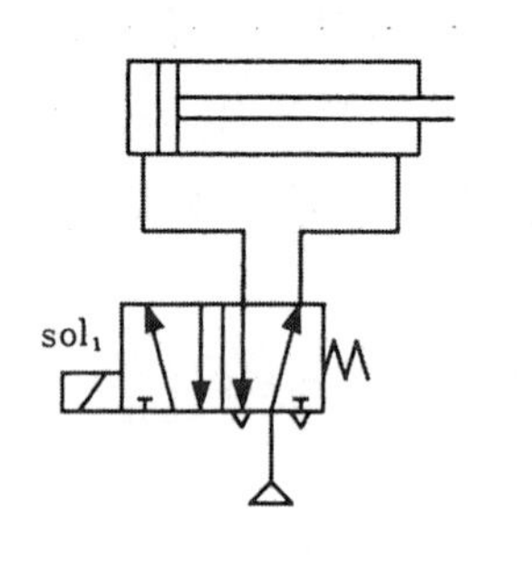

회로 5−3 공압 회로

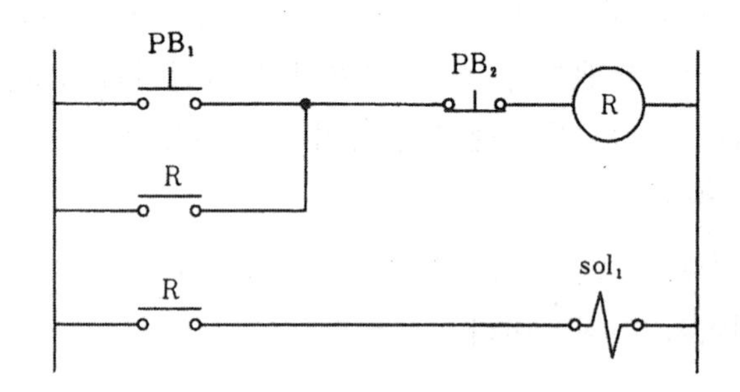

회로 5−4 제어 회로

(5) **동작 설명**

공압 복동 실린더를 방향 제어하려면 작업 포트가 2개인 4포트 밸브나 5포트 밸브가 필요하다.

회로 5−3의 공압 회로도는 5포트 2위치 편측 전자 밸브로 복동 실린더를 제어하는 구성도이고, 회로 5−4가 그 제어 회로이다. 회로에서 PB_1은 전진 신호용 누름 버튼 스위치이고, PB_2는 후진 신호용 누름 버튼 스위치이다.

동작 원리는 누름 버튼 스위치 PB_1을 누르면 릴레이 코일 R_1이 여자되어 자기 유지되고 실린더가 전진한다.

복귀는 PB_2를 ON시켜 릴레이를 OFF시키면 자기 유지를 해제되면서 밸브가 원위치 되고 실린더가 후진하게 된다. 이와 같이 편측 전자 밸브로 실린더를 제어하려면 자기 유지 회로가 필요하다.

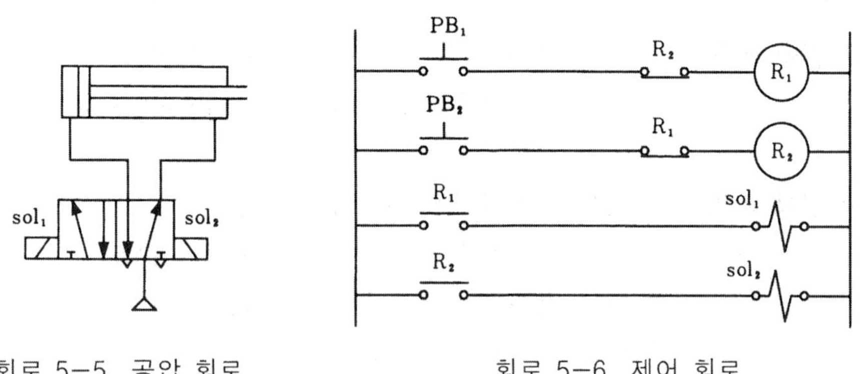

회로 5-5 공압 회로　　　　회로 5-6 제어 회로

회로 5-5는 복동 실린더를 양측 전자 밸브로 제어하는 공압 구성도이고, 회로 5-6이 그 제어 회로이다.

공압 실린더를 제어하는 전자 밸브가 양측인 경우는 신호를 주었다 제거해도 밸브는 반대 신호를 줄 때까지 그 상태를 유지하므로, 편측 전자 밸브에서와 같이 반드시 자기 유지 회로를 구성할 필요가 없다. 회로 5-6의 동작 원리는 누름 버튼 스위치 PB_1을 누르면 실린더가 전진하고 PB_2를 누르면 실린더가 후진하는 회로이다. 회로에서 상대측 신호에 접속된 b접점은 조작 스위치의 오입력이나 릴레이 고장시 기기를 보호하기 위한 인터록 신호이다.

8.5.3 복동 실린더의 자동 복귀 회로 실습

(1) **요구 사항** : 복동 실린더가 누름 버튼 스위치를 누르면 전진하고, 전진 끝단에 도달된 후 스스로 복귀되어야 한다.

(2) **실습 목표** : ① 자동 복귀 회로의 구성과 원리를 익힌다.
② 리밋 스위치의 구조 원리와 용도를 이해한다.

(3) **구성 기기** : ① 복동 실린더 (PCD－2012) － 1개
② 5포트 2위치 편측 전자 밸브 (PSV－5202) － 1개
③ 누름 버튼 스위치 (DYES－5911) － 1세트
④ 릴레이 (DYES－5910) － 1세트
⑤ 타임 릴레이 (DYES－5912) － 1세트
⑥ 리밋 스위치 (EL－2001) － 1개

(4) **회로도**

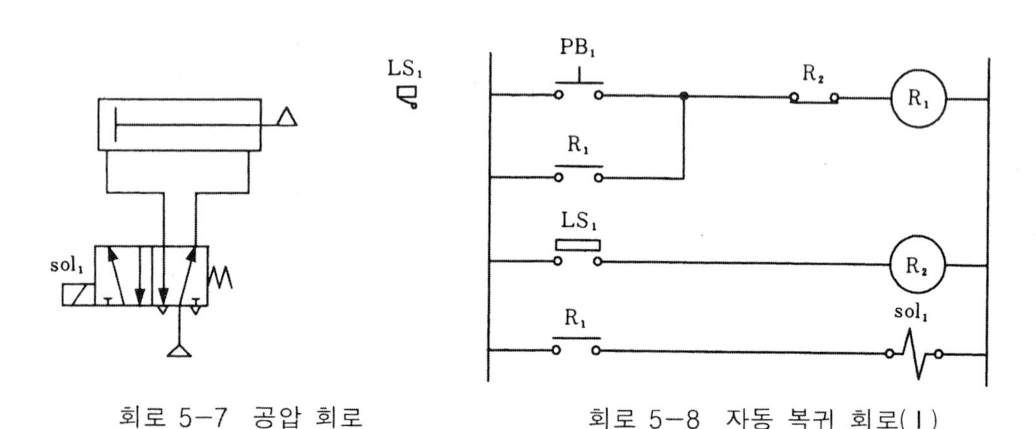

회로 5-7 공압 회로　　　　회로 5-8 자동 복귀 회로(Ⅰ)

(5) **동작 설명**

회로 5-8은 회로 5-7의 공압 회로를 작동시키는 제어 회로로서 누름 버튼 스위치 PB_1을 누르면 릴레이 R_1이 여자되고 자기 유지되며, 동시에 솔레노이드 코일에 통전시켜 실린더를 전진시킨다.

실린더의 피스톤이 전진 완료되어 LS_1 리밋 스위치를 ON시키면, 릴레이 R_2가

여자되어 R_1 릴레이를 복귀시킴에 따라 전자 밸브가 스프링에 의해 원위치되고 실린더가 후진하는 전형적인 자동 복귀 회로이다.

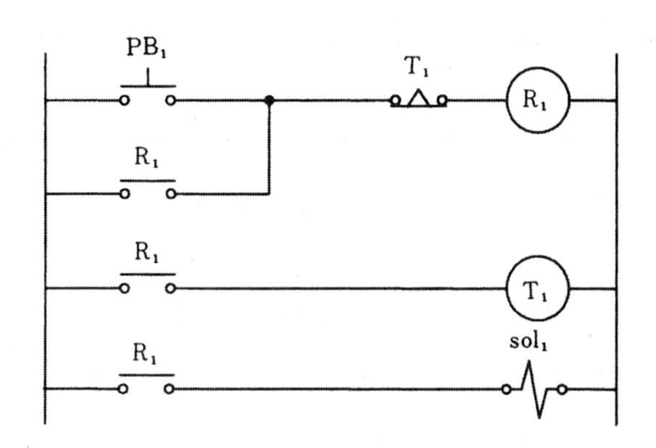

회로 5-9 자동 복귀 회로(II)

회로 5-9는 편측 전자 밸브로 제어되는 공압 회로에서 리밋 스위치가 없는 경우의 자동 복귀 회로이다.

회로의 동작 원리는 시동 스위치인 PB_1을 ON시키면 릴레이 R_1이 여자되고 자기 유지되며, 솔레노이드를 ON시켜 실린더를 전진시킨다. 동시에 타이머 T_1이 동작하여 설정된 시간 후에 R_1의 자기 유지를 해제하므로 밸브가 스프링에 의해 원위치되어 실린더가 자동적으로 후진한다.

(6) 연습 문제

① 회로 5-8과 기능이 같도록 릴레이 1개만을 사용하여 제어 회로를 설계하라.

8.5.4 연속 왕복 작동 회로 실습

(1) **요구 사항** : 시동 신호를 주면 복동 실린더가 전진과 후진을 반복하고, 정지신호가 입력되면 반드시 후진된 상태에서 정지되어야 한다.

(2) **실습 목표** : ① 연속 왕복 작동 회로의 구성과 원리를 익힌다.
② 실린더의 위치 검출 원리를 이해한다.

(3) **구성 기기** : ① 복동 실린더 (PCD−2012) − 1개
② 5포트 2위치 편측 전자 밸브 (PSV−5202) − 1개
③ 5포트 2위치 양측 전자 밸브 (PSV−5203) − 1개
④ 누름 버튼 스위치 (DYES−5911) − 1세트
⑤ 릴레이 (DYES−5910) − 1세트
⑥ 리밋 스위치 (EL−2001) − 2개

(4) **회로도**

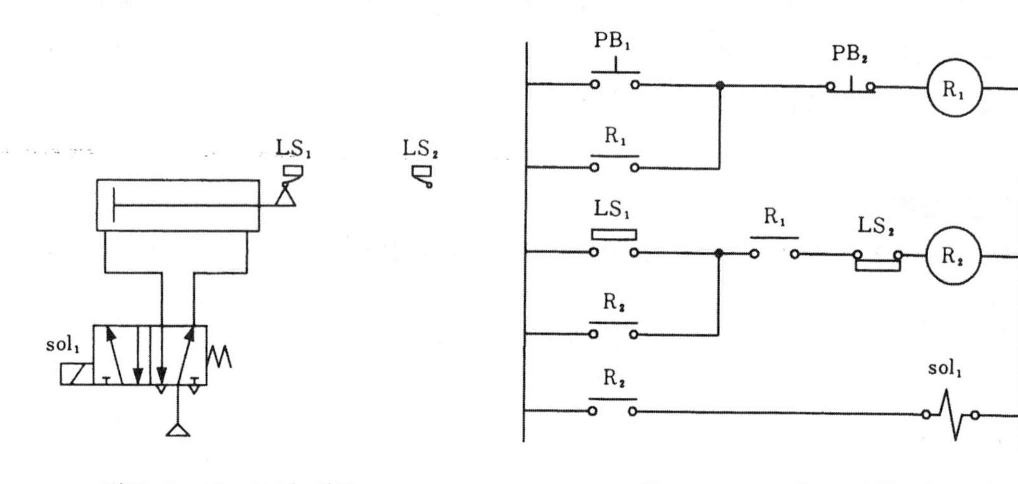

회로 5−10 공압 회로

회로 5−11 왕복 작동 회로(Ⅰ)

(5) **동작 설명**

회로 5−11에서 누름 버튼 스위치 PB_1은 기동 스위치이고 PB_2는 정지 스위치이다. 먼저 PB_1 누름 버튼 스위치를 누르면 릴레이 R_1이 여자되고 자기 유지된다. 이때 실린더가 후진되어 있어 LS_1이 ON 상태이므로 릴레이 R_2가 여자되고 자기 유지되며, 솔레노이드 sol_1에 통전시켜 밸브가 위치 전환되고 실린더가 전진한다. 실

린더가 전진 완료되어 전진 끝단에 설치되어 있는 리밋 스위치 LS_2가 ON되면 릴레이 R_2 코일 위의 LS_2가 b 접점이므로 끊어져 R_2 릴레이의 자기유지를 해제시킨다.

따라서 R_2 릴레이의 a 접점에 의해 sol_1에 통전하던 전류가 끊기므로 밸브는 내장된 스프링에 의해서 원위치되고 실린더가 후진한다. 실린더가 후진하면서 LS_2에서 떨어지면 LS_2가 OFF되므로 LS_2 b 접점은 다시 원위치되며, 실린더가 완전히 복귀하여 LS_1 리밋 스위치를 ON시키면 다시 릴레이 R_2가 여자되어 자기 유지되고 실린더가 전진한다. 즉 이와 같이 릴레이 R_1이 ON되어 있는 동안은 실린더가 전진과 후진 운동을 반복하고, 정지시키기 위해서는 R_1의 자기 유지를 해제시키는 PB_2를 ON시키면 된다.

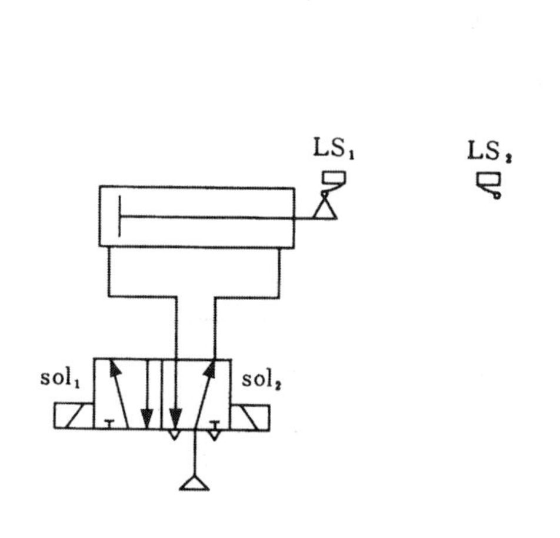

회로 5－12 공압 회로

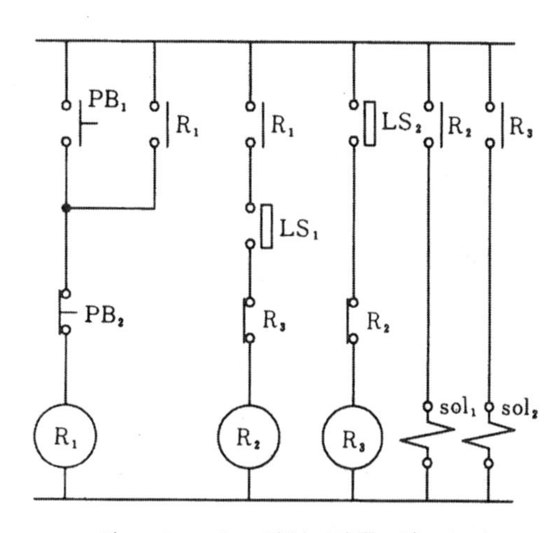

회로 5－13 왕복 작동 회로(II)

회로 5－13은 회로 5－12의 공압 회로를 연속 왕복 작동시키는 제어 회로로, 회로의 동작 원리는 앞서 편측 전자 밸브를 사용한 왕복 작동 회로와 같으나 여기서는 복동 실린더를 제어하는 전자 밸브가 양측이므로 주회로에 솔레노이드가 2개이고 제어 회로에서 자기 유지 회로로 하지 않은 것뿐이다.

8.5.5 단동·연동 사이클 선택 회로 실습

(1) **요구 사항** : 복동 실린더가 단동 사이클 신호와 연동 사이클 신호에 의해 각각 선택 운전이 가능해야 한다.

(2) **실습 목표** : ① 단동 사이클 및 연동 사이클의 회로 구성 방법을 익힌다.
② 단동 사이클 및 연동 사이클 선택 회로의 동작 원리를 이해한다.

(3) **구성 기기** : ① 복동 실린더 (PCD-2012) - 1개
② 5포트 2위치 편측 전자 밸브 (PSV-5202) - 1개
2위치 양측 전자 밸브 (PSV-5203) - 1개
③ 누름 버튼 스위치 (DYES-5911) - 1세트
④ 릴레이 (DYES-5910) - 1세트
⑤ 리밋 스위치 (EL-2001) - 2개

(4) **회로도**

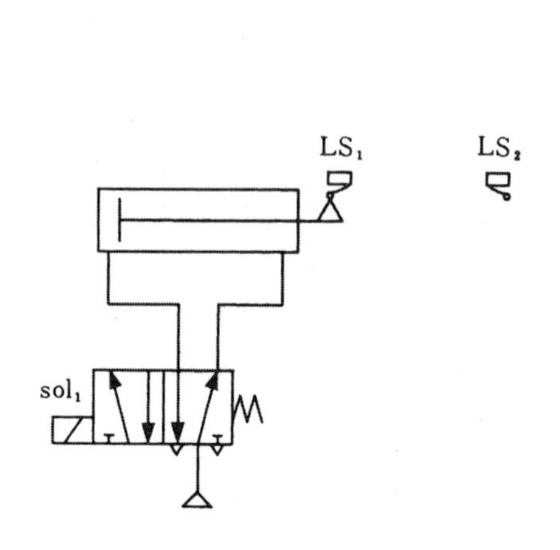

회로 5-14 공압 회로

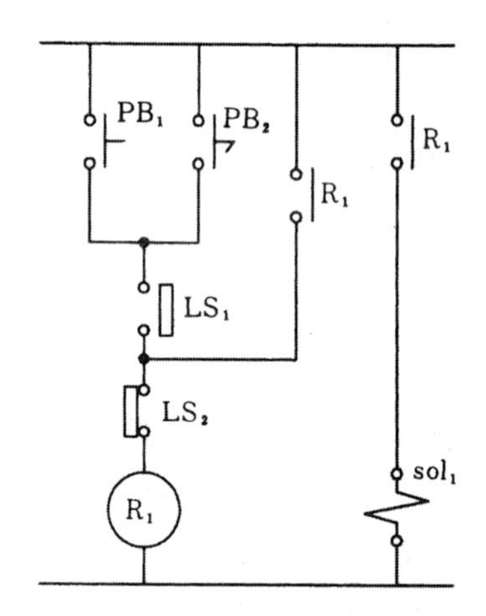

회로 5-15 단동/연동 선택 회로(Ⅰ)

(5) **동작 설명**

회로 5-15는 누름 버튼 스위치와 셀렉터 스위치에 의해 단동 사이클과 연속 사이클을 선택 운전하는 회로이다. 즉 PB_1 누름 버튼 스위치를 눌렀다 떼면 R_1이 여자되고 자기 유지되며 실린더가 전진한다. 전진 끝단에 도달되면 리밋 스위치 LS_2를 ON시키고 그 신호로서 자동적으로 후진하여 1사이클이 종료되므로 이러한 사

이클을 단동 사이클이라 한다.

한편 유지형 스위치인 PB_2를 ON시키면 실린더가 전진과 후진을 계속적으로 유지형 스위치를 OFF시킬 때까지 반복한다. 이러한 사이클을 연동(연속) 사이클이라 한다.

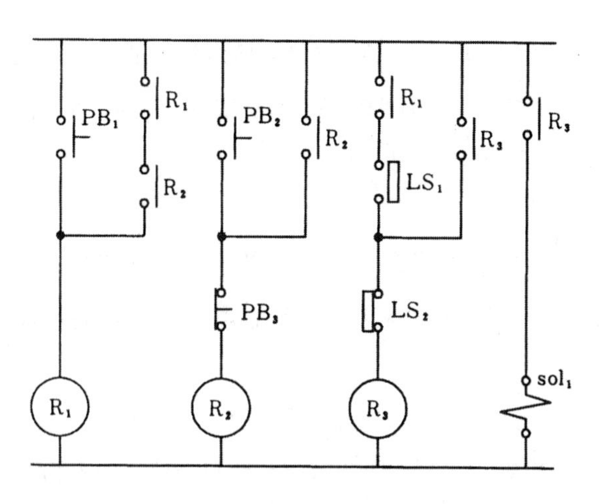

회로 5-16 단동/연동 선택 회로(II)

회로 5-16은 5-15의 회로와 기능은 같으나 단동 사이클 및 연동 사이클 선택 스위치로 누름 버튼 스위치를 이용한 예이다. 그리고 PB_1은 단동 사이클 및 제어계의 시동 신호이고 PB_2는 연동 사이클 선택신호로서, PB_1 스위치를 한 번 눌렀다 떼면 실린더가 전진하여 리밋 스위치 신호에 의해 스스로 복귀하여 정지한다.

연동 사이클 작업을 위해서는 PB_2 스위치를 누르면 자기 유지되고 실린더는 시동되지 않는다. 즉 PB_2는 연동 사이클 선택 스위치일 뿐 제어계의 시동 스위치는 아니다. 이 상태에서 PB_1을 누르면 실린더는 전진과 후진을 반복하고 연동 작업 정지 스위치인 PB_3을 누르면 실린더가 복귀하여 정지한다.

8.6 시퀀스 회로 실습

8.6.1 A+B+B-A-의 회로 실습

(1) **요구 사항** : 편측 전자 밸브로 구동되는 두 개의 복동 실린더가 시동 신호를 주면 주회로 차단법의 설계 방법에 의해 A+B+B-A-의 순서로 순차 작동되어야 한다.

(2) **실습 목표** : ① 릴레이 시퀀스 회로의 구성을 익힌다.
② 주회로 차단법의 설계 원리와 동작 원리를 익힌다.

(3) **구성 기기** : ① 복동 실린더 (PCD-2012) - 2개
② 5포트 2위치 편측 전자 밸브 (PSV-5202) - 2개
③ 리밋 스위치 (EL-2001) - 4개
④ 누름 버튼 스위치 (DYES-5911) - 1세트
⑤ 릴레이 유닛 (DYES-5910) - 1세트

(4) **회로도**

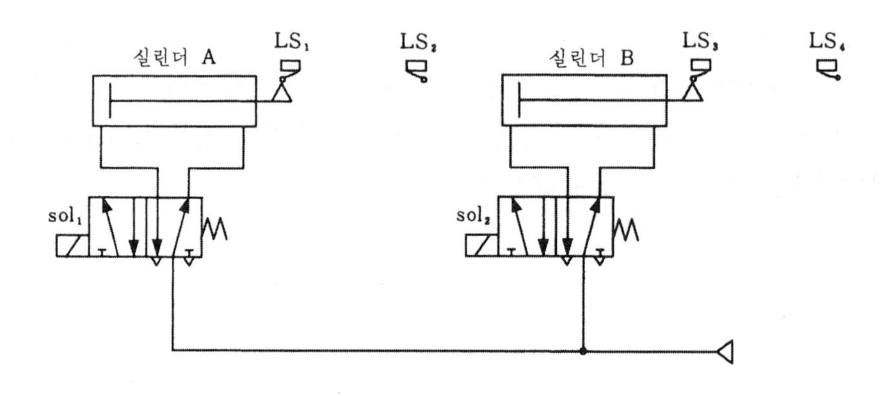

회로 6-1 공압 회로

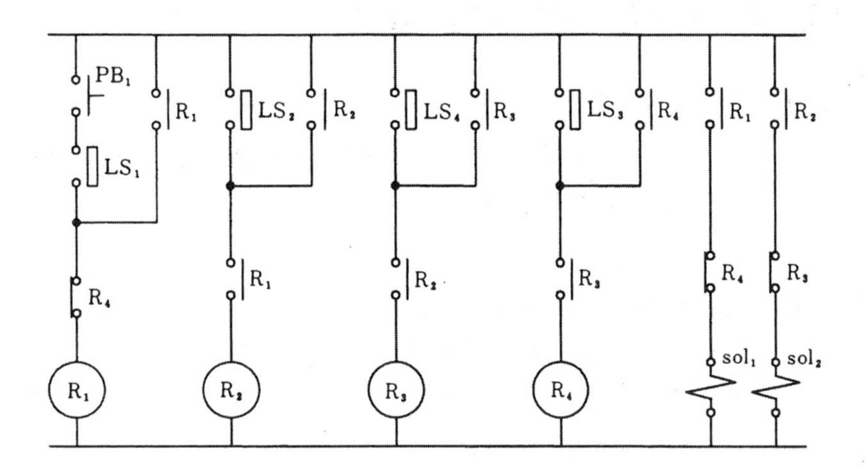

회로 6−2 A+B+B−A−의 제어 회로

(5) 동작 설명

회로 6−2는 편측 전자 밸브로만 제어되는 6−1의 공압 회로를 A+B+B−A−의 순서로 동작되도록 주회로 차단법의 설계 원리로 설계된 시퀀스 회로이다.

회로 설계의 특징으로는 제어 회로 구간의 신호는 전부 자기 유지하고 복귀 신호는 주회로 구간에서 솔레노이드를 통전시키는 신호를 릴레이의 b접점으로 끊어 동작되도록 한 것이다. 또한 제어 회로의 자기 유지는 마지막 스텝 신호의 릴레이 b접점으로 첫 번째 릴레이의 자기 유지를 끊으므로서 연속적으로 자기 유지가 해제토록 구성한 회로이다.

(6) 연습 문제

① 회로 6−2의 동작 순서를 다음 작동 선도에 나타내어라.

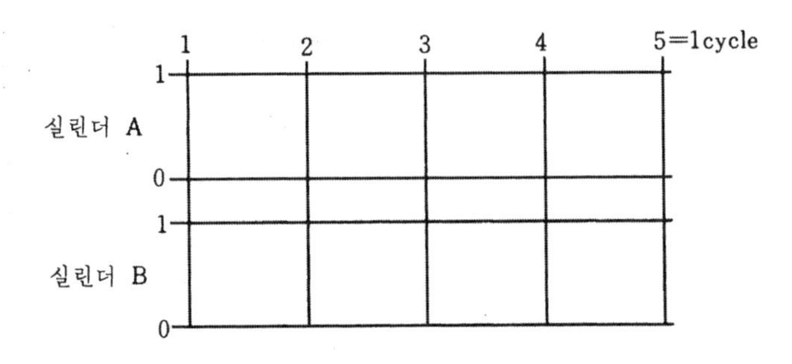

8.6.2 A+A-B+B-의 회로 실습

(1) **요구 사항** : 편측 전자 밸브로 제어되는 두 개의 복동 실린더가 시동 신호를 주면 주회로 차단법의 설계 방법에 의해 A+A-B+B-의 순서로 순차 작동되어야 한다.

(2) **실습 목표** : ① 릴레이 시퀀스 회로의 구성을 익힌다.
② 주회로 차단법의 설계 원리와 동작 원리를 익힌다.

(3) **구성 기기** : ① 복동 실린더 (PCD-2012) - 2개
② 5포트 2위치 편측 전자 밸브 (PSV-5202) - 2개
③ 리밋 스위치 (EL-2001) - 4개
④ 누름 버튼 스위치 (DYES-5911) - 1세트
⑤ 릴레이 유닛 (DYES-5910) - 1세트

(4) **회로도**

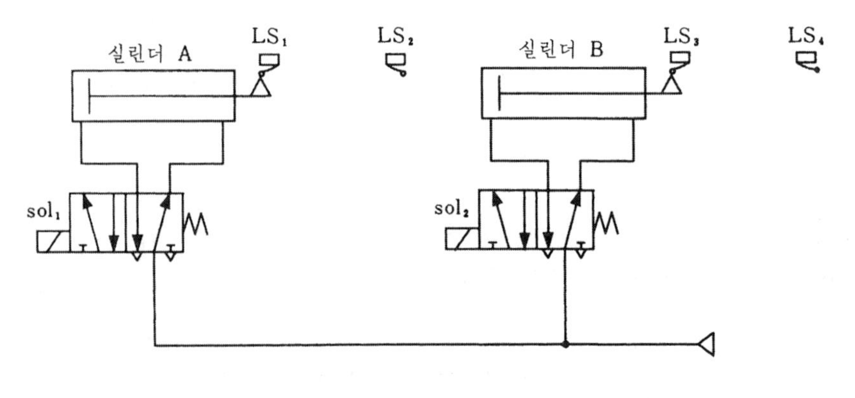

회로 6-3 공압 회로

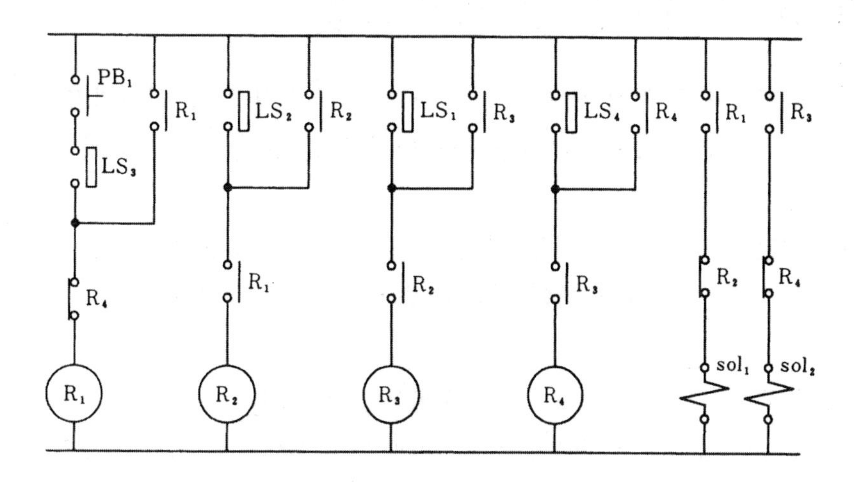

회로 6-4 A+A-B+B-의 제어 회로

(5) 동작 설명

회로 6-4는 편측 전자 밸브로만 제어되는 회로 6-3의 공압 시스템을 A+A-B+B-의 순서로 동작되도록 주회로 차단법으로 설계된 시퀀스 회로이다.

회로의 동작 원리는 시동 스위치 PB_1을 누르면 시퀀스 마지막 스텝 검출 신호인 LS_3가 ON되어 있으므로 릴레이 코일 R_1이 여자되고 자기 유지된다. 그 결과 주회로의 R_1 a 접점이 닫혀 sol_1이 ON되어 첫 스텝으로 A 실린더가 전진한다.

실린더 A가 전진 완료되어 LS_2 리밋 스위치가 ON되면 릴레이 코일 R_2가 ON되어 자기 유지되고 R_2의 b 접점을 통해 sol_1에 통전하는 신호를 끊으므로 sol_1이 OFF되고 실린더 A가 복귀한다. 실린더가 A가 후진완료 되어 LS_1이 ON되면 같은 원리로 R_3 코일이 여자되어 자기 유지되고 주회로 구간에서 a 접점을 닫아 sol_2를 ON시킨다. 따라서 실린더 B가 전진하고 실린더가 B가 전진 완료되어 LS_4가 ON되면 릴레이 코일 R_4가 여자되어 자기 유지되면서 주회로 구간에서 sol_2에 통전하는 신호를 차단시키므로 마지막 단계로 실린더 B가 복귀한다. 동시에 R_4의 b 접점이 코일 R_1을 OFF시키므로 순차적으로 R_2, R_3, R_4 코일이 모두 OFF되어 초기 상태로 복귀한다.

8.6.3 A+A-B+B-의 회로 실습

(1) **요구 사항** : 편측 전자 밸브로만 구동되는 두 개의 복동 실린더가 시동 신호를 주면 A+A-B+B-의 순서로 순차 작동되어야 한다.

(2) **실습 목표** : ① 직관에 의한 시퀀스 회로 설계 원리를 익힌다.
② 직관에 의해 설계된 회로의 특징을 이해한다.

(3) **구성 기기** : ① 복동 실린더 (PCD-2012) - 2개
② 5포트 2위치 편측 전자 밸브 (PSV-5202) - 2개
③ 리밋 스위치 (EL-2001) - 4개
④ 누름 버튼 스위치 (DYES-5911) - 1세트
⑤ 릴레이 유닛 (DYES-5910) - 1세트

(4) **회로도**

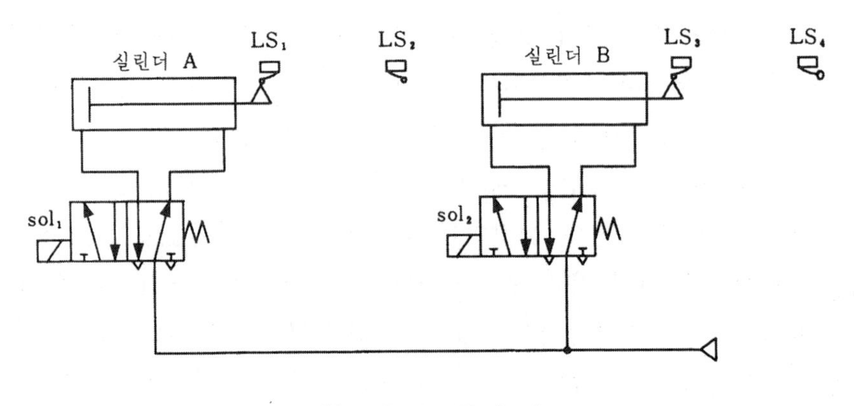

회로 6-5 공압 회로

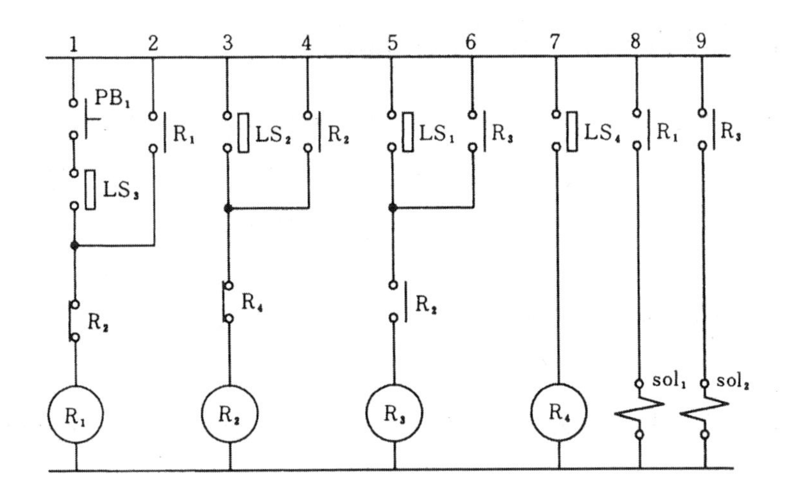

회로 6-6 A+A-B+B-의 제어 회로

(5) 동작 설명

회로 6-6은 직관에 의한 설계법으로 6-5의 공압 회로를 A+A-B+B-의 순서로 순차 작동시키는 회로이다.

회로의 동작 원리는 시동 스위치인 PB1을 누르면 릴레이 R1이 여자되고 자기 유지된다. 그리고 8열의 R1 a접점에 의해 sol1이 ON되어 그 결과로 실린더 A가 전진한다. 실린더 A가 전진 완료되어 LS2 리밋 스위치가 ON되면, 1열의 R2 b접점이 끊어져 릴레이 코일 R1이 OFF되므로 8열의 R1 a접점도 복귀되어 밸브는 내장된 스프링에 의해 원위치되고 실린더 A가 후진한다. 실린더 A가 후진 완료되어 LS1 리밋 스위치가 ON되면, 5열의 R2 a접점과 AND로 신호가 형성되어 R3 릴레이가 여자되고 자기 유지되며, 9열의 R3 a접점에 의해 sol2가 ON되어 실린더 B를 전진시킨다. 실린더 B가 전진 완료되어 LS4가 ON되면 7열의 R4 릴레이가 여자되고 3열의 R4 접점이 열리므로 R3 릴레이가 OFF되어 실린더 B가 후진한다. 이렇게 하여 1사이클이 종료되고 모든 제어 기기는 6-6의 회로도와 같은 초기 상태로 복귀한다.

(6) 연습 문제

① 회로 6-6을 실습하고 다음 작동 선도를 작성하라.

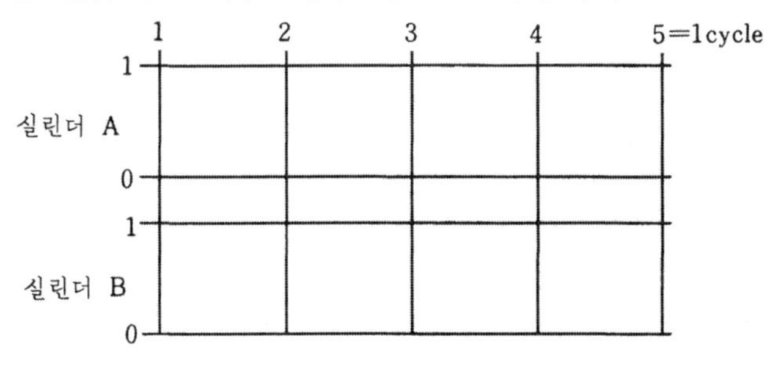

8.6.4 A+B+A-B-의 회로 실습

(1) **요구 사항** : 양측 전자 밸브로 제어되는 두 개의 복동 실린더가 시동 신호를 주면 A+B+A-B-의 순서로 순차 작동되어야 한다. 단, 제어 릴레이의 수가 최소화되도록 설계되어야 한다.

(2) **실습 목표** : ① 제어 회로 설계시 제어 기기의 수를 최소화시키는 설계 방법을 익힌다.
② 최소 신호 차단법의 설계 원리와 동작 원리를 이해한다.

(3) **구성 기기** : ① 복동 실린더 (PCD-2012) - 2개
② 5포트 2위치 양측 전자 밸브 (PSV-5203) - 2개
③ 리밋 스위치 (EL-2001) - 4개
④ 누름 버튼 스위치 (DYES-5911) - 1세트
⑤ 릴레이 유닛 (DYES-5910) - 1세트

(4) **회로도**

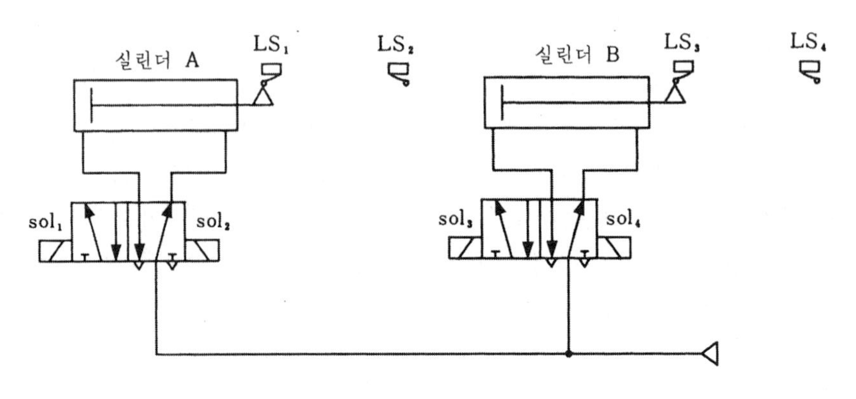

회로 6-7 공압 회로

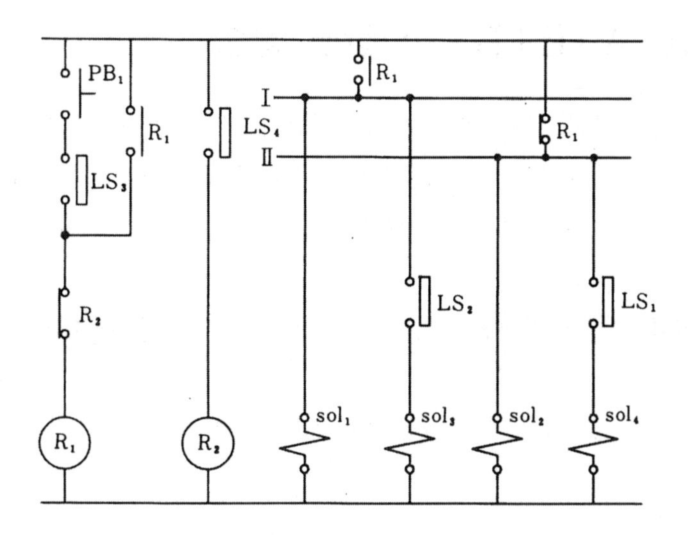

회로 6-8 A+B+A-B-의 제어 회로

(5) **동작 설명**

회로 6-8은 6-7의 공압 회로에서와 같이 양측 전자 밸브로만 구성된 다수의 실린더를 순차 작동시킬 때 이용되는 회로 설계법 중 하나인 최소 신호 차단법에 의한 설계법으로 설계된 제어 회로이다.

동작 원리는 시동 스위치인 PB_1을 ON시키면 릴레이 R_1이 여자되고 자기 유지되며 주 회로 구간의 I 라인에 전기가 공급되어 먼저 I 라인에서 직접 연결된 sol_1이 ON되어 실린더 A가 전진한다.

실린더 A가 전진 완료되어 LS_2 리밋 스위치가 ON되면, I 라인의 신호가 LS_2를 통해 sol_3을 ON시키므로 실린더 B가 전진하게 된다. 실린더 B가 전진 완료되어 LS_4가 ON되면 R_2 릴레이가 여자되고 R_2 b 접점에 의해 R_1 릴레이가 복귀되므로 이제는 주회로 구간의 I 라인의 신호는 소멸되고 II 라인에 신호가 존재한다. 그러므로 II 라인에서 직접 연결된 sol_2가 ON되어 세 번째 순서로 실린더 A가 후진되며, 실린더 A가 후진 완료되어 LS_1 리밋 스위치가 ON되면 sol_4가 ON되고, 그 결과로 실린더 B가 복귀되고 1사이클이 종료된다.

(6) **연습 문제**

① 최소 신호 차단법의 특징을 설명하라.

8.6.5 A+A-B+B-의 회로 실습

(1) **요구 사항** : 양측 전자 밸브로 제어되는 두 개의 복동 실린더가 시동 신호를 주면 A+A-B+B-의 순서로 순차 작동되도록 최소 신호 차단법에 의해 설계되어야 한다.

(2) **실습 목표** : ① 제어 회로 설계시 제어 기기의 수를 최소화시키는 설계 방법을 익힌다.

② 최소 신호 차단법의 설계 원리와 동작 원리를 이해한다.

(3) **구성 기기** : ① 복동 실린더 (PCD-2012) - 2개

② 5포트 2위치 양측 전자 밸브 (PSV-5203) - 2개

③ 리밋 스위치 (EL-2001) - 4개

④ 누름 버튼 스위치 (DYES-5911) - 1세트

⑤ 릴레이 유닛 (DYES-5910) - 1세트

(4) **회로도**

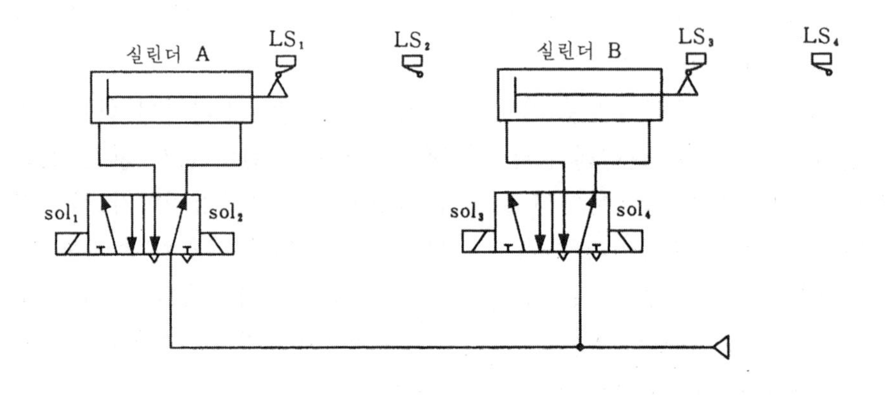

회로 6-9 공압 회로

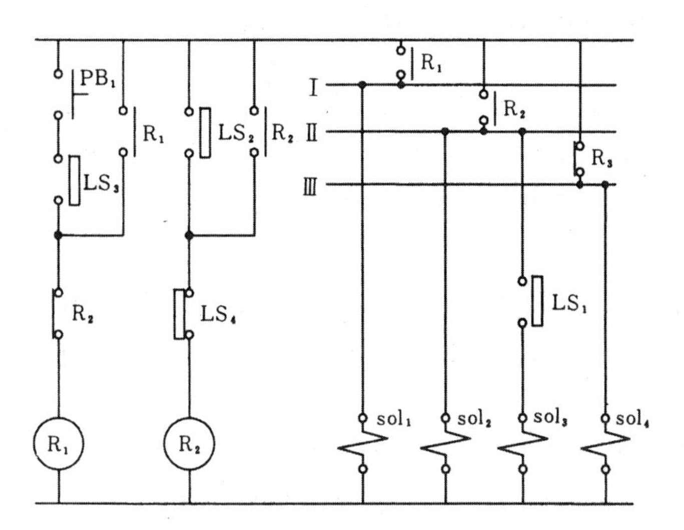

회로 6-10 A+A-B+B-의 제어 회로

8.6.6 A+B+B-A-의 회로 실습

(1) **요구 사항** : 양측 전자 밸브로만 제어되는 두 개의 복동 실린더가 시동 신호를 주면 A+B+B-A-의 순서로 최대 신호 차단법에 의한 설계 원리로 순차작동 되어야 한다.

(2) **실습 목표** : ① 최대 신호 차단법의 회로 설계 원리를 익힌다.
② 인터록 보증 신호의 필요성과 기능을 익힌다.

(3) **구성 기기** : ① 복동 실린더 (PCD-2012) - 2개
② 5포트 2위치 양측 전자 밸브 (PSV-5203) - 2개
③ 리밋 스위치 (EL-2001) - 4개
④ 누름 버튼 스위치 (DYES-5911) - 1세트
⑤ 릴레이 유닛 (DYES-5910) - 1세트

(4) **회로도**

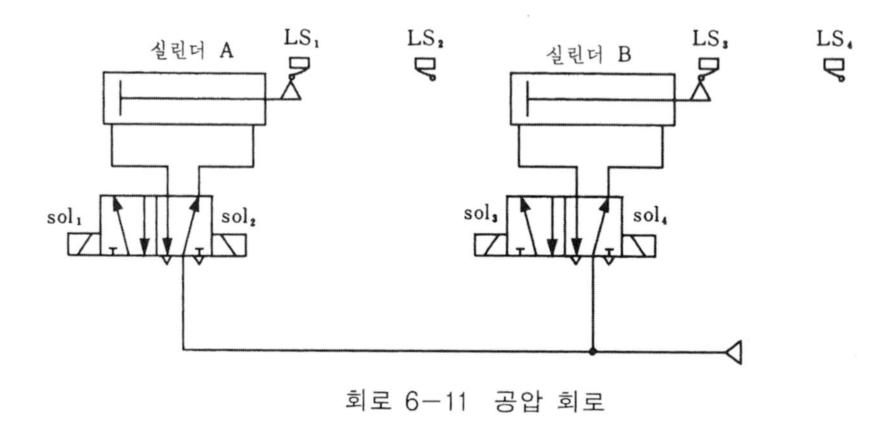

회로 6-11 공압 회로

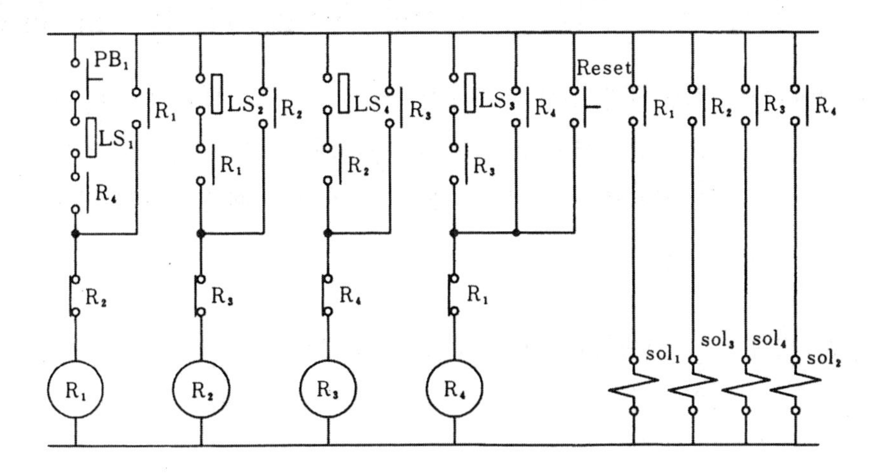

회로 6－12 A＋B＋B－A－의 제어 회로

(5) 동작 설명

회로 5－8은 최대 신호 차단법에 의한 다수의 공압 실린더를 순차 작동시키는 회로로서, 회로의 동작은 전원 투입 후 첫 사이클 시동시에는 먼저 Reset 스위치를 누른 후 시동 스위치인 PB_1을 ON시키면, 먼저 R_1이 여자되고 자기 유지되며 실린더 A가 전진한다. 실린더 A가 전진 완료되어 LS_2 리밋 스위치가 ON되면 LS_2와 전단계 보증 신호인 R_1에 의해 R_2 릴레이가 여자되고 자기 유지되며, 그 신호로서 sol_3이 ON되어 실린더 B가 전진된다.

실린더 B가 전진 완료되어 LS_4가 ON되면 LS_4와 전단계 신호인 R_2에 의해 R_3이 여자되고 자기 유지되며, 전단계 신호인 R_2 릴레이는 OFF시키고 주 회로 구간에서 R_3에 의해 sol_4가 여자되어 실린더 B가 후진한다. 실린더 B가 후진 완료되어 LS_3이 ON되면 LS_3과 전단계 보증 신호 R_3이 ON되어 있으므로 R_4 릴레이가 여자되고 자기 유지되며, 전단계 신호인 릴레이 R_3를 복귀시키고 주회로 구간에서 sol_2를 여자시키므로 실린더 A가 후진한다. 이렇게 하여 1사이클이 종료되고 R_4 릴레이가 ON된 상태이다. 이 상태에서 PB_1을 다시 누르면 상기와 같은 동작을 반복한다.

(6) 연습 문제

① 최대 신호 차단법의 특징을 설명하라.

8.6.7 단동/연동 기능이 부가된 A+B+A-B-의 회로 실습

(1) **요구 사항** : 편측 전자 밸브로 구성된 두 개의 복동 실린더가 단동 사이클 신호를 주면 1사이클 동작 후 정지되고, 연동 사이클 작업 선택 후 시동 신호를 주면 정지 신호가 입력될 때까지 연속적으로 운전되어야 한다.

(2) **실습 목표** : ① 단동/연동 사이클 선택 회로의 구성과 원리를 익힌다.
② 순차 작동 회로의 동작 원리를 이해한다.

(3) **구성 기기** : ① 복동 실린더 (PCD-2012) - 2개
② 5포트 2위치 편측 전자 밸브 (PSV-5202) - 2개
③ 리밋 스위치 (EL-2001) - 4개
④ 누름 버튼 스위치 (DYES-5911) - 1세트
⑤ 릴레이 유닛 (DYES-5910) - 2세트

(4) **회로도**

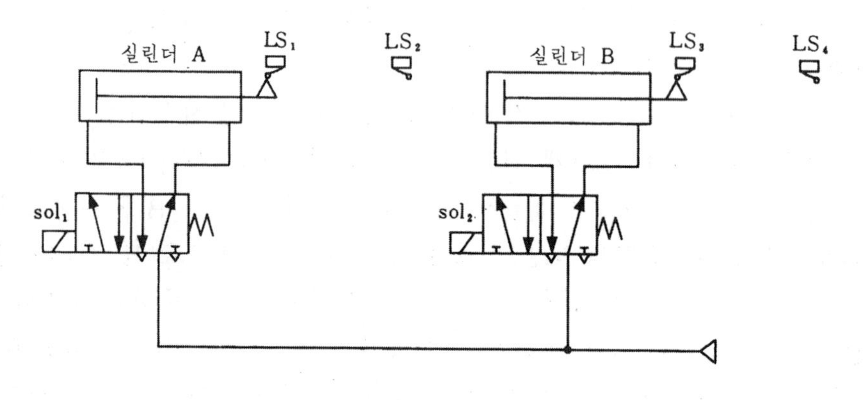

회로 6-13 공압 회로

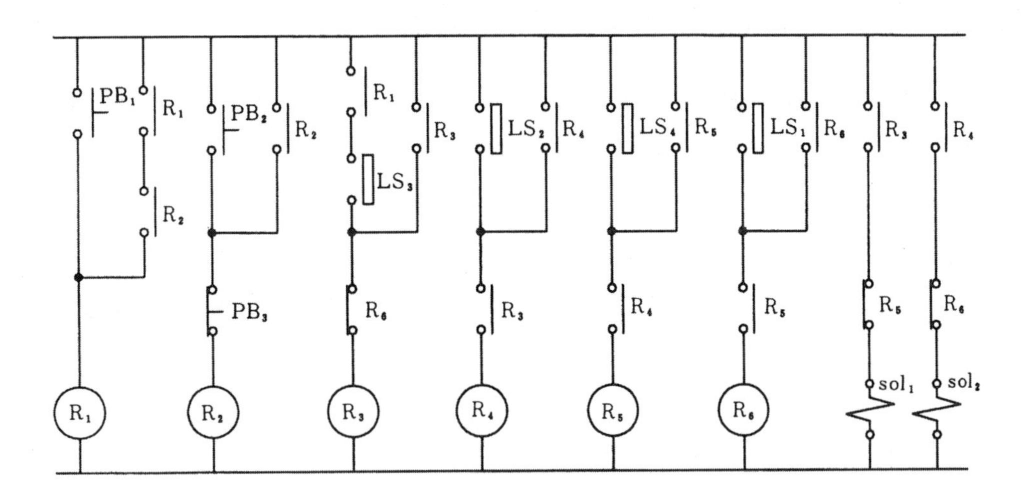

회로 6-14 단동/연동 사이클 선택 회로가 부가된 시퀀스 회로

(5) 동작 설명

회로 6-14은 회로 6-13의 공압 구성도를 A+B+A-B-의 시퀀스로 순차 작동되도록 주회로 차단법에 의해 설계된 회로이며, 이 회로에 작업 보조 조건으로 단동 사이클 운전과 연동 사이클 운전을 각각의 누름 버튼 스위치에 의해 선택 운전할 수 있도록 한 것이다.

즉, 회로에서 누름 버튼 스위치 PB_1은 제어계의 시동 스위치 겸 단동 사이클 선택 스위치이고, PB_2는 연동 사이클 선택 스위치이며, PB_3는 연동 사이클 정지신호 스위치이다.

회로의 동작은 단동 사이클 운전시에는 단동 사이클 선택 스위치 겸 시동 스위치인 PB_1을 누르면 릴레이 코일 R_1이 여자되어 R_3 코일을 ON시킴에 따라 제어계는 주회로 차단법의 원리로 설계된 순서로 A+B+A-B-의 순서로 동작되고 초기위치에서 정지한다.

연동 사이클 운전을 위해서는 먼저 연동 사이클 선택 스위치 PB_2를 눌렀다 떼면 릴레이 코일 R_2가 여자되어 자기 유지되고 2열의 R_2 a 접점을 ON시킨다. 이 상태에서 시동 스위치 PB_1을 누르면 릴레이 코일 R_1이 여자됨과 동시에 2열의 a 접점을 닫아 자기유지 시키므로 5열의 R_1 a 접점을 계속 ON시킨 상태이므로 제어계는 리밋 스위치 신호에 의해 연속적으로 반복운전을 하게 된다. 연동 사이클 운전을 정지시키기 위해서는 연동 사이클 동작 신호 R_2를 OFF시켜야 하므로 누름 버튼 스위치 PB_3를 눌러 R_2코일의 자기유지를 해제하면 된다.

8.6.8 3개 실린더의 순차 작동 회로

(1) **요구 사항** : 3개의 복동 실린더가 시동 신호를 주면 A+B+B−C+C−A−의 순서로 순차 작동되어야 한다.

(2) **실습 목표** : ① 다수 실린더의 시퀀스 회로의 설계 원리를 익힌다.
② 편·양측 전자 밸브를 혼합 사용하는 시스템의 회로 구성을 익힌다.

(3) **구성 기기** : ① 복동 실린더 (PCD−2012) − 3개
② 5포트 2위치 편측 전자 밸브 (PSV−5202) − 2개
③ 5포트 2위치 양측 전자 밸브 (PSV−5203) − 1개
③ 리밋 스위치 (EL−2001) − 6개
④ 누름 버튼 스위치 (DYES−5911) − 1세트
⑤ 릴레이 유닛 (DYES−5910) − 2세트

(4) **회로도**

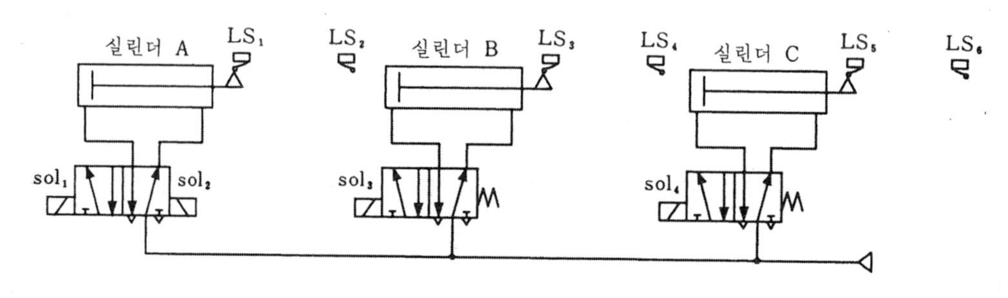

회로 6−15 공압 회로

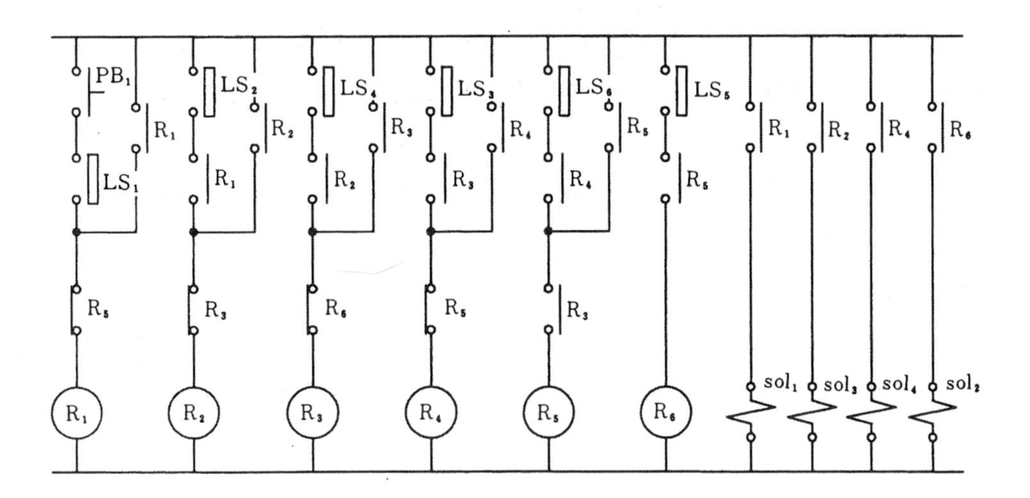

회로 6－16 A+B+B−C+C−A−의 제어 회로

(5) 동작 설명

회로 6－16은 회로 6－15의 공압 시스템을 A+B+B−C+C−A−의 순서로 순차 작동시키는 시퀀스 회로이다. 전기－공압 제어 시스템은 전자 밸브의 종류에 따라 편측 전자 밸브로만 제어되는 시스템, 양측 전자 밸브로만 제어되는 시스템, 편측과 양측 전자 밸브가 혼합 사용되는 시스템으로 분류할 수 있다. 그러나 공압 시스템은 에너지 특성상 편측 전자 밸브 시스템이나 편, 양측 전자 밸브 혼용 시스템이 주로 사용되는데 회로 6－15가 그 일례이다.

전기－공압 시스템의 체계적인 시퀀스 회로 설계 방법에는 주회로 차단법이나, 최소 신호 차단법, 최대 신호 차단법 등이 있으나, 이들 설계 이론은 편측 전자 밸브로만 구성된 시스템이나 양측 전자 밸브로만 구성된 시스템에 한정 적용되기 때문에 회로 6－15와 같이 편, 양측 전자 밸브가 혼용되는 시스템에는 체계적인 설계법을 적용하기 곤란하다.

따라서 회로 6－15와 같은 시스템은 직관에 의해서 설계해야 하는데 회로 6－16의 동작 원리는 다음과 같다.

먼저 시동 스위치인 누름 버튼 스위치 PB_1을 ON시키면 LS_1 리밋 스위치가 ON 상태이므로 릴레이 코일 R_1이 여자되어 자기 유지되고 주 회로에서 R_1의 a접점에 의해 sol_1을 ON시켜 실린더 A를 전진시킨다.

실린더 A가 전진 완료되어 리밋 스위치 LS_2가 ON되면 릴레이 코일 R_2가 여자되어 자기 유지되며 주회로 구간에서 sol_3을 ON시키므로 실린더 B가 전진한다. 실린더 B가 전진 완료되어 LS_4가 ON되면 R_3 릴레이가 여자되어 R_2의 자기유지를 해제시키므로 그 결과 실린더 B가 후진되며, 실린더 B가 후진되어 LS_3가 ON되면 LS_3와 R_3의 a접점에 의해 릴레이 코일 R_4가 ON되어 주회로에서 sol_4를 ON시키므로 네번째 스텝으로 실린더 C가 전진된다.

실린더 C가 전진 완료되어 LS_6가 ON되면 릴레이 코일 R_5가 여자되어 R_4의 코일을 OFF시키므로 C 실린더는 즉시 후진하며, C 실린더가 후진 완료되어 LS_5가 ON되면 LS_5와 R_5의 보증 신호에 의해 R_6 릴레이 코일이 ON되어 주회로에서 sol_2를 ON시켜 실린더 A를 복귀시킴과 동시에 R_3의 자기 유지를 해제시키므로 R_3의 a 접점에 의해 R_5 코일이 복귀되며 이어서 R_6 코일도 OFF되면서 1사이클이 종료된다.

부록

한국 산업 규격
유압 · 공기압 도면 기호
(KS B 0054)

한 국 산 업 규 격 **KS**

유압·공기압 도면 기호 B 0054-1987

Graphic Symbols for Fluid Power Systems

1. 적용 범위 이 규격은 유압 및 공기압 기기 또는 장치의 기능을 표시하기 위한 도면기호(이하 기호라 칭한다)에 대하여 규정한다.

비 고 이 규격은 배관공사 등의 도면에 사용하는 기호에 대하여는 규정하지 않는다.

2. 용어의 뜻 이 규격에서 사용되는 주된 용어의 뜻은 **KS B 0119**(유압 용어) 및 **KS B 0120**(공기압 용어)에 따르는 외에 다음에 따른다.

(1) **기호 요소** 기기, 장치, 유로 등의 종류를 기호로 표시할 때 사용하는 기본적인 선 또는 도형

(2) **기능 요소** 기기 · 장치의 특성, 작동 등을 기호로 표시할 때 사용하는 기본적인 선 또는 도형

(3) **간략 기호** 제도의 간략화를 시도하기 위하여, 기호의 일부를 생략하든가 또는 다른 간단한 기호로 대체시키는 경우에 사용하는 기호

(4) **일반 기호** 기기 · 장치의 상세한 기능 · 형식 등을 명시할 필요가 없는 경우에 사용하는 대표적인 기호

(5) **상세 기호** 기호를 간략화 또는 일반화시키지 않고, 기능을 상세히 명시하는 경우에 사용되는 기호
보통, 간략기호 또는 일반기호에 대비하여 사용한다.

(6) **선택 조작** 2개 이상의 조작방식 중 어느 하나에 의하여 조작하는 방식

(7) **순차 조작** 2개 이상의 조작방식을 사용하여 조작하는 방식

(8) **2단 파일럿조작** 2개의 파일럿 조작에 의한 순차조작

(9) **1차 조작** 순차조작에 따라 기기를 조작할 경우의 최초의 조작. 보통, 1차조작 수단은 인력, 기계 또는 전기 방식으로 조작한다.

(10) **내부 파일럿** 파일럿 조작용 유체를 조작하는 기기의 내부로부터 공급하는 방식

(11) **외부 파일럿** 파일럿 조작용 유체를 조작하는 기기의 외부로부터 공급하는 방식

(12) **내부 드레인** 드레인 유로를 기기 내부에 있는 귀환유로에 접속시켜 드레인이 귀환유체에 합류되는 방식

(13) **외부 드레인** 드레인이 단독으로 기기의 드레인 포트로부터 밖으로 빼내지는 방식

(14) **단동 솔레노이드** 코일을 여자시킬 때, 1방향만으로 작동하는 전자액추에이터

(15) **복동 솔레노이드** 코일의 여자방법을 변경시킴으로써, 작동방향을 변화시키는 여자액추에이터

(16) **가변식 전자 액추에이터** 입력 전기신호의 변화에 따라, 출력 또는 변위량이 변화하는 전자 액추에이터

(17) **가변 행정 제한기구** 밸브의 개도 또는 교축정도 등을 변화시키기 위하여, 스풀의 이동량을 규제하는 조정기구

3. 기본 사항 유압 · 공기압 기호의 표시방법과 해석의 기본사항은 다음에 따른다.

(1) 기호는, 기능, 조작방법 및 외부 접속구를 표시한다.

(2) 기호는, 기기의 실제 구조를 나타내는 것은 아니다.

(3) 복잡한 기능을 나타내는 기호는 원칙적으로 **표 1**의 기호요소와 **표 2**의 기능요소를 조합하여 구성한다.
단, 이들 요소로 표시되지 않는 기능에 대하여는 특별한 기호(**표 3～19** 중에서 ※표를 붙인 기호) 를 그 용도에 한정시켜 사용하여도 좋다.

관련 규격 : **KS B 0001** 기계제도
KS B 0119 유압 용어
KS B 0120 공기압 용어

(4) 기호는 원칙적으로 통상의 운휴상태 또는 기능적인 중립상태를 나타낸다. 단, 회로도 속에서는 예외도 인정된다.

(5) 기호는 해당기기의 외부포트의 존재를 표시하나, 그 실제 위치를 나타낼 필요는 없다.

(6) 포트는 관로와 기호요소의 접점으로 나타낸다.

(7) 포위선 기호를 사용하고 있는 기기의 외부포트는 관로와 포위선의 접점으로 나타낸다.

(8) 복잡한 기호의 경우, 기능상 사용되는 접속구만을 나타내면 된다. 단, 식별하기 위한 목적으로 기기에 표시하는 기호는 모든 접속구를 나타내야 한다.

(9) 기호 속의 문자(숫자는 제외)는 기호의 일부분이다.

(10) 기호의 표시법은 한정되어 있는 것을 제외하고는, 어떠한 방향이라도 좋으나, 90° 방향마다 쓰는 것이 바람직하다.

또한, 표시방법에 따라 기호의 의미가 달라지는 것은 아니다.

(11) 기호는, 압력, 유량 등의 수치 또는 기기의 설정값을 표시하는 것은 아니다.

(12) 간략기호는 그 규격에 표시되어 있는 것 및 그 규격의 규정에 따라 고안해 낼 수 있는 것에 하하여 사용하여도 좋다.

(13) 2개 이상의 기호가 1개의 유닛에 포함되어 있는 경우에는, 특정한 것을 제외하고, 전체를 1점쇄선의 포위선 기호로 둘러싼다. 단, 단일기능의 간략기호에는 통상, 포위선을 필요로 하지 않는다.

(14) 회로도 중에서, 동일 형식의 기기가 수개소에 사용되는 경우에는, 제도를 간략화하기 위하여, 각 기기를 간단한 기호요소로 대표시킬 수가 있다. 단, 기호요소 중에는 적당한 부호를 기입하고, 회로도 속에 부품란과 그 기기의 완전한 기호를 나타내는 기호표를 별도로 붙여서 대조할 수 있게 한다.

*

4. 기호의 구성요소

4.1 기호 요소 기호를 구성하는 기본적 요소는 표 1에 따른다.

표 1 기호 요소

번 호	명 칭	기 호	용 도	비 고
1-1	선			
1-1.1	실 선	————	(1) 주 관 로 (2) 파일럿 밸브에의 공급관로 (3) 전기신호선	• 귀환관로를 포함 • 2-3.1을 부기하여 관로와의 구별을 명확히 한다.
1-1.2	파 선	— — — —	(1) 파일럿 조작관로 (2) 드레인 관로 (3) 필 터 (4) 밸브의 과도위치	• 내부 파일럿 • 외부 파일럿
1-1.3	1점쇄선	—·—·—	포 위 선	• 2개 이상의 기능을 갖는 유닛을 나타내는 포위선
1-1.4	복 선	═ (간격 1/5 l)	기계적 결합	• 회전축, 레버, 피스톤로드 등

표 1 (계 속)

번 호	명 칭	기 호	용 도	비 고
1-2	원			
1-2.1	대 원	 l	에너지 변환기기	• 펌프, 압축기, 전동기 등
1-2.2	중 간 원	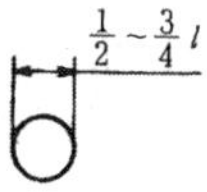 $\frac{1}{2}\sim\frac{3}{4}l$	(1) 계 측 기 (2) 회전 이음	
1-2.3	소 원	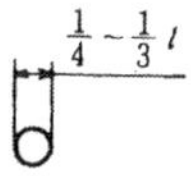 $\frac{1}{4}\sim\frac{1}{3}l$	(1) 체크 밸브 (2) 링 크 (3) 롤 러	• 롤 러 : 중앙에 점을 찍는다. ⊙
1-2.4	점	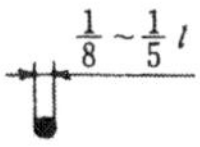 $\frac{1}{8}\sim\frac{1}{5}l$	(1) 관로의 접속 (2) 롤러의 축	
1-3	반 원	 l	회전각도가 제한을 받는 펌프 또는 액추에이터	
1-4	정사각형			
1-4.1		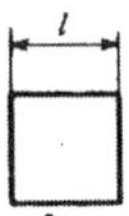 l	(1) 제어기기 (2) 전동기 이외의 원동기	• 접속구가 변과 수직으로 교차한다.
1-4.2		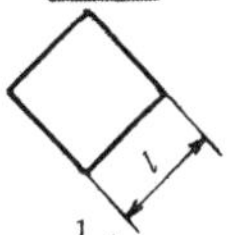 l	유체 조정기기	• 접속구가 각을 두고 변과 교차한다. • 필터, 드레인분리기, 주유기, 열교환기 등
1-4.3		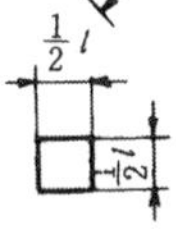 $\frac{1}{2}l$, $\frac{1}{2}l$	(1) 실린더내의 쿠션 (2) 어큐뮬레이터내의 추	
1-5	직사각형			
1-5.1		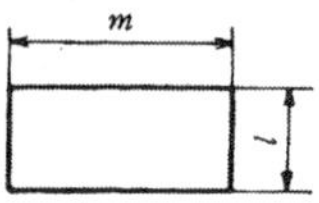 m, l	(1) 실 린 더 (2) 밸 브	• $m > l$
1-5.2		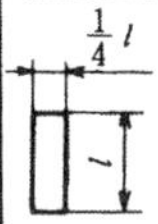 $\frac{1}{4}l$, l	피 스 톤	
1-5.3		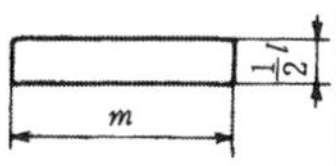 $\frac{1}{2}l$, m	특정의 조작방법	• $l \leq m \leq 2l$ • 표6 참조
1-6	기 타			
1-6.1	요형(대)	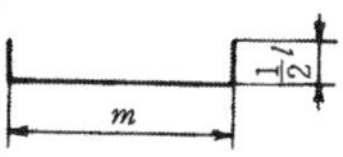 $\frac{1}{2}l$, m	유압유 탱크 (통기식)	• $m > l$
1-6.2	요형(소)	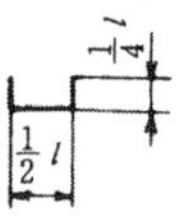 $\frac{1}{4}l$, $\frac{1}{2}l$	유압유 탱크 (통기식)의 국소 표시	

표 1 (계 속)

번 호	명 칭	기 호	용 도	비 고
1-6.3	캡 슐 형		(1) 유압유 탱크 (밀폐식) (2) 공기압 탱크 (3) 어큐물레이터 (4) 보조가스용기	• 접속구는, 표10과 16-2 참조

비 고 치수 l 은 공통의 기준치수로 그 크기는 임의로 정하여도 좋다. 또 필요상 부득이할 경우에는 기준치수를 대상에 따라 변경하여도 좋다.

4.2 기능 요소 기능을 나타내는 요소는 표 2에 따른다.

표 2 기능 요소

번 호	명 칭	기 호	용 도	비 고
2-1	정삼각형			• 유체 에너지의 방향 • 유체의 종류 • 에너지원의 표시
2-1.1	흑		유 압	
2-1.2	백		공기압 또는 기타의 기체압	• 대기중에의 배출을 포함
2-2	화살표 표시			
2-2.1	직선 또는 사선		(1) 직선 운동 (2) 밸브내의 유체의 경로와 방향 (3) 열류의 방향	
2-2.2	곡 선	90°	회전 운동	• 화살표는 축의 자유단에서 본 회전방향을 표시
2-2.3	사 선		가변조작 또는 조정수단	• 적당한 길이로 비스듬히 그린다. • 펌프, 스프링, 가변식전자 액추에이터
2-3	기 타			
2-3.1			전 기	
2-3.2			폐로 또는 폐쇄 접속구	폐로 접속구
2-3.3			전자 액추에이터	
2-3.4			온도지시 또는 온도조정	
2-3.5		M	원 동 기	
2-3.6			스 프 링	• 11-3, 11-4 참조 • 산의 수는 자유

표 2 (계 속)

번 호	명 칭	기 호	용 도	비 고
2-3.7			교 축	
2-3.8		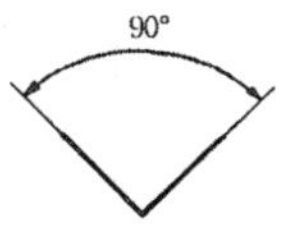 90°	체크밸브의 간략기호의 밸브시트	

5. 관로 및 접속구

5.1 관 로

5.1.1 기호의 표시법 관로의 기호는, 기호요소 1-1.1, 1-1.2 및 1-2.4를 사용하여 구성한다.

5.1.2 기호 보기 일반적으로 사용하는 기호의 보기를 표 3에 표시한다.

표 3 관 로

번 호	명 칭	기 호	비 고
3-1.1	접 속		
3-1.2	교 차		◦ 접속하고 있지 않음
3-1.3	처짐 관로	※ 	• 호스(통상 가동부분에 접속된다)

5.2 접 속 구

5.2.1 기호의 표시법 접속구의 기호는 기호요소 1-2.1, 1-2.3, 1-2.4, 1-4.1 및 1-5.1과 함께 기능요소 2-1.1, 2-1.2, 2-3.2 및 2-3.8을 사용하여 구성한다.

5.2.2 기호 보기 일반적으로 사용하는 기호의 보기를 표 4에 표시한다.

표 4 접 속 구

번 호	명 칭	기 호	비 고
4-1	공기 구멍		
4-1.1			• 연속적으로 공기를 빼는 경우
4-1.2			• 어느 시기에 공기를 빼고 나머지 시간은 닫아놓는 경우
4-1.3			• 필요에 따라 체크 기구를 조작하여 공기를 빼는 경우

표 4 (계 속)

번 호	명 칭	기 호	비 고
4-2	배 기 구		• 공기압 전용
4-2.1			• 접속구가 없는 것
4-2.2			• 접속구가 있는 것
4-3	급속 이음		
4-3.1			• 체크밸브 없음
4-3.2		접속 상태 떨어진 상태	• 체크밸브 붙이 (셀프실 이음)
4-4	회전 이음		• 스위블 조인트 및 로터리 조인트
4-4.1	1 관 로	※	• 1방향 회전
4-4.2	3 관 로	※	• 2방향 회전

6. 조작 기구

6.1 기호의 표시법 조작기구 기호의 표시법은 다음에 따른다.

(1) 기호의 구성 조작기구의 기호는, 기호요소 **1-1.4**, **1-2.3**, **1-2.4** 및 **1-5.3**과 함께 기능요소 **2-1.1**, **2-1.2**, **2-2.3**, **2-3.3**, **2-3.5** 및 **2-3.6**을 사용하여 구성하는 것 이외에도, **표 5** 및 **표 6**에 나타낸 특별한 기호에 따른다.

(2) 단일 조작기구와 기기의 관계 단일 조작기구와 기기의 관계는 다음에 따른다.

(a) 조작기호를 도시하는 크기의 비율은 **표 1**에 따른다.

(b) 밸브의 조작기호는 조작하는 기호요소에 접하는 임의의 위치에 써도 좋다.

(c) 가변기기의 가변조작을 나타내는 화살표는, 조작기호와 관련되어 있으면 늘리거나 구부려도 좋다.

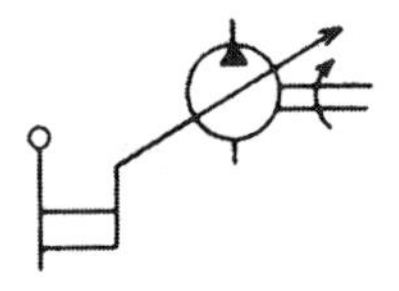

(d) 2방향 조작의 조작요소가 실제로 하나인 경우에는, 조작기호는 원칙적으로 하나밖에 쓰지 않는다.

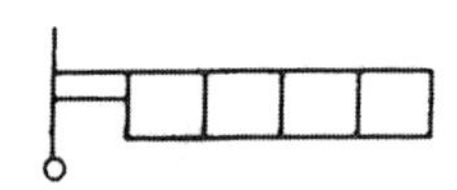

또한, 복동 솔레노이드로 조작되는 밸브의 기호에서, 전기신호와 밸브의 상태와의 관계를 명확히

할 필요가 있는 경우에는, 복동솔레노이드의 기호(6-3.1.2)를 사용하지 않고 2개의 단동솔레노이드의 기호(6-3.1.1)을 사용하여 그린다.

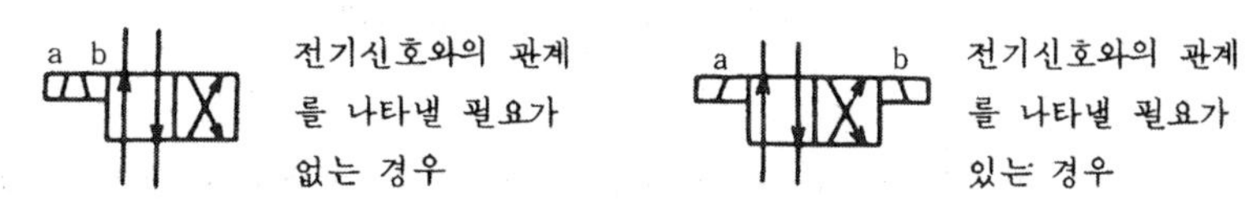

(3) 복합 조작기구와 기기의 관계 복합 조작기구와 기기의 관계는 다음에 따른다.

(a) 1방향 조작의 조작기호는 조작하는 기호요소에 인접해서 쓴다.

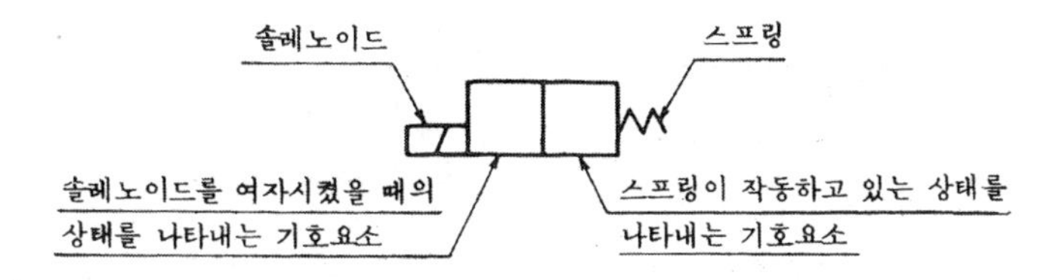

(b) 3개 이상 스풀의 위치를 갖는 밸브의 중립위치의 조작은, 중립위치를 나타내는 직4각형의 경계선을 위 또는 아래로 연장하고, 여기에 적절한 조작기호를 기입함으로써, 명확히 할 수가 있다.

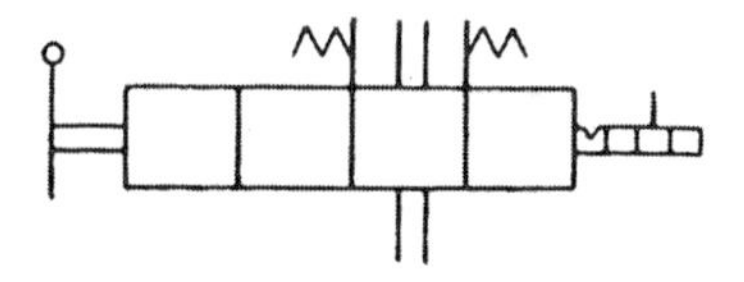

(c) 3위치 밸브의 중앙위치 조작기호는, 외측 직4각형의 양쪽 끝면에 기입해도 좋다.

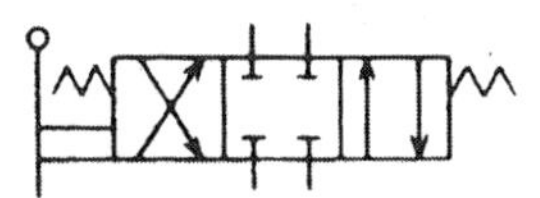

(d) 프레셔센터의 중앙위치의 조작기호는, 기능요소의 정3각형(2-1.1 또는 2-1.2)을 사용하여 나타내고, 외측의 직4각형 양쪽 끝면에 3각형의 정점이 접하도록 그린다.

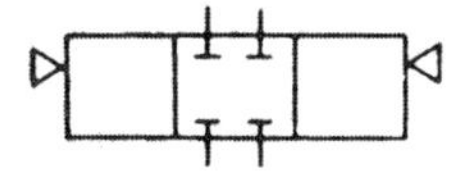

(e) 간접 파일럿 조작기기의 내부 파일럿과 내부 드레인 관로의 표시는, 간략기호에서는 생략한다.

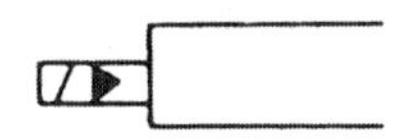

(f) 간접 파일럿 조작기기에 1개의 외부 파일럿 포트와 1개의 외부 드레인포트가 있는 경우의 관로표시는, 간략기호에서는, 한쪽 끝에만 표시한다. 단, 이외에 다른 외부파일럿과 외부드레인포트가 있는 경우에는 이것을 다른 끝에 표시한다. 또한, 기기에 표시하는 기호는 모든 외부 접속구를 표시할 필요가 있다.

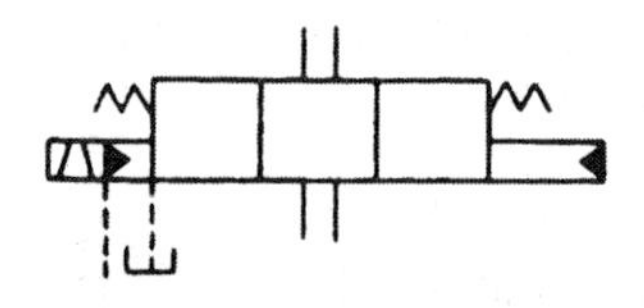

(g) 선택조작의 조작기호는 나란히 병렬해서 표시하든가, 필요에 따라 직 4 각형의 경계선을 연장하여 표시하여도 좋다. 아래 그림은 솔레노이드나 누름버튼 스위치에 의하여 각각 독립적으로 조작될 수 있는 밸브를 나타낸다.

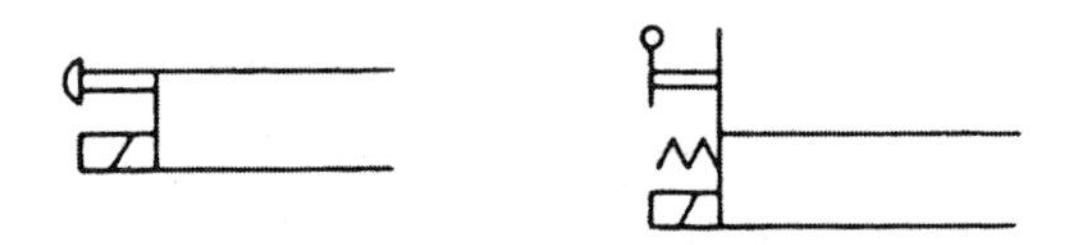

(h) 순차조작의 경우에는, 조작기호를 조작되는 순서에 따라 직렬로 표시한다. 그림은 솔레노이드가 파일럿 밸브를 조작하고, 이어 그 파일럿압력으로 주밸브를 작동시키는 밸브를 나타낸다.

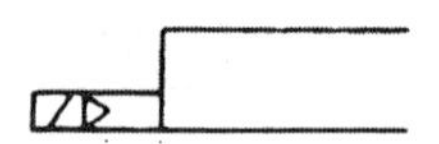

(i) 멈춤쇠는 스풀의 위치와 동수로 그리고 같은 순서로 분할하여 표시한다.
고정용 그루브의 위치는 고정하는 위치에만 표시한다.
또한, 밸브의 스풀 위치에 대응시켜 고정구를 나타내는 선을 표시한다.

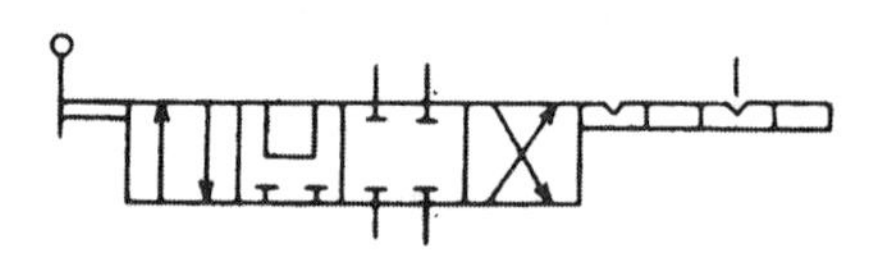

6.2 기호 보기 일반적으로 사용하고 있는 기호의 보기를, **표 5**와 **표 6**에 표시한다.

표 5 기계식 구성부품

번 호	명 칭	기 호	비 고
5-1	로 드		• 2방향 조작 • 화살표의 기입은 임의
5-2	회 전 축		• 2방향 조작 • 화살표의 기입은 임의
5-3	멈 춤 쇠	※	• 2방향 조작 • 고정용 그루브 위에 그린 세로 선은 고정구를 나타낸다.

표 5 (계 속)

번 호	명 칭	기 호	비 고
5-4	래 치	 ※	• 1방향 조작 • ✱ 해제의 방법을 표시하는 기호
5-5	오버센터 기구	※ 	• 2방향 조작

표 6 조작 방식

번 호	명 칭	기 호	비 고
6-1	인력 조작	※ 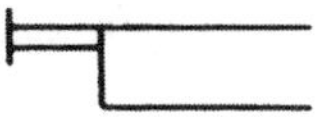	• 조작방법을 지시하지 않은 경우, 또는 조작 방향의 수를 특별히 지정하지 않은 경우의 일반기호
6-1.1	누름 버튼	※ 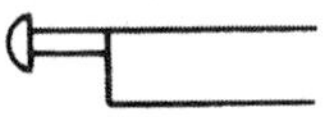	• 1방향 조작
6-1.2	당김버튼	※ 	• 1방향 조작
6-1.3	누름 -당김버튼	※ 	• 2방향 조작
6-1.4	레 버	※ 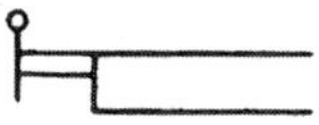	• 2방향 조작 (회전운동을 포함)
6-1.5	페 달	※ 	• 1방향 조작 (회전운동을 포함)
6-1.6	2방향 페달	※ 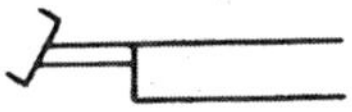	• 2방향 조작 (회전운동을 포함)
6-2	기계 조작		
6-2.1	플 런 저	※	• 1방향 조작
6-2.2	가변행정제한기구	※ 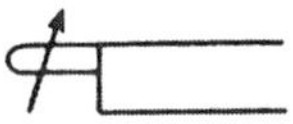	• 2방향 조작
6-2.3	스 프 링		• 1방향 조작
6-2.4	롤 러	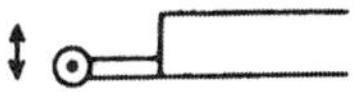	• 2방향 조작
6-2.5	편측작동롤러	※ 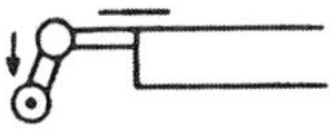	• 화살표는 유효조작 방향을 나타낸다. 기입을 생략하여도 좋다. • 1방향 조작

표 6 (계 속)

번 호	명 칭	기 호	비 고
6-3	전기 조작		
6-3.1	직선형 전기 액추에이터		• 솔레노이드, 토크모터 등
6-3.1.1	단동 솔레노이드	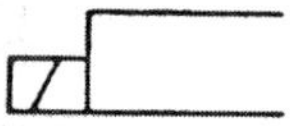	• 1방향 조작 • 사선은 우측으로 비스듬히 그려도 좋다.
6-3.1.2	복동 솔레노이드	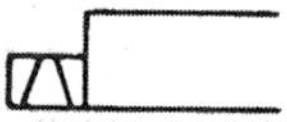	• 2방향 조작 • 사선은 위로 넓어져도 좋다
6-3.1.3	단동 가변식 전자 액추에이터	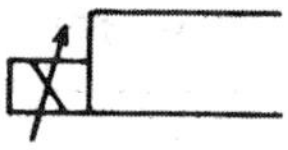	• 1방향 조작 • 비례식 솔레노이드, 포스모터 등
6-3.1.4	복동 가변식 전자 액추에이터	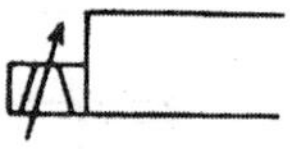	• 2방향 조작 • 토크모터
6-3.2	회전형 전기 액추에이터	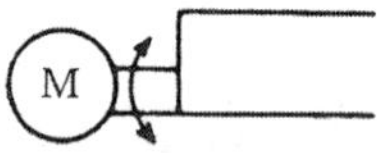 M	• 2방향 조작 • 전 동 기
6-4	파일럿 조작		
6-4.1	직접 파일럿 조작		
6-4.1.1		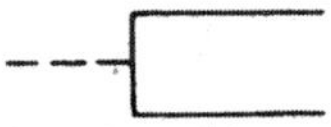	
6-4.1.2		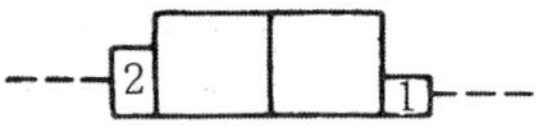 2 1	• 수압면적이 상이한 경우, 필요에 따라, 면적비를 나타내는 숫자를 직4각형속에 기입한다.
6-4.1.3	내부 파일럿	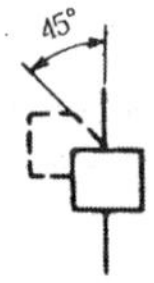 45°	• 조작유로는 기기의 내부에 있음
6-4.1.4	외부 파일럿	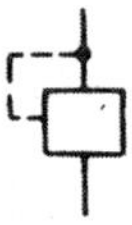	• 조작유로는 기기의 외부에 있음
6-4.2	간접 파일럿 조작		
6-4.2.1	압력을 가하여 조작하는 방식		
(1)	공기압 파일럿	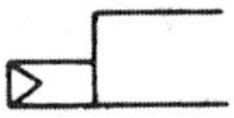	• 내부 파일럿 • 1차조작 없음
(2)	유압 파일럿	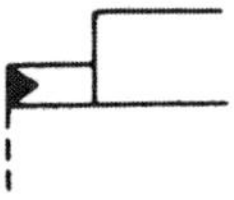	• 외부 파일럿 • 1차조작 없음

표 6 (계 속)

번 호	명 칭	기 호	비 고
(3)	유압 2 단 파일럿	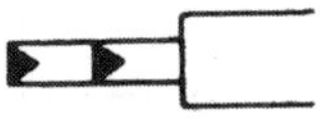	• 내부 파일럿, 내부 드레인 • 1차조작 없음
(4)	공기압 • 유압 파일럿	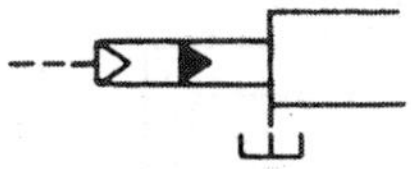	• 외부 공기압 파일럿, 내부 유압 파일럿, 외부 드레인 • 1차조작 없음
(5)	전자 • 공기압 파일럿	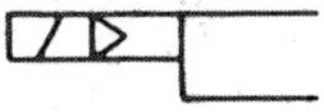	• 단동 솔레노이드에 의한 1차조작 붙이 • 내부 파일럿
(6)	전자 • 유압 파일럿	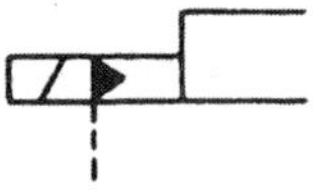	• 단동 솔레노이드에 의한 1차조작 붙이 • 외부 파일럿, 내부 드레인
6-4.2.2	압력을 빼내어 조작하는 방식		
(1)	유압 파일럿	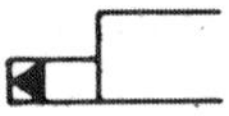	• 내부 파일럿 • 내부 드레인 • 1차조작 없음
		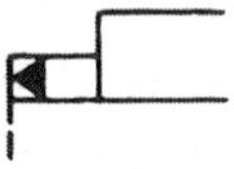	• 내부 파일럿 • 원격조작용 벤트포트 붙이
(2)	전자 • 유압 파일럿	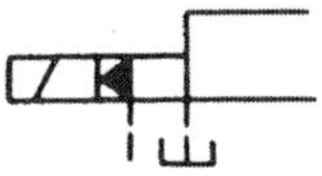	• 단동 솔레노이드에 의한 1차조작 붙이 • 외부 파일럿, 외부 드레인
(3)	파일럿 작동형 압력제어 밸브	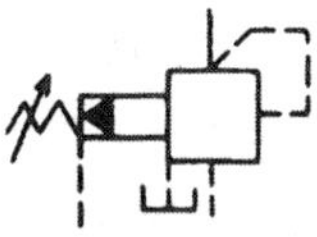	• 압력조정용 스프링 붙이 • 외부 드레인 • 원격조작용 벤트포트 붙이
(4)	파일럿 작동형 비례전자식 압력제어 밸브	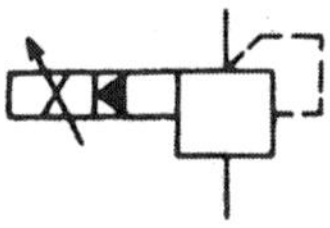	• 단동 비례식 액추에이터 • 내부 드레인
6-5	피드백		
6-5.1	전기식 피드백	※ 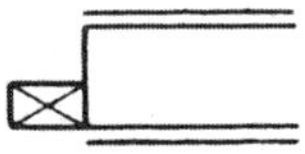	• 일반 기호 • 전위차계, 차동변압기 등의 위치검출기

표 6 (계 속)

번 호	명 칭	기 호	비 고
6-5.2	기계식 피드백	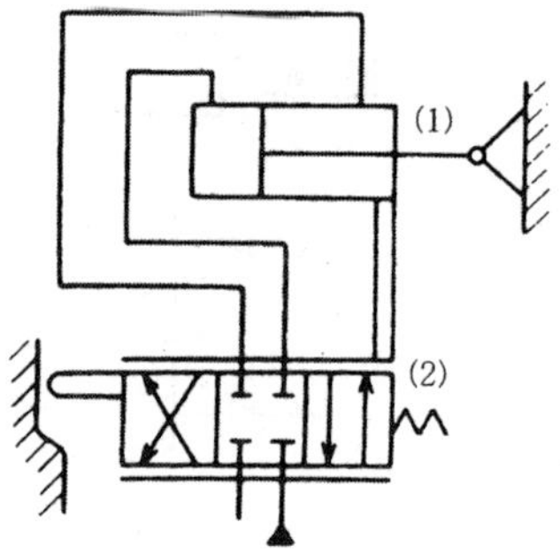	• 제어대상과 제어요소의 가동부 분간의 기계적 접속은 1-1.4 및 8.1.(8)에 표시 (1) 제어 대상 (2) 제어 요소

7. 에너지의 변환과 저장

7.1 펌프 및 모터

7.1.1 기호의 표시법 펌프 및 모터의 기호 표시법은 다음에 따른다.

(1) 펌프 및 모터의 기호는, 기호요소 **1-2.1** 또는 **1-3**과 기능요소 **2-1.1** 및 **2-1.2**를 사용하여 구성한다.

(2) 기계식 회전구동은 **1-1.4** 및 **2-2.2**를 사용하여 표시한다.

(3) 1회전 당의 배제량이 조정되는 경우에는 **2-2.3**을 사용하여 표시한다.

(4) 다음과 같은 상호관련을 표시하는 경우에는 부속서에 따른다.

(a) 축의 회전방향

(b) 유체의 유동방향

(c) 조립내장된 조작요소의 위치

(5) 가변용량형 기기의 조작기구의 기호는 **6.1(2)(c)**와 같이 표시한다(표 **7** 및 부속서 참조).

7.1.2 기호 보기 일반적으로 사용되는 기호의 보기를 표 7에 표시한다.

표 7 펌프 및 모터

번 호	명 칭	기 호	비 고
7-1	펌프 및 모터	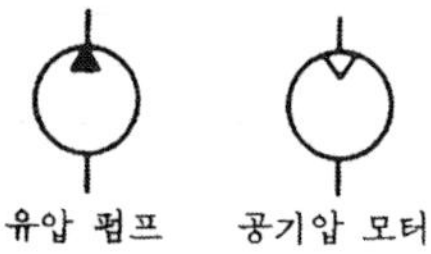 유압 펌프 공기압 모터	• 일반기호
7-2	유압 펌프	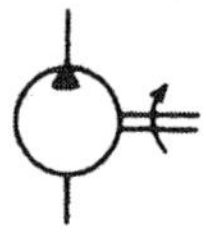	• 1방향 유동 • 정용량형 • 1방향 회전형
7-3	유압 모터	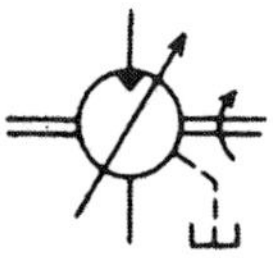	• 1방향 유동 • 가변용량형 • 조작기구를 특별히 지정하지 않는 경우 • 외부 드레인 • 1방향 회전형 • 양 축 형

표 7 (계 속)

번 호	명 칭		비 고
7-4	공기압 모터	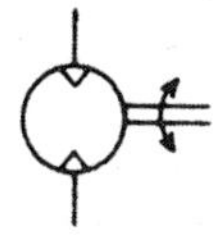	• 2방향 유동 • 정용량형 • 2방향 회전형
7-5	정용량형 펌프 · 모터	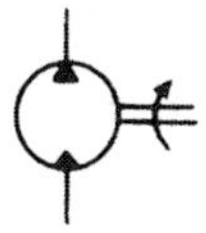	• 1방향 유동 • 정용량형 • 1방향 회전형
7-6	가변용량형 펌프 · 모터 (인력조작)	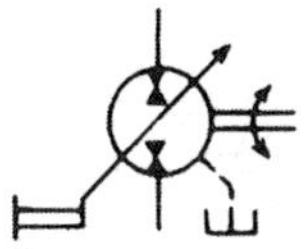	• 2방향 유동 • 가변용량형 • 외부 드레인 • 2방향 회전형
7-7	요동형 액추에이터	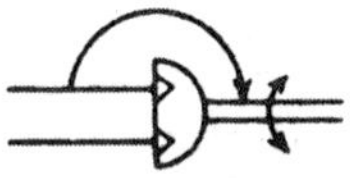	• 공 기 압 • 정 각 도 • 2방향 요동형 • 축의 회전방향과 유동방향과의 관계를 나타내는 화살표의 기입은 임의 (부속서 참조)
7-8	유압 전도장치	 ※	• 1방향 회전형 • 가변용량형 펌프 • 일 체 형
7-9	가변용량형 펌프 (압력보상제어)	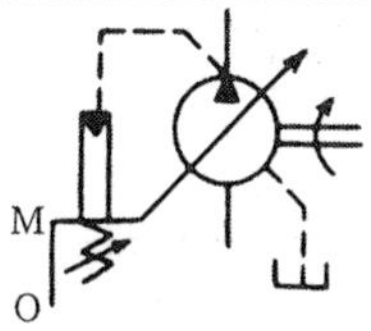 M O	• 1방향 유동 • 압력조정 가능 • 외부 드레인 (부속서 참조)
7-10	가변용량형 펌프 · 모터 (파일럿조작)	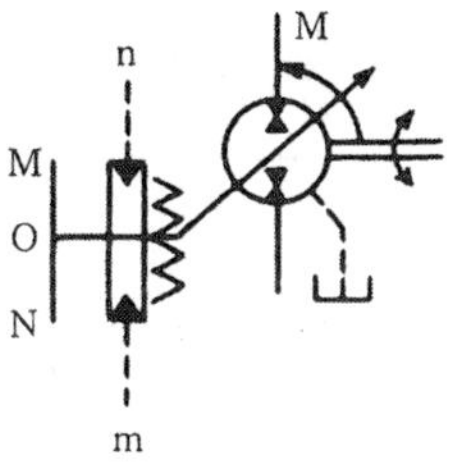 n M M O N m	• 2방향 유동 • 2방향 회전형 • 스프링 힘에 의하여 중앙위치 (배제용적 0)로 되돌아오는 방식 • 파일럿 조작 • 외부 드레인 • 신호 m은 M방향으로 변위를 발생시킴 (부속서 참조)

7.2 실 린 더

7.2.1 기호의 표시법 실린더 기호의 표시법은 다음에 따른다.

(1) 실린더의 기호는 기호요소 1-1.4, 1-5.1 및 1-5.2와 기능요소 2-1.1 및 2-1.2를 사용하여 구성한다.

(2) 단동 실린더는 한쪽 포트를 배기(드레인)에 접속시킨다.

또한, 단동 실린더의 간략기호에서는 배기(드레인)측의 실린더단은 표시하지 않는다.

(3) 쿠션은 1-4.3, 쿠션 조정은 2-2.3을 사용하여 표시한다.

(4) 필요에 따라서는 피스톤기호 위에 피스톤 면적비를 표시한다.

7.2.2 기호 보기 일반적으로 사용되는 기호의 보기를 표 8에 표시한다.

표 8 실 린 더

번 호	명 칭	기 호	비 고
8-1	단동 실린더	상세 기호 간략 기호	• 공 기 압 • 압 출 형 • 편로드형 • 대기중의 배기 (유압의 경우는 드레인)
8-2	단동 실린더 (스프링붙이)	(1) (2)	• 유 압 • 편로드형 • 드레인측은 유압유 탱크에 개방 (1) 스프링 힘으로 로드 압출 (2) 스프링 힘으로 로드 흡인
8-3	복동 실린더	(1) (2)	(1) • 편 로 드 • 공 기 압 (2) • 양 로 드 • 공 기 압
8-4	복동 실린더 (쿠션붙이)	2:1 2:1	• 유 압 • 편로드형 • 양 쿠션, 조정형 • 피스톤 면적비 2:1
8-5	단동 텔레스코프형 실린더	※	• 공 기 압
8-6	복동 텔레스코프형 실린더	※	• 유 압

7.3 특수 에너지 – 변환기기 특수 에너지 – 변환기기의 기호 보기를 표 9에 표시한다.

표 9 특수 에너지 – 변환기기

번 호	명 칭	기 호	비 고
9-1	공기유압 변환기	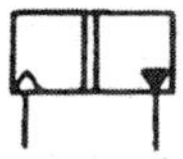 단 동 형 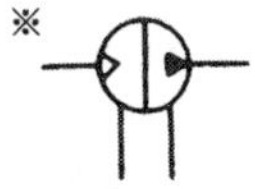 ※ 연 속 형	
9-2	증 압 기	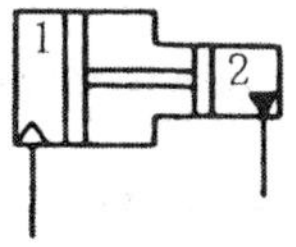 1 2 단 동 형 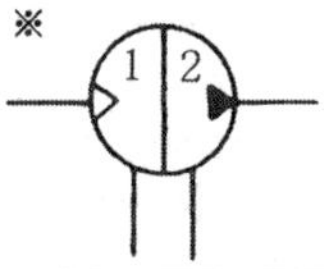 ※ 1 2 연 속 형	• 압력비 1 : 2 • 2종 유체용

7.4 에너지 – 용기 〔어큐뮬레이터(축압기), 가스용기 및 공기탱크〕

7.4.1 기호의 표시법 에너지 – 용기의 기호 표시법은 다음에 따른다.

(1) 에너지 – 용기의 기호는 기호요소 1-6.3을 사용한다.

(2) 어큐뮬레이터의 접속구는 하부 반원과 1-1.1 과의 접점으로 표시한다.

(3) 보조 가스용기의 접속구는 상부 반원과 1-1.1 과의 접점으로 표시한다.

(4) 어큐뮬레이터 부하의 종류(기체압, 추, 스프링력)를 나타내는 경우에는 2-1.2, 1-4.3, 2-3.6 의 기호를 사용한다.

7.4.2 기호 보기 일반적으로 사용하는 기호의 보기를 표 10에 표시한다.

표 10 에너지 – 용기

번 호	명 칭	기 호	비 고
10-1	어큐뮬레이터		• 일반기호 • 항상 세로형으로 표시 • 부하의 종류를 지시하지 않는 경우
10-2	어큐뮬레이터	기체식 중량식 스프링식 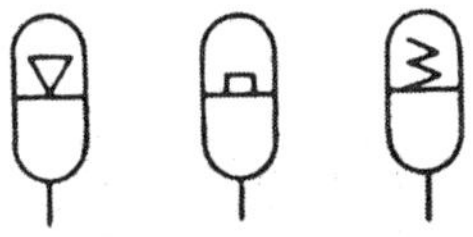	• 부하의 종류를 지시하는 경우
10-3	보조 가스용기		• 항상 세로형으로 표시 • 어큐뮬레이터와 조합하여 사용하는 보급용 가스용기

표 10 (계 속)

번 호	명 칭	기 호	비 고
10-4	공기 탱크		

7.5 동 력 원

7.5.1 기호의 표시법 동력원의 기호는 기호요소 **1-2.1** 및 **1-4.1**과 기능요소 **2-1.1**, **2-1.2** 및 **2-3.5**를 사용하여 구성한다.

7.5.2 기호 보기 일반적으로 사용하는 기호의 보기를 **표 11**에 표시한다.

표 11 동 력 원

번 호	명 칭	기 호	비 고
11-1	유압(동력)원		• 일반기호
11-2	공기압(동력)원		• 일반기호
11-3	전 동 기	M	
11-4	원 동 기	M	(전동기를 제외)

8. 에너지의 제어와 조정

8.1 기호 표시법의 공통 사항 에너지의 제어와 조정의 기호 표시법의 공통사항은 다음에 따른다.

(1) 에너지의 제어와 조정의 기호는 기호요소 **1-4.1** 또는 **1-5.1**을 사용한다.

(2) 제어기기의 주 기호는 1개의 직4각형(정4각형 포함) 또는 서로 인접한 복수의 직4각형으로 구성한다.

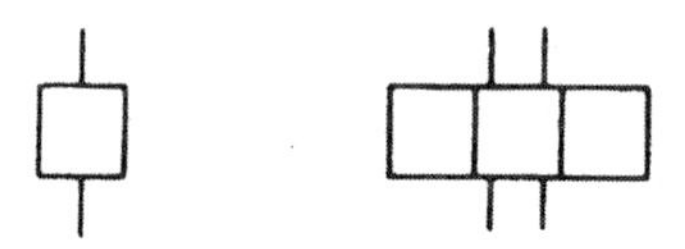

(3) 유로, 접속점, 체크 밸브, 교축 등의 기능은, 특정의 기호를 제외하고, 대응하는 기능기호를 주 기호 속에 표시한다.

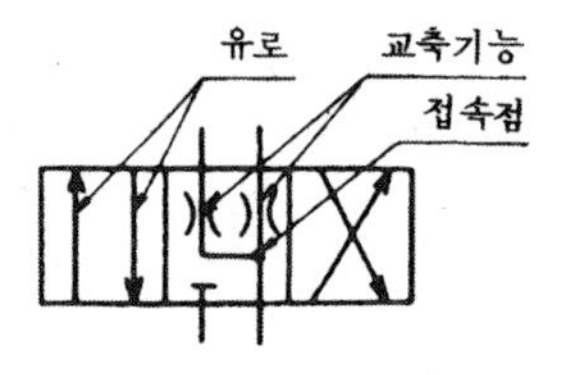

(4) 작동위치에서 형성되는 유로 등의 상태는, 조작기호에 의하여 눌려진 직4각형이 이동되어, 그 유로가 외부 접속구와 일치되는 상태가 소정의 상태가 되도록 표시한다.

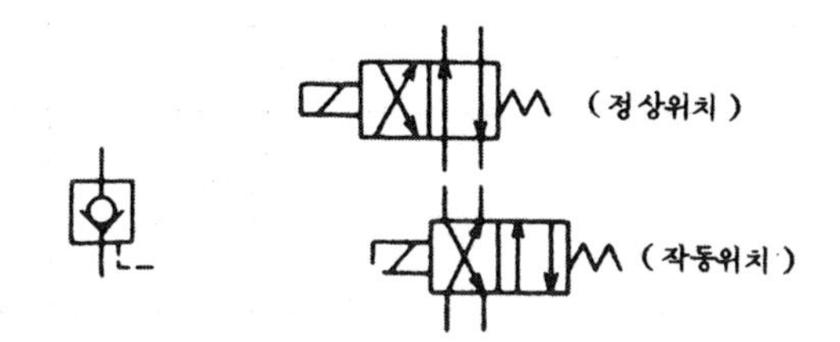

(5) 외부 접속구는 도시한 바와 같이 통상, 일정 간격으로 직 4 각형과 교차되도록 표시한다. 단, 2 포트 밸브의 경우는 직 4 각형의 중앙에 표시한다.

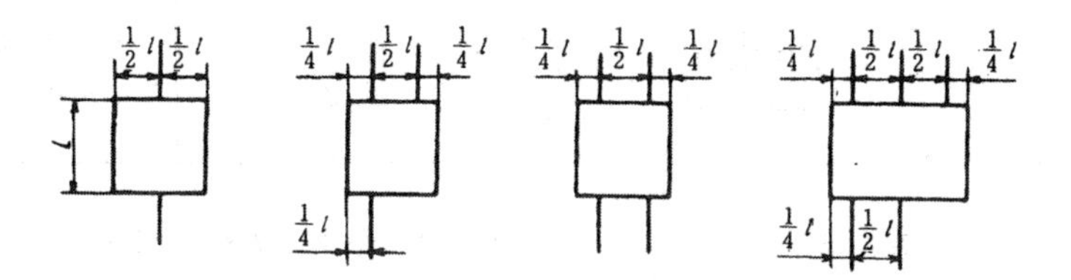

(6) 드레인 접속구는, 도시한 바와 같이, 드레인 관로기호를 직 4 각형의 모서리에서 접하도록 그려 나타낸다. 단, 회전형 에너지 변환기기의 경우는, 주관로 접속구로부터 45°의 방향에서 주기호(대원) 와 교차되도록 표시한다.

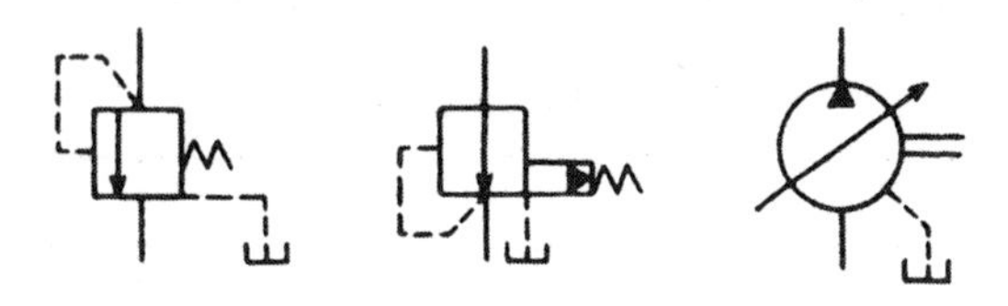

(7) 과도위치를 나타내고자 할 경우에는, 도시한 바와 같이, 명백한 작동위치를 표시하는 인접하는 두 직 4 각형을 분리시키고, 그 중간에 상하변을 파선으로 하는 직 4 각형을 삽입시켜 표시한다.

(8) 복수의 명백한 작동위치가 있고, 교축 정도가 연속적으로 변화하는 중간위치를 갖는 밸브는, 도시한 바와 같이, 직 4 각형 바깥쪽에 평행선을 기입한다.

명백한 작동위치가 2개 있는 밸브는 통상 다음과 같은 일반기호로 표시한다.
또한, 기호를 완성시키려면 유동방향을 나타내는 화살표를 기입한다.

번 호	명 칭	상 세 기 호	일 반 기 호	비 고
(a)	2포트 밸브			• 상 시 폐 • 가변 교축
(b)	2포트 밸브			• 상 시 개 • 가변 교축
(c)	3포트 밸브			• 상 시 개 • 가변 교축

(9) 제어기기와 조작기구의 관계를 나타내는 방법은 **6.1(2)** 및 **6.1(3)**에 따른다.

(10) 적층밸브의 기호는 이 규격에서는 규정하지 않는다.

8.2 전환 밸브

8.2.1 기호의 표시법 전환밸브의 기호는 **8.1**의 규정에 따르는 것 이외에 기능요소 **2-2.1**, **2-2.3** 및 **2-3.2**를 사용하여 구성한다.

8.2.2 기호 보기 일반적으로 사용하는 기호의 보기를 표 12에 표시한다.

표 12 전환 밸브

번 호	명 칭	기 호	비 고
12-1	2포트 수동 전환밸브		• 2 위 치 • 폐지밸브
12-2	3포트 전자 전환밸브		• 2 위 치 • 1과도 위치 • 전자조작 스프링 리턴
12-3	5포트 파일럿 전환밸브		• 2 위 치 • 2방향 파일럿 조작
12-4	4포트 전자파일럿 전환밸브	상세 기호	• 주 밸 브 3 위 치 스프링센터 내부 파일럿 • 파일럿 밸브 4 포 트 3 위 치 스프링센터 전자조작 (단동 솔레노이드)

표 12 (계 속)

번 호	명 칭	기 호	비 고
		간략 기호 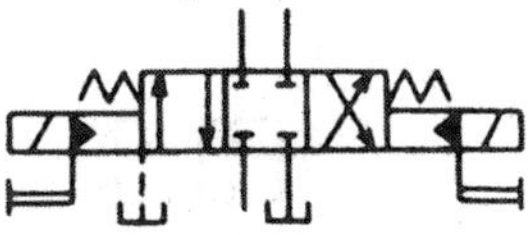	수동 오버라이드 조작 붙이 외부 드레인
12-5	4포트 전자파일럿 전환밸브	상세 기호 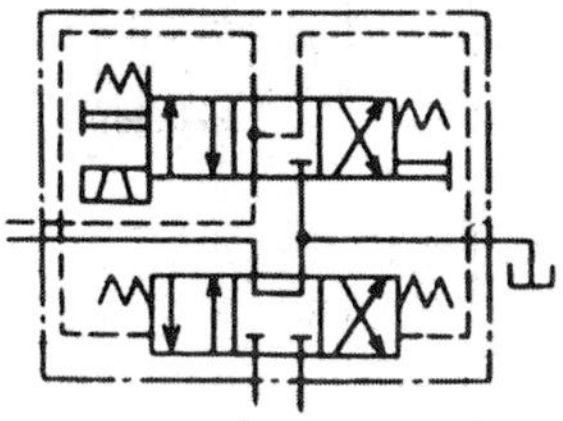 간략 기호 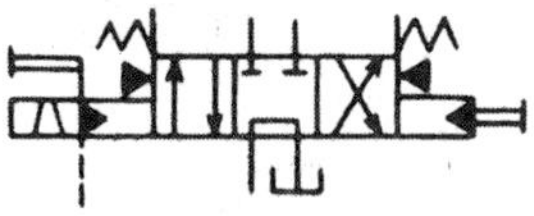	• 주 밸브 3 위 치 프레셔센터 (스프링센터 겸용) 파일럿압을 제거할 때 작동위치로 전환된다. • 파일럿 밸브 4 포 트 3 위 치 스프링센터 전자조작 (복동 솔레노이드) 수동 오버라이드 조작 붙이 외부 파일럿 내부 드레인
12-6	4포트 교축 전환밸브	중앙위치 언더랩 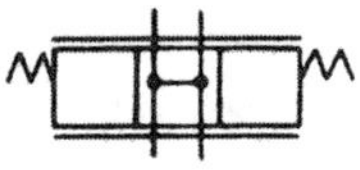 중앙위치 오버랩 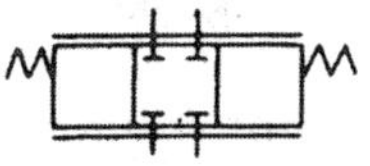	• 3 위 치 • 스프링센터 • 무단계 중간위치
12-7	서보 밸브	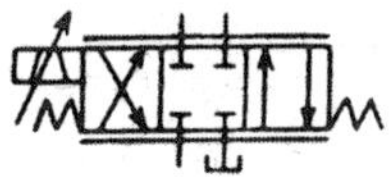	• 대표 보기

8.3 체크밸브, 셔틀밸브, 배기밸브

8.3.1 기호의 표시법 체크밸브, 셔틀밸브, 배기밸브 기호의 표시법은 다음에 따른다.

(1) 체크밸브, 셔틀밸브, 배기밸브의 기호는 **8.1**의 규정에 따르는 것 이외에 기호요소 **1-2.3**과 기능요소 **2-3.6** 및 **2-3.8**을 사용하여 구성한다.

(2) 지장이 없는 한 간략기호를 사용한다.

(3) 간략기호에서 스프링의 기호는 기능상 필요가 있는 경우에만 표시한다.

8.3.2 기호 보기 일반적으로 사용하는 기호의 보기를 **표 13**에 표시한다.

표 13 체크밸브, 셔틀밸브, 배기밸브

번 호	명 칭	기 호	비 고
13-1	체크 밸브	상세 기호 간략 기호 (1) 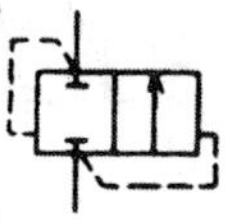  (2) 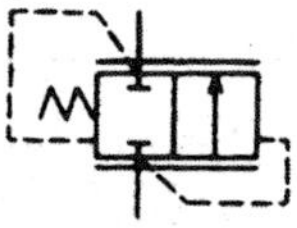 	(1) 스프링 없음 (2) 스프링 붙이
13-2	파일럿 조작 체크밸브	상세 기호 간략 기호 (1) 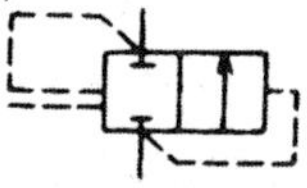 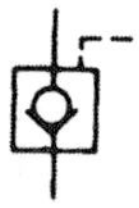 (2) 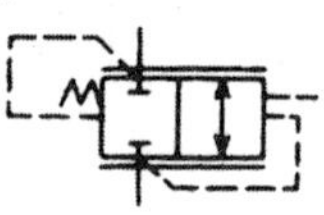 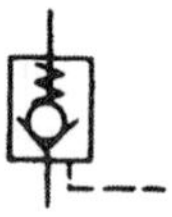	(1) • 파일럿 조작에 의하여 밸브 폐쇄 • 스프링 없음 (2) • 파일럿 조작에 의하여 밸브 열림 • 스프링 붙이
13-3	고압우선형 셔틀밸브	상세 기호 간략 기호 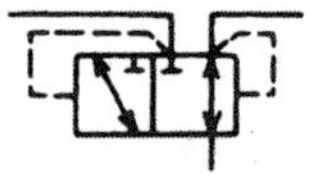 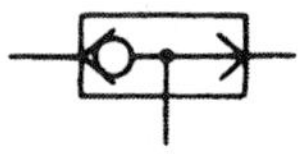	• 고압쪽측의 입구가 출구에 접속되고, 저압쪽측의 입구가 폐쇄된다.
13-4	저압우선형 셔틀밸브	상세 기호 간략 기호 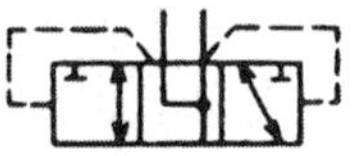 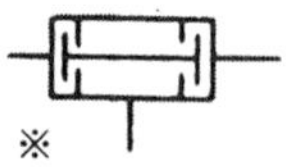 ※	• 저압쪽측의 입구가 저압우선 출구에 접속되고, 고압쪽측의 입구가 폐쇄된다.
13-5	급속 배기밸브	상세 기호 간략 기호 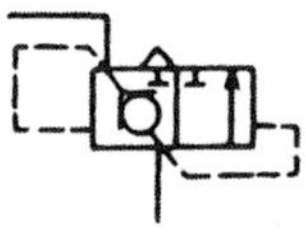 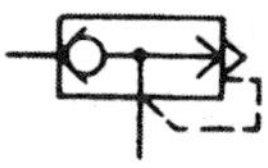	

8.4 압력 제어 밸브

8.4.1 기호의 표시법 압력제어 밸브 기호의 표시법은 다음에 따른다.

(1) 압력제어 밸브의 기호는 **8.1**의 규정을 따르는 것 이외에 기능요소 **2-2.1** 및 **2-3.6**을 사용하여 구성한다.

(2) 압력제어 밸브는 **8.1(8)**에 규정하는 일반기호로 표시한다.

(3) 정 4 각형의 한쪽에 작용하는 내부 또는 외부 파일럿압력은 반대쪽에 작용하는 힘에 대항하여 작용한다.

(4) 외부 드레인 관로는 표시한다.

8.4.2 기호 보기 일반적으로 사용하는 기호의 보기를 표 14에 표시한다.

표 14 압력제어 밸브

번 호	명 칭	기 호	비 고
14-1	릴리프 밸브	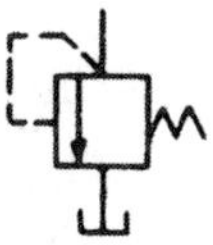	• 직동형 또는 일반기호
14-2	파일럿 작동형 릴리프 밸브	상세 기호 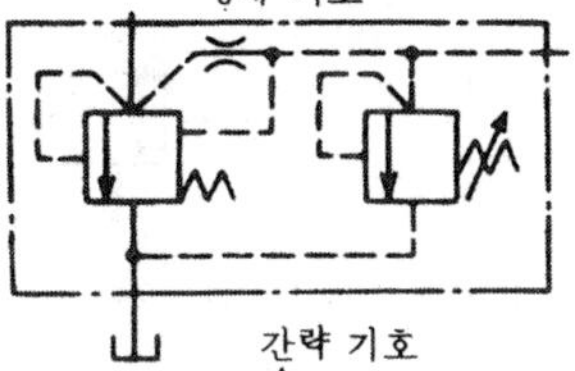 간략 기호 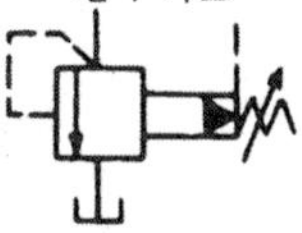	• 원격조작용 벤트포트 붙이
14-3 14-3	전자밸브 장착 (파일럿 작동형) 릴리프 밸브	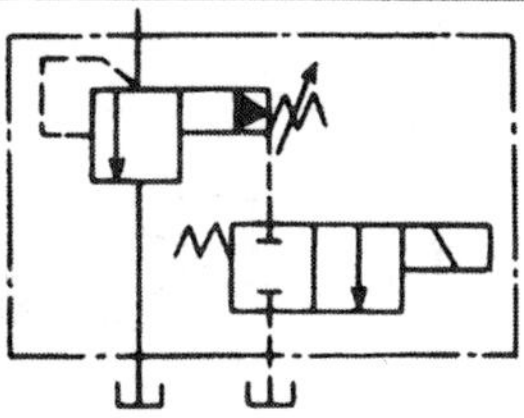	• 전자밸브의 조작에 의하여 벤트 포트가 열려 무부하로 된다.
14-4	비례전자식 릴리프 밸브 (파일럿 작동형)	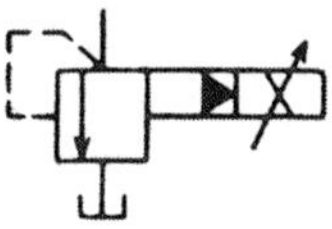	• 대표 보기
14-5	감압 밸브	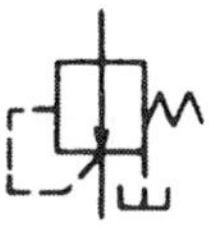	• 직동형 또는 일반기호
14-6	파일럿 작동형 감압밸브	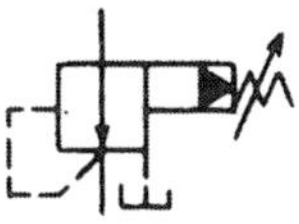	• 외부 드레인
14-7	릴리프 붙이 감압밸브	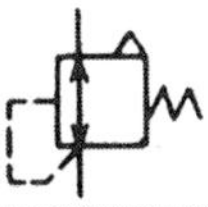	• 공기압용

표 14 (계 속)

번 호	명 칭	기 호	비 고
14-8	비례전자식 릴리프 감압밸브 (파일럿 작동형)	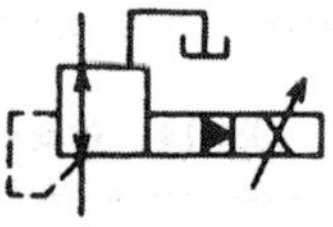	• 유 압 용 • 대표 보기
14-9	일정비율 감압밸브	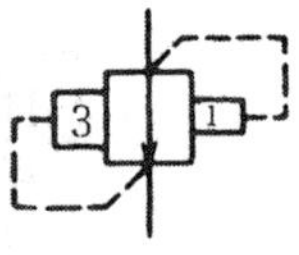	• 감압비 : $\frac{1}{3}$
14-10	시퀀스 밸브	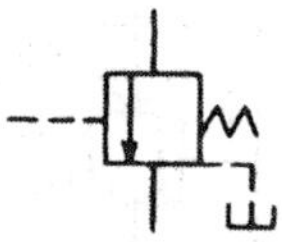	• 직동형 또는 일반기호 • 외부 파일럿 • 외부 드레인
14-11	시퀀스 밸브 (보조조작 장착)	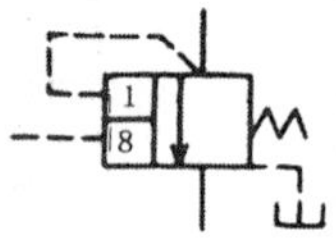	• 직 동 형 • 내부파일럿 또는 외부파일럿 조작에 의하여 밸브가 작동됨. • 파일럿압의 수압 면적비가 1:8 인 경우 • 외부 드레인
14-12	파일럿 작동형 시퀀스 밸브	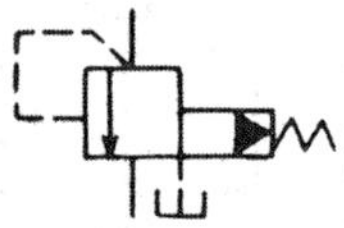	• 내부 파일럿 • 외부 드레인
14-13	무부하 밸브	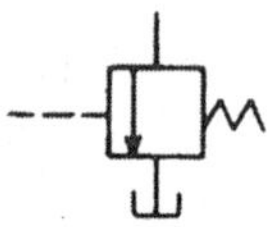	• 직동형 또는 일반기호 • 내부 드레인
14-14	카운터 밸런스 밸브	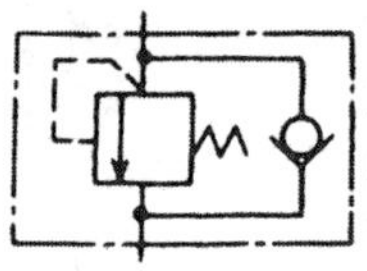	

표 14 (계 속)

번 호	명 칭	기 호	비 고
14-15	무부하 릴리프 밸브	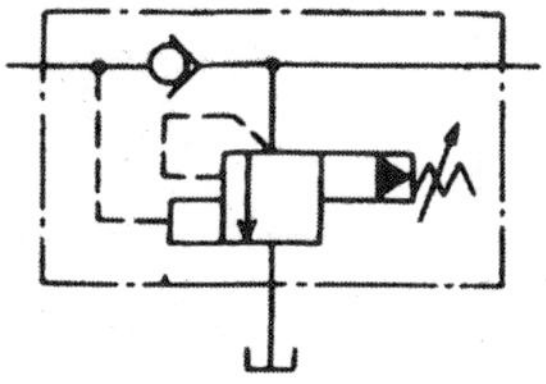	
14-16	양방향 릴리프 밸브	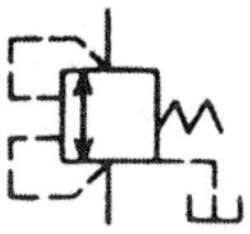	• 직 동 형 • 외부 드레인
14-17	브레이크 밸브	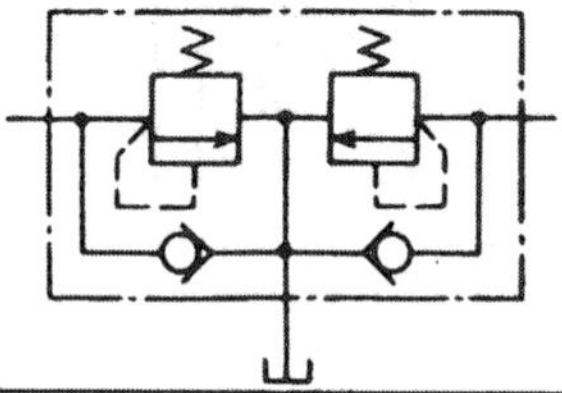	• 대표 보기

8.5 유량 제어밸브

8.5.1 기호의 표시법 유량 제어밸브 기호의 표시법은 다음에 따른다.

(1) 유량 제어밸브의 기호는 8.1의 규정에 따르는 것 이외에 기능요소 2-2.3 및 2-3.7을 사용하여 구성한다.

(2) 유량 제어밸브의 표시는 다음에 따른다.

(a) 조작과 밸브의 상태변화 사이의 관계를 표시할 필요가 있는 경우에는, 8.1(8)에서 규정하는 일반 기호를 사용한다.

(b) 밸브의 상태변화는 존재하나, 조작과의 관계를 명시할 필요가 없는 경우에는 간략기호를 사용한다.

8.5.2 기호 보기 일반적으로 사용하는 기호의 보기를 표 15에 표시한다.

표 15 유량 제어밸브

번 호	명 칭	기 호	비 고
15-1 15-1.1	교축 밸브 가변 교축밸브	상세 기호 간략 기호 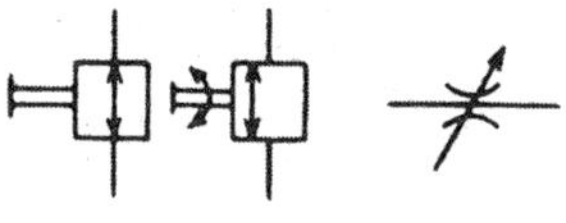	• 간략기호에서는 조작방법 및 밸브의 상태가 표시되어 있지 않음 • 통상, 완전히 닫혀진 상태는 없음
15-1.2	스톱 밸브	※ 	

표 15 (계 속)

번 호	명 칭	기 호	비 고
15-1.3	감압밸브 (기계조작 가변 교축밸브)	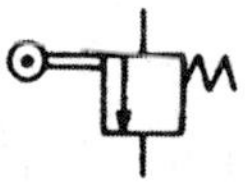	• 롤러에 의한 기계조작 • 스프링 부하
15-1.4	1방향 교축밸브 속도제어 밸브 (공기압)		• 가변교축 장착 • 1방향으로 자유유동, 반대방향으로는 제어유동
15-2 15-2.1	유량조정 밸브 직렬형 유량조정 밸브	상세 기호 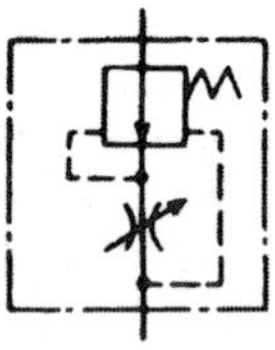 간략 기호 	• 간략기호에서 유로의 화살표는 압력의 보상을 나타낸다.
15-2.2	직렬형 유량조정 밸브 (온도보상 붙이)	상세 기호 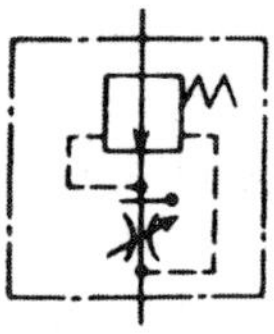 간략 기호 	• 온도보상은 2-3.4에 표시한다. • 간략기호에서 유로의 화살표는 압력의 보상을 나타낸다.
15-2.3	바이패스형 유량조정 밸브	상세 기호 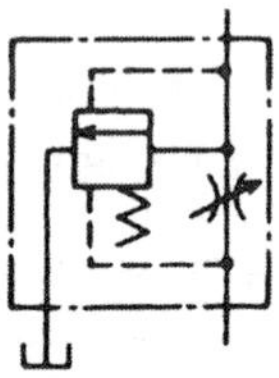 간략 기호 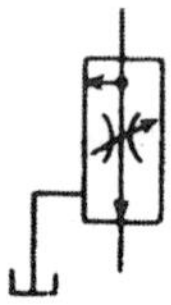	• 간략기호에서 유로의 화살표는 압력의 보상을 나타낸다.
15-2.4	체크밸브 붙이 유량조정 밸브 (직렬형)	상세 기호 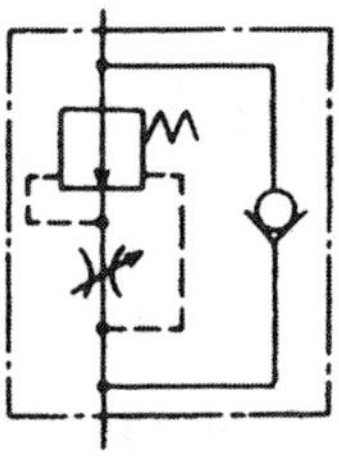 간략 기호 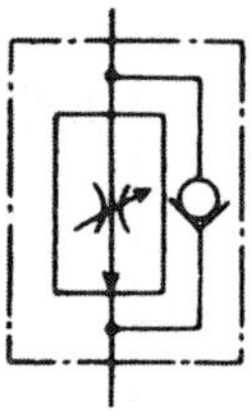	• 간략기호에서 유로의 화살표는 압력의 보상을 나타낸다.

표 15 (계 속)

번 호	명 칭	기 호	비 고
15-2.5	분류 밸브		• 화살표는 압력보상을 나타낸다.
15-2.6	집류 밸브		• 화살표는 압력보상을 나타낸다.

9. 유체의 저장과 조정

9.1 기름 탱크

9.1.1 기호의 표시법 기름 탱크 기호의 표시법은 다음에 따른다.

(1) 기름 탱크의 기호는 기호요소 **1-1.1**, **1-1.2**, **1-6.1** 및 **1-6.2**를 사용하여 구성한다.

(2) 기름 탱크의 기호는 수평위치로 표시한다.

(3) 각 기기로부터 탱크에의 귀환 및 드레인 관로에는 국소 표시기호〔**16-1 (4)**〕를 사용하여도 좋다.

9.1.2 기호 보기 일반적으로 사용하는 기호의 보기를 **표 16**에 표시한다.

표 16 기름 탱크

번 호	명 칭	기 호	비 고
16-1	기름 탱크 (통기식)	(1) (2) (3) (4)	(1) 관 끝을 액체속에 넣지 않는 경우 (2) • 관 끝을 액체속에 넣는 경우 • 통기용 필터(**17-1**)가 있는 경우 (3) 관 끝을 밑바닥에 접속하는 경우 (4) 국소 표시기호
16-2	기름 탱크 (밀폐식)		• 3관로의 경우 • 가압 또는 밀폐된 것 • 각관 끝을 액체속에 집어 넣는다. • 관로는 탱크의 긴 벽에 수직

9.2 유체조정 기기

9.2.1 기호의 표시법 유체조정 기기의 기호의 표시법은 다음에 따른다.

(1) 유체조정 기기의 기호는 기호요소 **1-1.2** 및 **1-4.2**와 기능요소 **2-2.1**을 사용하여 구성한다.

(2) 배수기 또는 배수기를 조립 내장한 기기의 기호는 수평위치로 표시한다.

9.2.2 기호 보기 일반적으로 사용하는 기호의 보기를 표 17에 표시한다.

표 17 유체조정 기기

번 호	명 칭	기 호	비 고
17-1	필 터	(1) ※ (2) (3) 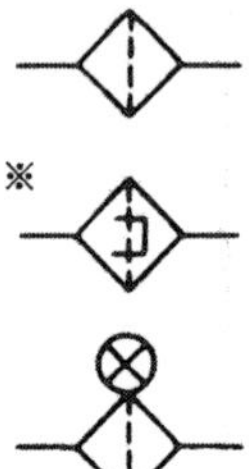	(1) 일반기호 (2) 자석붙이 (3) 눈막힘 표시기 붙이
17-2	드레인 배출기	※ (1) ※ (2) 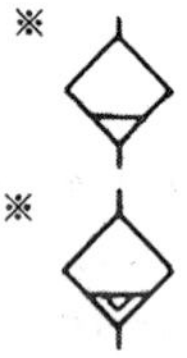	(1) 수동배출 (2) 자동배출
17-3	드레인 배출기 붙이 필터	(1) (2) 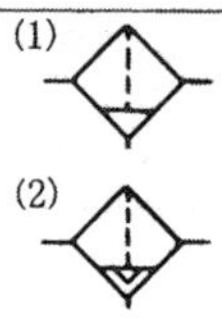	(1) 수동배출 (2) 자동배출
17-4	기름분무 분리기	※ (1) ※ (2) 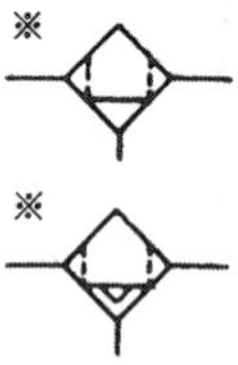	(1) 수동배출 (2) 자동배출
17-5	에어드라이어	※ 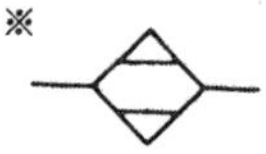	
17-6	루브리케이터	※ 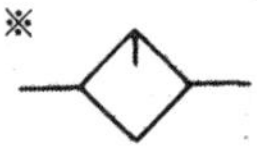	
17-7	공기압 조정유닛	상세 기호 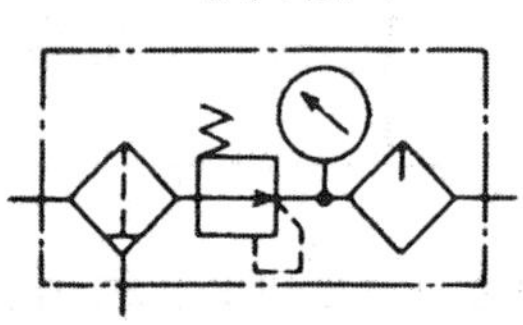	

표 17 (계 속)

번 호	명 칭	기 호	비 고
		간략 기호  ※	• 수직 화살표는 배출기를 나타낸다.
17-8 17-8.1	열교환기 냉 각 기	(1)  (2) 	(1) 냉각액용 관로를 표시하지 않는 경우 (2) 냉각액용 관로를 표시하는 경우
17-8.2	가 열 기		
17-8.3	온도 조절기		• 가열 및 냉각

10. 보조 기기

10.1 계측기와 표시기

10.1.1 기호의 표시법 계측기 및 표시기의 기호의 표시법은 다음에 따른다.

(1) 계측기 및 표시기의 기호는 기호요소 1-2.2와 기능요소 2-2.1, 2-3.4 및 2-3.7을 사용하여 구성한다.

(2) 전기접속은 2-3.1에 따라 표시한다.

10.1.2 기호 보기 일반적으로 사용하는 기호의 보기를 표 18에 표시한다.

표 18 보조 기기

번 호	명 칭	기 호	비 고
18-1 18-1.1	압력 계측기 압력 표시기	※ 	• 계측은 되지 않고 단지 지시만 하는 표시기
18-1.2	압 력 계	※ 	
18-1.3	차 압 계	※ 	

표 18 (계 속)

번 호	명 칭	기 호	비 고
18-2	유 면 계	※	• 평행선은 수평으로 표시
18-3	온 도 계		
18-4 18-4.1	유량 계측기 검 류 기	※	
18-4.2	유 량 계	※	
18-4.3	적산 유량계	※	
18-5	회전 속도계	※	
18-6	토 크 계	※	

10.2 기타의 기기 기타의 기기 기호의 보기를 표 19에 표시한다.

표 19 기타의 기기

번 호	명 칭	기 호	비 고
19-1	압력 스위치	※	오해의 염려가 없는 경우에는, 다음과 같이 표시하여도 좋다. ※
19-2	리밋 스위치		오해의 염려가 없는 경우에는, 다음과 같이 표시하여도 좋다.
19-3	아날로그 변환기	※	• 공 기 압

표 18 (계 속)

번 호	명 칭	기 호	비 고
19-4	소 음 기	※ 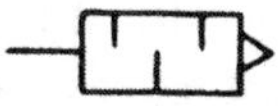	· 공 기 압
19-5	경 음 기	※ 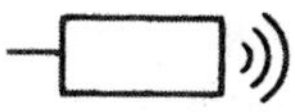	· 공기압용
19-6	마그넷 세퍼레이터	※	

부 속 서

1. 적용 범위 이 부속서는 회전형 에너지 변환기기(이하 기기라 칭함)의 회전방향, 유동방향 및 조립내장된 조작요소의 위치[1]의 상호관계를 그림기호(이하 기호라 한다)를 사용하여 표시할 때 표시법에 관해서 규정한다.

주 (1) 기기에 조립내장되어 있는, 배제용적 또는 유동방향 등을 변화시키는 조작요소의 위치를 말한다.

2. 표 시 법

2.1 축의 회전방향과 유동방향의 관계 축의 회전방향은, 동력의 입력점으로부터 출력점을 향해서 주기호와 동심으로 그린 원호형 화살표로 표시한다. 다만, 2방향 회전형 기기[2]에 관해서는, 어느 한 방향의 회전방향만을 표시한다.

또한, 양축형 기기[3]에 관해서는 한쪽 축에 대해서 표시하면 된다.

주 (2) 회전방향을 바꿈으로써 유동방향이 바뀌어지는 기기, 또는 유동방향을 바꿈으로써, 회전방향이 바뀌어지는 기기

(3) 기기의 양쪽으로 돌출되는 관통축을 갖는 기기

(1) **펌프의 회전방향** 펌프의 회전방향은, 입력축으로부터 송출관로를 향해서 그린 동심 원호형 화살표로 표시한다.

(2) **모터의 회전방향** 모터의 회전방향은 유압유의 유입관로로부터 출력축을 향해서 그린 동심 원호형 화살표로 표시한다.

(3) **펌프・모터[4]의 회전방향** 펌프・모터의 회전방향은 (1)에서 규정한 펌프의 경우에 준한다.

주 (4) 펌프와 모터의 양쪽 기능을 갖는 기기

2.2 축의 회전방향과 조작요소 위치와의 관계 축의 회전방향과 조작요소 위치와의 관계를 표시할 필요가 있는 경우에는, 위치의 표식을 회전방향 화살표의 선단근방에 기입한다.

2.3 축의 회전방향과 출력특성의 관계 축의 회전방향에 따라 출력특성이 달라지는 기기는 회전방향을 나타내는 양쪽의 화살표 선단 근방에 각각의 특성의 상위점을 표시한다 (부속서 표 **A - 11** 참조)

2.4 조작요소의 위치 표시 조작요소의 위치는, 조작요소의 위치와 그 표지를 표시하는 지시선을 사용하여 다음에 따라 표시한다.

(1) **조작요소 위치의 표지** 조작요소의 위치는 기기의 배제 용적이 0인 위치와 최대인 위치를 나타내는 것으로써, 이들의 표지 (부속서 그림의 **M. O, N**)는 실제의 기기에 표시되어 있는 부호를 사용하는 것이 바람직하다.

(2) **조작요소 위치의 지시선** 조작요소의 위치를 표시하는 지시선은 기기의 가변조작 화살표 또는 그 인출선에 수직으로 표시한다.

또 지시선과 가변조작 화살표와의 접점은 운휴 휴지상태를 나타낸다.

부속서 그림

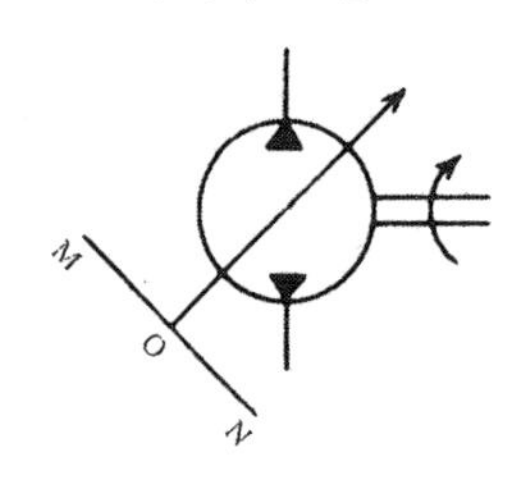

3. 기호 보기 기호 보기를 부속서 표에 표시한다.

부속서 표 기호 보기

번 호	명 칭	기 호	비 고
A - 1	정용량형 유압모터		(1) 1방향 회전형 (2) 입구 포트가 고정되어 있으므로, 유동방향과의 관계를 나타내는 회전방향 화살표는 필요없음
A - 2	정용량형 유압펌프 또는 유압모터 (1) 가역회전형 펌프 (2) 가역회전형 모터	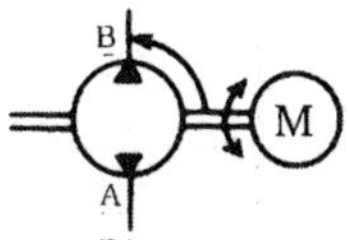 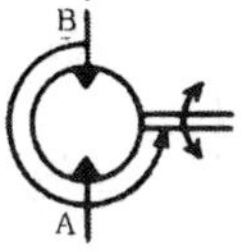	• 2방향 회전 • 양축형 • 입력축이 좌회전할 때 B포트가 송출구로 된다. • B포트가 유입구일 때 출력축은 좌회전이 된다.
A - 3	가변용량형 유압 펌프	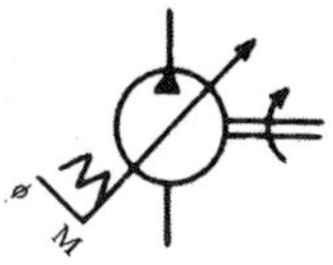	(1) 1방향 회전형 (2) 유동방향과의 관계를 나타내는 회전방향 화살표는 필요없음. (3) 조작요소의 위치표시는 기능을 명시하기 위한 것으로서, 생략하여도 좋다.
A - 4	가변용량형 유압 모터	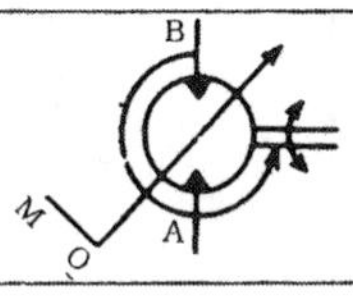	• 2방향 회전형 • B포트가 유입구일 때 출력축은 좌회전이 된다.
A - 5	가변용량형 유압 오버센터 펌프	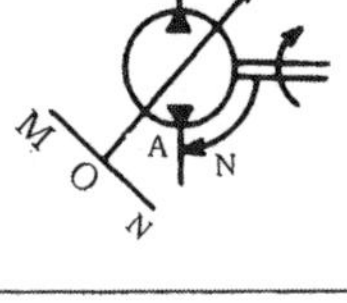	• 1방향 회전형 • 조작요소의 위치를 N의 방향으로 조작하였을 때, A포트가 송출구가 된다.
A - 6	가변용량형 유압펌프 또는 유압모터 (1) 가역회전형 펌프	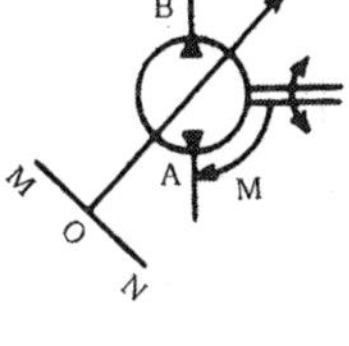	• 2방향 회전형 • 입력축이 우회전할 때, A포트가 송출구로 되고, 이때의 가변조작은, 조작요소의 위치 M의 방향으로 된다.

부속서 표 (계 속)

번 호	명 칭	기 호	비 고
	(2) 가역회전형 모터	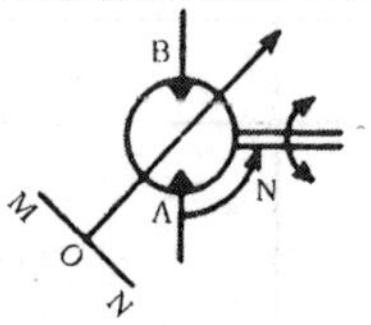 B A N M O N	• A포트가 유입구일 때, 출력축은 좌회전이 되고, 이때의 가변조작은 조작요소의 위치 N의 방향으로 된다.
A - 7	정용량형 유압펌프 • 모터	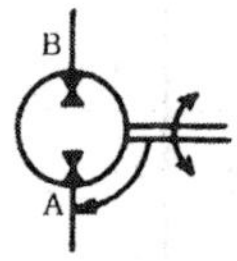 B A	• 2방향 회전형 • 펌프로서의 기능을 하는 경우 입력축이 우회전할 때 A포트가 송출구로 된다.
A - 8	가변용량형 유압펌프 • 모터	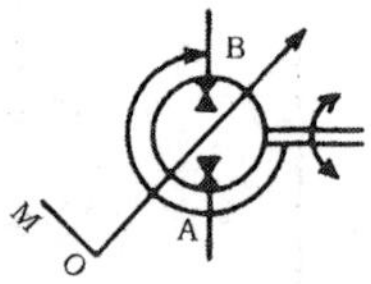 B A M O	• 2방향 회전형 • 펌프 기능을 하고 있는 경우, 입력축이 우회전할 때 B포트가 송출구로 된다.
A - 9	가변용량형 유압펌프 • 모터	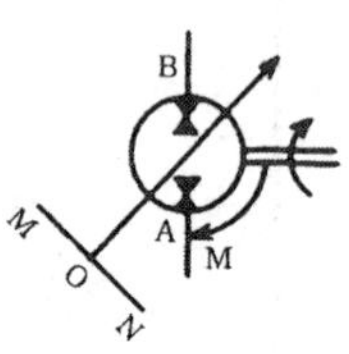 B A M M O N	• 1방향 회전형 • 펌프 기능을 하고 있는 경우, 입력축이 우회전할 때 A포트가 송출구가 되고, 이때의 가변조작은 조작요소의 위치 M의 방향이 된다.
A - 10	가변용량형 가역회전형 펌프 • 모터	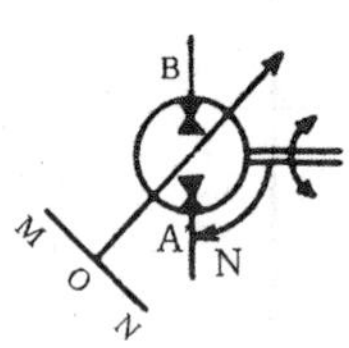 B A N M O N	• 2방향 회전형 • 펌프 기능을 하고 있는 경우, 입력축이 우회전할 때 A포트가 송출구가 되고, 이때의 가변조작은 조작요소의 위치 N의 방향이 된다.
A - 11	정용량 • 가변용량 변환식 가역회전형 펌프	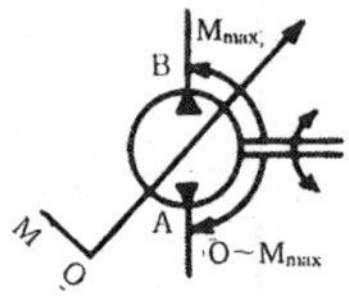 M_{max} B A O~M_{max} M O	• 2방향 회전형 • 입력축이 우회전일 때는 A포트를 송출구로 하는 가변용량 펌프가 되고, 좌회전인 경우에는, 최대 배제용적의 적용량 펌프가 된다.

체계적 공압기술 습득을 위한

공압기술이론과 실습

2001. 1. 11. 초 판 1쇄 발행
2021. 9. 10. 초 판 9쇄 발행

지은이 | 김원회, 신형운, 김철수
펴낸이 | 이종춘
펴낸곳 | BM (주)도서출판 성안당
주소 | 04032 서울시 마포구 양화로 127 첨단빌딩 3층(출판기획 R&D 센터)
10881 경기도 파주시 문발로 112 파주 출판 문화도시(제작 및 물류)
전화 | 02) 3142-0036
031) 950-6300
팩스 | 031) 955-0510
등록 | 1973. 2. 1. 제406-2005-000046호
출판사 홈페이지 | **www.cyber.co.kr**
ISBN | 978-89-315-1998-3 (93550)
정가 | 23,000원

이 책을 만든 사람들
기획 | 최옥현
진행 | 이희영
교정·교열 | 문 황
전산편집 | 이다혜
표지 디자인 | 박원석
홍보 | 김계향, 유미나, 서세원
국제부 | 이선민, 조혜란, 권수경
마케팅 | 구본철, 차정욱, 나진호, 이동후, 강호묵
마케팅 지원 | 장상범, 박지연
제작 | 김유석